U0142819

新產品創新與研發

Innovation and development of new products

王飛龍、陳坤成 著

袁建中 總審訂

五南圖書出版公司 印行

　　隨著科技時代的來臨，科技管理、創新與研發管理已蔚為時代的管理趨勢，而在這大潮流中臺灣本土企業、企業經理人與在校的學子們，如何去抓住時代的趨勢？營造企業本質、個人本身的競爭力是一重要的議題。臺灣本土產業從 50 年代的農業經濟，到 60、70 年代轉變為輕工業經濟，緊接著 80 年代進入生產電子零件，以及到 90 年代之後以生產電腦、積體電路（Integrate Circuit; IC）、通訊產品為主的電腦資訊時代，也幫臺灣奠定了電腦、電子零件、TFT-LCD 面板等產品王國的美譽。回顧臺灣的產業發展歷史軌跡來看，雖有其產業發展的弱項，譬如：品牌建立、產品行銷等；但臺灣也有其產業強項所在，譬如：量產、OEM、ODM 等。經濟學家亞當史密斯（Adam Smith, 1776）所著的《國富論》一書中即明白地指出「每一個國家都應該只生產具有絕對競爭優勢的產品」，這也告訴我們企業只要針對本身強項去發揮，即有獲得生存的空間。

　　個人來自產業界，經歷廿餘年的產業經驗，再回到學術界，深深體會一般產業的生存之道與經營的辛苦，產業經營是非常務實的，每天必須面對如何研發新產品、產品創新、降低成本，及與同業的競爭。因過去我們礙於產業結構、國內市場範疇小、行銷人才的缺乏等因素，所以只好針對臺灣本土的強項，譬如：新產品研發、量產與產品創新等項目去鑽研。所以，個人與王飛龍教授在一次偶然的機會，談起如何來撰寫一本能讓在學校的學生簡單易懂、產業界工程師有溫故知新，或是兩者想深入了解新產品創新與研發學理的書。本書首先經過一年時間的嚴密規劃與討論，並經過一年半的時間撰寫總算能呈現在讀者面前。

　　本書能順利的完成，首先要感謝五南圖書出版公司的全力支持，還有我最佳夥伴靜宜大學應用化學系王飛龍教授的信任與合作。這本書撰寫過程曾得到交通大學研究生（婉靜、仕權與宜蓁）等的協助，及校正過程中袁建中教授給予諸多的寶貴意見與指導，使本書能順利與讀者見面。更感謝讀者的厚愛來購閱此書，雖然校稿中作者已盡力校正，但難免有疏漏之處，個人願以最大誠意受教。最後要感謝我家人（父母親、內人劉校長、五個小朋友）的包容與支持，因為趕撰寫本書進度而犧牲掉陪伴家人的時間。謝謝大家！

陳坤成　謹于台中亞洲大學　中華民國九十六十月十日

E-mail: kcchen@asia.edu.tw; kcchen.mt92g@nctu.edu.tw

前　言　Preface

　　隨著科技時代的演進，新產品的誕生由傳統式的研發轉為符合時代潮流及以顧客為導向的研發工程，其研發的過程可謂千頭萬緒，而考量的層面可謂極為廣泛。但如何在這錯綜複雜的程序中獲取產品研發的成效，是一門學問也是一種藝術；就如同市場上任何的時刻、地點都有新的產品在發表或上市，但最終能在市場上存活下來，並且獲得消費者青睞的產品可說不多，而其關鍵的因素在於產品研發過程中缺乏諸多因素的考量，而造成產品研發的失敗。因此，如何掌握產品的創新與研發變成一項非常重要的工作，尤其是身為一個市場經營者、產品研發者，或相關管理者等必備的一項基本知識。

目 錄 Contents

第一篇
···
新產品研發篇

PART
1

新產品或新科技的研發程序

序論

　　企業欲在如此競爭的環境下生存，必須有新產品綿延不斷地推上市場，以確保產品的市場占有率，才得以使企業存活下來。因此，新產品或新科技研發對於各個企業可謂非常重要。結合過去學者研究與實務界的經驗，本書將新產品或新科技的研發程序，做一有系統的彙總並整理出一個架構圖來（見圖 1.1.1 所示），希望透過該流程圖的建立，使任何一新產品或新科技的研發，在最少的資源與開支下，可以獲得最佳的研發成果。

一　研發目標（主題）的制定

　　一般而言，關於新產品或新科技的研發，首先最重要的工作莫過於決定一個目標（主題），要非常清楚所研發的是什麼。假使企業選錯了一個研發目標，不但下層的研發技術者推動不了，浪費公司莫大的研發資源，甚至錯失了新產品上市的商機，帶給公司莫大的損失。因此，企業能定出一個最貼切的研發目標（主題），可說該研發計畫已經成功了一半。

　　以研發的目的觀之，研發可分成下列兩種型式：

　1. 戰略性的研發；

　2. 戰術性的研發；

接著針對以上兩種型式加以說明。

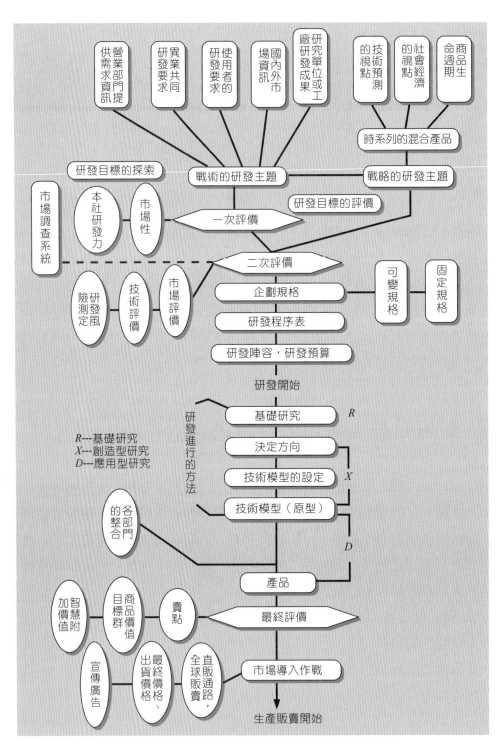

圖 1.1.1　新產品研發流程圖

(一)戰略性的研發

指企業為確保在五年、十年後仍占有領先優勢，預先研發一些主要的主力商品或技術備用。當然，要訂定這種研發目標，必須先做預測評估。

關於預測評估，不可忽略兩個重要的著眼點，即：

　*1.*社會經濟面；

　*2.*技術預測面。

從社會經濟面觀之，報章雜誌常會提出五年、十年後的社會將會有哪些的需求。由此，從技術層面來看，為了滿足這種需求，我們必須具備資訊哪些技術。為了預測評估，這兩者缺一不行。

(二)戰術性的研發

指企業為了今日、明日短期間內能夠生存，或者為了累積戰略研發所需資金所做的研發。戰術性研發目標的選取，可從多方面的資料來源來篩選，例如圖1.1.1中所示的，「研究單位或工廠研發成果」、「國內外市場資訊」……等等從中選取，選取時要避免閉門造車才行。

除此之外，縱使有多麼優良的商品研發出來了，沒有銷路也是不行，所以在研發之前必須先考慮到販賣通路的問題。而且目前社會已進入「買方市場」，產品變得愈來愈難銷售，在推出產品前必須先審慎評估，再加以慎重的沙盤推演一番才行。另外，企業也必須要了解市場上需要的是什麼產品，才能適時推出該項產品。有關「市場需求」的情報蒐集，平常由業務人員與市場或使用者接觸所得到的反映資料是非常有用的。

二　研發評估與市場預測

研發目標（主題）的評價法可分為一次評價及二次評價。

一次評價：是以市場性及企業研發力為主軸，將眾多的研發提案分別篩選排序並採點數計算，所排順序的倒數即為點數，點數愈高者代表投資的風險愈低。

二次評價：是將高投資風險的項目去除後，就剩下的項目進行第二次評價。二次評價的內容包括了下列幾項：(1)市場評價；(2)技術評價；(3)以簡易財務模式評估。

關於「市場評價」，每一種產業它們的固定成本、變動成本或維持成本不盡相同，難以相比較，但是最重要的是要看想研發的產品是否處於市場的成長期，這樣投資研發才能夠回收。

至於「技術評價」，首先要評估研發這個目標（主題），技術上是否可行？先以產業本身的技術水準當標準，從嚴來評估。若有可能完成的目標（主題），一概將其列為「不用探討」；剩下來一定能完成的列為「可探討」項目，並歸類於產品改良的項目中。接著，再以世界上一般的技術水準再做一次相同的評估。研發技術的擇取，並不是以「該項技術取得的容易與否」為準則，而是以「該項技術是否有前瞻性」為選取的標準。

「以簡易財務模式」評估研發風險度：研發一項產品總會有一些風險，正確的評價以避免風險是非常重要的，大家所要注意的一點是：「開發新的銷售通路」所承擔的風險，比「研發新產品」所承擔的風險來得大。

三　研發的進行方式

概念性產品的製造，所謂概念性產品是指連結目前的研發理念與商品化產品的中間產品。概念性產品與販賣點所銷售的商業化產品有所不同，必須加以區隔。

研發新產品的當中，要注意新產品的推出市場的適當時機，否則會喪失了商機。因此研發的日程排定、研發團隊的成員以及研發的費用等的安排，都要依循新產品推出市場的日期而做調整。

在目前買方市場的情況下，推出的新產品要想成為熱賣商品必須具備下列條件之一才行。一為「賣點特優的產品」，另一為「價格占優勢的產品」。

若研發的是史無前例的商品，沒有可供參考的東西情況下，製作「技術模型」（雛型），成了最令人困擾的步驟。

通常所謂的研發，我們稱為 R ＆ D（Research ＆ Develop）。其實，R（基礎研

究）與「技術模型」之間有一個很大的斷層存在。先要將此部分填滿了，才能達到製作「技術模型」的階段。充填部分的工作即為「創造」（Creation）。創造型的研發本質上與傳統的 D（Design or Develop）有所不同。

四　商品化的方式

　　「技術模型」完成之後，經過「試作化」然後才能「產品化」。但是經由工廠製造出來的東西，只能稱為「產品」，還不能稱為「商品」。因為能稱為「商品」的「產品」必須滿足下列公式：

$$商品價值 > 商品價格 > 成本$$

　　即商品的價值要大於商品的價格，而商品的價格要大於成本。然而要成為熱賣商品，商品的價值要遠大於商品的價格。有人認為壓低商品的價格就能拉大與商品價值之間的間隔，但如此一來，商品的價格會低於成本，那是行不通的路。因此，「商品」競爭力是要從商品的價值及製造成本的兩方面來判斷。要使商品的價值提升，要了解到商品的價值包括了有形的「商品價格」及無形的「商譽」兩部分。

　　最後，尋找對商品最佳評價的地點，從此處投入宣傳與廣告、推銷產品，開始了真正的「市場導入作戰」行動。

2 研發的基本考量

　　研發的目的在創造一個新產品或新技術，而且希望這個新產品或新技術能夠被大家接受。就如同市場上任何的時刻、地點都有新的產品在發表或上市，但最終能在市場上存活下來，並且獲得消費者青睞的產品可說不多，而其關鍵的因素在於產品研發過程中缺乏諸多因素的考量，而造成產品研發的失敗。因此，如何掌握產品的創新與研發變成一項非常重要的工作，尤其身為一個市場經營者、產品研發者，或相關管理者必備的一項基本知識。隨著科技時代的演進，新產品的誕生由傳統式的研發轉為符合時代潮流及以顧客為導向的研發工程，其研發的過程可謂千頭萬緒，而考量的層面可謂極為廣泛，但如何在這錯綜複雜的程序中獲取產品研發的成效，是一門學問也是一種藝術。

一 傳統式提升「生活品質或便利性」的研發例子

　　在以前硬體未充裕的時代裡，研發的目的在創造一些新產品，使得生活品質提升或更加便利；因為硬體未充裕，所以只要有新產品出現市場、價格負擔得起，大家就會購買，即所謂的賣方市場。下面是幾個影響人類生活大發明的例子。

電燈泡的發明

　　電燈泡是由美國的愛迪生與英國的John Swann分別在兩地所發明的。兩者都採用碳纖維作為白熾燈泡的燈絲，然而在商業化時愛迪生較為成功，掌握了電流照明工業。為了銷售他的電燈泡，愛迪生發明了供電設備，於 1882 年，他在紐約建造了第一座火力發電廠，供應電力給華爾街使用。

到了 1900 年，通用電器公司所生產的電燈泡還是愛迪生所發明的款式，而必須面對一些新的發明對他的白熾燈泡挑戰。其中一個挑戰是：德國人 Walther Nernst 所發明的 Glower 燈泡，此燈泡是採用陶瓷為燈絲，陶瓷燈絲較碳纖維耐高溫，可在高溫下操作，不但亮度較高而且功率可達到兩倍。此時，通用電器公司的首席工程師——史坦默茲，強烈要求通用電器公司，從基礎實驗做起來面對這個競爭，以保公司永續經營。奇異公司同意了他的建議，建立了一個真正的科學實驗室。僱用了許多科學家，依照元素週期表做系統性的研究；William Coolidge 是其中之一，被指派研究的金屬是鎢，在 1910 年的 9 月 12 日，Coolidge 展示了他的第一個鎢絲燈泡。

通用電器公司非常高興地立即採用了，將舊的設備拋棄，開始投資生產鎢絲燈泡。這項發明花了通用電器公司五年時間及十萬美金經費，但是在 1920 年代，通用電器公司年收二千萬美元純利當中，有三分之二是由鎢絲燈泡所創造出來的。

汽車工業

我們來看看美國汽車工業的發展歷史。單車是在 19 世紀中期被發明的，1890 年代，製造技術上已經能利用高強度、重量輕並且便宜的鋼鐵來大量的生產。單車的繁榮，讓人們由單車工業中的經驗中，首先想到以汽車作為個人運輸工具的可能性。1896 年被認為是美國汽車工業的開始，因為在這年開始，才有相同的設計、大量生產的車型誕生。

美國汽車工業歷史的下一個關鍵事件，是亨利福特 T 型車的推廣。福特本身是生產汽車的。他的汽車，跟當時其他走精緻路線的汽車一樣的昂貴。但是，福特在心中有一個未開拓的大市場，就是創造一輛讓平民都能買得起的車。大約在 1900 年，美國人有一半以上靠農場生活，鄉村需要的是一種廉價、可靠和耐用的汽車，適合農民於塵土道路上行走、而且容易維護與清理的車。福特的商業策略是以低價取勝，而他的技術策略是耐用性。

他技術革新的關鍵在改良汽車架構底盤的重量和強度。早先汽車的材料成本占了整體成本很大的部分。如果福特能使 T 型車的重量減少到只有原先設計的二分之一，此技術將會對他帶來巨大的利益，並實現想要生產「人人可用的汽車」

的理想。

　　福特對於減少汽車的重量的革新，是利用釩合金所製造的高強度鋼材作為底盤材料。福特找上了一家位於俄亥俄州的小鋼鐵公司，替他成功地製造出這種鋼鐵。在那之前使用的鋼鐵，能承受之張力強度大約是在六萬至七萬磅之間，而釩鋼能承受的強度達到十七萬磅。這種鋼材製造出的底盤，能減少底盤的重量到原本的三分之一，並且維持相同的強度。用新型釩鋼來裝配汽車的底盤，T型車的全部重量就這樣成功地減少了一半。

　　此外，福特對底盤安裝引擎的方式也採用革新的三點懸掛設計。之前的設計是將引擎直接以螺絲固定在底盤架上，當汽車在坑洞或凹陷處產生彈跳時，引擎內累積的巨大應力，經常將汽缸的連接桿扯成兩半。福特也把T型車設計成一個「最好的產品」，例如，他用電磁點火代替了那時傳統的啟動汽車。他也將這輛汽車設計成在鄉村道路都能使用，具有高度的道路適用性。T型車底盤的設計，維持了十八年沒有進行重大的修正。

　　在這段期間，工業生產的客用汽車幾乎增加了六十倍，從每年六萬四千五百輛到每年三百七十萬輛。而福特從 1924 年開始已經占有了 50% 的市場。福特從 1908 到 1923 年掌握了這個汽車市場，在那些年間，美國大多數的汽車都由他銷售。

　　福特的T型車是一個在適當時機、找到適當市場，並配合適當價錢的優良產品。性能、時間、市場、價格為商業要革新成功的四個必然要素。

📱 電話的發明

　　電話的發明者是誰？就是亞歷山大・格雷汗・貝爾。他在 1847 年 3 月 3 日，出生於蘇格蘭的愛丁堡。十五歲的貝爾曾被村莊裡的人稱「發明神童」。1873 年，在美國波士頓一間名叫「音聲生理學校」裡，經常聚滿了眾多的觀摩者。貝爾就在這所學校，用「看得見的話」來教導這些孩子們。所謂「看得見的話」，是一種和英文字母類似的符號。在貝爾十六歲時，便已是說話學校的老師了。他十八歲那年，全家搬到倫敦，他就在此地開始了聾啞兒童的教育。他的教學方法獲得了輝煌的成果，二十六歲就被波士頓大學聘請為教授。貝爾的調和電訊研究進展得很驚人。到了 1874 年，已可用一條電線同時發出十到十二種的摩爾斯電

訊。1875 年 6 月 2 日下午，貝爾和華生正在做調和電訊的研究，將金屬板發出去的訊號變成電流。貝爾和華生每天夜以繼日地工作，終於在 1876 年有了成果。同年的 2 月 14 日，便到華盛頓的專利局申請了電話發明的專利。這項專利，破紀錄地很快就於 3 月 7 日被核准了。完成這部受話機是在 1876 年的 3 月 10 日。1877 年，由貝爾、華生、桑德士、哈勃特四人，組成貝爾電話公司。自從摩爾斯的電訊成功以後，很多人都想實現這個構想，並且做了各種的努力。1915 年貝爾六十五歲，這一年的 1 月 25 日，他應邀參加為了完成連接紐約和舊金山的大陸橫貫電話線所舉行的開通典禮。1922 年 8 月 2 日，貝爾告別了被人們尊敬、羨慕的幸福晚年，結束了七十六個光輝的春天。

 ## 電視的發展

電視這個複雜的科技產品，是經由許多科學家研究、實驗後才發明成功的。首先在 1817 年，瑞典化學家約恩斯·巴瑞利斯發現硒元素；1872 年，英國人約瑟夫發現這種元素可以傳遞電能。這兩項發現，證明任何物體的影像，在理論上可用電子訊號傳播。1884 年，德國科學家保羅·尼普庫發明掃描盤，為現代電視的發明奠定基礎。1907 年，德國人魯新完成第一部電子映像機；1923 年，英國的拜耳和美國的詹欽士完成了第一個實際由電線傳送的畫面。我們今天所看的電視，也是經過多次改進，加上日新月異的電子科技才得到的成果。

 ## 冰箱的發展

中產階級小家庭在 19 世紀興起，現代家庭中的男女角色和工作分配剛開始成形，那時冰箱還不是家庭用品，甚至不是工業用品。到了 20 世紀初，對製冰及冷凍工廠的需求愈來愈大，此時電力供輸尚未普遍，因此冷凍循環的動力來源是巨大的蒸氣引擎，需要專人看管，叫作「冷藏工程師」。而在第一次大戰後，隨著都市範圍的擴大，家用電力、瓦斯系統的鋪設，一般家庭用的冰箱，也就愈來愈有可開發的潛力。

設計一台冰箱，首先得找到合用的冷媒；它必須容易汽化，能以常溫的水或

空氣冷卻而液化，而且蒸發潛熱值要大，才能有效率地反覆吸熱汽化、放熱冷凝。1930 年以前，冷媒大致都是當時已知的化合物，和冷凍工廠所用的相同。如 1914 年克耳文內特（Kelvinator）公司製造的冰箱，以二氧化硫做冷媒，也有使用氨、二氧化碳、乙醚、丙烷的。這些冷媒幾乎都可燃、反應劇烈，或是有毒。

到了 1923 年，全美國已有五十六家公司投入家庭冰箱的市場，其中大約有八家資金和生產較為穩定。那時可說是家用冰箱的戰國時代，可是那些冰箱還無法真正進入城市一般家庭。首先是價格，1923 年一台冰箱的價格是四百五十美元，相當於中產階級家庭將近四至五個月的薪水。其次是冰箱本身的結構問題，由於擔心「有毒、易燃」的冷媒外洩對家庭的危害，以及壓縮機的吵雜聲、油味對家庭生活的干擾，所以只有箱型的「冰箱」進入廚房，壓縮機、冷媒等機械裝置則放在地下室。但是這種設計使得冷媒需要長距離壓縮循環，壓縮機的負擔大，平均每三個月就要請維修人員到府維修。而水冷系統也會經常碰到漏水、天冷結凍的問題。解決這些問題，讓冰箱順利地進入家庭，是想要繼續開發這個市場的工程師、公司必須面對的挑戰，也是利基所在。

通用電器公司在這一年決定投入家用冰箱市場。資金龐大的公司投入這個市場後，會徹底改變家用冰箱的市場生態，自不待言。在大型電力企業的商業邏輯中，電力壓縮機、水冷式的專利機型獲得大筆資金的挹注，兩年後就問世了。這是一種冰箱盒子與壓縮機合一的設計，為了減低噪音，壓縮機的馬達是密封的。由於壓縮機做成環形放在冰箱盒子上面，通用電器公司為它取了一個名字：「環頂」（Moniter Top；Moniter，指的是南北戰爭時的圓形倉堡）。此外，冰箱盒子的材質也由過去的木製改為鋼製。

另一方面，1920 年代有兩位年輕的瑞典工程師，成功地為吸收式冰箱發展出氨水吸收系統，不需要昂貴的機械控制，就能自動完成連續冷卻循環。這項發明的美國專利在 1925 年由色佛公司購得。原先由電力公司資助的色佛公司在取得了這項的專利後重組，由紐約聯合瓦斯公司挹注了五百萬美元的資金。由於無需進行大的改良，因此「連續吸收式冰箱」能在隔年很快的問世。

整體看來，到了 1926 年，大約有兩種系統的冰箱準備在市場上較勁。一種是壓縮式冰箱，一種是吸收式冰箱。前者是電力系統，後者是瓦斯系統。雙方的資金準備也有所不同。比如說，早在 1923 年，製造壓縮式冰箱的公司已具有一

百萬美元的資金實力時，製造吸收式冰箱的常識公司（Common Sense Company），資金只有三萬美元。最有實力與電力系統抗衡的色佛公司，在 1927 年的資產不超過一千二百萬美元，而當時的通用電器公司，則已在生產部門中投注了一千八百萬美元。

再從市場的時效和宣傳來看，通用電器公司的「環頂」冰箱比色佛公司的「驚奇冰櫃」（Wonder bar）早一年問世，「環頂」的裝配線在 1926 年完成。1927年，通用電器公司還特別成立了一個部門負責推銷。這個部門為「環頂」的正式上市創造了許多當年的廣告奇觀。比如，三公里外就可以看見的霓虹燈，或是在產品公開前，將廣告信塞進每一個家庭的信箱，在媒體上製造一個「海盜藏寶箱」的故事。正式公開的那天，每個銷售站使出渾身解數，僱請樂隊、開派對，甚至請來市長打開這個藏寶箱。在這種大手筆宣傳下，「環頂」冰箱第一年（1929）的銷售成績就直逼五萬台（原先估計是七千到一萬台）。和通用電器公司相比，色佛公司顯然沒有那麼多的廣告花招。在美國史博物館的網站上，可以找到一幅 1928 年由聯合瓦斯公司做的廣告，一個貌似中世紀魔術師的人從小型製冰盒中拿出冰塊說：「這是瓦斯冰箱，不是魔術。在您的瓦斯公司展售處，您可以看見瓦斯冰箱毋須動力、令人訝異的運轉過程。」

再回到壓縮式冰箱和吸收式冰箱的比較。前者的母體電力公司，不僅資金龐大，且策略靈活，而瓦斯公司則相對的封閉、保守。此外，生產壓縮式冰箱的廠商，除了通用電器公司外，還有三家規模同樣大的公司，因為他們必須競爭，所以產品的款式多，價格也比較低。而生產吸收式冰箱的公司，到了 1927 年，只剩下色佛公司一家，其他廠商都因為資本額過小，沒有大公司併購、也沒有資金挹注，逐漸退出市場。而色佛公司的冰箱在銷售成績最好的時候，市場占有率將近 8～10%。一直到 1957 年停止生產前，色佛公司總共銷售了將近三百萬台冰箱。看起來吸收式冰箱似乎成了「失敗的科技」，壓縮冰箱主宰了家用冰箱的市場，也決定了我們現在所熟悉的冰箱的基本樣貌。特別是 1928 年發展出的氟氯碳冷媒，其「無毒、無臭、不可燃」的特性，立即成為壓縮冰箱另一個可以標榜的好處。相對地，吸收式冰箱所用的氨冷媒，因為在外洩時具有致命的毒性，就惡名昭彰了。但我們卻不能說「正因為壓縮式冰箱具有這種技術上的優勢，所以成了現在家用冰箱的主流」。事實上，就穩定性而言，吸收式冰箱的銷售員曾說，他

們為賣出的吸收式冰箱進行維修的機會，真是少得可憐。

　　整體看來，消費者選擇買什麼冰箱，其實和製造商選擇發展製造哪一型冰箱的決策有關，也與消費者在接受訊息刺激時，受到觸動的是價值觀的哪一部分有關。擁有龐大資金的通用電器公司，選擇了氣冷式壓縮系統，發展出無毒、無臭的冷媒，在行銷上，成功地強調電器用品的現代化形象，吸引中產階級家庭的安全需求，而噪音的煩惱成為可以忍受的，或是可以期待改進的了。反之，我們是否可以想像，如果色佛公司擁有足以與通用電器公司匹敵的資金、廣告和天然氣系統的支援，那麼氨冷媒的毒性和危害是不是也可能成為中產階級家庭中可容忍的「必要之惡」？而沒有噪音就成為必要的要求？

微軟的成功

　　比爾・蓋茲（Bill Gates）出生於 1955 年 10 月 28 日，並和二位姐妹一同在西雅圖成長。父親 William H. Gates II 是在西雅圖當地執業的律師，去世的母親 Mary Gates 則是位集學校老師、華盛頓大學董事和 United Way International 董事長等職務於一身的女性。蓋茲念過公立小學，也上過私立的湖濱（Lakeside）學校。在那裡，他開始了未來的志業：個人電腦軟體與設計電腦程式，那年他才十三歲。1973 年，蓋茲成為哈佛大學的新鮮人，和 Steve Ballmer 同住在學校宿舍裡。Ballmer 目前為微軟公司總裁暨執行長，負責銷售和技術支援部門。在哈佛念書時，蓋茲為第一套微電腦 MITS Altair 研發出 BASIC 程式語言。 Steve Ballmer 與 Paul Allen 與 Bill Gates 大三那年，蓋茲離開哈佛，專心致力於微軟的工作。微軟公司是他和 Paul Allen 在 1975 年創立的。他們相信個人電腦將會成為辦公室或家庭中重要的工具，因此開始研發個人電腦的軟體程式。

　　微軟的成功和軟體業界的興起都應歸功於個人電腦的發展，而蓋茲早已預見這樣的事實。蓋茲積極投入微軟公司的重要管理與決策問題，同時在新產品的技術研發上扮演著極為重要的角色。他大部分的時間都花在和顧客開會，或是以電子郵件和遍布在全球各地的微軟員工進行溝通、聯絡。

　　在蓋茲先生的領導下，微軟公司致力於不斷研發、改進軟體科技，希望能夠讓它變得更簡單好用、更平易近人、更有趣且更具經濟效益。蓋茲永續經營的理

念也反映在近幾年公司在研究發展上的投資，微軟公司每年在研發的費用都超過三十億美元。

二 突破「硬體充裕時代」的產品戰略

 硬體充裕的時代

目前國內市場的規模比起歐、美、日本不是很大，但是以人口數目換算起來，每一個國民的購買力可以與歐、美、日本並駕齊驅，所以很多的國際品牌精品公司來台設分公司，一些洋酒公司設定為主要市場目標。而且現代人的購買力更強到令人吃驚；例如：數百萬的名車銷路很好、千萬元的寶石手錶或高貴的波斯絨毯都有人買。其中更甚的是，有人花了幾百億買下了世界名畫、名琴、外國的不動產或外國企業。

有人認為目前是一個「容易購物的時代」；縱使你身上一文不名，數十萬元的大型商品也可以立即買進，因為信用卡或預貸款系統的服務等著你來用。如此，以賣方的立場來看，目前也應該是一個「容易賣出物品的時代」才是；然而事實上卻是相反的。最大的原因是目前我們是處於「硬體充裕的時代」。

所謂「硬體充裕的時代」是指食、衣、住、行等都能充分滿足的時代。舉例來說：觀察每一個家庭可以發現到，冰箱裡都裝滿了食物，衣櫥裡也掛滿了各個季節的服裝，家庭用電器產品也都一樣不缺，腳踏車不用說已經變成了娛樂的工具，機車、汽車滿街跑，野外也充斥著休旅車；這種狀態稱為「硬體充裕的時代」。因此，縱使是處於「容易購物的時代」，對於一成不變的傳統商品的推銷，十人中有九人會回答：「再看看情況吧！」

 如何突破「硬體充裕的時代」

「硬體充裕的時代」並非無法突破，為了突破「硬體充裕的時代」，要能提出突破「硬體充裕的時代」障礙的產品戰略。有幾種產品可以考慮。

第一種產品為「縫隙型產品」；

第二種產品為「軟性產品」；

第三個產品為「賣點特優的產品」。

㈠**以「縫隙型產品」來突破「硬體充裕的時代」**

這個時代雖然硬體非常充裕，但是仔細尋找，總會找到未填滿的縫隙，從這個縫隙著手就行了。許多大熱賣的商品大都屬於這一類。然而想要搶得「縫隙型產品」的先機，你必須比其他公司先發覺出社會的「潛在需求」（何謂潛在需求，詳後述），並製造出對應的產品才行。另一方面，好好的把握你所發掘出來的需求，縱使沒有高度的技術研發也能組合出巧思的產品來。雖然社會需求存在一些未填滿的縫隙，但很快的就會被填補上，因此這種「縫隙型產品」的生命週期都很短；因為這種技巧型的產品很容易被模仿與跟進。所以，一個產品的大賣之後並不能高枕無憂，而要為下一個商品做準備，而且為了延長「縫隙型產品」的生命週期，你的眼光要看得愈深愈遠。

案例一：王安的電腦文字處理機

在 50 年代，王安是麻省理工學院電子工程的教授。他發明了第一個磁性磁圈型的記憶線路，供給在當時來說是全新技術的電腦來使用。IBM以一百萬美金購買了這個發明。之後，王安從麻省理工學院辭職，用這筆資本開始創立自己的電子公司。原本王安是打算走設計與製造電子計算器的路線，但是有大的公司進入了這個領域，他這種小規模的公司只得停業。王安需要製造一種技術上具有重大進展的機器，來成為新一代的產品。

早期的文字處理機，使用起來很困難。它們僅僅顯示了一行文字來進行編輯，使用者必須計算原稿中每個字的位置。王安和他的工程師構想出一種新型文字處理機，使用起來較為容易，能夠顯示出完整頁面，並儲存更大的文件。他們決定將這個文字處理機建造以微電腦為中心的分散控制系統，就像系統控制模式一樣。每一個使用者（文字處理者）都有自己的終端機可供日期輸入、編輯和記錄。把每一個終端機都連接在中央微電腦和印表機上。每一個終端，中央控制與印表機都搭配微處理器，以分散整體處理計算速度和記憶體的負擔。

這個軟體在工程技術設計上屬於領先的狀態，給工程師和電腦的程式設計師帶來相當多的問題，每個新設計確實產生了一些令人頭痛的新問題；有些是微處理器文件處理的問題；有些是難以理解的系統問題；之後的另一個問題是，當讀取或寫入時牽涉到如何控制磁碟空間的分配。但是，設計完成了，技術問題解決了，這個產品得以及時在市場上銷售。

雙方的對抗結果很明顯的比較了出來。王安在文字處理機銷售方面超越了IBM。從一個沒沒無聞的公司，一下子在全世界文字處理機市場占有率達50%以上。1977 年開始的銷售業績為一千二百萬，1978 年成長到二千一百萬，然後六千三百萬、一億三千萬，直到 1981 的一億六千萬。但是 1981 年後就逐漸走下坡了。

全新的個人用計算機，特別是 IBM 個人電腦，在 1984 年導入市場後，就開始取代文字處理機的應用，到 1985 年完全封殺了王安的文字處理機在商務中的市場。

案例二：PDP-8 電腦

在電腦發明之後，其技術發展中就以記憶體、邏輯運算、晶體電路為最首要的開發項目。後來發明的積體迴路（IC），它改善了部分記憶體以及邏輯迴路。在 1960 年代末期，IC晶片技術的進步，讓小型電腦能以比大型電腦略遜的效能、但是很低的價位大量生產。PDP-8 正是由 Ben Olsen 的新公司 Digital Equipment Corporation（DEC）所設計的。

當 Ben Olsen 還是 MIT 的學生時，就在為 Jay Forrester 發展世界上第二台一般型電腦（在 Forrester 參觀過 Mauchly and Eckert 的電腦之後）。後來，Olsen 奠定了 DEC 生產電腦使用的 IC 電路板的基礎。在 1960 年代末期，Olsen 發現他可以做出一台採用簡單 IC 電路板的電腦，雖然效能比昂貴的大型電腦低，但價格是科學家個人就可以買得起，而不一定要研究單位才有能力使用。這是 PDP-8 主要的商機，光賣給科學家的就超過十萬套，這扭轉了原本小型電腦對中央級電腦工業市場的劣勢。

㈡以「軟性產品」來突破「硬體充裕的時代」

首先對「軟性產品」這個名詞做說明。「軟性產品」中最佳的例子為服裝中的毛皮。毛皮從它的作用觀之，是一種禦寒工具，也就是毛皮是一種禦寒的硬體；但是我們處於亞熱帶，真正冷的日子有限，為了禦寒不一定非穿毛皮不可；一般的毛衣或風衣也足夠禦寒了，為何女性甘願花毛衣的數十倍、數百倍的價錢去購置毛皮呢？這是因為毛皮除了具有禦寒的「硬體產品價值」之外，還具有「時髦、差異顯示」的作用；這種作用稱為「軟性的產品價值」。「軟性的產品價值」愈高者稱為「軟性產品」。一般而言，女性先有了毛衣或風衣之後，才會再花大錢去買毛皮。這也就說明了一件事，首先要求的硬體充足之後，才會追求時髦，而向「軟性導向產品」靠攏。因此要突破「硬體充裕的時代」，「軟性導向產品」是一個可列入考慮的產品。如此的軟性導向，可分別從食、衣、住、行幾個方向來實施。

第一個方向，可從食的方面之軟性導向來著手。例如，目前大都是小家庭，自炊的機率降低了，因為雙薪家庭兩人都很忙碌，而且煮的食物都是一點點，不符合經濟效益，為了填飽肚子大都買自助餐。自助餐的色香味當然不是很講究，所以將整個家庭帶進「平價餐廳」去用餐，這是有關食的方面的軟性導向的第一步，接著推出生日餐或聖誕大餐之類吸引顧客，這一步完成了之後，可以做其他的整體考量。前幾年，家庭用的製麵包機大賣特賣，從食的軟性導向來看，應該可以理解。外行人用家庭用製麵包機烤出來的麵包，當然比不上具有多年經驗的麵包師傅而且採用商業化的機器所做出來的麵包好吃，然而家庭用製麵包機依舊大賣，原因是自己捏麵粉、自己烤麵包，一半覺得好玩，一半覺得有成就感。接著推出的製麵機、包水餃器等都屬於這類產品。

食的軟性導向告一段落後，可從衣的方向著手。前面所舉的毛皮大衣是一個例子，其他像年輕女孩愛用的「LV」（Louis Vuitton）手提袋，或手上戴著的「勞力士」手錶，都屬於軟性導向產品。手提袋是用來裝化妝品等雜物用，而手錶是用來看時間，若單單滿足這些功能，只需花費到幾十分之一的價格就能在市場買得到。

有關衣的軟性導向進行到某一個程度，換成了住的方面的軟性導向了。軟性

導向化的衣著，隨時都可以向別人展示，然而客人若不來家中，則無法展示出自己的住的軟性導向化。但是一般而言，食、衣軟性導向化之後，總會注意到家中的裝潢、擺設。例如，客廳中的地毯會換成比利時、巴基斯坦製的，更高級的會用波斯地毯；咖啡杯也會用 Weizwood、Rechard Zenoli 等名牌；牆壁上也弄一幅名畫掛上。

最後，換成了行的方面的軟性導向了。都市的交通網很發達，幾乎沒有公眾運輸到不了的地方，九成以上的上班族都是搭大眾運輸系統通勤。在都市中心，汽車的停車月費比人住的房子還貴，但是有能力時還是會購置一台汽、機車在假日使用。而且購買的機車汽缸愈來愈大；汽車也由轎車、房車、到 RV 車。

由上述的分析，你可以觀察到人們的軟性導向已進入了那一階段，只要適時地推出適合的軟性產品，即可獲得大賣。

案例三： Nike 運動鞋

您喜愛運動嗎？那您所使用的運動鞋，穿的運動衣是否都來自Nike呢？Nike成立於 1962 年，是一家全球著名的運動產品設計及生產商，以創新及先進科技聞名。Nike 的標誌不僅僅是家喻戶曉，而「Just Do It」也曾是許多青年人常掛在嘴邊的口號，它代表了在運動場上勇往直前的精神，也象徵了一種有活力的處事態度，這個標誌是 Nike 以美金三十五元成本向當時的一位大學生凱珞琳・大衛森購買的，而今 Nike 成為了一間擁有市場價值九十四億美元的大企業，它占領將近一半的運動市場。Nike更是請到NBA籃球明星麥可喬登為其產品的代言人，Nike設計出許多款式的運動球鞋一雙雙地出現在籃球場上，奪取了大眾注目的焦點，同時也成為許多玩家的收藏品。這些人或許不運動，但是卻穿著運動鞋，顯示出了 Nike 的軟性價值。

案例四：螢光魚

居家休閒時，很多人想放個魚缸在客廳，欣賞魚兒自由自在的游動來放鬆心情，而且希望可以飼養一些特殊的魚類、高貴而不貴，螢光魚的誕生正滿足了這個需求。邰港科技行董事郭文斌表示，對準全球兩千億元新台幣觀賞魚市場，該公司所開發的 TK-1 綠色螢光魚夜明珠，今年四月底上市以來至今已在台灣銷售

近兩萬隻，並在日本、香港、新加坡及馬來西亞等地也已售出兩萬多隻。除了已上市的夜明珠外，目前 TK-2 紅色、綠色和紫色的螢光仙子正在做不孕性的穩定試驗，預估最快今年底或明年初可上市，而 TK-3 紅綠雙色螢光仙子也可望在明年第三季上市。

㈢以「賣點特優的產品」來突破「硬體充裕的時代」

所謂「賣點特優的產品」，它可以促使買家將目前所保有的硬體丟棄，由新的產品來取代，如此新的產品就有市場了。

以家電產品來說，幾乎是長效用的硬體；以電視機為例，它的壽命長達十幾年，何時才壽終正寢誰都不可預測，對製造廠而言更是等不及了。製造廠商所能做的就是推出某樣新產品。例如：電漿電視或液晶電視，讓人們在傳統映像管電視尚未達到其壽命週期前就將它們換掉，改用新產品。如果導入市場的產品僅是稍做改良、增加某些功能的電視，則買家會回答：「家中電視才買不久，還能使用。」當然無法銷售出去。

不僅民生產品如此，產業設備的市場亦是如此。若以稍微做改良的 FA、OA 或生產設備向企業界推銷時，所得到的回答也是否定的。

由此可見，將目前的硬體稍做改良的產品，沒有讓人丟棄舊硬體採用新產品的說服力。但是推出的產品是「賣點特優的產品」將會如何呢？

以民生產品來看，會讓人覺得目前所用的硬體已經跟不上時代了、陳腐化了，所以縱使尚未到使用年限，就想把它給丟棄了。在產業設備市場也一樣，以「賣點特優的產品」來替代目前所擁有的硬體，會產生更大的經濟利益時，就會毫不猶豫地把舊設備更新。

若能小心地觀察，隨處都可以發現到「賣點特優的產品」一個個被推出。因此，所謂的「賣點特優的產品」是一個能發揮「強力替代性」的產品。

案例五：CD 播放機

CD播放機是 1984 年才商業化的產品，早期在短短的幾年內就賣出了七千五百萬台，是其他所謂的熱門商品所不能及的。它的秘密何在呢？CD 的前身是荷蘭菲利浦公司於 1982 年推出的產品DAD（Digital Audio Disk）。日本Sony將其改

良成直徑十二公分，價格壓至五萬日幣以下，以 CD 的名稱推出，造成了大熱門的商品。

CD 堪稱具有強力取代性的「賣點特優的產品」，它取代了唱片及唱機。將兩者比較，即可看出 CD 的特性。以外型來看，唱片直徑三十公分，可播放時間約三十分鐘，比不上 CD 唱片的十二公分，而卻可播放七十分鐘。這雖然是 CD 唱片的一大賣點，但是最大的差別還在後面。

一般的演奏音樂從高音到低音，音域非常的廣，因此音訊非常的大量。唱片雖然直徑有三十公分，但是所能載錄的訊號有限，最多只能容納所有訊號的三分之一，因此高音及低音部分都被犧牲掉了，聽唱片總覺得與現場有很大的差別。然而 CD 雖小但是容量卻很大，可以把全音域的音訊完全記錄下來，因此播放時可以達到完全原音重現。

另外，還有一個很大的差別。唱片是以類比的方式記錄音訊，亦即在唱片上的溝狀深淺來記錄音訊的振幅，播放時以堅硬的鑽石或碳化鎢針頭順著溝槽滑行來拾音。隨著播放次數的增加，溝槽會被磨損導致音質劣化或產生雜音。然而 CD 的讀音頭是以雷射光照射，與 CD 完全不接觸，因此播放個千百遍，音質也不會劣化。

因此 CD 並非唱片、唱機的改良，而是一「賣點特優的產品」，對唱片而言是強力的替代性產品。

商品價值遠大於商品價格的大熱賣

㈠商品價值 > 商品價格 > 成本

賣出產品或商品而從中獲得利益，必須滿足下列公式：

商品價值 > 商品價格 > 成本

家庭主婦主持家計每天都會購買生活用品，購買時總會貨比三家才會購入，所秉持的即是：

商品價值＞商品價格

一般而言，「商品價值＞商品價格」時，覺得自己買對了，相反的，若買的東西認為是「商品價值＜商品價格」則覺得自己買貴了、損失了。若製造業以「商品價值＜商品價格」的物品賣給顧客，一定會被罵成是黑店、坑人，下次不來了。

總括而言，人們購買的行為總是在追求「商品價值＞商品價格」。以賣方來看「＞」時可賣出，反之「＜」時則賣不出去，這是商品學的鐵則。大熱賣的商品顯現出來的不只是「＞」而已，而是「＞＞」或「＞＞＞」的結果呈現。

再以 CD 為例子來說明。CD 的前身 DAD，推出時價格約為二十萬日幣，外型約三十公分，無庸置疑的在當時 DAD 是「賣點優良的產品」，所以它能取代傳統的唱機，滿足「商品價值＞商品價格」的鐵則，但是不至於賣到七百五十萬台的程度，最多不到此數的十分之一。然而 Sony 推出的 CD，它具有 DAD 同等級的性質與功能，而且售價才五萬日幣而已，再加上其外型僅有十二公分。兩者比較之下，CD 是「商品價值＞＞＞商品價格」的商品，故將 DAD 淘汰出市場。

從這個研發的例子中，還可以得到另外一個教訓。通常的技術研發者常會犯的一個錯誤，認為既然已經研發了一個強而有力替代性高的「賣點特優的產品」，價格定得再高，顧客也會上門。這種把顧客當冤大頭的心態，常常是研發者的迷思。Sony 之所以能成功，不僅是研發出一個「賣點特優的產品」，而是追求商品價值與商品價格之間的「＞＞＞」不等號。

(二)如何滿足「商品價值＞＞＞商品價格＞成本」

如前所述，CD 可以達到商品的熱賣準則，即「商品價值＞＞＞商品價格」，然而最大的問題是「商品價格＞成本」是否能滿足？因應之道，有人認為目前的產量未達到損益平衡點，所以會「商品價格＜成本」，會虧本。如果將產銷擴大，讓其越過損益平衡點，則能夠達到「商品價格＞成本」。這種以損益平衡點的販賣規模來考量，雖然理論上沒錯，但是目前和以前「賣方市場」的時代（生產什麼，人們就買什麼）有所不同，而在「買方市場」的時代，要達到超越損益平衡點的販賣規模，談何容易。

接著，我們考慮如何合理化的生產來達到降低成品。以前的做法，常常壓低下游供應廠商的價格，雖然達到了降低成本的目的，但是一分錢一分貨的通則下，品質當然不會高，最後的結果是損或是益？可想而知。因此這個手法目前已不適用。所以要求成本降低，必須採用目前所沒有的全新創意才有可能突破。再以 CD 為例，它是如何以嶄新的手法達到降低成本的目標。

為了了解這個創新的手法，首先要了解 CD 的構造及其運作模式。原音記錄及播放的方式分為類比法及數位法兩種。前者是傳統唱片所採用的，它無法把全部的音域記錄下來，因此播放時無法原音重現。而 CD 採用數位錄音的方式，即 PCM（Pulse Code Modulation），可達到幾乎百分之百原音重現。所謂 PCM，就是先將類比訊號數位化，數位化的過程如圖 1.2.1 所示。首先將輸入的類比訊號對時間做圖，接著以一定的時間間隔 T，將類比訊號切割成一長條一長條，此一長條即為一個脈衝樣本；為了要原音重現，T 要愈短愈好，但是如此要處理的樣本數目也愈多。一般的 CD 都採用 $T = 0.02\,ms$，以 16 bit 來處理。接著將脈衝樣本量子化。以脈衝樣品當時最大振幅的電壓（V）或電流（mA）分別給予一個固定量，例如：$i = 18$, $j = 25$, $k = 30$, $l = 25$, $m = 18$,……即完成了量子化。最後，將量子化的樣本以數位訊號來表示。經過這樣的處理類比訊號就變成了數位訊號。變換數值表如下所示：

$$i = 18 \quad \rightarrow 10010$$
$$j = 25 \quad \rightarrow 11001$$
$$k = 30 \quad \rightarrow 11110$$
$$l = 25 \quad \rightarrow 11001$$
$$m = 18 \quad \rightarrow 10010$$
$$n = 12 \quad \rightarrow 01100$$
$$o = 7 \quad \rightarrow 00111$$
$$p = 12 \quad \rightarrow 01100$$
$$q = 18 \quad \rightarrow 10010$$

接著將電氣數位訊號轉換成雷射數位訊號，再以雷射將此訊號以 bit 的方式記錄在 CD 原盤上，（bit 代表 1，無 bit 代表 0），然後可大量複製。

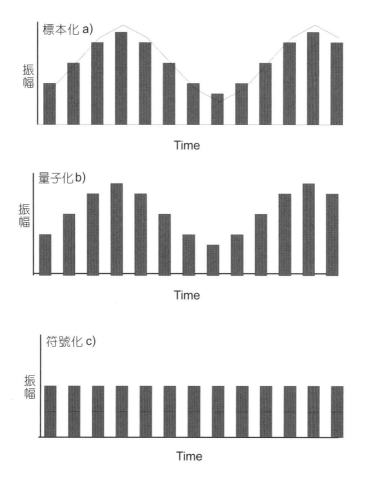

圖 1.2.1　類比波形的標本化 a)、量子化 b)，及符號化 c)

　　CD 的 bit 記錄比起唱片的溝狀記錄還要精細，12 cm 的 CD 可容納約 50～60 億個 bit，換算起來一個 bit 的大小僅有 2 μm（1 μm＝1/100 mm）長，0.5 μm 寬的橢圓形而已，而軌與軌之間距離約為 1.6 μm，因此可以容納非常多的訊號。

　　當播放時，程序剛好相反；用雷射光照射 CD 的表面，遇到 bit 時光會被散射，反射光較弱代表 1，而沒有 bit 的地方反射光較強，代表 0，用這種方式來讀取 CD 上的數位訊號。運作方式如圖 1.2.2 所示。由上可知，CD 的播放器必須搭載一個雷射發振器作為其心臟部品。

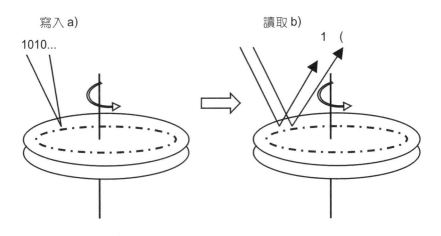

圖 1.2.2　CD 的原理示意圖：寫入 a)及讀取 b)

　　在當時，菲利浦採用氦氖雷射為其研發的 DAD 光源。氦氖雷射不但體型很大，像茶杯大小，而且很貴，至於要十萬日幣以上。所以 DAD 的售價在二十五萬元以上。相反的，Sony研發了新的鎵、鋁、砷半導體雷射，不但體型僅有一個指尖大小，而且成本只需一萬日幣，因此可以把售價壓低至五萬元日幣以下。

　　除了雷射的問題之外，還有一個障礙得要突破。那就是雷射在讀取 CD 上的bit時的對焦問題。照相機在對焦時是採用一系列的凸、凹透視鏡組來對焦，雖然可以將這套東西應用到CD的雷射對焦上，但是又產生了成本及體積太大的問題。剛好當時美國柯達公司發明了一種非球面透視鏡片，可經由精密射出成形技術一次就完成非球面透視鏡片，而此種非球面透視鏡片的功能，能取代整套的傳統透鏡組，以達到對焦的目的（圖 1.2.3）。於是 Sony 儘速地將這種非球面透視鏡片導入 CD 系統中，突破了第二個障礙。

　　突破瓶頸的半導體雷射及非球面透視鏡，都是尖端技術下的產物，由這些例子豎立了一個降低成本的一個法則。附帶的是 CD 所採用的半導體雷射、非球面透視鏡，比起氦氖雷射及球面透視鏡功能，毫不遜色。

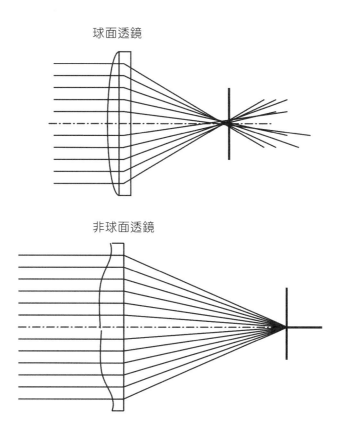

球面透鏡

非球面透鏡

圖 1.2.3　球面透鏡與非球面透鏡的焦點圖

三　探討熱賣商品的秘密

 僅有掏腰包購買產品的顧客才有資格做評價

　　一個產品要滿足「商品價值＞商品價格＞成本」的鐵則時，這個產品才有銷路，才能從中賺取利益。前節已討論過了。

　　所有的產品、商品自己本身具有商品價值，然而誰才能正確地評估這個商品的價值，是研發者、生產者，還是販賣者？答案都不是。僅有掏腰包購買商品的顧客才有資格做評價。這是另一個鐵則。

一般而言，一個新產品推出前，總會舉行試賣會、試用會等等來聽取反應意見。雖然試賣會等並不是完全沒有意義，但是提供免費或折價產品給顧客試用，然後再問顧客對新產品的意見，這種做法就太沒常識了。原因何在？因為受試者沒有自己掏腰包不會覺得痛，所做的評價也不客觀了。因此，要做真正的市場反應調查，不能有折扣，要以店頭的價格賣給顧客，這時顧客的評價才是真實的。

 ## 向顧客強調賣點展示商品價值

　　前節所述，自掏腰包購買商品的顧客才有資格做本產品的價值評估，然而坐著等待顧客的回應，這種做法太消極了。積極的方式是，一開始就對有可能的買家宣示「本產品具有這樣的商品價值」，即是展示產品的賣點。對顧客強調產品的賣點，即是在宣示自己的產品價值。

　　展示新產品的賣點時，能在愈短時間內表現完愈好。亦即有人問到你的新產品：「你的新產品的賣點為何？」立即能回答：「這個新產品的賣點是○○○」，如此顯得非常有說服力。反之，自己產品的賣點需要花十幾二十分才能向顧客說明清楚，那說服力就大打折扣了。所以，一個原則：「新產品的賣點要求在一分鐘內展現完畢」。

　　新產品的推銷，一般是由廠商的業務員、特約店的業務人員或小賣店的店員直接與顧客接觸，他們是否有吸引客人一、二十分鐘的口才，是一個疑問。而且在繁忙的時代裡，很少人能聽你說個一、二十分鐘而不開溜的。

 ## 鎖定給本商品最高評價的顧客為目標

　　對於某一個新產品，若所有的顧客，無論男、女、老、少都給予「商品價值＞商品價格」的評價，那是最好的。但是，在目前需求多樣化的時代，「＞＞」、「＞」、「＝」、「＜」的評價都有。這時就要針對「＞＞」及「＞」的顧客做進一步調查，了解他們的共通性。具有共通性的顧客群即成為本新產品的銷售目標。當然，對於銷售目標就可以發動各種的攻勢推銷產品。

　　在發動推銷攻勢之前，有一件事必須注意到，即：此項新產品的組裝、使用

要領、維修、外觀設計及感覺等都要與目標顧客群相襯。例如，某個產品的銷售對象是家庭主婦，但是組裝及維護都很困難，那這個產品算是不及格了。既然目標客戶群是家庭主婦，新產品必須是操作容易又安全的產品。

最近，家庭電器、視聽設備或通信器材等高機能性產品陸續問市，所附的「使用說明書」變得愈來愈難懂，有人或許會懷疑「說明書到底是誰寫的，看都看不懂」。一般而言，顧客剛買產品之初才會去看說明書，以後大致都採自由心證來解釋、來使用。因此，說明書在顯著的地方要強調使用上的注意事項，讓顧客在開箱開始使用時，就能夠留下第一印象。萬一發生事故了，再來辯稱在說明書中某某地方寫得很清楚，那已於事無補。而且，讓產品一旦到了顧客的手中，怎麼使用都隨他所興，因此出現了一些匪夷所思的使用法，也可能引發了不必要事故。一旦事故發生了，大都會歸罪於製造廠商。近年來，發生問題的民生用品不在少數，說明書的功能沒有完全發揮是其中一大原因。

目前是硬體充裕的時代，單靠性能、品質良好就想打入市場，那是很困難的。以手機為例，一般的手機具有鈴聲、振動及液晶螢幕顯示等功能，但這些功能性已無法滿足消費者所需，因此，近年來業者陸續研發 Web、攝影、傳輸資料、收聽音樂（MP3）或收看電視（MP4）、電子錢包等額外功能手機，並可配合消費者的心情、喜好隨時可以做外殼變顏色，這都可以感受到研發者的用心。

商品包括了「軟性」及「硬性」的商品價值

製造商品時要注意到商品的價值包括了「軟性的商品價值」及「硬性的商品價值」，這是非常重要的。

先前已經提過了，目前是軟性導向的時代。即是：軟性導向的時代比較重視「軟性的商品價值」，因此，「硬性的商品價值」由於附加上「軟性的商品價值」，使得「總商品價值」向上攀升。在這裡討論的是針對某一個產品，它已具有某些「硬性的商品價值」，如何才能對此商品提升一些「軟性的商品價值」。

將「軟性的商品價值」及「硬性的商品價值」分開來經營操作而大成功的例子，要首推任天堂的電視遊樂器「Famicom」。

案例六：任天堂的「Famicom」

任天堂的「Famicom」，以硬性的價值來看，是一個不完整的 8 bit 的個人電腦，發賣時欲行又止，考慮了很久，最後才想出了一個行銷策略。原來當時能製造同等級的 8 bit 個人電腦的廠商另外還有一家競爭對手，若貿然地推出市場，將與對方爭奪市場，會演變成價格戰，勝算有多少還是未知數。想了又想，最後以超低價的日幣一萬五千元的價格推出市場，如此的舉動震驚了市場，也震驚的對手，因為怎麼算，一台的成本已超過了二萬元日幣，「任天堂發瘋了，不然就是使用什麼妖術，才能把價格壓得那麼低，……」對手一個個一邊罵一邊從市場抽手，結果任天堂席捲了整個市場，銷售量打破了二千萬台，成了大熱門商品。有人認為任天堂是大量生產，每個月產量幾十萬台的規模才能把成本壓得那麼低。但是某一個產品剛推出時，誰也不敢冒這麼大的風險把生產線開那麼大，所以任天堂推出 Famicom 時，成本還是二萬元。賣一台要賠五千元，到底任天堂是怎麼賺錢的呢？其秘密在於軟體上。

單獨的 Famicom 是一個硬體，必須配合遊戲軟體才能使用、操作。遊戲軟體是儲存在 3.5 吋的軟碟片中；當時空白軟碟片一片不過日幣四百元，加上載錄過程，遊戲軟體一片成本也不過八百元日幣，今日以每片二千五百元日幣賣出，利益十分的可觀。硬體的 Famicom，一家有一台就算很不錯了，但是軟體卻不一樣了，一台硬體總會配上好幾套軟體。結果販賣硬體所虧的五千元，由軟體來彌補起來，又因為獨占了市場，所獲得的利益不在話下。

將這種手法角度使用於新產品的銷售上，已經行不通了，但這件事告訴我們，產品在商品化的時候，會存在一些不容易察覺到的微妙事情，好好把握就有成功的機會。

再看看 Nike，對商品附加上「軟性的商品價值」而使得「總商品價值」向上攀升的成功例子。

案例七：Nike 對商品附加上「軟性的商品價值」

Nike 公司的歷史並不是很久，為什麼在短短的數十年間成為一個世界級的品牌，從它的演進史可以看出端倪。

1978——藍帶公司正式改名為 Nike 公司；與網球巨星 John McEnore 簽訂贊助合約。開始在南美及歐洲地區銷售 Nike 的產品。

1979——推出第一雙配備先進 Nike-Air 避震科技的 Tailwind 跑鞋，Nike 運動服飾也開始製造行銷。Nike 的營收幾乎達到美國運動用品市場的一半，尤其在跑鞋領域高居領導地位，穿著 Nike 跑鞋的選手囊括八百至一萬公尺的各項徑賽紀錄。

1980——Nike 運動研發實驗室在新罕普夏州的艾克斯特市成立。該年員工人數增至二千七百人，營收二億六千九百萬美金。

1981——Nike 選手 Alberto Salazary 紐約馬拉松賽改寫世界紀錄。Nissho 和 Nike 聯合在日本成立 Nike 日本公司。

1982——Nike 運動服飾成長至近二百種款式，服飾年賺七千萬美金。

1983——穿著 Nike 跑鞋的 Joan Benoit 打破世界女子馬拉松紀錄。二十三名由 Nike 贊助的選手在芬蘭赫爾辛基舉行的世界田徑冠軍開幕賽中獲得獎牌。

1984——洛杉磯奧運會中，Carl Lewis 個人囊括四面田徑金牌；Joan Benoit 勇奪第一面奧運女子馬拉松金牌。Nike 贊助的五十八名選手捧回六十五面獎牌。

1985——以芝加哥公牛隊的新人 Michael Jordan 命名的 NIKE AIR JORDAN 系列籃球鞋和運動服裝上市。

1986——營業額達到十億七千萬美元。

1987——年收入降到八億七千七百萬美金。但先進的 Nike-Air 專利避震鞋墊，重新豎立 Nike 在業界的科技領先地位；Air Max 可見式氣墊運動鞋，使世人首次看見 Nike-Air 專利避震氣墊的優異性。此外，第四代 Air Pegasus 賣出五百萬雙，多功能運動鞋正好趕上有氧運動熱潮。

1988——開發 Footbridge 腳橋穩定器的設計。Nike 併購 Cole Haap 皮鞋公司。

1989——「Just Do It」活動邁進第二年；Nike 運用知名運動員見證產品，以及由 AIR JORDAN 籃球鞋引發的蒐集熱潮，促使 Nike 銷售大幅成長。

1990——成長中的海外市場促使 Nike 全球總收入突破二十億美金，員工超過五千三百名。Nike 總部「Nike World Campus」在奧勒岡州比維頓市成立。同時第一座 Nike Town 在波特蘭市開幕。

1991——Nike 成為全球第一家營收突破三十億美金的運動用品公司。由革命性的 Air Huarache 跑鞋引介 Huarache Fit 技術。多功能運動結合 Air Mowabb 隊鞋

與 F. I. T. 運動服走向戶外。Michael Jordan 帶領芝加哥公牛隊勇奪隊史上第一座 NBA 冠軍；Nike 海外營業額成長 80%，達到八億六千萬美金。

1992——海外營收首度突破十億美金，占 Nike 營收總額 33%。Nike 與美國田徑協會簽訂贊助合約，在本世紀前所有會員，都將穿著 Nike 服飾參加世界各項比賽。

1993——Michael Jordan 帶領公牛隊拿下第三座 NBA 冠軍後，宣布自籃壇退休。

1994——Nike 推廣 P. L. A. Y. 活動。P. L. A. Y. 包括一項運動鞋再利用計畫，以超過一億雙回收運動鞋為原料，舖設新的運動場。Nike 與世界盃足球賽的冠軍巴西隊中十名頂尖選手及義大利、美國國家男、女代表隊以及中國足球代表隊簽訂贊助合約。在澳洲，Shane Warne 成為 Nike 旗下第一位板球明星。

1995——Nike 年收入達到四十八億美元。Michael Jordan 和 Monica Seles 分別重返體壇。NFL 及達拉斯牛仔隊經營者與 Nike 簽約；脾氣火爆的法國籍選手 Eric Cantona 在一系列廣告中挑戰足球界的種族歧視。Nike Air 氣墊科技推出配備嶄新的輕薄精緻 Zoom Air 運動鞋。

1996——Nike 贊助的運動員及團隊支配了亞特蘭大奧運會。足球大聯盟展開第一個球季，其中有五支隊伍由 Nike 贊助，吸引超乎預期數目的熱情球迷。Nike 贊助巴西國家足隊隊出戰 1998 年世界盃；Tiger Woods 連續三年贏得美國業餘公開賽，改變高爾夫球運動的面貌。位在紐約的 Nike Town 成立。Nike 運動裝備部門往 1994 年合併 Canstar Sports 公司後成立，開始生產冰球用溜冰鞋、直排輪鞋、protective gear、球類、眼鏡與手錶等。

1997——Nike 亞洲地區的營收由 1996 會計年度三億美金，成長至 1997 年度八億美金；兩大客戶服務中心分別於韓國首爾及日本東京成立；中國大陸成為採購國家之一，同時也是極重要的市場。總部 World Campus 持續擴張，計劃將要容納全球一萬八千名員工中的七千一百人在其中工作。Nike 的 Air GX 和 Air Foamposite 球鞋，樹立了足球釘鞋與籃球鞋的舒適標準。

Nike 靠著資助知名球員，提升了它的「軟性的商品價值」，獲得了成功。最後強調的是：在硬體充足的現在，使用者對硬體的評價愈來愈嚴厲，但是軟性導向產品尚未如此充裕，對軟性產品的評價還是很鬆懈。一旦軟性導向產品也變得充裕時，使用者的評價也會更嚴苛。

四 由軟性導向所衍生的商品價值

 ### 為何「Louis Vuitton」的東西貴呢？

人們在硬體充裕之後，會轉向軟性導向的產品，今以製造軟性產品的法國名牌「Louis Vuitton」（俗稱LV）為例來思考。去過巴黎或香港買LV的人，可能都遇過這樣的狀況：排隊排了一個多小時，告訴店員：「我想買最新的 Monogram Glace 皮箱……。」結果，店員只是冷冷地說「缺貨」，或是「你只可以買一個」。不算禮遇的對待，卻依然叫貴婦人、粉領族們，心甘情願地奉上銀兩，只為了擁有一個潮流和品味的象徵。LV 能夠傲慢，是因為各地的價錢不一。巴黎比香港便宜三成，香港又比台灣便宜一至二成。1999 年，LV 旗艦店在台北中山北路開幕時，特別邀請張曼玉和梁朝偉到台灣剪綵，完全懂得以明星的效應來打品牌的高級形象。Pochette Accessories（NT$6,400）近三年來，這款在台灣相當受歡迎。最熱門時，一年可以賣出四、五百個，而目前還維持兩、三百個左右。同等的國產產品的價格僅約五分之一，東南亞產品更在十分之一價格之下。

前些年，趁著有機會到巴黎出差，順道到位於香榭大道的「Louis Vuitton」本店去看一看，賣場擠滿了各地來的觀光客，因為在巴黎只要半價就可以買到前述的東西。

我們在此將 Pochette accessories 在國內的商品價格做商品價值的分析如下：

硬性的商品價值	1,500 元
軟性的商品價值	4,900 元
合計	6,400 元

硬性的商品價值是指實際的功能，亦即手提袋是用於裝東西的目的；為了裝東西的目的，一個一千五百元的手提袋（國產品或東南亞產品）就十分夠用了。因此剩下來的四千九百元可視為軟性的商品價值。因此購買 LV 手提袋的顧客對

它的軟性的商品價值的評價為四千九百元。

在這情況下，要注意的是軟性的商品價值不一定反映其製造成本。縱使 LV 手提袋在製造時是採用最高級的原料、最先進技術的印染工程，其成本也不會超過一千元。因此在巴黎本店可以用一千多元買得到。

LV 手提袋是舶來品，所以進口時要加上運費、關稅等，再加上銷售者的利潤等，怎麼算也不會到六千多元。這件事件有違一般的成本與售價之間關係的觀念。

相反的，若非LV手提袋，它的製造成本、關稅及銷售成本的總和是六千元，要賣六千多元一個的話，可能沒人會出手。因此，縱使成本為六千元的東西，它的總商品價值沒超過六千元的話，誰都不會購買。

那麼，構成 LV 手提袋的四千九百元的軟性導向的商品價值的成因為何？分析如下：

1. LV 是超一流的名牌；

2. 一眼就能看出是 LV 的原廠設計；

3. 可以顯示 LV 持有人的品味與差異化。

這些因素造成了如此大的價格差異。換言之，你的商品能夠創造出這種價格差異，產品的售價可以訂得比人家高出二、三倍，而且讓購買者覺得「商品價值＞商品價格」。

羅馬非一日造成的，LV 的聲譽也不是一日累積而成的。LV 的創辦人 Louis Vuitton本原是拿破崙愛妻的御用捆工。每次拿破崙東征西討時，皇后就召用他設計最優異的皮箱裝備，以備旅行之需。有一百五十年歷史的 LV，一開始就專攻皇室及貴族市場供應歐洲皇室的御用品，其信用及評價累積了一個半世紀，才有今日的地位，也是令這個名牌屹立不倒的原因。。

 ## 硬性、軟性商品價值兼備的一流名牌

LV 除了具有極高的軟性商品價值之外，關於LV的硬性商品價值傳奇，起碼有二：(1)在 1911 年，英國豪華郵輪「鐵達尼號」沉沒海底，一件從海底打撈上岸的LV硬型皮箱，竟然沒有滲進半滴海水，LV因此聲名大噪；(2)十多年前，傳

聞有個 LV 的顧客家中失火，衣物大多付之一炬，唯獨一只 LV Monogram Glace 包包，外表被燻黑變形了，內裡物品卻完整無缺。LV 的防水、防火傳說，真實程度難以追究，但它不用皮革或其他普通皮料，而是採用一種油畫用、名為 Canvas 的帆布物料，外加一層防水的 PVC，的確讓它的皮包歷久彌新，不易磨損。

1950 後期，流行的一流名牌是「Dunhill」的銀色打火機。當時，經濟狀況正在起飛，購買力也逐漸增強，但是對奢侈品還是不太敢出手。初次見到「Dunhill」的打火機時，深深被它的銀色長方形造型所感動吸引。那時候，所見到的一流打火機，了不起是美國製的「Ronson」打火機，「Ronson」打火機外型談不上有什麼設計，只是為了其功能而賦予一個外型而已。相反的，「Dunhill」打火機呈現出握起來舒適的長方形，除了功能外，外觀給人有高貴的感覺。使用過的人後，對它的機能讚嘆不已。當時大多數的癮君子都隨身攜帶火柴，放在褲子裡常常被汗水浸濕，後來才有仿製的百圓打火機，不但外觀上無甚可取，而且常常點不著火；相對的，「Dunhill」打火機使用幾百次沒有一次點不著的。而且不會漏氣，加上點完火蓋上蓋子時「鏘」的一聲，吸引許多人的目光，也滿足了自己的虛榮感。個人認為，一流的產品要具有令人舒服的感覺，確實的功能性及耐久性。繼「Dunhill」之後，「Dupont」及「Clture」等等鑲寶石打火機陸續登場。

使用過的另一種名牌商品是「德國萬寶龍，Mont Blanc」鋼筆，它後來出了好幾款的新款式的鋼筆，但都不失德國人的厚實感，在其筆蓋頂端鑲有一個雪花般的六角型標幟，讓人望一眼即能分辨出來，隨後又推出了原子筆及鉛筆，都令人愛不釋手。關於它的性能，我用它不知消化了多少萬張的稿紙，Mont Blanc 鋼筆總不失我所望，即：很好寫；握久了也不覺得累，從不斷水，有時插在口袋蓋子鬆脫了也不會污染到襯衫。

長年的一流名牌商品一路使用下來，得到下面的感想：想成為一流的名牌商品，要具有極高商品的軟性的商品價值，而且要兼備硬性的商品價值來滿足使用者的需求。

因此，意圖為自己的產品附加上高的軟性的商品價值，以達到區別市場的作用，首先要先對自己產品的硬性的商品價值嚴加把關才行。

要隨時站在愛用者的立場思考

英國的「Burberry」風衣，被評價為世界一流的品牌。風衣的前身，是為了壕溝戰的英國兵士所研發出了潑水性及機能性都很好的雨衣而得名。所以風衣有人稱為「戰壕衣」，名稱就是因此而來。我曾擁有過幾件「Burberry」風衣，發現到它真的具有很好的潑水性（類似奈米科技），淋了雨只要抖一抖就乾了，而且它的縫工也是無懈可擊。

而且它的設計與一般追求時髦的成衣不同，它總是嚴守著它原先的設計式樣，這樣對愛用者是一項利多。「Burberry」非常的耐用，也就是可以長久保有。一般的品牌常常變更設計，穿了幾年就被看成落伍了。然而「Burberry」堅持不改款。不只這些，前些日子稍微胖了一些，風衣穿起來覺得緊了一些，於是拿到裁縫店去修改，店主看了一下笑著說：「不用改了，只要將釦子往外移一吋就可以了」。這時才發現到「Burberry」設計的風衣，釦子是縫在離衣襟較裡面的地方，隨著你的瘦胖移動釦子的位置，就可以變得合身。這種設計也讓使用者長期使用，各個細節都考慮到了，真令人佩服。

反觀國產的風衣，就沒有這種貼切的設計，釦子總是釘在衣襟的外端，一點伸縮的餘地都沒有。

 ## 隨著「硬體充裕時代」的變遷而改變的一流名牌

1960 年代，瑞士的手錶令人垂涎，其中的代表是「Omega，亞米茄」錶。然後才有「Longins」、「International」等錶的引進。然而，「Omega」、「Longins」、「International」等手錶在歐洲是大眾化的商品，為了顯示地位的差別，才又引進了更高一級的一流名錶，像「Patek Phillipe」、「Vacheron Constantin」或「Audemars Piguet」等手工製造的名錶。

日本的製錶業，最先將石英振盪器導入手錶製成石英錶，拓展全世界的市場也是在這個時代。在 1980 年總生產額超越了瑞士成為世界第一，普及到大人或小孩，成了硬體充裕的狀態。接續石英振盪器，鐘錶的數字顯示器更助長了這個

波瀾。另一方面，為了顯示地位差別，也開始傾向於軟性導向產品的研發。

軟性導向手錶的研發，對於瑞士、法國的鐘錶業開始攻擊，使得原先受到歡迎的「Omega」、「Longins」或「International」等手錶的市場萎縮了，取而代之的「Catier」或「Rolex」成了新歡。這些高級的手錶分別有 18K 金或不銹鋼的組合，在百貨公司的售價從數十萬到數百萬不等。往昔舶來品手錶的霸主「Omega」或「Longins」一蹶不振的原因，因為它們已經滿足不了高級導向的要求了，或者是因為日本產的手錶的軟性導向已越過了它們。從此之後，電車內扶著吊環的OL的手腕上，不是「Rolex」就是「Catier」在那裡閃閃發光。之後更高級的手錶陸續登陸，甚至有瑞士製鑲寶石價值一千萬的手錶也來叩關，價格愈爬愈高。

如此的演化現象，在女用的手提袋亦可觀察得到。從前幾年前開始，「LV」手提袋是一流品牌的象徵而大大風行，現在的年輕女孩子幾乎人手一個。然而大家手上掛的都是 LV 的手提袋，那又變得無法顯示出差異性了。哪一個會變成大家心目中的名牌呢？成為下一個目標的名牌是「Chanel」或「Hermes」呢？「Chanel」的歐洲的業者對亞洲的市場感到非常的興趣。他們認為亞洲市場好像一流名牌產品的展示窗，他們將標價定得高高的，只要能夠引起大家的青睞與憧憬，獲得她們極高的評價，就已經達到目的了。縱使在亞洲的高價無法賣出，但是到巴黎遊玩的旅客到本店成堆成堆地買，以生意來說已達到目的了。

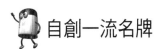 自創一流名牌

案例八：奇美集團

「奇美實業廠」於 1953 年由許文龍先生創辦於台南市，為台灣最早期的塑膠加工業者之一，以美麗與耐用的塑膠日用品與玩具，享譽業界。許文龍先生並於 1959 年創立「奇美實業股份有限公司」，為台灣第一家壓克力板生產者，所生產的 ACRYPOLY® 壓克力板很快獲得客戶在品質、信賴與價值感上的良好信譽，隨即ACRYPOLY®成為台灣壓克力板的代名詞，許文龍先生亦被尊稱「台灣壓克力之父」，並且於短短十年內，奇美成為世界上頂尖的壓克力板供應商之一。由於奇美實業的經營成功，奠定奇美集團的重要基礎。

台灣工業發展進步快速，塑膠原料需求極大，針對苯乙烯系列樹脂的需求，於 1968 年與三菱油化合資成立「保利化學公司」，隨後推出一系列的 POLYREX® PS（聚苯乙烯樹脂）、KIBISAN® AS（丙烯腈‧苯乙烯樹脂）與 POLYLAC® ABS（丙烯腈‧丁二烯‧苯乙烯共聚合物）產品，以製程技術的突破、生產設備的創新，生產出品質優異與具成本競爭力的產品，而享譽業界。為整合集團資源與力量於 1985 年奇美實業與保利化學合併，在研發、生產與銷售發揮加乘效果，使奇美成為 ABS/AS 全世界最大的廠商。優秀研發團隊的智慧結晶如 KIBITON® TPE 熱可塑性橡膠、KIBIPOL® BR 橡膠，也是世界的重要品牌。這些優異表現，奠定奇美苯乙烯系列產品在世界崇高的地位。在既有壓克力研發基礎所研發出的 ACRYREX® PMMA 樹脂粒與 ACRYPOLY-BX® PMMA 壓克力壓出板也在業界占有一席重要地位。由於奇美集團經驗豐富的量產技術與厚實的研發能量，在石化界極受肯定與推崇。於 1999 年與日本旭化成合資成立旭美化成公司，共同將旭化成花費二十多年苦心研究之優異「非光氣法」、高環保標準與省能源的聚碳酸酯 PC 新製程，予以量產與商業化成功，替台灣的光電產業提供一個更具競爭力的原料來源。由於奇美集團經驗豐富的量產技術與厚實的研發能量，在石化界極受肯定與推崇。於 1999 年與日本旭化成合資成立旭美化成公司，共同將旭化成花費二十多年苦心研究之優異「非光氣法」、高環保標準與省能源的聚碳酸酯 PC 新製程，予以量產與商業化成功，替台灣的光電產業提供一個更具競爭力的原料來源。十多年來，奇美集團持續在石化界發展，考量台灣的自然資源與社會經濟發展狀況，於 1998 年決定大力投資未來的明星產業——TFT-LCD，結合台灣的最優秀技術團隊，輔以奇美深厚的石油化學材料深厚基礎，成立奇美電子股份有限公司，旋即於次年自行開發出台灣第一片大尺寸 TFT-LCD 面板，得到國人與業界的高度評價。2001 年更與 IBM 合資成立 International Display Technology Ltd，使得奇美電子在技術、產能與成本即具有相當競爭力外，更在技術與行銷方面有突破性的加成效果，是奇美電子與集團歷史上非常重要的里程碑。

案例九：華碩電腦

華碩董事長與副董事長均為宏碁工程師的背景出身，創業的時候年齡分別才三十七歲與二十九歲，如今成就約四千億市值的企業。閱讀《華碩傳奇》一書，

大家都期盼獲知他們成功的秘訣，以及所採用卓越特殊的經營策略。

　　了解華碩經營團隊的人都知道，其實他們的成功平實無奇，這群創業者只是充分發揮工程師腳踏實地、追根究柢、崇本務實的精神，以認真的態度將每一樣的工作都做到最好。但我以為這樣的經營精神，卻是台灣許多高科技創業者在急於快速求成的過程中所被忽略的，而華碩傳奇正可帶來驚醒夢中人的作用。

　　「崇本務實、追求第一」是華碩電腦的企業文化，該公司行事作風十分務實，不追求型式與包裝，一切以對於經營績效與生產力貢獻為考量的依歸。華碩能在短期間創造傑出經營成果，與這樣的企業文化有密切的關係。因此華碩的經營者一向認為企業成功需要依靠自己的本領，擁有一流的人才、一流的技術能力、一流的財務實力，才能創造一流的公司。

　　華碩對於產品技術一向追求卓越，對於產品品質更是絲毫沒有放鬆。他們認真踏實推動 TQM，能向一流企業管理的前人經驗學習，運用所有有效的管理工具（管理資訊化、統計品管、5S、QCC、QIT、TPM……），因此他的成本、品質都比別人具有競爭力。他的成功真的沒有秘訣，也沒有什麼偉大的創新或花稍的包裝，其實就是比別人更踏實地在技術研發與品質管理上追求卓越，經營者能以技術與管理來領導企業，並且勇於迎接各項挑戰，不斷經由外界挑戰來證實他的卓越。

　　華碩堅持在主機板開發設計領域中做到世界一流，我們看到他自 1990 年創業以後，對於在這一技術領域的研發投入目標十分明確，因此很快地超越國內其他廠商，並拉近與國外大廠的距離，最後成為國際一流的主機板設計生產大廠。我們可以說，華碩選擇主機板的經營策略也是非常的務實。因為主機板的技術難度極適合台灣來發展，它基本上是一種工程設計與系統設計的結合，同時也與製造技術有關，這些台灣都具有競爭優勢，而主機板又不是關鍵組件，國際大廠也樂於出讓這一部分市場與台灣策略聯盟。因此，華碩切進這一市場空間，並創造一流的技術能力，自然可以帶來一流的利潤。

　　華碩經營者很明確地認知，經營企業就是要能創造利潤。擁有再大的市場占有率，如果無法創造顯著的利潤，也是無意義的舉動。因此，華碩在經營上極力拉升產品功能與品質，以創造比別人更豐厚的利潤。我們看到華碩不急於進入量大利薄的 OEM 代工市場，而在能夠凸顯技術優越性的 DIY 市場發展，目的就是

為創造比別人更為豐厚的利潤。華碩成功的關鍵，在於它把一件台灣適合做的產品，在技術上做到卓越，然後又以堅持高利潤來顯現產品在技術優越性的價值。

華碩的財務管理也是相當保守務實，但卻實力堅強，手頭經常擁有百餘億現金，負債比低於 17.5%，應收債款平均 15 日回收，流動比高達 556%。以務實原則經營，不盲目擴充，一般均先租再買，先包再擴，憑藉產品與技術實力，進行穩健的經營。平均毛利率高達 30%（宏碁為 12.2%、大眾為 9.5%、英業達為 12.1%），管銷費用僅有 3%（宏碁為 6.4%、大眾為 7.3%、英業達為 5.5%），存貨週轉次數、應收帳款回收日數等經營指標均遠優於同業。

我國中小型科技企業創業，經營者多半急於求成，而忽略修練內功。沒有練就能禁得起考驗的一流技術能力與全面品質管理體系，縱然一時處於順境得利，未來也難逃脫逆境的嚴酷競爭考驗。華碩經驗可以作為台灣科技創業的標竿，不過企業不是要問自己是否如華碩一般賺取 30%的毛利，而是要問自己的產品技術能力與品質管理體質是否如華碩一般的優越。科技企業只要選對具有前景的產業，研擬適當的經營策略，踏實地致力於使自己產品技術處於產業的領先地位，認真實施全面品質管理，使自己的品質與成本處於優勢地位，那麼你就自然會成為該產業明日的「華碩」。

前面已經談論過了，要突破「硬體充裕的時代」，軟性導向的產品是一項利器；如何增加產品的軟性導向的價值在前節也討論過了。一些歐洲名牌產品都具備了這些特點。但是這些產品價值並非一朝一夕所能造成的，而是累積了好幾百年的評價，才保有今日的地位。想要製造商品可引以為鑑。

五　研發動機的兩大類型

 需求導向與基礎研究導向

關於新技術或新產品研發的動機有兩大類：第一種為需求導向（Needs Orientate），另一種為基礎研究導向（Seeds Orientate）。

需求導向是由於需求者提出：「這樣的新產品能夠做出來嗎？」這樣的需

求，企業應顧客的要求而研發出來的新產品。相對的，基礎研究導向的研發是指企業本身的研究所發現了「新的技術」或「新的材料及其應用性」，以此為基礎研發出新的產品。

這樣的解釋，看起來似懂非懂，因為對相同的文字讀的人領會有所不同。在某一次集會中，某個企業代表說：「為了能永續經營，本社從數年前就開始研發新的技術、新的產品，但是進展很慢……。」我問他：「貴社研發的主題中需求導向的有多少？」他回答：「90%以上都是需求導向的。」我重新將需求導向及基礎研究導向的動機的差別再說明一次，然後將他提出的研發項目再次分類，結果真正的需求導向的研發占不到10%，難怪進展很慢。

再詳細說明一次。所謂需求導向的研發，指研發當時已經知道研發出來的新產品的顧客群在哪裡、市場在哪裡。相對的，對於研發出來的新產品，不知道買家在何方，必須去開拓新市場，這種稱為基礎研究導向的研發。這樣的定義，大家應該較清楚了。需求導向與基礎研究導向不是一般的語言，是企業界專用術語，必須分辨清楚。

用途研發是事倍功半的差事

由企業的研發陣營或工廠技術的想法，以基礎研究為導向研發出來的新產品，交給營業部門去開發新客戶時，常會引起很大的困擾，也就是說用途開發要從零開始，而且新產品的推銷是由業務人員或特約販賣店執行，而不是研發人員來擔當。一般沒有生意來往的新客戶姿態都很高，業務人員在開拓市場時倍感艱辛，有的甚至於半途夭折。運氣好的時候可以遇到幾個肯採用的客戶，實際使用後發現，新產品除了目前所具有的特性外，最好再具備另外幾項功能，於是新產品又回籠做二次的研發。

譬如說，某個企業研發了一種新的保溫材料可以耐到300℃，幸運的遇到肯採用的客戶，使用沒多久客戶的抱怨反應回來了：「雖然可以耐熱到300℃，但是抗張強度不夠，以及誘電率太低引起了不少困擾……」這個情況你不得不重新再來一次。

如此來回幾次，總算找到了販賣通路，以此為基礎研發其他的市場，這時所

擔的風險就比較小了。一項新產品從零開始打入市場，其犧牲是非常大的。

　　無論你研發出多麼優良的產品，產品不是從左手賣給右手那麼容易，如何去販賣、如何將其事業化才是問題所在。已經強調過很多次，這是一個買方市場的時代，基礎研究導向型的研發所冒的投資風險相對的也非常大。

 ## 以克為單位來計價評估

　　數十年前，美國的 UCC 首先研發出了碳纖維（CF），這是一項基礎研究導向的產品。碳纖維的比重僅為金屬的數分之一，但是抗張強度比鋼絲還強，被報章譽為「夢幻纖維」，今後將成為市場的明日之星，將成為市場之新寵兒。在日本有東麗、東邦螺縈製造 PAN 聚丙烯腈系列的碳纖維。

　　然而在研發後的十幾年內，夢幻的纖維只見樓梯響不見人下來，沉寂了好一陣子。記得在 1930 年代另有一種夢幻纖維，即美國杜邦公司所研發的尼龍纖維，在當時國際情勢正緊張，絲襪用的絲原料何時會缺貨，誰也不可預料，所以迫切有研發替代品的需求。相反的，碳纖維研發出來時，市場上並沒有這種需求。

　　在此，我們換個方式思考，一方面是賣方將新材料推銷給廠商使用，另一方面是廠商的產品採用這種新材料，我們要如何判斷是否合適。有一個最簡單的方法，就是將所有產品化成每克多少錢之後，就可以來做比較與評估。

　　CF 剛研發出來當時，每個廠商的年產量不過是五噸、十噸的量而已。而且價格是每公斤十萬元以上，將其以克計變成一百元/克。一百元/克以上的最終產品，在市場上到底有哪些東西呢？

　　總重量約一公斤小型 VTR 攝影機大約是一百元。電視則為十元，汽車約三元，波音 747 也僅值七十元而已。在當時，能夠使用一百元/克的原料來製成最終產品可說明鳳毛麟角。最後終於出現了太空梭，價值約為一千元/克，可以使用任何再貴的材料，然而大家知道它需要的材料有限，不是一個大市場。

　　如此沉寂了十年之久，資金被壓住了不少，還好當時是經濟高成長期，可由別的部門來補貼。但以後是否還可以如此做，那很難說了。在沉寂了一段時間後才又被注意到，因為休閒風吹起，一些運動器材的單價都很高，才有興趣採用 CF，例如高爾夫球桿的克單價約八十元，縱使如此，完全採用 CF 時成本還是太

高，幸好製造這些運動器材時，CF可以與其他原料複合使用，例如CF與環氧樹脂併用製成 CFRP（Carbon Fiber Reinforce Plastics），使得成本降低。CF 利用在高爾夫球桿上的成功例子引致了良性循環，使CF的要求量增大了，供應量增加了，價格也降了，可利用的範圍也增大了，像球拍、釣竿等都採用 CF 製的，最重要的航空器材也採用了 CF，如此下來，使得 CF 產業一面欣欣向榮。CF 的例子是百年難得一見，你的產品是否如此好運，誰都不敢保證。

另一個具有類似命運的產品是太陽能電池。第一個太陽能電池是在 1954 年由貝爾實驗室所製造出來的，當時研究的動機是希望能替偏遠地區的通訊系統提供電源，不過由於效率太低（只有 6%），而且造價太高（357 美元/瓦），缺乏商業上的價值。就在此時，開創人類歷史的另一項計畫——太空計畫也正在如火如荼地展開中；因為太陽能電池具有不可取代的重要性，使得太陽能電池得以找到另一片發展的天空。從 1957 年當時的蘇聯發射第一顆人造衛星開始，太陽能電池就肩負著太空飛行任務中一項重要的角色，一直到 1969 年美國人登陸月球，太陽能電池的發展可以說到達一個巔峰的境界。但因為太陽能電池造價昂貴，相對地使得太陽能電池的應用範圍受到限制。

到了 1970 年代初期，由於中東發生戰爭，石油禁運，使得工業國家的石油供應中斷造成能源危機，迫使人們不得不再度重視將太陽能電池應用於電力系統的可行性。1990 年以後，人們開始將太陽能電池發電與民生用電結合，於是「與市電併聯型太陽能電池發電系統」（Grid-Connected Photovoltaic System）開始推廣，此觀念是把太陽能電池與建築物的設計整合在一起，並與傳統的電力系統相連結，如此我們就可以從這兩種方式取得電力，除了可以減少尖峰用電的負荷外，剩餘的電力還可儲存或是回售給電力公司。此一發電系統的建立可以紓緩籌建大型發電廠的壓力，避免土地徵收的困難與環境的破壞。近年來，太陽能電池不斷有新的結構與製造技術被研發出來，其目的不外乎是希望能降低成本，並提高效率。如此太陽能電池才可能全面普及化，成為電力系統的主要來源。

太陽能電池應用的範圍非常廣，可分為下列幾項：

1. 電力：大功率發電系統、家庭發電系統等；
2. 通訊：無線電力、無線通訊等；
3. 消費性電子產品：計算機、手錶、電動玩具、收音機等；

4.交通運輸：汽車、船舶、交通號誌、道路照明、燈塔等；

5.農業：抽水機、灌溉等；

6.其他：冷藏疫苗、茶葉烘焙、學校用電等。

隨著電子科技的快速發展，各種電子產品也是日新月異，其中通訊與資訊產品，更成為人類日常生活中，不可缺少的日常用品，諸如手機、掌上型電腦與個人數位助理（PDA）等，這些電子產品都必須要有電源供應才能發揮功能。因為電池沒電而英雄無用武之地的窘境，相信很多人都曾發生過，而這個問題即將在太陽能衣的上市後成為歷史。

最近德國的科學家洛雅恩與拉恩林研製出一種太陽能纖維，這種太陽能纖維是由三層非結晶矽與兩層導電電極所組成。當太陽光照射時，可使上層的電極產生自由電子，這些自由電子經由內建電場的作用，穿過中間的非結晶矽層而抵達下層的電極，即形成一個基本的電池結構。據稱這種太陽能纖維製成的衣服還可以放入洗衣機內洗滌，未來只要人們穿上這種太陽能衣，就不用再擔心自己隨身攜帶的電子產品，面臨沒電而一切停擺的命運了。

最近又出現一種新的材料，稱為形狀記憶合金，它是由鎳及鈦製成的合金，在常溫時可加工成各種形狀，在低溫時將其變形，然而再回到常溫時可以回復到原來形狀，故稱之。這種形狀記憶合金每公斤約為三十萬元，相當的貴。若有某一產品，以總重量來計僅百分之一用這種合金時，成本增加多少呢？分析如下：

原來的材料費＝1000 g × 1 元/克＝1,000 元

採用記憶合金時的材料費＝(990g × 1 元/克)＋(10g × 300 元/克)＝3,990 元

由上分析可知，僅僅百分之一採用記憶合金時，成本就增加了四倍，這個產品的價值會因此而增加四倍嗎？值得深慮。

顯在的需求及潛在的需求

如前面所述，在價格導向的研發當中，預計的客戶群已經明白了，研發出來的產品直接就有了銷路，而且產品所須具備的功能條件也都能事先把握住，因此

不需再三的修改，也就是說投資風險較小。然而要製出完全需求導向的產品，而沒有風險，那是不太可能的。

「需求」，實際上可以分成兩大類：一為顯在的需求；另一類為潛在的需求。

(一)對應「顯在的需求」的產品研發

顯在的需求是指大家都知道，而且大家都看得到的市場需求。因此，針對這個需求，不僅只有你一家在做研發，而是其他的公司也在做研發，可以說是研發的競賽。研發落後的話，不但會失去市場的先機，而且會被其他公司領先，就顯不出新產品的特異性，最後會淪為分食市場或價格戰爭。

因此，為了對應顯在的需求，必須研發一些別人無法追隨的基礎研究導向的發明才行。也就是「顯在的需求＋基礎研究導向的發明」，才能脫穎而出，且將基礎研究導向的發明做最大的應用。

要與其他公司產品顯出「差異性」，並不是單純與其他公司的產品相比，有那些地方不同就可以了，而是要令你的客戶對這個「差異性」有很高的評價才行。

案例十：單眼反射自動對焦照相機——「顯在的需求＋基礎研究導向的發明」導致產品「差異性」的研發實例

照相機非常普遍，幾乎是人手一台，但是大部分人所持有的是俗稱的「傻瓜相機」，拿起來一按按鍵就可以照出一張相來。用「傻瓜相機」照相誰都會，無論人物或風景，只要對準了「喀嚓」一聲就了結了，這種一成不變的方式，使得有些人覺得不過癮，對這種「傻瓜相機」有所不滿。另一方面，有一種專家級用的單眼反射式照相機，它完全手動的，鏡頭可以更換，隨著拍照的對象自己可以組合成自己喜愛的模式，但是這款式照相機是玩家級用的，一般人根本無法操作。

米樂達「Minolda」公司研發出了「Minolda α 7000」型單眼反射自動對焦（Auto focus, AF）照相機，可以自動對焦，又可以改變拍照的方式，一般人就可以熟練地使用，受到大家愛用而大賣特賣，把競爭對手打得落花流水。推出後席捲了整個市場，當然對手會想對策來奪回市場。這個情況下，對手推出的照相機功能性與「α 7000」差不多時，也只能打價格戰了。

對手之一的 Canon，想到了一個對策，簡而言之就是「顯在的需求＋基礎研

究導向的發明」來製造「差異性」。

在討論對策之前，首先要對照相機自動對焦（AF）之機制做說明。所謂自動對焦，首先，被照體反射來的光線由光感應器測得，然後移動透鏡的間距，使焦點集中在底片上，當然移動透鏡組需要用到馬達，這個馬達裝設在照相機內部。馬達就是在此要討論的重心。

馬達的構造大家應該有所了解，它由兩部分構成，即固定子及旋轉子，固定子和旋轉子可為磁石、線圈或線圈、磁石的組合，當電流通過線圈時會產生磁力，此磁力與磁石具有的磁力相斥的結果，使得旋轉子轉動。這種組合型態幾百年來都一樣。

在 AF 照相機裡用來驅動鏡頭透鏡組的馬達有一些特殊要求，因為在對焦時馬達不停地ON、OFF，所以需要高啟動扭力，以及低速高扭力。一般馬達增高扭力的方式有二種，一為增加磁石的磁力，這樣一來，原來使用的平價磁石勢必被高價的 Sm. Co 磁石或 Nd. Fe. B 磁石所取代。另一種方式是增加線圈的圈數以增加流經的電流，但是使得馬達的體積過大。

為了要對焦準確，馬達最好裝在透鏡附近最好，但是鏡頭種類繁多，從廣角到望遠鏡頭都有，要完全符合需求且能裝在相機內的線圈馬達幾乎沒有。因此需要一個革命性的馬達（基礎導向的研發）。

當時，位於東京都世田谷區有一家不顯眼的小企業，叫作新生工業（社長：指田年生），引發了馬達的大革命，即創作了超音波馬達。

超音波馬達的心臟部分是壓電半導體。所謂壓電半導體，它的成分是鈦酸鋇、鈦酸鉛或鋯酸鉛，當外界給予一個衝擊壓力時，它會產生電壓，可以應用於瓦斯爐、熱水器或打火機的點火裝置。相反的，若加一個電壓給予壓電半導體，它會產生數萬赫茲的振動頻率，即會產生超音波。這是因為應加電壓會使得壓電半導體會產生電激現象（Electrostriction），可應用於超音波洗淨器。

但是超音波做垂直的振動，不做橫向的振動，無法形成迴旋力，因此需要費一番心力如何創造出它的迴旋力。新生工業研發出一個解決的方法。首先將甜甜圈形的振動體（彈性體）密著於壓電半導體上，然後應加上電壓使壓電半導體產生數萬赫茲頻率的超音波振動，此時的振動是垂直方向，無法產生迴旋力。接著，由這個振動波（駐波）誘導密著的振動體產生一個進行波。其變換的機制

為：將垂直振動的駐波的位置及相位連續變換九十度，則可以產生一個前進波。
這個前進波的分解圖，如圖 1.2.4 所示：a～d 表示進行波進行的方式；由圈上任
意一點觀之，它的振動是循著 a→b→c→d 的順序改變，綜合起來就成為圖中所
示，波的進行方向是一個逆轉的橢圓形。若在這個波上乘載一個物體時，這個物
體受到橢圓運動力的驅使，會以逆著波前進方向之方向前進。當這個物體換成是
一個旋轉子時，可當成馬達的旋轉子用。而且將波向倒轉時，回轉的方向也隨之
改變。

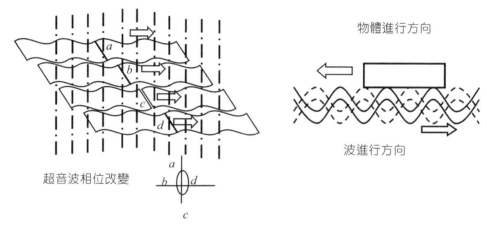

物體進行方向

波進行方向

超音波相位改變

圖 1.2.4　超音波馬達動作原理

　　超音波馬達與傳統的線圈式馬達相比，是一種全新概念的馬達，以同體積為
單位來比較，超音波馬達可多產出五至十倍的扭力（見圖 1.2.5）。

　　Canon 所發賣的「EOS 系列」單眼反射式照相機就是採用上述的超音波馬達。
超音波馬達可製成環狀裝置在透鏡組底側，而且可以提供高扭力，達到高品質的
要求。「EOS 系列」與「α7000 系列」比較，對焦所需時間僅需後者的三分之二
至二分之一，因此可以捕捉快速移動物體的影像；而且對焦時聲音很小。以最大
的直徑 125 mm 長 243 mm 的望遠鏡頭為例，只需搭載直徑 77 mm 重 45 公克的碟
狀超音波馬達就能運作，而且對焦的時間極短，僅及傳統式的一半約 0.8 秒就能
完成。

　　「EOS 系列」雖然比「α系列」後推出，但靠著優異的性能後來居上，在市場
的占有率來個大逆轉。這種後發先制的大逆轉的案例，在商場上是很少見的例子。

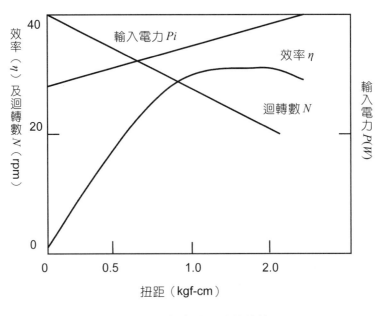

圖 1.2.5　超音波馬達的特性

　　高度資訊化社會的基礎技術是電子技術，而電子技術的基礎則是半導體技術。在 1990 年代，半導體的集積度達到了 64 Mb（Mega bits）（DRAM），然後進展成 256 Mb（Mega bits）、1 Gb（Giga bits），〔1 Mega＝100 萬，1 giga＝10 億〕。高度集積化過程中，半導體製造技術也必須要革新，以製造過程中最主要的步驟（顯像工程）而言，要達到設計值 256 Mb 以上時，目前所使用的雷射光，紫外光（g 線，i 線）的波長已太長，必須以更短波長的軟 X 線來取代，軟 X 線的光源為迴旋加速器，迴旋加速器的體積龐大，如何將其小型化可運用在製造半導體上將是一大課題。

　　下面這個例子中要說明，企業家如何正確的洞察一個新市場需求，而誕生了一個新科技公司。

案例十一：準分子雷射

　　故事發生在 90 年中期，當時 IC 半導體晶片工業，以快速的步調縮小迴路的線寬，發展增加晶片上增加電晶體密度的技術程序。經由每一代的技術的演進，晶片的開發者就能在微晶片上增加兩倍的電晶體數目。例如，1993 年，Intel 的

Pentium 上有三百二十萬個電晶體，兩年後的 Pentium Pro 則有五百五十萬個。

IC晶圓是利用光照將迴路線路圖投射在突有感光劑的矽晶片上，然後將照射後的矽晶片蝕刻而形成迴路。迴路的線寬接近照射光的波長時，此波長光已不能照出精確的迴路圖型（這是光波動性質，它會產生繞射，使得圖形的解析度下降）。在 1960 年代，晶圓製造廠商們是使用可見光，到了 1990 年代末期，就改成利用熱汞蒸氣產生較短波長的不可見紫外光，可以讓 IC 的線寬降到 0.35 微米大小。晶圓製造廠希望能進一步利用波長更短的X射線，但就 1997 年而言，X射線用在晶圓製造似乎還是太昂貴也太困難。在 1997 年，一家叫 Cymer Inc.的新公司生產了一種叫準分子雷射的東西，波長只有 0.25 微米，可以用作晶圓照射時的新光源。

故事回到 1985 年，當時 Robert Akins 及 Richard Sandstrom 剛從 San Diego 的 California 大學取得物理學博士學位，正在考慮到他們的未來。Akins 的研究題目是用雷射光來處理資訊，Sandstrom 則是研究雷射物理。他們原本都在一家防衛公司HLX，雷射使用的設計（像是以雷射誘發核融合以及以衛星與潛艇間的雷射通訊）。有一天，當他們在 Del Mar 的沙灘上玩飛盤、喝酒休息時，他們認真地想自己開業賺錢；他們決定利用他們特殊的專業，在 1986 年成立了 Cymer 雷射科技公司去發展準分子雷射。

準分子雷射是將兩呎的鋁管裝填混合氣體氪與氟，然後在鋁管內電極通入 12,000V 的電壓而產生的雷射光。這樣的電壓激發氪與氟的氣體原子，這兩種氣體有十億分之七十五秒的結合時機。這型式的氪氟分子是類似激發態的二聚合分子（因此稱為準分子），當電壓下降時，這種不穩定的分子會立即分裂；如此一來，就可以射出波長 0.25 微米的紫外雷射光。

技術方面棘手的問題是，如何將一萬兩千伏特的電壓，控制在每秒振動一千次，並保持一個月以上。在產品發展期間，Akins 及 Sandstrom 為了能讓公司運作，而第二次將房子給抵押。

在 1995 年開始，半導體廠商以準分子雷射生產晶圓：「在 Cymer 發表了定價四十五萬美元的準分子雷射後，在晶圓製造商的迫切需求壓力下，對焦機廠商被迫購買此高價位的商品」。Cymer的營業額也由 1995 年的一千八百萬美元激增到 1996 年的六千五百萬美元。Cymer的股票也由 1996 年 9 月的每股 9.5 美元，在

同年 12 月就激增到四十二美元；由這兩方面共賺進八千萬美元利潤。到了 1997 年 2 月 Cymer 的股價已經五十美元了。

㈡對應「潛在的需求」的產品研發

所謂「潛在的需求」，指這種需求已經存在，但是誰都沒有注意到的。所以只要滿足這個需求的應景商品一推出，顧客一定會蜂擁而至。迄今所謂大熱賣商品，大部分都是把握這個潛在需求，適時地把商品推出。前面曾談過，在突破「硬體充裕的時代」的可能商品中，有一種稱為「間隙型產品」的例子，換言之，其實就是「把握潛在需求的間隙型產品」。

潛在需求導向的新產品沒有其他的競爭對手，初期可以雄霸市場。而且潛在需求導向產品的研發，不需要高深的尖端技術，只是將舊技術巧妙地組合而成功的例子，不在少數。這樣看來，潛在需求導向的新產品研發是最有效的方法；實際上卻不是這麼一回事。潛在的需求不是那麼容易就能被發現，尤其是圈外人更談何容易。今以下面一、兩個例子來說明發現潛在需求有多麼困難。

案例十二：棉被乾燥器

在日本近十幾年來公寓式的房子漸漸增多了，這些集合式住宅為保持外觀一致，或防止資產價格下跌，常常定了一些內規，其中最常見的就是禁止在欄杆曬棉被，因為掛滿了萬國旗，就像貧民窟一樣，如此一來住戶不得不忍耐，而且公寓式房子愈建愈高，有些住戶根本曬不到太陽，不只是棉被連屋內都覺得潮濕。

提供一台可以乾燥棉被的機器給公寓住戶使用，會受到他們的歡迎吧！這是研發棉被乾燥機的動機。棉被乾燥機只不過是頭髮吹風機的改良品而已，算不上是什麼高技術的產品，只能算是新點子的產品。然而一推出市場，得到很大的迴響，一些沒意料的客戶都出現了。根據經濟部的調查報告，棉被乾燥器的年齡普及率比一般家電偏向高齡層，而且出乎意料的，這些人裡大部分的人住的是獨門獨院者。到底是什麼原因呢？後來發現到，獨門獨院的房子通風好，也有曬棉被的場所，但是相對的冬天卻比較冷，高齡者為了保暖總會多蓋幾條棉被，而且使用的時間也比較長，棉被吸了濕氣變得比較重，縱使好天氣，叫他們自己搬棉被出去曬，也是很累人的事。棉被乾燥器的登場，對高齡者是一大福音，最後變成

兒女孝順父母的最佳贈品。

這樣潛在客戶群的存在，在當初根本沒有預料到，由於這些高齡者的潛在需要存在，棉被乾燥器才能暢銷；反之，若僅有公寓居住者為客戶群的話，棉被乾燥器的銷路會這樣好嗎？還是個疑問。

案例十三：熱門商品「隨身聽」（Walkman）

「隨身聽」是 Sony 首先研發出來的商品，在推出前發生了一段小插曲，姑且遑論這段插曲是否真實，這裡所要強調的是聽了這段插曲之後，你會有「原來如此」，而發出一聲長嘆。

「隨身聽」的研發是 Sony 公司裡一群年輕人出的點子，當時的年輕人熱中於聽音樂，於是這群年輕人想到如何製造一台可以放在口袋裡的小機器，來滿足年輕族群的音樂熱，而且不會吵到別人。年輕人應該了解年輕人的潛在需求。

於是試作了幾台「隨身聽」，這是市面上尚未出現的新產品，是否能賣得出去，還不知道；將其送到門市部去試賣，看看反應如何。但是卻被門市部潑了冷水「這種殘缺不全的錄放音機哪能賣得了」，把貨都退回來了。

原來傳統的錄放音機都具有錄音及放音的功能，然而「隨身聽」只有放音的功能，要事先準備好想聽的錄音帶，其目的是要求小巧可隨身攜帶，而且為了不吵到旁人，喇叭改用小耳機。門市部帶回來負面的消息，使得這群研發人員各個士氣消沉。

就在大家處於低氣壓的情況下，有一人悄然地進來了，他就是退休的名譽會長井深大先生。井深先生是個根深柢固的研發技術者，當時已經把棒子交給了盛田先生，自己退休了，但是常常在研究室裡東逛西逛的。那天，看到大家士氣消沉，就問明了原委：「東西拿過來！讓我瞧瞧！」他把「隨身聽」翻了又翻，試了又試，大聲對這群年輕研發者說「一定有銷路」。年輕研發者把門市部的反應向他報告，井深先生回答：「有銷路就是有銷路！」這群年輕人受到鼓舞，提起精神開了一條產量五千台的小生產線，小心翼翼地生產「隨身聽」。誰知道以後的生產量從這五千台暴增為一億五千萬台。

當時，井深先生已是年過七十歲的老爺爺了，還能夠察覺到年輕人的潛在需要，對於研發者而言是一個很寶貴的教訓。

對一般人而言，縱使潛在的需要項目出現在你前面，手中沒有對應的商品也是徒然，反之亦然。因此，如何培養出井深先生般的洞察力，對研發者是非常的重要。由此例可看出，要發掘一個潛在的需求，不是簡單的事。

為了尋求潛在的需求，大張旗鼓各處去做調查及訪問，可能收不到任何結果，倒不如找尋一個對潛在需求嗅覺敏感的人來得快。能察覺到潛在需求的人屬於創作型的人。這種人很少見，但不是完全不存在，約百人中才有一人，不仔細找的話，可能被埋沒在公司的某一個部門中。因此，與其專心尋求潛在需求，倒不如發掘出這種創作型的人出來。

當潛在需求還是潛在需求的階段，不可能用明確的數字表示出來。有數字資料顯示時，表示已經有類似產品出現了，此時再來研發產品已失先機，太遲了。井深先生洞察了這個道理，在還是潛在需求的階段，抱著絕對能暢銷的信念，排除了周圍的障礙，推出了產品。

潛在需求還處於潛在需求的階段時，大家都贊同時已經太遲了。道理很簡單，有了數字為根據，大家才會表示贊同，有了數據代表其他公司以率先搶入市場了，這時才開始研發，等到產品推出，不知道落後好幾手了。

在「硬體充裕的時代」要研發一種新產品不是簡單的事。各家企業無不絞盡腦汁想研發一些「賣點優良的產品」或「品質特優的產品」，像「縫隙型的產品」或「軟性產品」，來追求企業的生存。

過去有句諺語「不勞心的人勞力」，但是今後的社會，單賣勞力出汗已無法生存。在今後的社會的生存之道，不外乎在「技術」或「智慧」兩條路中擇一而行，而兩條路都是勞心的工作。

六　研發目的兩種類型

「戰略性的研發」與「戰術性的研發」

以目的觀之，研發可分為「戰略性的研發」與「戰術性的研發」兩種類型。

任何的企業，目前總有它賴以維生的技術或產品，但是五年或十年後，是否

還能成為營利的支柱，那很難說了。沒有一個企業敢對目前所擁有的技術或產品誇下這麼大的海口。技術研發的步調如此快的現代，今日的技術或產品還能沿用五年或十年不被淘汰的，那少之又少。因此為了未雨綢繆，現在就必須準備一些新技術或產品以供未來使用，這樣的研發我們稱為「戰略性的研發」。

而且五年、十年後的技術或產品的研發速度會比目前快，並且相當高科技化的產物，非一朝一夕所能研發出來，而是經長期的研發經驗累積，才能創造出「未來技術」。假若企業在這一段期間沒做準備，到了某一刻才發現到某種技術的必要性，縱使急起直追也遙遙落後了。

俗話說「時間就是金錢」，對於研發而言，時間比金錢更珍貴，失去的金錢還有機會彌補回來，而時間是不可能重新再來一次。戰略的研發要以此為大前提。

企業為了生存總是處於戰爭般的競爭中，為了保住明日的飯碗，必須做一些立竿見影的研發。例如：為了明年度的業績能夠持續成長，今年度研發中的新產品必須包括明年可以上市的東西，這就相當於「戰術性的研發」。

戰略性研發與戰術性研發的相關性

一般而言，企業界所指的研發，就是指戰術性的研發。然而戰術性的研發與戰略性的研發並非毫不相關，要以宏觀的眼光來看研發，了解戰術研發處於戰略研發中所占的地位，如此才能真正了解戰術研發的意義。

戰略性的研發是支配了企業未來命運的主要業務，然而其研發期間非常的長，短期內要其開花結果，那是不可能的，而且目標是放在五年或十年後的市場，變數很多，所以成功率不會很高，所負的風險也較大。

相對的，戰術性的研發最長二、三年內就要求有結果出來，能夠在市場上立腳，成功率也要求要達到百分之百，這種研發的方式要求高效率，不會對未來造成極大的負擔。這樣看來，這兩種研發恰似車子的兩個輪子，分別在左右支撐著整個企業，同時迴轉時企業才能向前進。

戰略性的研發與戰術性的研發都隸屬於同一個組織或命令系統，並不很恰當。假設隸屬於同一個行政系統時，戰術性的研發都是處理急迫性的工作，常處於火燒屁股的緊急情況，一定會向戰略性的研發的部門調借人手，常常如此的

話，會延誤戰略性的研發，變得一事無成。

七　企業評價的指標

　　一般的企業評價，都是以本益比、總資本回轉率或者每一股所包含的資產等等的財務報表為指標來評估。這些財務報表顯現出的是該企業「現在」與「過去」的表現，而無法顯示出其「未來」。在競爭激烈的時代中，現在的輝煌成就，一眨眼可能成為過眼雲煙，「未來」才是最重要的。

　　如何評估「未來」，在此提出一個新指標，即：企業投入的研究研發費與營業額之比例（研發費營業額比）。

　　「研發費營業額比」分成四個等級：

第一級　5%以上
第二級　2.5～4.9%
第三級　1～2.4%
第四級　0.9%以下

　　將各種的產業以這種方式分類，如表 1.2.1 所示。第一級的以尖端技術產業為主；第二級的為成熟型產業；第三級及第四級為衰退中或保持原狀的產業。表1.2.2 列舉了各種產業的平均「研發費與營業額比」的實際數據。

　　企業為了前景，必須推動「戰略性的研發」，所投入的金額不到營業額的5%以上時，很難出類拔萃地生存下去。為了生存下去，有些企業投入的研發費比例不僅為 5%，甚至有超過 10%的。5%的入門門檻指標是針對營業額大的大企業而言，中小企業須投入二倍以上的研發經費才行。

　　第二個指標為該企業的「技術庫存值」。所謂「技術庫存值」是指該企業為了創造未來的營業額，目前所保有的基本技術的量。這種指標到目前還沒有出現過。過去有人以保有的專利數目來做指標，但總覺得不太妥當，因為數據是以件數的多寡來計算，沒有考慮到質與量的權重比例關係，也就是說，持有一堆小專利倒不如持有少數幾個突破性的專利，企業可以賴此於五年、十年後當作維生的技術。

　　「技術庫存值」的定義如下：

表 1.2.1 產品的研究開發投入資金

對象 等級	機械	材料	其他
I	電腦、半導體、VTR、液晶螢幕、光碟、光磁碟、超導應用、AI、OA、FA機器、ISDN機器、飛機、原子能機器、光纖通信、雷射、太空及海洋開發。	醫藥品、超導材料、複合材料、精密陶瓷、精細化成品、替代能源、生化科技。	人工寶石、電腦軟體。
II	電視、音響、電車、電池、汽車、造船、照相機、鐘錶、工作母機、建築機器。	一般化學品、纖維、玻璃、金屬加工品。	
III	收音機、小家電、小型引擎、農機、鐵道車輛。	鋼鐵、合成纖維、非鐵金屬、紙及紙漿、橡膠、輪胎、石油產品。	
IV	自行車、縫紉機。	水泥、合板。	食品、陶瓷、雜貨。

㈠企業於五年內投入的總研發費用；

㈡企業於五年內總營業額；

㈢將五年內總營業額乘以 3.5%，然後與㈠總研發費用相減，所得的差即為技術庫存值（技術庫存值＝五年內總研發費－五年內總營業額×3.5%）。

這個定義的說明如下：六年以前的費用及營業額沒算進去，因為六年前的技術庫存值，可視為是實現目前營業額的研究研發費，對於企業未來沒有貢獻，而且技術研發的步調愈來愈快，六年前的技術可能已經落伍了。

在㈡項中出現的 3.5%數值，根據如下：企業要在技術研發的競爭中脫穎而出，至少要將全部研究研發費的30%投入於戰略性的研發。全部研究研發費為營業額的5%時，用於戰略性的研發的費用為營業額的1.5%，餘下來的3.5%即用於戰術性的研發。這一部分經費在五年內大致用完了，更不會剩到十年後。將過去五年內的研究研發費用的總數減去3.5%的總營業額，所得的差即為用於戰略性研發的費用，即為「技術庫存值」。

用以上的方式可區別企業的研發策略，例如某個企業花了很多經費在研發上，但都專注於「戰術性的研發」，那這個企業的「技術庫存值」可說是很低。

今以 A、B 兩個企業來做說明，會更加清楚才對。

過去五年營業額（合計）：

表 1.2.2　研發費與營業額比

總營業額
A 企業　　500 億元
B 企業　　200 億元
　過去五年研究研發費（合計）
A 企業　　20 億元
B 企業　　12 億元
技術庫存值
A 企業　　2.5 億元（20 − 500 × 3.5% = 2.5）
B 企業　　　5 億元（12 − 200 × 3.5% = 5）

A 企業比 B 企業投入更多的費用於研究研發上，但大部分專用於戰術性的研發，因此以「技術庫存值」來看，僅及 B 企業的二分之一。

每年如此的試算，日子一久就可以由「技術庫存值」的大小來分出高下。因為「技術庫存值」可在五年或十年後創造出其五十或一百倍的營業額。

表 1.2.3　技術研發帶動公司未來營業額試算表

〈試算條件〉
a.營業額。A 企業：110 億/年。B 企業：60 億/年；
b.現在賴以營收的產品群，由於商品的生命週期，漸漸的移至成熟期及衰退期，所以 10 年後的營業額會衰退成目前的一半；
c.由於「技術庫存值」所創造出來的十年後的營業額，為其本身的 50 倍。
　〈十年後營業額的試算結果〉
　A 企業：(110 × 0.5) + (2.5 × 50) = 180 億/年
　B 企業：(60 × 0.5) + (5 × 50) = 280 億/年

由此可見，A 企業的營業額在十年後完全被 B 企業超越過了。

3 研發目標及研發主題的探索

我們了解到「戰略性研發」與「戰術性研發」的差異，也了解到企業何時應進行「戰略性研發」，何時應加強「戰術性研發」的工作。同時也了解研發標的之評價、研發的模式、產品商品化之要項，緊接著將進一步探討研發目標及研發主題。

一 研發主題的設定為第一優先

關於研發，決定「要做什麼」研發主題的設定是最重要之事情。企業裡的研究開發與大學或公立研究機關的目的不同，縱使是基礎研究，最終的目的總是要商品化、要銷售、要獲利。當然，企業為了回饋社會，常資助或做一些與本業無關的學術研究，但是要拿捏得好，不然過分擴大偏離本業太遠，想回頭就來不及了。

如果設定的研發主題錯誤了，會發生怎樣的後果呢？一旦決定了研發的主題，企業就會投入研發人員與研發經費，這些投資都會變成泡影，而且研發出來的產品強行推入市場，將會背負太大的風險而作罷。不僅如此，該研發的產品沒有進行，白白失去了商機，這種機會損失才大呢！

因此，企業設定了一個合適的研發主題，可以說是成功了一半。不可不謹慎。

二 如何設定「戰略性研發」的目標

洞察未來的複眼

戰略性的研發是預估五年、十年後的情況而做的研發,當然要先預測未來;然而人非神仙,無法未卜先知、預測未來,但如具有下列的眼光,可對未來的趨勢做某些程度的預測。

1. 社會經濟的眼光;

2. 技術預測的眼光。

結合這兩種眼光稱為「複眼」。

社會經濟的眼光,可以察覺在未來的社會中有哪些需求會被提及,而技術預測的眼光,可以評估對應這種需求的技術是否已經存在,或者需要加以研發。

在過去有很多研發的例子,他們在訂定研發目標時,是不是具有洞察未來的複眼,影響到最後的成敗,可供為借鏡。

案例一:文字處理機

早期的文字處理機,使用起來很困難。它們僅僅顯示了一行文字來進行編輯,使用者必須計算原稿中每個字的位置。王安和他的工程師構想出一種新型文字處理機,使用起來較為容易,能夠顯示出完整頁面,並儲存更大的文件。他們決定將這個文字處理機建造以微電腦為中心的分散系控制系統,就像系統控制模式一樣。每一個使用者(文字處理者)都有自己的終端機可供日期輸入、編輯和記錄。把每一個終端機都連接在中央微電腦和印表機上。每一個終端,中央控制與印表機都搭配微處理器,以分散整體處理計算速度和記憶體的負擔。設計完成了,技術問題解決了,這個產品得以及時在市場上銷售。王安在文字處理機銷售方面超越了IBM。從一開始的沒沒無聞,公司一下子在全世界文字處理機市場占有率達50%以上。

案例二：Xerox 的辦公產品部門

並非所有公司的研發都能成功，若是成功了，那必定具有社會經濟的眼光。但是，這個「社會經濟的眼光」的問題，是一個很大的學問。一個經典的例子，便是 Xerox 公司，它成功地開發新產品，但公司卻因此在革新上失敗。Xerox 並非只是乾式複印（影印機 Xerography）的革新者，也是個人網路電腦的發明者，但發明者不代表是革新者。在 1970 年代和 1980 初期，Xerox 領先開拓個人電腦的新世代技術，但卻在商業化時失敗了。

回想起 Xerox 公司，是由 Joseph Wilson（Haloid 的總裁）投資 Carlson 發明的影印機（Xerography）而創立。1970 年代，Xerox 的事業專注在影印機，之後決定拓展它的業務，Xerox 在 California 的 Palo Alto 建立一個新的研發實驗室，這個 Palo Alto 研發中心（PARC），領導新計算機的理念——實現 Xerox「無紙辦公室」的技術性策略。在 1979 年建立一個原型電腦可供實驗性質的測試，稱為 Altos 系統。

Altos 看起來像什麼樣子呢？它領先了當時年代十年；看起來像在 1990 年所見的樣子。在 1990 年，可以看到在辦公室裡，Macintosh 電腦以乙太網絡連接的 Altos 商業化外觀：亦即使用圖示、桌面和滑鼠，及以用途為導向的電腦程式軟體來操作。2000 年的，即現今的辦公室電腦系統與 Altos 比較，不同之處為僅增加了網際網路。回溯到 1979 年，可以想像 Altos 是多麼先進。

但是 Xerox 是否因為在電腦技術上富有想像力的研究，而賺得到大把的鈔票？回答是否定的，Xerox 從未在這上面得到一分一毫。Xerox 的辦公產品部門推出與王安公司的類似產品——稱為 Star workstation，只有使用部分 PARC 的創意，因而在技術上和商業化上皆失敗；此舉使得 Xerox 浪費了大部分在個人電腦方面的投資，而導致日後在爭取新興的個人電腦市場地位上失利。

Xerox 的辦公產品部門經理的失策，在於沒有技術的眼光，不能與 PARC 傑出的表現和開發相互配合。

案例三：硬碟的發展

這個例子說明了新的企業所會遇到的良機與危機，這個歷史背景是在 1960～1990

的幾十年間，當時電腦用的硬碟剛被發明出來。Al Shugart 在 1951 年完成大學進修當天就直接進入 IBM 工作。在 1950 年代早期，IBM 是以生產電子計算機和常駐記憶體這種零件為主。在 1961 年硬碟儲存器被發明出來，當時正是 Shugart 帶領 IBM 發展的技術。但是在 1969 年時，Shugart 厭倦了 IBM 的制式化管理，從 IBM 辭職前往 Memorex 公司，與二百多名工程師合作。

但是幾年後，在 1972 年，Memorex 就發生了財務危機，因此 Shugart 帶著他忠心的部下離開 Memorex，而開了 Shugart 公司。Shugart 有個開拓軟碟機革新的概念，可是在 1974 年時，新公司對於軟碟機這個產品的發展方面有所延誤，所以 Shugart 企業的贊助者把 Shugart 逐出。

四年後，在 1978 年，Shugart 的老同事 Finis Conner，去 Santa Cruz 拜訪他，提出了製造硬碟的構想。因此他們創立了 Sesgate，為新的個人電腦製造硬碟，這是剛剛起步的市場，公司經歷了個人電腦的成長期，到了 1984 年時，電腦的銷售量已經成長到三億四千四百萬美金，他們也嘗到了甜頭。但是隨之而來的是許多硬碟產品市場的價格戰。

Shugart 和 Conner 在對生產策略上出現了不同的意見。Shugart 堅持一切從零開始購買機械設備生產；Conner 主張部分零件用買的會比較不危險，因為它會用到較少的不動資本。因為這樣意見上的分歧，Conner 出走而且在 Compaq Computer 的資助下開了 Conner Peripherals。在頭一年的時候，Conner 銷售金額是一億三千三百萬美元，直接購買零件是得到產品最快的方法。就短期而言，Conner 是對的；但是就長期而言可就不一定了。

因為在個人電腦硬碟市場強烈的價格競爭之後，Shugart 開啟了大型電腦的硬碟市場。Shugart 買下了 Corp 的最早控制資料技術，這可生產大型電腦適用的硬碟。Shugart 藉由這兩條生產線而存活下來。當 PC 的市場需求快速成長，主要零件則變得缺乏，使得零件價格上漲。如今 Conner 的公司正陷入麻煩之中，與其他 PC 硬碟的製造商一樣，他們只能組合購買來的零件，Conner 無法控制加工的成本，所有的組裝廠都賠了不少錢。在 1993 年時，就只有 Seagate 在 PC 硬碟上還賺錢。在 1995 年的時候，Conner 遇到了一個很大的麻煩，必須將他的公司變賣掉。當時，他的老朋友 Shugart 出資將 Conner 的公司買了下來，也為他在 Seagate 中安排了一個工作。Shugart 的生產與購買策略，證實了就長遠經營來看，他才是

對的。

　　Shugart 的企業風格包含了技術預測的眼光，和適合社會經濟的眼光。

 ## 未來社會的需求

　　以複眼來評估這個社會，可將觀察所得之未來社會的需求歸納成四大項：

　　*1.*高度資訊化社會的結構；

　　*2.*地球危機的對應；

　　*3.*挑戰未知的領域；

　　*4.*高齡化社會的對應。

　　因此，解決這四項需求的技術或產業，將會成為未來社會趨勢的主流。

(一)高度資訊化社會結構

　　高度資訊化社會的基礎技術是電子技術，而電子技術的基礎則是半導體技術。在 1990 年代，半導體的集積度達到了 64 Mb（Mega bits）（DRAM），然後進展成 256 Mb（Mega bits）、1 Gb（Giga bits），〔1 Mega＝100 萬，1 Giga＝10 億〕。1 Gb的記憶體換算成英文字，相當於可容納一億二千萬字。高度集積化過程中，半導體製造技術也必須要革新，以製造過程中最主要的步驟（顯像工程）而言，要達到設計值 256 Mb 以上時，目前所使用的雷射光、紫外光（g 線，i 線）的波長已太長，必須以更短波長的軟 X 線來取代，軟 X 線的光源為迴旋加速器，迴旋加速器的體積龐大，如何將其小型化可運用在製造半導體上將是一大課題。

　　另一方面，電腦的演算速度，也愈來愈快，不僅如此，為了使電腦超高速化，放棄了目前一台電腦一個中央處理器（CPU）的設計，研發出多個CPU並聯的電腦，並且採用新的超導元件、超導半導體使得理論迴路閘門的開關時間大幅地縮短，或者光 IC 的導入使得電腦的速度在十年內提升至目前的一百倍。

　　而且，電腦也趨向小型化發展，因為能夠租得起年費幾億元的大型電腦的使用者愈少，所以另一方面，小型電腦、伺服器或工作站的中小型電腦的機能也愈來愈強，再加上分散處理、研發處理、LAN（Local Area Networks）、CSS（Client Server System）的技術，使得處理速度愈來愈快。在記憶硬體方面也進展為 1gb/

in^2 的高密度化。

而且由只認識機械語言的諾因曼型電腦轉變成能認識自然語言,而且能聯想、推理與思考的非諾因曼型電腦,類神經網路電腦、人工智慧型電腦也都蓬勃發展中。

因此 B-ISDN(寬頻數位網)的未來,可從目前的 2.5 gb/s 增快至 1 Tb/s,再加上光纖通信系統的建構,可發展出全彩影像電話。B-ISDN 實現時,可發揮高於目前一百倍或一千倍的傳送能力。在民生用品方面,HDTV(高畫質電視)已經開播了,可讀寫的光磁碟的發展、行動電話的多元化等陸續的登場。

(二)地球危機的對應

今後十年間,人類最大的課題是想出解決地球危機的對策。

為了防止地球繼續的暖化,限制二氧化碳的排出量是一個治標的方法,因為單純的限制石化燃料使用量,會導致經濟停滯不前。面對地球環境問題或者經濟成長問題二者選一時,我們期待著能同時滿足雙方面的新技術出現,像替代能源、省能源或二氧化碳固定化技術等都是未來發展項目。

南極上空的臭氧層由於氟氯烷的排放已經發生破洞,對生態是一大浩劫,全球已禁止使用氟氯烷,然而在製造半導體時,必須使用到氟氯烷來清洗,因此替代性或無洗淨的技術也在陸續研發中,另外廢棄塑膠造成的公害極大,如何將其回收使用,或者發展新的生物分解塑膠也都受到注目。

然而,找尋石油或石化的替代能源,而且能達到「能量收支平衡」,這種技術層面實在太高了。所謂終極的能源是指核融合能源,能實用化時,一切的能源問題都能解決,但是要實用化尚須三、五十年的研發時間,以及數十兆元的研發經費。

相對的,比較近程能夠實現的是太陽能電池,目前採用的非晶型矽太陽能電池光電轉換率約為 10%,每平方公尺能產生一瓦特的電力,設備成本已可降至一百元以下,離實用化很近了。位於海邊的國家,可以利用海浪來發電,或者利用深層地熱作為能源,這些都是較遠程的目標。

相對於研發替代能源的遠程目標,有一些可以實施的近程目標,即省能源技術。像汽電共生、燃料電池、電動汽車等都已達到實用化的階段,而且一些未加

利用的能源應用技術也逐漸浮上檯面。

90 年代創新發展出的高溫超導體，其利用價值被譽為省能源的明日之星。首先發展的稀土類的高溫超導體，進展到目前的鉍、鉈等系列的高溫超導體，最高臨界溫度已能達 125 K，再接再厲的話，可能發展出夢寐以求的常溫超導體。但是將常溫超導體製成實用的電力輸送線，還需要一段時間。如果能實現的話，可以將目前的消耗電力降低一半。超導體材料還可製成超電導電力儲存器，與超電導馬達並用時，可製成超電導電動汽車，以完全擺脫了以石油為燃料。

另外，人口增加亦是一個問題，目前全球約五十二億人口，到 2050 年時會增加成一百億，所浮現的就是糧食不足的問題。針對此，已經開始了生化科技，以組織培養技術做品種的改良，或者以細胞融合技術培養出新品種植物。

水產資源也漸漸地枯竭，必須將目前的「捕獲漁業」改變成「增生漁業」。可採用的方式有「海洋牧場」，或使用生化科技讓魚的成長期縮短，以增加魚產量。

(三)挑戰未知的領域

美國未來學家表示，「小即美」的浪潮將很快地再現，未來三十年的創新發明以生物技術為主。電腦可以是任何一種尺寸：掌上型電腦的功能可以與今天的普通電腦一樣強大；晶片電腦可以植入人體。換言之，真正的人工智慧，也就是思想機器可以設計其他各種機器。

基因組序列確定技術大大普及了生物工程的應用，五十年後可以像今天訂購汽車零件一樣地訂購新的身體，私人狩獵地裡則充滿複製的野獸。人類可以和猴子或金魚對話。毫微技術（即在分子層面控制物質）與基因工程相結合，最終會實現在互聯網上電郵鮮花的夢想：由毫微組合器透過電郵接收鮮花的基因配方，加入一些原料（可能是生活垃圾）後，一個原子一個原子地「造出」鮮花。

至於未來的衣著，美國麻省理工學院科學家預測的趨勢是智能互動型，能自動伸縮配合穿衣者身型，隨時轉換顏色及調節溫度，還能隔離病菌和自動清潔；由於衣料包含微型電腦、光纖及織物電線等，可與人體化學過程產生互動作用以及「朗讀」收到的電子郵件。

㈣高齡化社會的對應

社會逐漸進入高齡化；高齡化社會裡，最需求的商品是健康導向的產品。在診斷方面的需求有：X線掃描器、核磁共振掃描器（NMI），甚至採用SQUID（超導電量子干涉元件）的腦磁器測定儀等。在醫療方面的需求有：治癌藥物、老年痴呆症治療藥物等，總合生物科技或生命科技可研發出有效的治療藥物。

將上述的新技術、新產品整理後可以預估十年內的成長度。將其分類，即為：

1. 包含人工智慧的尖端電子技術；

2. 替代能源、省能源、資源技術；

3. 生化科技、生命科技、生技應用；

4. 太空運輸、海洋、新交通技術；

5. 尖端材料。

這些我們稱之為尖端科技。時代急需這些尖端科技，無論大中小企業，能把握這些方向就會有機會。

 ## 研發資訊的擇取

實施技術預測，首先要洞察並把握技術演進的潮流。在今日尖端科技日新月異的時代裡，技術研發資訊或新產品研發情報如洪水般似的，由各種管道：像專業新聞、專業雜誌、會誌等奔湧而來。這些資訊實在是太多了，照單全收時，無法將其依照專門分野或專業分野分門別類，也就無法把握「時代的潮流」。

因此，極力而廣泛地接受各種資訊是很重要的，但是量大多時變得無法收拾了，這時就必須要過濾整理了。

這些大量的資訊中有好有壞，也就是玉石摻雜，評價的目的就是要分辨何者為「玉」，何者為「石」；屬於「玉」的研發資訊要特別的注意，相反的屬於「石」的研發資訊把它存檔起來即可。如果能夠細心地評估，縱使處於洪流中亦不足為懼。表1.3.1為技術資訊的評價法。

關於技術研發或新產品的研發有好幾種型態：⑴為原創的創造型（無論規模的大小）；⑵為高度複合；⑶為在原來技術的延長線上發展的應用型，不管哪一

型的研發，最終的結果總是要增加企業的營業額與收益。如此看來，創造型、複合型較花時間，應用型則短期間可奏效。

以研發效率，這種沒腦筋的評價法來看，對應用型的評分會最高。這種評估法還停留在戰術性的研發的評價中，而對企業的將來性都沒有評估進去。為了將戰術性的研發及戰略性的研發等價的一次評價進去，提出了如表 1.3.1 所示的評價方式。

表 1.3.1　技術資訊的評價要領

評價項目	評點
1. 開發的創造度	
2.對於技術進步的影響	
3.產品化的接近度	
4.市場形成潛力	
總　　計	

1. 開發的創造度：
　　3點：從零開始的創造型開發
　　2點：技術模型已經存在，但是需要創意修改
　　1點：完全的應用開發
2. 對於技術進步的影響：
　　3點：非常大（技術領先了三年以上）
　　2點：很大（技術領先了一至三年）
　　1點：平常
3. 產品化的接近度：
　　3點：一年內可產品化（產品化階段）
　　2點：三年內可產品化（試作階段）
　　1點：五年、十年以上（基礎研究，技術模型階段）
4. 市場形成潛力（產品化後三年）：
　　3點：數百億/年的規模
　　2點：數十億/年的規模
　　1點：數億/年的規模
◎評點　10～12點：期待性的研發
　　　　　8～9點：優良的研發
　　　　　6～7點：可有可無的研發
　　　5點以下：賠本的研發

此評價法中包括了四項，每項採取三點制來評價。

1. 有關研發的創造度

以技術模式是否他處已存在否為視點，原創造性的給三點；技術模式已經有，但需要費很大的創意改良者給二點；單單是既有技術的應用給一點。

2. 對於技術進步的影響度

這個研發對於技術進步的影響度很難測定，換個方式說明可能較清楚；假如這個技術沒有研發出來，以前的技術經過多少年才能達到這個水準，若是三年以上則給三點，一至三年給二點，若現在技術就可達到給一點。

3. 產品化的接近度

將研發的結果分成三類：第一類、一年內可以產品化（產品化階段）給三點；第二類、三年內可以產品化（試作階段）給二點；第三類、五年以上才可產品化（技術模型階段）給一點。

4. 市場形成能力（商品化後三年）

表中雖然定了市場規模，但可以自己適當調整。

由表項的評點，可歸納成：

10～12點：期待性的研發；

8～9點：優良的研發；

6～7點：可有可無的研發。

這樣的評價法可以兩方面兼顧；以創造型、高複合度型為例，雖然在3.部分得點不高，但是在1.2.4.部分得到高分，反之，在應用型雖然3.4.部分得點高，但1.2.部分就低了，如此可以在二種類型之間平衡取點。

前者的研發，雖然產品化的時間很長，但是為企業未來的支柱技術，後者為企業賴以短期生存的工具，生命週期很短。

 ## 注意不同領域的技術流向

為了要洞察「技術的流向」，另一個有效的方法就是深切地注意不同領域技術的研發動向。目前自己所擁有的技術，何時會被其他領域的技術取代呢？是個不確定數。

技術是為了達到目的的一種手段，這種手段誰也不能保證是唯一的。從某個層面來看，不同領域的技術也可能是針對同一個需求的競爭者。因此，只顧慮到同領域的競爭者時，突然冒出一個程咬金出來，令你手足無措。

舉例來說，以記錄資料為目的產品，以前的主流是磁碟記錄，後來進展成光碟記錄器。這是兩種不同領域的技術，但是卻是競爭者。

小型電腦的功能愈來愈強，從十六位元、三十二位元進展至六十四位元，儲存的資料也愈來愈龐大，非五片、十片的軟碟不能盡存。為了一舉突破這個瓶頸，光碟登場了。光碟的面記錄密度非常的大，一片可抵得上舊式磁片的數百片。近年來研發上市的 Flash Memory（快閃記憶體）有幾個 Gb 或更大的容量，已把原來的 3.5 吋的軟式磁片取代了。

 ## 導入不同領域的技術與現有技術結合形成高度複合型技術

在尖端技術時代的技術研發，結合不同領域的技術形成高度複合型技術的例子不在少數。在此情況下，若不隨時注意其他領域的技術研發動向，不可能研發出貼切的複合型技術。

所謂複合，並不是將不同領域的技術加以攪和一下就算數，而是在某一個領域中的研發，用盡了該領域的技術還沒辦法突破障礙，引進了完全不同領域的技術才能貫通，這樣才能稱為高度複合型技術。

前章所述之「超音波馬達」就是一個例子。傳統的線圈型馬達如何改進都碰壁，最後借助於完全不同領域的壓電半導體與其複合，一舉突破了障礙。在這個例子當中，若研發技術者只懂得線圈型馬達，也不會想到與壓電半導體來複合。

 ## 創造型研發可從不同領域技術中得到靈感

對於相近領域技術不強的人，很難有很好的創意型態出現。目前電腦的演算能力非常的強，縱使集合數十名珠算高手也無法比電腦快；相反的，人們日常中常用到的型態辨識，例如：手寫文書的辨識、語音辨識等，電腦卻不怎麼靈光，連最簡單的郵遞區號，辨識率都達不到 95%，語音辨識更是不行，對於特定人的

特定詞句勉強可以辨識出來，對於不特定人，只能辨識A、B、C等單音節的字，所以要達到同時翻譯、同步口譯，那是很困難了。

另一方面，人類或動物對於型態辨識就很在行，這由於腦的運作而具有的能力。首先要了解腦的構造與其處理資訊的方式。

人類或動物的神經迴路網（Neural Network）是由許多的神經細胞（Neuron）互相結合所構成的。人們的大腦由將近一百五十億個神經細胞所組成，神經細胞的形狀（如圖 1.3.1），分為細胞本體、軸索及樹枝狀突起，樹枝狀突起的功能相當於輸入、輸出端子。神經細胞們互相以突觸（Synapse）結合，信號經由突觸，由一個神經細胞傳遞給另一個神經細胞，這樣我們稱為突觸傳送。突觸就是樹枝狀突起隔著細胞膜與另一個樹枝狀突起接觸的地方，信號在此隔著細胞膜傳遞出去。突觸有一個特性，當相同信號通過同一個突觸時，信號隨著通過次數會變得愈容易通過。

於是有人以人類的頭腦為藍本，想研發具有神經網路特徵並列處理機能的機器，能夠做型態辨識、高度推論等，這就是研發類神經網路電腦的動機。

1940 年代美國的生理學家彼特（Pitts）及麥克隆（McCulloch）首先將神經細胞模式化，以AND迴路（理論積）及OR（理論和）迴路來模擬，1950 年代心理學家羅申布拉德（Rosenblaff）以一台所謂的「感知機器」（Perception）的類神經網路證實了機器可以辨識型態。1982 年，加州大學的物理學家霍普費爾德（Hopfied）以 LSI 化的類比迴路，將類神經網路加以模式化，使得類神經網路電腦的發展向前邁進了一大步。

由這個例子可以看出，汲取不同領域的技術或知識，可以在本業中尋得創造性的靈感。

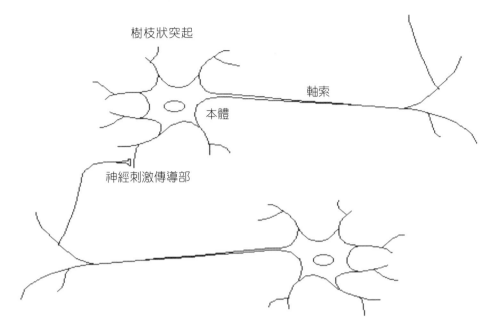

圖 1.3.1　人類的神經

三　如何設定「戰術性研發」的題目

「戰術性的研發」是企業為了尋求短期內能賴以維生的飯碗所做的研發。因此研發的題目，必須要以二至三年內就能夠商品化的產品為目標。因此，像用途研發、市場開拓等需要時間，或者需要大量投資的題目皆不適宜。另外，必須要注意下列二點：

1. 投入市場時不可失了先機；

2. 在最短的時間內能回收研發費，並突破損益平衡點。

本身研究所或工廠捎來的研發題目

本身的研究所或工廠，做研究時發現了一些新技術或新的素材，這些東西是否能夠商品化呢？由此途徑可以找到研發的題目。這種研發題目，一般在市場上

都有顯在或潛在的需求，利用原來既有的販賣通路，就可以推出產品。若非如此，則會淪於用途研發，前章已談過了，用途研發是事倍功半的苦差事，不得不慎重。

應使用者要求的研發題目

有生意往來的顧客，會提出對現在的產品做某些部分的改良，或者要求做出某樣的產品等的建議，因應他們的要求所定的研發題目即是。這些意見一般都是業務人員傳來的居多。為了保持現有商品的市場占有率，或者擴大營業範圍，這種研發是必要的，而且研發成功時，直接有販賣通路，所冒的風險較小。有很多的例子都符合這種模式。

但是，完全嶄新的研發，無論顧客怎麼的要求，企業還是要加以深慮，除非你還有餘力，否則會犧牲了目前研發的進度，因此顧客的請託研發案，先要評估對以後的營業額是否有很大的助益，再做決定。換句話說，若該顧客是研發主導型的成長企業，其產品與這個研發題目有很大的關聯性，而且市場上有未來性，你的研發將會得到對等的回報。一般而言，顧客的請託研發，會造成製造者的風險負擔，在決定前要再三考慮。

另外，顧客的請託研發雖然負擔的風險小，有時顧客會附加制約條件，最常見是要求研發出來的產品或技術不得提供第三者使用。若是請託者全額負擔研發費，則無可厚非，然而這種情況不多，一般都是由研發者負擔風險的情況較多。這時研發者可以要求請託者保證購入數量，或者約定第一年遵守制約條件，第二年起可以自由販賣，這樣的要求很合理，並不悖逆商業道德。

由國內外的文獻、市場資訊得到的研發動機

國外對新技術的研究研發十分的重視，這些研究成果常會發表於各種期刊雜誌。在這些科學期刊內發表的文章，內容大部分是基礎研究的結果，然而裡面隱藏著一些技術待我們去發掘。

國內外文獻可透過各種的資料庫，像 DIALOG、Google 等搜索引擎，檢索得

到所要的資料，這些資料對研發有無助益，完全看個人的使用法。

 ## 與其他領域企業的共同研發

今後的研發，以創造型及高度複合型為主流，而且研發技術的領域也橫跨了學術界與企業界，因此今後的研發要完全靠本身企業的技術是十分的不可能，除非它是一個綜合企業，有各種部門，技術可相互支援，否則要將研發所需的技術一應備齊，那是很困難的。

假設某一個企業平常都不涉及電子有關的業務，但是有一天接到與電子有關的研發案子時，要如何才好呢？這時要想到，與不同領域企業間形成複合型共同研發，不同領域的技術相互支援互補，可形成極大的威力。最近中小企業團體推展不同領域企業間的交流，正合時代潮流。

然而實施時必須要注意下列幾點：

1. 共同研發的題目要完完全全針對需求來定，要站在公平的立場，不淪為大公司的附庸；
2. 要明確劃分負責銷售的義務；
3. 除了名之外，所得利益要明算帳。不同領域企業的共同研發，不要一次就拆夥，要源遠流長才好；
4. 不同領域的共同研發，並非經營者同意後相互派遣人員組成一個共同研發團隊就了事，否則會一事無成。

今以機器製造業與電子製造業共同研發為例子說明。機器技術員與電子技術員好似外國人相遇一般，因為各領域所用的術語不同、思考的模式也不同，碰在一起會溝通不良。因此，若是機器產業要求電子產業的協助，首先自身要充實電子有關的知識，如此才能了解對方的術語與想法，達到合作的目的。

 ## 上位者的提案或企業顧問的建言

在中小企業中，由經營者發案從事新產品研發的例子中屢見不鮮。經營者本身跟得上時代潮流，對需求的嗅覺非常敏感，因此而研發出新產品的企業很多，

當時還是小工廠經營者的松下幸之助就是其中之一，他發明了二股插座、腳踏車用車燈等。

具有冒險及挑戰精神的企業經營者很多，經營者的提案不一定百分之百的成功，所以他的提案最好也經過客觀公正的評價之後，才做最後決定。不要因為是上位人的提案，就委曲求全給予不當的評價，這會種下日後研發失敗的種子。人們總是沉迷在自己的提案中，不希望得到太低的評價，因此需要一個公正的評價方式，若被評為「不可行」，則可以心服口服地將案件抽回。

同樣的，企業的顧問也會做一些建言，這些建言除了尊重之外，也要做公正的評估來做取捨。另外，從國內外雜誌文獻或市場資訊得到的研發案，不單是覺得有意思或很好玩，也必須加以評估。評估的方法，將於下章中討論。

業務人員發掘出來的研發題目

為了研發新產品必須先發掘出需求所在，在外面跑的業務人員常常會接觸到各式各樣的客人、販賣店等，他們比成天坐在桌子前面的研究、製造、管理人員更有機會察覺到。因此業務員可說是「外部觸角」，他們發掘出來的需求，通常與市場有關聯性，研發起來成功機率也高。

但是在很多企業，不是不了解業務人員具有這樣的戰力，而不會加以利用，或者業務員本身沒有向上的自覺心，而損失了機會。

很多的企業裡都設有「建言制度」，要求員工對企業提出建言，一般的建言大都集中在生產改善、事務改善、福利改善等方面，業務部門有關研發的建言意外的少。也就是說，呆板的建言制度，無法將業務人員的潛在戰力引發出來。

利用業務人員為外部觸角，去發掘一些戰術性的研發題目是非常有效的，而且變得愈來愈重要。

顛覆實驗室文化──讓研發「走出去」

由大型主機起家的IBM，自從積極朝軟體和顧問服務公司轉型之後，在這兩個事業領域都有長足的發展。IBM一年光花在軟體研發上的費用，就超過五十億

美元。2003 年，在 IBM 獲得的 3,415 項專利（全球第一）中，軟體相關專利就超過一千四百項，比例超過 40%。然而，過多的發明，不見得可以帶來經濟價值，但若能透過創新科技，幫助客戶解決過去無法處理的問題，才能讓客戶願意投資資訊設備。

也由於如此，IBM 軟體研發中心正在被重新定義「研發中心」的角色。現在 IBM 全球各地軟體研發中心的人員，不僅要研發先進技術，還正設法將創新發明變成立刻或未來可以在市場上獲利的產品。在近來無時無刻都在強調「企業隨需應變」（E-Business on Demand）的 IBM，身為「IBM 企業研究所」的軟體研發中心也跟著「變、變、變」。IBM 在 1999 年撤出應用軟體市場後，轉攻提供平台的整合中介軟體（Middle Ware），結果相當成功。在 2003 年市場規模高達七百二十億美元的全球中介軟體市場，IBM 以 17% 的市占率，為全球第一大，比起第二大的甲骨文（8%），足有一倍的差距。

IBM 軟體開發中心已經一改傳統實驗室「門禁森嚴」的刻板印象，招攬更多的軟體合作夥伴進入實驗室，一起開發整合中介軟體。IBM 軟體研究及開發部總經理，很有信心地表示，軟體開發中心現有一千五百人當中，有超過一半是來自協力廠商的研究人員，今年還會突破二千人的規模。

當 IBM 近年來積極轉型成企業軟體和顧問業務公司，軟體開發中心和隨需應變創新服務部門（ODIS, On Demand Innovation Services），比起以往開始更密切地配合，並扮演愈來愈吃重的「技術後援部隊」角色。

現在，與企業客戶溝通時，IBM 會派出業務諮詢服務事業部（BCS）的專業顧問師和業務人員當先鋒，如果客戶需要的是現有軟體沒有辦法提供的新技術，就會與軟體開發中心合作，為客戶量身訂製客製化系統。

這項改變代表 IBM 的實驗室研究人員需要在專案執行初期就加入顧問團隊，和客戶面對面接觸，幫忙解決問題。「這項新趨勢，已經徹底改變了實驗室的文化」，IBM 研發部總裁保羅‧洪恩（Paul Horn）在 2004 年 2 月接受美國《商業週刊》專訪時表示。洪恩同時也指出，這樣的新合作模式，在 2003 年已經累計有七十五件專案，總計帶來一億美元的進帳。「雖然相較於 IBM 全球服務事業部的總營收（2003 年營收四百億美元）還很少，但是今後一定還可以繼續增加。」

2003 年，IBM 中國軟體開發中心第一次敞開研究中心大門，由研究人員直接

向企業客戶提供服務。他們的第一位客戶,是來自台灣的建華銀行。建華銀行在 2003 年 11 月推出的「CPA 洲際管理帳戶」(Cross Pacific Account),主要是為了服務愈來愈多到大陸做生意的台商,可以更方便在兩岸轉匯資金之用。而且建華銀行強調,轉匯業務在一個工作天之內就可以完成,相較於過去需要數個工作天的時間,大幅縮短。要做到這項服務,不僅要解決現行兩岸金融法令的問題,中間所需牽涉到的企業流程和技術問題,也相當複雜。然而,原本估計要耗上一年以上的開發專案,卻僅花了六個月就完成上線。

其中的秘訣,就在於合作夥伴 IBM 中國軟體研發中心的「模組化商業整合平台」,並在其中扮演「技術知識中心」角色,提供技術指導。在 IBM 全球各地的軟體研究中心,研發人員開發出許多半成品「模組化」工具,可以依照客戶需求,像「堆積木」一樣快速地做彈性化調整。「銀行客戶依照我們的技術,把他們的業務流程建立一個模型,然後我們的研發人員再把它變成一個可以運轉的邏輯。讓客戶很清楚地了解到業務流程」,這樣的做法可以有效地提高 30% 的開發效率。

四　活用業務人員為探索先鋒

業務人員是市場與企業間的橋樑

在企業的成員裡,只有業務人員一天二十四小時在市場中奔跑,與顧客直接接觸,照理說,業務人員很容易把握到各種資訊,尤其是從客戶或市場上得到有關新產品研發的需求。

然而,很多企業裡的業務人員卻沒有這種功能,那是為什麼呢?原因有二:(1)企業的領導者不具有這種概念,把業務人員當成蒐集研發資訊的尖兵;(2)業務人員的素養不足、視野太窄,沒法感受到產品潮流的脈動,以及發現新產品的需求。

增進業務人員的技術背景知識

目前是一個日新月異尖端科技的時代，若沒有這些背景知識，不僅不易發現到研發新產品的需求，甚至連目前的商機都流失了。

舉例而言，某一企業的業務人員被派去與某個客戶的技術員談生意，若該業務人員有技術上的背景，可以暢談技術上的問題，談話一久，技術員無意中有可能把一些機密技術洩漏出來；反之，業務人員得不到任何的新資訊。

另一方面，人們大都有一種特性，對自己能了解的事情能過目不忘；反之，即使是多麼重要的資訊也是從左耳進右耳出，不會留在腦海中。

好好利用業務人員，可以比其他企業先獲得情報。由此可見，培養業務人員的技術知識，在目前這個社會變得非常重要。業務人員不僅要具有本身企業產品的技術知識、競爭對手的產品技術知識，而且對於顧客的產品有關的技術背景亦要了解。

 ## 從專門的報章雜誌得到有益的資訊

有一次我應邀到某個企業做演講，因為是首次見面，不知道對方的程度如何，恐怕講的內容不貼切，於是用一個簡單的方式來了解他們的水準如何。方法其實很簡單，我要求他們把每週仔細看過的報章雜誌的名稱寫下來。

將結果整理後發現，一百人中有六、七十人看的是一般大眾化的報紙。大眾化的報紙不是不值得看，大眾化的報紙中刊載的都是一般性的新聞，是提供一些退休者消遣用的表面文章；然而對於線上的企業人員，這種大眾化的資訊裡找不出能成為飯碗的資料。

剩下的三、四十人寫著經濟新聞，因為他們想要知道經濟有關的資訊。經濟新聞和前述的大眾化報紙一樣，雖然報導了一些經濟動向，但是要從中汲取新產品、新技術研發的種子，仍嫌不足。

在此推薦值得一讀的專門報紙，像工業新聞、產業新聞等等，這些專門報紙報導每個企業的動向、企業或研究所等有哪些新產品、新技術研發出來，這樣的

資訊，每天都會登載。要獲得有用的資訊，至少也要從這些地方尋找。從體育或八卦新聞裡是得不到相關的資訊。

研發資訊管道要暢通

　　某個業務人員從市場、客戶那裡獲得了新產品研發的靈感，想要研發成新產品，到底要向公司哪個單位反應才好？如果公司內沒有設專職的管道，那麼該員必須向上司、事業部、工廠或研究所一次再一次地說明，最後弄得精疲力盡也得不到一點回應，只好自認多管閒事了。因此，要活用業務人員作為探求新產品點子的馬前卒，公司內研發資訊的管道要暢通，使提案人覺得被尊重，而樂於從事這項工作。

五　新產品提案制度

活用業務人員的外部指向觸角

　　在所有的企業，日常中常與外部接觸的是業務部門。外部係指顧客、用戶等，與最終產品市場或中間產品市場相連結。

　　其他的部門，像商品企劃部門、行銷部門等，雖然可能與市場直接關聯，但頻率與範圍沒有營業部門來得廣，甚至不與市場相往來。縱使得到了市場上的需求資訊，那也是顧客的資材或採購部門所放出來的資訊，這些資訊已顯在化了，成了大家（包括競爭者在內）皆曉的需求資訊，實質上已無太大意義。因此要比競爭者先獲得顧客或使用者的潛在需求，必須與顧客企業的生產部門、研發部門有所接觸才行。

　　因為無論任何的企業的研究、研發部門是該企業的未來部門，下一世代產品研發的重地。可以接觸到該企業的研究研發部門，就能了解企業的產品戰略，把握他們研發階段中的研發需求。於是等這個研發需求顯在化時，也就是在產品化階段時，你就能滿足他們的需求，處於有利的地位。

　　然而要求業務人員越過顧客的採購部門，直接與他們生產現場或研究發展部門接觸，已經超越了業務人員的能耐。特定客戶、使用者的例子是如此，更何況是不特定顧客，要以此方式探知潛在需求，那更加困難了。然而多次與各種通路商、小賣店或消費者直接接觸的結果，總會嗅出一些有關潛在需求的訊息。

　　在此，要討論如何積極活用業務人員的外部指向的觸角，來做市場需求的發掘。首先要建立一個概念：業務人員的工作並不是僅僅販賣商品而已；也不是坐在那邊等著業務人員從外把獲得的需求資訊送到手上。而是要注意下列幾項：

　　第一、為了要探求市場上的潛在需求，業務人員要具有廣泛的技術知識，而且要有使命感；

　　第二、企業內要有暢通的通報管道，否則，縱然業務人員從外部得到了很好的需求資訊，事業部、工廠或研究研發部門沒有一個單位能重視它，變成了孤軍奮鬥；

　　第三、注意對業務人員的技術知識再教育。

　　這裡所指的技術知識，不僅是有關自己的產品，而且要包括競爭對手與客戶產品的技術。

制定新產品的提案制度的原因

　　最近有什麼樣的企業設有完善的新產品提案制度，而且業務部門也很積極地找尋對企業的未來有極大影響的新技術或產品的提案嗎？答案是否定的。可能的理由如下：

　　第一、單單坐在那裡等待業務人員的自發提案，如此無法激起業務人員的潛在能力；

　　第二、企業內通報管道暢通的問題。對提案者而言，總是希望知道自己的提案被檢討了沒？結果如何？如果是石沉大海，那會喪失了再次提案的意願。

　　有關新產品研發點子提案的評價不是很簡單也不是那麼困難，問題是由怎樣的成員來評估？如何來評估？因此要使提案制度變得更完善，要將提案及提案的評估制度化，這樣才能發揮得淋漓盡致。

　　產品新主意提案制度的設立，要注意到二點：(1)制定「產品新主意提案單，

簡稱 M. C.（Marketing Card）」制度，要求業務人員全體要提案；(2)產品新主意提案制度要常規化。

有些企業沒有營業部門，不可能強制實施 M. C.制度，這時可請下游廠商或販賣店幫助。這種情況下，與本身的員工不同不能用強制的，可以用發獎金的方式，以利誘來換取他們的情報。

所謂常規化，就是要求每個業務人員每個月提出一件或二件提案，或者規定每個單位每月要提出某個數量的提案。對有營業負擔的業務人員而言，這是加重其負擔，實施初期會引起反彈，自始要有心理準備。但是也不用太擔心，因為對業務人員來說只有兩條路可以選擇，明白了之後就可以欣然接受。

舉例來說，某一個業務部門有三名業務人員，設定的營業額為六千萬元。若所販賣的商品是傳統式的，所以營業額要有大突破是不太可能，因此業務人員再怎麼努力也只有微幅增長。然而業務人員的人事費等費用年年增加，增加的幅度大過了營業額的成長率，而使得營業效率一路下滑，最後導致了必須裁員。

另一方面，若業務人員奮力尋找新產品的需求，將新產品的構想提供給企業的研究所、工廠去研發成新產品，如此一來，業務人員販賣新產品時可以輕鬆地拉高業績。業務人員若明白了這個關聯性，有遠見的業務人員當然會選擇後面這條路。

因此，在實施這個制度時，在上位的人要先教育中間幹部，喚起他們的責任感，再推廣至所有的營業成員。

業務人員常與顧客、使用者往來，通常都在服務窗口商談自己擔當的產品，談完之後「謝謝光臨」一句話就了結了，這樣絕不可能發現有什麼需求。縱使有需求在你眼前，也成了過眼雲煙。企業內總覺得業務人員的視野很廣，實際上卻意外地狹窄，所擔當的商品只占顧客所購買的一小部分，縱使對自己擔當的商品有多了解，對旁類的商品則變得一竅不通。這樣子如何能捉住需求的點子？這時就必須建立常規化的 M. C.制度了。

制度的實施其進展模式如下：

一般而言，最先會提出的是擔當商品的改良方案。這雖然不是很了不起的提案，但仍有它的價值性，例如使目前的產品的性能、品質向上，使得競爭力增強，延長商品的生命期，或者擴大市場的占有率。但是這樣只是短效性的，對企

業長遠的經營影響並不大，最多只能維持該產品在市場的占有率。這樣一點一點的改進，可用的題材用盡了，業務人員的眼光開始從直線方向往水平方向移轉，即眼光開始變寬廣了。這時給予業務人員適當的技術教育，業務人員開始對顧客或使用者的研發動向提起了興趣，會想辦法一窺對方技術研發部門的奧秘，或者會關注週遭事物的變遷，縱使毫不相關的企業的研發也會引起注意。這樣一來，養成了無論在何時何地都保持著思慮清晰、嗅覺靈敏，縱使與對手的技術員洽談時，也能夠以技術術語來應對的優秀業務員。

與使用者的研發技術員洽談時，開門見山地問：「你們目前正在研發什麼樣的產品。」我想世界上沒有人會直接回答你，必須要有一些技巧性的做法。例如，平日要儘量蒐集顧客企業的發展動向，或者其競爭對手的一些動態，一旦遇到了顧客的技術研發人員才有共通的話題，可引起對方的興趣，如此一來，對方的談話中會洩漏一點有關新產品研發的訊息，雖然這訊息很微量，而且散見各處，好好地拼湊，總可看出端倪。從這裡可以明白，想要從對方獲得情報，要先提供給對方情報。

要將業務人員變成尋求研發資訊的尖兵，大致上都因循這個模式進行。等到顧客公開徵求某項產品或技術時，已經變成了顯在的需求了，這時競爭對手一一湧現，要著手已經太遲了。新產品的研發成功的絕對條件，是比其他企業早先一步進行。

新產品提案單的實例

新產品的提案方式有很多種，可分為：

1. 口頭說明；
2. 不特定式樣書面提案；
3. 特定式樣書面提案。

口頭說明的方式，可以當場回答質疑，提案的內容可以清楚地表示出來。但是這方式下，到底由誰來發表，由一個人或幾個人一起發表，可能會拖很長的時間。除非有很完整的紀錄，否則時間一過容易被淡忘，又要重複一次又一次。而且有很多的提案並不需要口頭說明就能理解，全部都採用口頭報告會增加提案者

與受案者的困擾。所以，口頭報告為其他提案方式的輔助手段為宜。

不特定式樣書面提案方式，因為沒有特定式樣，因此記載的方法千方百種，有時會讓人一頭霧水弄不清楚，對大多數的提案不是很適合。因此，某種程度的定型化式樣的制定，對提案者與受案者都較有效率。

特定式樣書面提案，是將提案內容表格化記入新產品提案單中，提案單中若有不易了解的地方，再要求提案者做口頭說明即可。

有了特定式樣的提案單，在以後要建檔整理時十分方便。

表 1.3.2 為提案單的範例。各個企業可依需要自訂合適的格式。提案單的尺寸大小以B5到A4為宜，這樣書寫或存檔都方便。提案者，在此為業務人員，將各欄填寫完畢後，依行政責任系統向上提出。

提案單中所設的項目，說明如下：

(1)產品概要

產品概要是為了幫助了解新產品，內容包括材料、用途、特點及預估販賣的價格。文字不易描述的產品，可以在圖面記入欄附上簡圖。

(2)創新性

創新性是非常重要的一點。提案者要記入這項產品在市場上是獨創性或追隨品。業務人員與市場有直接關係，由其來說明應該最恰當。若是追隨品，表示有其他企業已經推出了新產品在市場上，業務人員為了對抗它，才提出雷同的產品的提案。研發案成不成立是另外一回事，至少讓本身企業有所警覺。創新性，必要時要責成其他營業單位或成立獨立部門進行調查。

(3)預估需求的規模

要求一個地區的小業務人員來預估大規模的市場需求，是有些過分。但是要求記入的目的，是要求提案者用心思考，對自己的提案有充分的了解之後才提出來。若層面牽涉太廣可以省略，或由企業組成調查小組來進行。

(4)預估成長率

預估成長率記入的用意與(3)類似。GNP下滑的成長率，對於新產品是不適合的，提案者事先要十分了解才行。

(5)提案單位的預估販賣量

這個項目的目的在排除一些無責任性的提案，也是本提案單設計的真髓所

表 1.3.2　市場調查表之範例㈠

市場調查表 （新產品開發研究提案）	登錄編號： 提案編號：
提案人：　部　課　姓名：	提案日：　年　月　日

1	需要什麼樣的產品（產品名、目的） 　電晶體電源供應器	
2	產品概述 　1.材料：電晶體非晶型合金 　2.用途：OA 機器 　3.特點：小型化，穩定性好 　4.價格：1000 元/KVA 以下	圖面說明

3	新奇點與競爭性 　1.其他公司有類似產品？公司名？無 　2.競爭狀態⑴公司為首創 　　　　　　　⑵他公司已有產品，但還可以加入競爭 　　　　　　　⑶競爭激烈，但還是有利可圖
4	預估需求量 　1.全國需求量（5000 台/月） 　2.需求對象 OA 機器供應商
5	今後三年成長率 　1.預測成長率 10%、15%、20%，超過上述 　2.預測根據：OA 機器成長率高，搶食傳統市場
6	提案業務單位的意見 　1.顧客：A 電機公司、B 電腦公司 　2.販賣開始日期：2006.8 　3.營業額：3000 萬（販賣一年後）
7	其他的資訊 　A.電機公司正為傳統的電源供應器不滿 　B.電腦公司也有同樣的需求

在。即你們提案的新產品，產品化之後，你們的單位可以銷售多少？這一點與製造部門、管理部門或研發部門所提出來的沒有販賣責任的提案不同。決定預估販賣量的不是業務人員個人，而是整個課或部門，因此對於新產品販賣的責任，營業部門的責任會更重一些。

　　但是提案者最好以個人為單位，不要以課、部等組織為單位。因為需求的發掘是個人的功勞，而且變成團體提案時，必須經過別人或課長的過濾，結果勝出

的提案都是一些平凡的提案。

　　而且提案時最好避免須由上位者的批准才能提。上司可能這麼想著:「提這種案子真替我們丟臉」,而把它封殺了。丟不丟臉的提案,不是很單純能判斷的,而且很多的潛在需求是超乎常識外的,因此不用上司背書。但是當月的提案者名單或件數則由收件機關會知各部課首長。部課的首長要為該單位所負的責任負責。

　　表 1.3.2 是某個電機製造廠的新產品提案單,可作為一個範本供參考。各個企業可以設計成自己適用的樣式。

　　表 1.3.3 是另外一種式樣。特樣是減輕了營業負擔,其中產品的業種、預估需要規模、使用者對象及預估市場成長率等,都改成由事務所來調查。這個事務所可以附屬在商品研發委員會之下,負責新產品提案單的收受、評價及取捨。

表 1.3.3　市場調查表之範例㈡

Marketing Card	登錄編號:
	日期:
單位:	姓名:
1　產品名稱:	
2　產品概要:	
3　創新性 　(1)本公司為創新 　(2)市場已有類似品出現(公司名、品名)	
4　提案單位預測販賣額 　(1)前六個月 　(2)前一年 　(3)客戶對象	
5　委員會調查欄 　(1)產品的分類 　(2)預測販售量 　(3)顧客群 　(4)預測市場成長率	

技術資料庫	分類		流水號	

　　表 1.3.4 是某一家商社所採用的，他並非製造廠商，而只是販賣產品而已。提案單的作用在尋求這個新產品是否有供應廠商，假若都沒有人在製造，那麼可以推薦適合的廠商來製造。這個制度也可以將商社社員當成蒐集商業情報的尖兵。當某個社員發現到食品保存器的需求很大，若真空包裝能推廣到各個家庭，則需求量會很大，而且發現了國產品與輸入品同品質、價格便宜，因此提案採用國產品以求普及化。

表 1.3.4　市場調查表之範例㈢

Marketing Card		登錄編號：
		日期：
單位：		姓名：
1 產品名稱：		
2 產品概要：		
3 有可能開發的廠商：		
4 製造廠商：		
5 販賣類別	業種	
	顧客群	
	販賣金額	
	競爭對手	

 新產品提案單的評價系統

　　新產品提案系統是如何運作的，以圖 1.3.2 的流程為例子來說明。

　　評價機關由研發部、企劃部等的部門人員來組成，這些部門裡的成員也採固定方式，為了防止被部課長的主觀所左右，以多數人參與較佳，以十至二十人較為適當。

　　商品研發委員會是企業中商品戰略選擇的最主要諮詢機關，必須賦予極大的權力才行，因此最好隸屬於最高決策單位。雖然有些企業中設有研發部長、事業

部長等責任者，但是這個委員會能凌駕其上，直接由最高決策者指揮。

委員會的成員，最好是由不分等級單位而具有敏銳嗅覺的人員組成，但實際上大都是由各部門派代表參加。但是委員並不是各部門的代表，而是以個人資格為依據來參與，原因是委員的發言若受到了該部門背後的制約，委員會變成了各部門的代表機關，這已失去了原先設立的意義了。委員採用兼職性質，每個月固定開幾次委員會。

委員會開會時，無論職等一律平等自由發言、表達意見，若非如此，一有了職等差別，就有可能封殺了一些有用的意見。而且生產品是消費品時，最好有女性成員在場，並給予優先發言機會。

委員會並非常設機關，可以併設在事務局裡處理一些事務。一旦委員會有調查的必要時，可委任現有的企劃部、營業部進行。因此，業務人員的提案單可送到事務局，由其接受。

在此要強調的，除了上述的各項外，為了不使委員會流於賺外快的地方，委員最好定期更換其中一部分，使得委員會中常有新鮮議題。

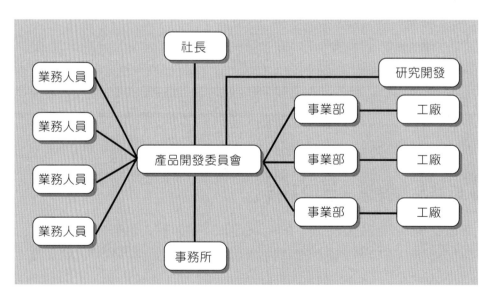

圖 1.3.2　市場調查表系統營運組織圖

　　另外，委員會的設置目的，並不是在整合各個人的意見，或者統一大家對提
案的見解。最好是以最高法院的判決書方式來整理個別的意見；判決雖然依照多
數的意見實施，但也尊重少數的意見，必須在判決文中附記相同意見書及不同意
見書。以此類推，新提案評估委員會所做的決議，並非單純的多數決，縱使只有
一個不同的意見，也必須充分地討論，並將之載入紀錄中。

　　委員會的決議文與判決書不同，上位的人不一定會採用多數人的意見，因為
很多情況下，少數的意見到最後才被證明是正確的。

新產品提案制度的維護

　　最令新產品提案者灰心的，莫過於提案石沉大海。自己的提案是否被提出討
論、結果如何，是提案者最想知道的，不要疏忽了。

　　委員會接到了新產品提案單之後，對不明白之處，像內容不清以及創新性、
市場規模或成長性有疑義時，應儘速聯絡提案者前來口頭說明。縱使委員會決定
廢案時，也要明白、細心地說明，讓提案者心服，並且要加以鼓勵期待下一次提
案。

　　有時候，因為市場調查或技術調查需要一段時間，也要知會提案者，這種追
蹤制度最好二個月一次以中間報告的方式實施。對於重要提案，贊成與否或由上
層裁決過的一樣照辦。

　　增加了這個新產品提案系統，表面上好像會增加企業的工作負擔，但是產品
戰略攸關企業未來的生存，況且新產品提案系統的利大於弊，無論多大困難也要
繼續下去。

　　如果自己的提案被採用了、產品化了、成為戰略商品的一環，對提案者的精
神鼓舞非常大，而且提案者之間也會認為「這是我們的產品」，有著一份特殊的
參與感，更會全力地去研發市場。這種局部的波瀾會很快地擴散至整個企業。當
然，除了這種精神上的鼓舞外，企業最好也實質上地表示一些「謝禮」。

　　對於開創這個提案制度，激起企業人員進取心的管理階層人員也應相對地給
予在人事升遷、獎勵等鼓勵。

　　由於這個提案而研發出來的新技術的專利等，可以把提案人列為共同發明

人，這是對提案人最好的獎勵。

這樣的制度導入後，以鼓勵取代了以前的處罰的缺點，可發掘出企業內的創造型人才，賦予整個企業活潑的朝氣。

技術資料庫系統

商品研發委員會的成員，可說是企業內菁英之選，可是人總是人，對於提案中所包藏的遠見有時也會看走了眼，而疏忽地將之廢案的情況也會發生。

以某一個實施新產品提案制度的企業為例。有一個地區的業務人員提了一個新產品的提案，被評為時機尚未成熟，而遭到廢案。誰知道，一年後競爭對手推出了同樣新產品，席捲了整個市場，這新產品幾乎是他當時提案的翻版。盛怒下的原提案者：「眼睛被蛤肉糊起來了。」大罵這些委員會成員。所以身為委員會成員，要隨時反躬自省，自己是否不識貨，時常反省自己。

如何建立一個制度，可以減少對提案的誤判呢？下述的「技術資料庫系統」可有效地彌補這個缺失。

這個系統是將來產品化的提案，或者未送達最高決策單位就廢案的提案，全部存入「資料庫」裡，之後定期地取出重新檢討，這樣可以補救以前的缺失。但是全部的提案全部保存起來，使得資料庫變得太大，實施困難。所以可以規定有幾人贊成時才把它歸入「技術資料庫」中保存。而資料庫依下列方式運作：

(一)保存於資料庫中的提案，每半年檢點一次

時代不斷地在變遷，過去所不認同的東西，目前可能變成很好的點子。

(二)由新委員來重新檢討

如前述，委員會的成員必須定期更換，由新成員重新檢討資料庫內的提案，或許會有新的見解。然而日子一久，資料庫變得相當龐大，檢討一次耗費相當時日，委員們要有入寶山尋寶的精神，排除萬難來實行。因此資料庫的整理，分門別類也很重要。

(三)由委員提出申覆

有時候委員會對資料庫的提案突然感到興趣，這時可針對該委員的意見，對原提案再做一次討論。

商品研發委員會的成員，要常常保持樂觀其成、謙虛的心情，能接到新產品提案單時，表示這個系統已經成功了一半。

新產品提案系統的效果

新產品提案系統實施後，會收到什麼樣效果，前面幾節中陸續已談到了許多，更期待有下列幾項結果：

(一)銷售熱情向上

目前為止的業務人員，都是被動地受命於販賣某種商品，然而這次販賣的產品，是自己提案、產品化的商品，當然會抱有一番情感，認為是「自己的產品」，這種熱情無形中會傳達給客戶，讓顧客受到感動。顧客常會識破業務人員表面上的銷售熱忱，但無法打破他們打從心底傳達出來的熱情。如果新產品是需求導向的商品，那銷售更是銳不可擋。

(二)提升銷售效率

提升銷售效率，也可以說減少市場研發費用。業務人員是人不是機器，機器有加成性，1＋1＝2 是固定的，人卻不能依此算法。情緒低落時效率可能只剩一半或更少，但是從心裡湧出熱忱時，一個人可以發揮二個人，甚至三個人的效率也說不定。

(三)使命感的釀成

最大的效果是使業務人員負有「企業存亡自己有責」的使命感。因為企業的戰略商品中的一環是自己的提案，自己要能負擔的使命感就油然而生了。如此可以見到企業的活力，這是善用營業戰力的成果。

㈣發掘具有尋找潛在需求能力的人才

前面談過，尋找潛在需求，倒不如發掘具有尋找潛在需求能力的人才。實際上，在實行新產品提案制度時，可以順帶地發掘出「具有尋找潛在需求的人才」。這種人才可藉由提案系統提出很好的案子。本來沒沒無聞的小業務員可能被埋沒在企業裡，由此系統可以被發掘出來。這種人才，一般而言，百人中會有一人，企業能發掘出來的話，是一大幸運。

第二篇

研發評估與市場預測

PART 2

1 研發題目的評價法

在第一篇中，對新產品研發有了基本概念，在題目的制定與研發主題的探索中，對於所要研發的主題大概有了初步的評估，至於是否值得研發或進一步地發展下去，需要經過一番審慎的評價，本章將提供一套評價的方法，以提供企業主管在進行研發的規劃程序中，做一詳細的評估，以期產品研發能進行順利，並獲得預期的研發成效。評價分為三階段實施，第一階段是將所有的提案做初步的篩選，稱為「第一輪評價」；篩選出來較有希望的提案再度仔細地判別，稱為「第二輪評價」；最後應用「簡易的財務方法」儘可能地估算企業研發案的價值，協助研發經理人從許多研發專案中，挑選出有價值、前景看好的長期研發專案，稱為「財務模式的評價」

一 第一輪評價的實施方式

「第一輪評價」評價的觀點，以市場性及該企業的研發能力二方面來評估。計點的方式，可採用五分制、三分制或十分制皆可。「第一輪評價」的例子，如表 2.1.1 所示。

表 2.1.1 第一輪評價表

(1)市場性

	基　準	評　點	權　重
創新性	完全領先 類似品一家競爭者 類似品三家競爭者 類似品很多家競爭者 百家爭鳴	5 4 3 2 1	25%
三年後市場規模	1,000 億元市場 500 億元市場 100 億元市場 50 億元市場 10 億元市場	5 4 3 2 1	25%
成長性	年成長率 20%以上 年成長率 15%～19% 年成長率 10%～14% 年成長率 5%～9% 年成長率 0～4%	5 4 3 2 1	50%

(2)企業的研發能力

	基　準	評　點	權　重
技術基礎	現有技術、現有設備 應用技術、改進設備 應用技術、新設設備 創新技術、現有設備 創新技術、新設設備	5 4 3 2 1	％
販賣基礎	現有通路 現有通路，須強化 現有通路加上新創通路 新創通路 新創通路加上宣傳廣告	5 4 3 2 1	％

從市場性來評價

首先對「創新性」做評價，以完全創新、市場上已有一或二種產品出現，或者是追隨者來區分給點數。對於新產品的研發，這是非常重要的資訊，關係著研發技術的成敗與否。

其次是「將來市場規模」，在表中是以三年後市場規模的預測值來表示，在市場上沒有類似品出現的情況下，要做預測是有一些難度，但是參考一些市場資訊、營業資訊等資料，可以預估一個金額。表上雖然列了一些金額，但使用者不必照單全收，可依各企業的營業額做彈性修正。

「成長性」是指新產品推出市場後，三年間的預估成長率。對於創新性產品的預估也是有所困難，不過參考該產品所屬的產業的成長率，大致可得到一個預估值。

以上三要素的採點都是五分制，但是權重不同，全部以百分之百來計。各項的權重為：成長性 50%，創新性及市場規模各 25%。權重的分配以下列為根據：研發固然要搶得先機，但是不幸淪落為二手、三手就一定沒有研發的價值嗎？那也未必。若市場成長性很高時，市場不會一下子就被占光，還有機會分一杯羹。所以給予「市場的成長性」較高的權重，因為如此，在成長性高的領域裡，常會出現供需不平衡的情況、產生缺貨的現象，這時新加入市場的企業就有機會了。

企業的研發能力

企業的研發能力，是針對所提出的新產品，該企業所擁有的綜合性研發能力，分為技術基礎及販賣基礎兩項目。

對於「技術基礎」的評點，若能利用目前擁有的技術與設備就能使生產者分數愈高。以目前的技術及設備不加以更動就能生產新產品者給五點，不過除了改良產品之外，這種情況很少見。若是現有技術的應用及需要改造目前設備，給四點；技術及設備都需要創新時給一點；但是可利用下游工廠的設備時給二點。

「販賣基礎」，是評估開拓市場時需要多少經費。若需要新創販賣通路及宣

傳廣告，給一點；需要擴充目前的販賣通路時給四點，而目前的通路就直接可以利用時給五點。介於中間情況者給三或四點。表中權重比例欄位空白著，因為每一個企業的情況不同，由各企業自訂。例如：綜合大企業及中小企業的情況，若給予 50% 及 50% 的權重，這時給同樣的點數時，代表的意義完全不等，故宜依照企業的規模調整權重比例，比較能忠實表現實情。加權百分率的設定可參考表 2.1.2。

表 2.1.2　各種企業的權重比率

	權　　重（%）	
	技術基礎	販賣基礎
綜合大企業	70	30
專門大企業	50	50
中企業	40	60
小企業	30	70

　　像松下、日立、東芝等綜合大企業它們所跨的領域很廣，有各式各樣的販賣通路，所以販賣基礎的權重不需要訂得很高。然而一些像新日本製鐵、日產汽車等大企業，營業額雖然很大，但領域較專，所以要進入新的領域時，必須開拓新的通路了。因此，加權值要設為 50%、50%。

　　另一方面，對於中小企業而言，販賣通路不是那麼寬廣，要投入新的領域時，必須付出極大的市場開拓費用，因此要負擔極大的風險。所以設定販賣基礎為 60%、70%，而技術基礎為 40%、30%，較為安全。例如：同樣得到三點及五點時，因項目不同而代表的意義也有很大的差異，技術基礎五點、販賣基礎三點的情況，與技術基礎三點、販賣基礎五點的情況相比較，風險度完全不同；後者的風險明顯的大很多。以小企業的權重比例為例子，前者為 4.4 點，後者為 3.6 點，因此可以明瞭風險度是否貼切。

　　以上的評價法僅僅顯示了研發題目的風險大小，得點高的代表風險較小；反之，則代表風險較高。收益性有關的評價似乎沒有討論到，其實營業額成長率高的東西，當然它的收益性也會水漲船高，可視為內含在這個評價中了。

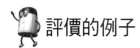

評價的例子

假設有 P、Q、R 三個題目，依照前節所述的方式，對提案的題目做評價採點，並且分別乘上加權比重之後，可以得到一個總分來做評比。所做的市場評點如表 2.1.3(A)所示。

所得的評分，依次為 P＝4.5，Q＝4.0，R＝3.0，代表它們市場性的優先順序。即 P 的市場性最高。其次該企業研發力的評點表如表 2.1.3(B)所示，而表 2.1.3(C)為總評點表。

由這三個表，可以得到如下之評比：

P 提案：總評點為 5.8 (4.5+1.3)，表示出市場性出類拔萃（評點計 4.5），然而企業的研發力之評點為 1.3，表示商品化時風險很大，需要很大的新產品研發費以及市場研發費。

Q 提案：總評點為 8.4 (4.0+4.4)，表示出市場規模並非很大，但是成長率高，而且市場研發費最小額就能進行，所以冒的風險很小，成功的機率最高。相反的，需要相當的技術研發。

R 提案：總評點為 5.9 (3.0+2.9)，是後續型的研發案。縱使有技術基礎，販賣基礎可說缺乏，不僅需要大額市場研發費，而且受到其他產業的夾擊，易陷入價格戰，失敗的機率很大。

綜觀上述三個提案，以 Q 案可列入優先考量。而且可以看出，P 提案是管理部門，Q 提案是營業部門，R 提案是製造、研究部門的提案型態。

管理部門的人員，一般都對技術或市場層面較弱，單單只看到商場上出現了某個熱門商品，而引起了模仿之心「咱們也來試一個」而提出的案子。而製造、研究部門提出的案子，都是在研發過程中發現的新點子，於是以此為基礎，提出了新產品的構想，因此在販賣通路的思考就有缺熟慮；反之，營業部門的提案中，兩方面都顧慮到的提案不在少數。

第一輪的評價如上述的方式進行。依照經驗，可順利進行的研發案，大都得到很高的評點；反之，低評點的提案大都難行。因此總評點在八點以上的提案，可以放心地去推動；六至七點者還須慎重考慮；而在六點以下的提案，可以立即

廢案處置。

表 2.1.3　評價的例子

(A)市場性

題目 ＼ 評價項目	創新性（25%）	市場性（25%）	成長率（50%）	評點總計
P	3	5	5	4.5
Q	5	3	4	4.0
R	2	4	3	3.0

(B)本企業的開發力

題目 ＼ 評價項目	技術基礎（30%）	販賣基礎（70%）	評點總計
P	2	1	1.3
Q	3	5	4.4
R	5	2	2.9

(C)總評點

題目 ＼ 評價項目	市場性	本社的開發力	評點總計
P	4.5	1.3	5.8
Q	4.0	4.4	8.4
R	3.0	2.9	5.9

二　第二輪評價的實施方式

　　經過第一輪評價篩選出來的提案，在做決定前，要徹底地做第二輪評價。因

為一旦決定的研發題目有誤時，不但研發技術推動不了，導致了時間及研發費不斷地流失，更甚的是失去了市場先機。因此，要慎重再慎重地考慮週全。第二輪的評價，要注意到下列三點：

1. 市場評價；
2. 技術評價；
3. 風險度測定。

 **市場評價**

談起市場評價，大家都會想到市場調查，除了一部分的消耗品外，技術的潮流也不可忽視，而一般的市場調查就缺乏這一部分。

因為在觀察市場時，要同時以社會經濟的觀點以及技術預測的觀點（複眼法）來觀測。

產品可大略分成下列三種類別：

1. 生產財：民間設備投資、公共設備投資對象；
2. 中間財：材料、零組件；
3. 消費財：汽車、家電產品等耐久消費財及一般消費財。

對每一種的產品，有它的特殊的市場性；在做市場評價時，要能分開考慮。但是無論是生產財或中間財，最後總會和最終消費財牽上關係，因此要將此概念放在心上，然後才來觀測市場動向。

(一) **生產財的例子**

考慮生產財的市場，最重要的一點是要注意到設備投資今後的走向為何？設備投資當然也包括了公共投資，然而公共投資大都屬於政府的政策投資，常被市場外的因素所左右，因而在此暫時擱下，只專注於討論民間設備投資。首先，對我國這幾十年來產業結構的變化，以及民間設備投資的變遷做一個通盤的了解。

在 1970 年代當時的政府有鑑於許多公共基本建設，如：道路、港埠、機場、發電廠等尚且處於匱乏欠缺的狀態，再加上 1973 年 10 月第一次石油危機發生，受到全球經濟不景氣的影響，所以為了提升根深化總體經濟發展而開始規劃進行

十大建設工程。由當時擔任行政院長的蔣經國先生所提出，建設自 1974 年起，至 1979 年底次第完成，共動用新台幣三千餘億元。在十大建設中，有六項是交通運輸建設，三項是重工業建設，一項為能源項目建設。高爐一貫作業煉鋼廠、石油化學工業園區等，都是這個時期建設起來的。

然而，石油危機以來，由於硬體已經很充裕了，由高度成長轉變成了低成長，而且又因為原料及人事費用的成本上升，導致重化學工業的經營不得不大幅度地修改其路線。迄今以「噸」計價的買賣已無法經營，必須要轉型成以「公斤」或以「克」計價的高附加價值的商品生意。

以所談論過的視點來看這個變遷，重化學工業路線以前是因應國內外「硬體未充裕時代」所走的路線，而目前是「硬體充裕的時代」，所以這些企業存在的意義，相對地變低了。於是鋼鐵工業向先端金屬材料（超電導材料、非晶型金屬材料等）、精密陶瓷、電子材料等轉型，而重化學工業則向精細化成品、生化科技等轉型。這都是要對應這個「硬體充裕的時代」而發展出來的先端技術，創造出高附加價值的產業。因此，產業結構變化了，生產設備及生產方式也隨之變化。而產業也可分成，「旭日工業」及「夕陽工業」。傳統工業再經營十年，成長也有限；然而尖端技術工業，十年可以成長十倍、百倍甚至千倍。

尖端技術工業的生產設備，與傳統工業採用的不同，是需要高度技術的設備。傳統工業用的設備不外乎工作機械、風或水力機械、重電機等等；但是尖端技術產業所採用的機械，例如：半導體製造裝置、光罩製造機械、生化製造機械，各式各樣的測試儀器，或者工廠自動化裡所用的機器人等，十年前想都沒有想到的設備。

尖端技術的領域裡，因為生產技術日新月異，設備的更新非常地快速，沒等到折舊期到之前就淘汰了，以半導體產業設備而言，設備的生命週期約二至三年，更新的頻率非常的高。「台積電」、「聯電」、「鴻海」等這些公司，在十幾年前還沒沒無聞，在這段時間內成長了數十倍，已經成為世界知名的公司，因為它是半導體製造廠商。

最近石油化學業界新設了一套乙烯生產設備（台塑六輕），中間竟然間隔了二十年。

由此可知，數年一度更新與十年一度更新的傳統設備，大不相同。對於「旭

日工業」的設備更新或新設，在這二、三年間設備已朝向高機能性發展，所以企業的技術也必須革新，以便跟得上時代腳步。

例如在半導體工業中所使用的曝光顯影設備，4 Mb LSI 對應的光源為 g 線（波長 436 nm），而 64 Mb 時對應的光線為 i 線（波長 365 nm），1 Gb 時對應的光線則提升至軟 X 線。

(二)中間財的例子

組成最終產品的材料或零組件稱為中間財，有人稱中間財為「待嫁女兒」，嫁雞隨雞、嫁狗隨狗，中間財的身分隨著最終產品的身價而變動，有的如貴夫人、有的如販夫走卒，完全視其所「嫁」的對象；這種說法似是而非，中間財的製造廠商若具有技術預測及市場預測的眼光，應該可以做選擇性的研發。

為了如此，中間財製造廠商必須能判斷今後怎樣的最終產品會成長，這個最終產品需要什麼樣的材料或零組件，預測正確時，不用大力推展，訂單就接不完。但是最終產品的性能漸漸提升，中間財的功能也要能對應地提升才行。

巨觀來看，電子零組件的年成長率約為 10%，但是個別類組來看並非全部如此。以半導體裝配業為例，在主機板上需要插上一些 IC、電阻、電容等電子元件，漸漸地被內建式的設計所取代，這是因為半導體的高度集積化的結果，使得電子機器走向輕薄短小。在這個趨勢下，插入式的零組件的需求不增反而降低，紛紛移轉到東南亞去生產。

對於最終產品的技術動向不了解的話，終有一天被告知：「你公司的零組件我們已經不用了」，而驚慌失措。最終產品的技術動向，並非一日之中突然變化，而是在半年或一年前就可以看到預兆，零組件廠商若對最終產品的技術動向無法把握時，屆時將無法提供對應的零組件。

因此，今後中間財的企業，要運用各種管道隨時偵測最終產品的動向。

(三)消費財的例子

1. 賣點特優產品的潛在需求預測

到目前為止，市面上看不到的消費財要投入市場時，沒有可供參考的數據，那是當然的。但是具有強而有力的替代性的「賣點特優產品」推出市場時，還是

可以正確地預估其潛在需求。

以 CD 為例，它在 1984 年商品化以來，在數年間總共賣出了七千萬台。CD 屬於賣點特優產品，所以發揮了極大的替代性。被 CD 所取代的是傳統的唱片與唱機。在 CD 未出現時，唱機的普及率，在日本約四千萬台，全世界約三億台。這四千萬台及三億台在往後的十年間，完全被 CD 取代了，在加上新生代的使用者，大致可看出 CD 的需求量。當時 CD 的商品化只有日本在做，因此，可以世界為其市場。

因此，CD 的全世界潛在需求為三億台，再加上一些新產生的使用者。以此為基準，可以預測市場的規模，預測值如下：

第一年普及率（潛在需求的 1%）……普及台數約 300 萬台；

第二年普及率（潛在需求的 3%）……普及台數約 900 萬台；

第三年普及率（潛在需求的 5%）……普及台數約 1,500 萬台；

第四年普及率（潛在需求的 10%）……普及台數約 3,000 萬台；

第五年普及率（潛在需求的 20%）……普及台數約 6,000 萬台；

第六年普及率（潛在需求的 25%）……普及台數約 7,500 萬台。

實際的 CD 生產台數如下：

第一年（1985 年）生產台數 420 萬台　總計 420 萬台；

第二年（1986 年）生產台數 760 萬台　總計 1,180 萬台；

第三年（1987 年）生產台數 1,080 萬台　總計 2,260 萬台；

第四年（1988 年）生產台數 1,570 萬台　總計 3,830 萬台；

第五年（1989 年）生產台數 1,820 萬台　總計 5,400 萬台；

第六年（1990 年）生產台數 1,890 萬台　總計 7,690 萬台。

兩相比較，大致上相符合。

CD 的普及率達到了 25% 之後，單獨的 CD 唱機會持續普及之外，與收音機、錄音機等的組合機型也會出現，CD/VCD/LD 的機種也上市了，漸漸地走向了高級化。其發展過程就如同唱片的步調一樣，首先是單軌的，進步成立體聲、四聲道，而發展成組合式音響。

由此可見，具有強力的替代性、性能特優的產品，可以準確地預估市場規模，以前是如此，往後如果有強力替代性的產品出現，它的市場性亦能預測。舉

例而言，目前發展中的高品位電視機HDTV，目前市場規模是零，但是它具有寬螢幕、高解析度的優點，具有取代傳統彩色電視機的殺傷力。

現在彩色電視機在日本的普及台數約五千萬台，高品位電視機是寬螢幕，以一個家庭一台來計算，潛在的需求台數約四千五百萬台，另外新增的家庭也是潛在的顧客數。但是以後商品化的高品位電視是以互動式鎖碼付費方式播放，本體及機上盒合計價格約三百至四百萬日幣，非一般人所能負擔。因此，價格能降到一百萬日幣時才能普及，潛在的需求量預測如下：

第一年普及率（潛在需求的1%）……普及台數45萬台；

第二年普及率（潛在需求的3%）……普及台數130萬台；

第三年普及率（潛在需求的5%）……普及台數225萬台；

第四年普及率（潛在需求的10%）……普及台數450萬台；

第五年普及率（潛在需求的20%）……普及台數880萬台。

2.以市場區分法來預測潛在需求量

創新性的消費性商品，要以數據的方式做市場預測，那是不可能的，因為有了數據時，表示已經有商品先發行了，你的商品已失去創新性。若市場上已有類似品出現，類似品的數據可以引用參考來做推測，替代品的情況也可用此方式。然而完全是創新性的商品，要數據化近乎不可能，因為商品未上市前較為抽象，沒有看到實體前，再怎樣說明都由聽者自由心證，得不到貼切的回應。

下面要陳述的就是一個近似的手法，稱為市場區分法。

在此要舉的例子，是一個當時尚未上市的產品「Copy Jack」，一個小型手提式影印機。一般設有影印機的地方，大都是企業辦公室、事務所，或者是文具店、超商等營業用的，個人用的影印機占了極少數。原本市場上有一種「私人用影印機」在賣，雖然稱為「私人用」，它是個簡單型的影印機，但是價格卻需二十萬日幣，根本不是一般人所買得起。

若有一款真正私人用影印機出現，它的顧客群如何設定呢？

影印機的用途是在複製文件或圖表用，個人影印的目的大致分為下列幾項：

(1)為了保存書籍、雜誌或報紙中刊載的資訊；

(2)為了保存營業用的帳單或文書；

(3)替代印刷少量的文書或圖表；

(4)複印筆記；

(5)文書或圖形的放大或縮小。

因此針對這些用途，紙張大小大部分為 A5 到 B6。

另一方面，「Copy Jack」所能影印的尺寸僅有四吋，而且沒有放大、縮小的功能，所以適用者的範圍從上述(a)～(e)項中縮減為(a)、(b)、(d)項。

常使用影印的人有哪些？大致上為：上班族、學生及自營業者。一般的上班族都會使用公司的影印機器，會額外使用影印機的上班族，大都是具有啟發意識，想為自己留存一部分拷貝時才會用到，故只占了上班族的一小部分人。學生們為了相互影印講義筆記也常光顧影印店，這個族群很難有能力自購一台影印機。此外的自營業者，像一般小商店、醫師、營造廠、房地產業者都會零星地用到影印機。為了因應這些人的需求，一般的文具店或超市都設有影印機，以一張十至三十元日幣的價格，供這些人使用。

在當時上述營業用的影印機約有十萬台，每一個月利用十次以上的顧客，每一台平均約二十人左右，總計約二百萬人。由此可見，設定基本目標為二百萬人。這些人為有可能購買私人影印機的族群，前提是影印機的價格要在十萬日幣以下（十萬元是一個界線，在稅務上超過十萬元的物品為資產，報稅比較繁雜）。這個數字與影印機業者估算的日本國內潛在需求一百萬台很符合。

然而基本目標人數二百萬台並不等於「Copy Jack」的客戶群。因為「Copy Jack」雖然價格壓在五萬元以下，影印功能有限，不適於業務用，因此二百萬人的基本目標人數要扣除自營業者的一百萬人，剩下一百萬人。

剩下來的一百萬人為上班族及學生，前者約二十萬人、後者約八十萬人。這些人雖然常常使用影印機，但是要他們自購一台二十萬元的影印機，似乎不太可能。反之，若有五萬元以下的影印機，他們應該會購入吧！然而一般的影印機可影印尺寸為A4、A3大小，若價格在五萬元以下絕對會購入，但是尺寸被限制了，相對的購買意願也降低了，何況有些人連五萬元都捨不得拿出來。這種人十人中約有八人，扣除之後目標人數剩下了二十萬人。

如上述的方式，由基本目標人數經過分析篩選出可能目標人數的方法，稱為市場分割法（Market Segmentation）。

由市場分割法所篩選出來的可能目標人數，需要再進一步分析才更具有意

義。接著要以「重點分析法」來解析所得到的可能目標人數。所謂「重點分析法」是以另外一個角度來分析可能目標人數，兩者相符時，這個數據才有意義。

在此分析一下所得到的二十萬可能目標人數，到底會是什麼類型的人呢？大致上可分為下列的族群：

⑴對於畫像、圖形有興趣的人；

⑵對於繪畫有抗拒的人；

⑶不想自己動手寫或畫的人；

⑷對新事物有興趣的人；

⑸懶得到外面使用公眾機器的人。

與此類推的數據，可以從別的產品中發現到，例如：

⑴搶先購入 DAD 的人；

⑵搶先購入液晶電視的人；

⑶搶先購入文字處理機的人。

DAD 為 CD 的前身，1982 年秋天新開賣到 1984 年 CD 登場之間，總銷售量約二十萬台左右。液晶電視機於 1982 年商品化，當時生產了七十萬台，其中 60% 外銷，國內普及台數約二十八萬台。文字處理機，於 1985 年左右推出了個人用款式，普及台數約十二萬台。這些重點數據，分別是：

20 萬台；

28 萬台；

12 萬台。

將這些數據與市場分割法所得到的二十萬人可能目標人數比較時，可得到下面結果。上限為二十八萬人，下限為十二萬人，二十萬人的數字約相當於二者的平均值，大致上相符。

然而，二十萬人並非一年就能普及，一般產品大約需要四年時間，於是得到下面預測值：

第一年度　　2 萬人（可能目標人數之 10%）；

第二年度　　6 萬人（可能目標人數之 30%）；

第三年度　12 萬人（可能目標人數之 60%）；

第四年度　20 萬人（可能目標人數之 100%）。

這個預測值是在沒有競爭對手之下的數值。事實上，在「Copy Jack」推出後的年底，市面上出現了可影印 A4，而且價格在十萬元以下的個人影印機，結果「Copy Jack」只販賣了三萬台就壽終正寢了。

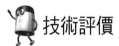 技術評價

㈠對於研發題目技術上是否可行

無論有多大的潛在需求，產品推出後有多大的商機，若技術上沒辦法突破時，一切也變成了空談。從此，技術評價的重要性就浮現了。

關於技術評價，單以該企業目前的技術來判斷可行、不可行，未免太果斷了一些。因為要形成新市場的新產品，一定是高技術型的新產品，以目前的技術水準來看，也許全部是「不可行」。換言之，以目前的技術水準評為「可行」的產品，大部分又流於庸俗的產品。因此，技術評價時，不應只以該企業水準來做評價，而是以外界一般技術的水準來做評價。所以要有尋求外界技術援助，或與研究單位、異類企業間共同技術研發的心理準備。

㈡如何選擇技術路線

對於某個需求，對應的技術有二個時，要選擇哪一個呢？兩個技術同時平行研發，企業又無法負擔。這種左右為難的選項問題，在技術戰略、產品戰略的選擇上，常常會碰到。這種情況下，總要有一個選擇的基準。

以 VTR 的例子，VTR 雖然有 VHS 及 Betamax（大帶及小帶）的區別，但是基本技術層面無甚差別，因此販賣戰略的選擇較技術判斷來得優先。

VD 能夠錄下電影、動畫等媒體，是視聽器材業者所渴望的一種新產品。在當時，VD 有二種規格，其一為美國 RCA 與日本勝利牌合作發展的「靜電方式」，另一種為美國 MCA 與荷蘭菲利浦公司合作研發的「光學方式」。這兩個方式是完全不同的技術，沒有互換性，日本的視聽器材業者被迫要選擇一個陣營加入，這就是 VD（Vidio Disk）規格之爭。這個例子雖然是數年前發生的，但目前還在延燒中。這是兩個水火不相容的技術，要如何選擇呢？

　　某位專家對這兩個方式做了比較，並且對將來的技術走向做了預測，結果如表 2.1.4 所示。以一言概之，雖然在短期內「靜電方式」略勝一籌，但是長遠來看「光學方式」會得到最後勝利。

　　但是結果揭曉後，令人大吃一驚，選擇「光學方式」的只有先鋒牌一家，大部分都投靠到「靜電方式」的陣營裡。其中，日立與新力則持保留態度。每一個企業都有專門技術員在做分析才對，為何如此地選擇，令人費解。唯一能解釋的理由是，當時的雷射技術沒有目前的發達，所以選擇行之有年的「靜電方式」，柿子選軟的吃，選擇較易走的路線。

　　然而，在選擇技術路線時，技術的成熟度與取得的難易與否固然重要，但是技術的將來性也要列入考量。最終的結果，如同預測的，大部分採用了「光學方式」。

表 2.1.4　VTRVCD 的未來預測

商品		VIR	VCD		
			CED 方式 （靜電溝狀式）	VHD （靜電無溝式）	MCA （光學方式）
畫像清晰 聲音 鮮明度		△	○	○	◎
82	PCM 共用性	△	○	○	△
	播放器價格	△	◎	○	△
	軟體價格	△	○	○	○
	錄像能力	◎	△	△	△
90	PCM 共用性	△	○	○	○
	播放器價格	○	◎	○	○
	軟體價格	◎	△	△	○
	錄像能力	○	△	△	◎
82～92 變化理由		磁帶式 錄影			0.7μm 半導體 雷射光磁記憶體

◎特優　○優　△差

VD 的下一個產品，DAD 被推出市場。DAD 的原理與 VD 類似，亦可分為「靜電方式」與「光學方式」，為了防止紛擾，國際統一為「光學方式」。這項卓越的技術，不僅為民生所用，而且應用到產業上，「光學方式」的技術，衍生出了光碟、光磁碟等 OA 用品。

之後，持保留態度的日立、新力也都加入了光學方式的行列。新力在加入宣言說道：「……光學方式會得到最後的勝利……」，這句話幾乎是相同看法。

後來，有很多企業都改旗換幟，從「靜電方式」轉向「光學方式」，最後只剩下勝利牌一家孤守殘壘。

(三)智慧財產權的調查

智慧財產權的調查，並不僅是消極地避免侵犯到第三者的智慧財產權，而是避免無謂浪費的研發。

現行的專利法，實用新案法中規定，提出申請後一年六個月會公開於專利公報，未滿一年六個月的專利要調查比較困難，但是由已公開的專利循跡追蹤，可以嗅出某個企業的技術思想動向，因為每一個企業的未公開專利大都是已公開專利的延伸。

對手企業的研發動向既然明白了，自己就無需花精力從事類似的研發。檢討對方的研發內容之後，決定自己是否研發別的路子，以免與對方的專利牴觸，或者取得對方的授權。目前技術的進步非常的快速，與其申請一些無關痛癢的專利，倒不如選定一個目標，可成為未來支柱的技術，確確實實地把有關的專利全部取下來。因為最近鑽技術專利漏洞的廠家愈來愈多，若不把周邊都顧好，會讓他們有機可乘。

對於大企業而言，企業之間常有相互授權之慣例，不用怎麼擔心；但是中小企業就必須注意到是否侵犯到別人的專利權。大企業也必須注意到是否侵犯到國外的專利權，像單眼照相機自動對焦 AF 就牴觸到美國 Honeywell 公司的專利，打了許久的官司。

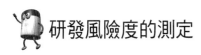

研發風險度的測定

(一)研發都具有風險

　　研發一種新產品必具有風險，也就是說研發不一定百分之百的成功。所以要研發某種產品前，必須先了解所負的風險有多大，若所負的風險遠大於研發後的實利，那趁早收兵為上策。這為研發時所會遇到的共通的問題，沒有適當的風險評估方法，或沒有做好風險評估，而貿然投入研發，導致失敗的例子不在少數。

　　本章要談的風險測定法是新創的，對於任何的研發案，它可以明白地告訴我們風險的大小，以及降低風險的方法。更進一步的，在多數的研發案中選擇其一時，當然是選擇風險最低者為第一優先，風險測定法亦適用於此。

(二)新技術或新產品的研發費多寡與風險大小並不成正比

　　新技術或新產品研發時，往往以研發費的多寡作為風險的指標。當然花一億元研發費的案子，其風險比花一千萬元的風險金額來得高，尤其是小企業，研發費超過了其資本額，企業根本無法負擔。但是研發費的多寡，卻也不是風險度的唯一指標。

　　假設有 P、Q、R 三個研發案，它們的研發費用如下列所示：

　　P：一億元；

　　Q：五千萬元；

　　R：二千萬元。

　　一般皆認為 P 案研發風險最大，而 R 案最小。結果真的如此嗎？且看下面的分析。

(三)研發出來的產品需要多少營業額才會有利潤

　　首先利用大家所熟悉的損益圖表，將自己公司的資料填上，先做模擬。這個目的，要了解自己研發出來的新產品上市後，需要達到什麼樣的營業規模才有利潤。假設，月營業額要達到一千五百萬才有利潤，如圖 2.1.1 所示，請記下這個數字。

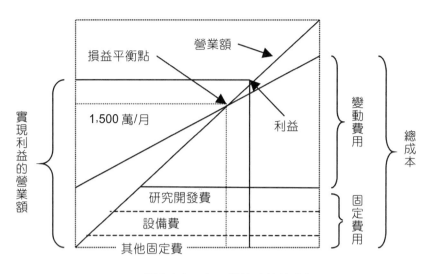

圖 2.1.1　實現利益時的營業額

㈣從市場資料求得達到獲利時的營業額之期間

其次，不再用自己公司的資料，改用其他公司的資料，所繪的圖如圖 2.1.2 所示。縱軸代表市場規模、營業額，橫軸表示時間。時間的單位可取每一期、每一月或每一年皆可。

無論是哪一種新產品，開始販賣時總是從零開始，然後依照每一期的預測營業額填入。營業額的預測並不容易，參考目前的市場狀況，儘量以安全值（較保守的營業額）填入。

其次，再以自己公司的資料算出的獲利時的營業額劃一條橫線（此時為一千五百萬/月），然後在圖 2.1.2 中，從各期的預測營業額中一千五百萬/月的地方做一條垂線，垂線與橫軸交叉點即為 t。t 就表示了要獲利時所需要的時間。以 t 的長短來表示風險度的大小。

t 包括了產品研發費、設備投資的折舊費、創業累積赤字、市場研發費等風險。

以前節 P、Q、R 三個提案為例，加上 t 之後變成了：

P：研發費：一億元，t：三年；

Q：研發費：五千萬元，t：五年；

R：研發費：二千萬元，t：七年。

由此可以得到一個結論，P 提案雖然研發費最高，但是 t 最短，表示風險度最小；反之，R 提案的研發費很小，t 最長、風險度也最大。

如此的分析下，無論有多少個研發案，都可以用一組參數來評估它們的風險度。

讀者可以發現到，原來如此，t 的值愈小表示研發投資費、生產投資費的回收愈快速。然而不僅如此，還可以發現一個隱藏的意義。

讓我們再看一次獲利圖（圖 2.1.1）。無論任何新產品，營業額都是從零開始，因此在損益平衡點的規模以下都是赤字，越過了損益平衡點以上才可獲利。在損益平衡點以下的階段，每個月或每期的營業赤字堆積起來即為累積赤字，如圖 2.1.3 所示。

以 R 提案為例，$t=7$ 的時間區域裡，每個月的赤字約為五百萬元，總計赤字為四億二千萬元，而不是僅有的研發費的二千萬元而已。

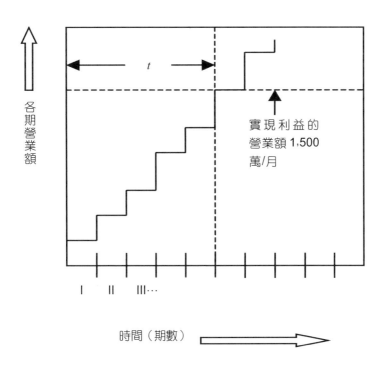

圖 2.1.2　到達實現利益的營業額所需時間 t

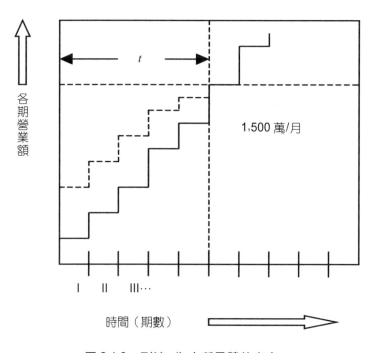

各期營業額

1,500 萬/月

I　II　III···

時間（期數）

圖 2.1.3　到達 t 為止所累積的赤字

㈤研發的全風險

到目前為止已經了解到了，研發的風險不僅包括所支出的新產品、新技術的研發費而已。研發的全風險可以用下列的三個公式來表示：

⑴全研發費＝新產品、新技術的研發費＋市場開發費＋創業累積赤字；

⑵新技術、新產品的研發費＜＜市場開發費＋創業累積赤字；

⑶創業累積赤字市場研發費。

即全研發費包含了新技術、新產品的研發費加上市場研發費以及創業累積赤字。而且市場研發費與創業累積赤字之和大於新技術、新產品的研發費。況且目前是買方市場，物品愈來愈不好賣，不等號「＜＜」會變成「＜＜＜」（註：＜小於；＜＜較小於；＜＜＜遠小於），甚至於變成「＜＜＜＜」。而且創業累積赤字和市場研發費有連帶關係。

前面所示之圖 2.1.1，可以看出新技術、新產品的研發費是固定費用，而市場的研發費是變動費用。

一個新產品推出時，如果銷售量不是很好時，則必須投入更多的宣傳廣告

費、營業人事費、販賣促銷費等市場開發費,導致變動費線向上移動。這樣一來,損益平衡點由 P_1 移動到上方的 P_2,因此以前設定的一千五百萬/月的營業額度也隨之上升到一千八百萬/月或更高的二千萬/月(圖 2.1.4)。

再回到圖 2.1.3,一千五百萬的線將改成二千萬,因此 t 會延伸到 t',結果使得累積赤字向上提升(圖 2.1.5)。

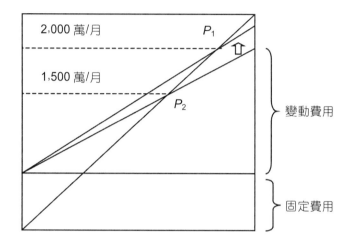

圖 2.1.4　變動費用上升時　損益平衡點也跟著上升

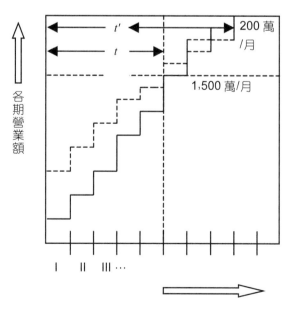

圖 2.1.5　到達 t' 為止所累積的赤字

由這三個公式，可以得到下列經驗：

1. 研發時，要把市場研發費及創業累積赤字壓至最小；
2. 新技術的研發風險與新市場的開發風險比較，後者遠大於前者。

㈥縮短 t 的對策

風險度測定的模擬，可以預測風險度的大小，此外可以幫助找尋降低風險度的對策，亦即為了研發能夠成功，如何縮短 t 值。

為了達到縮短 t 的目的，經營者或企劃者常犯的錯誤是高估了各期的營業額。但是市場是各個企業競爭的場所，並非是一個大餅等著我們去吃，而是很多人在爭食，所以在決定預測營業額時要慎重再慎重。

對於企業而言，有時候遇到 t 等於 7 或 8 時也必須進行的情況。這時候，全風險加算起必須犧牲 x 億元，事先有這種心理準備，放手一搏，最壞也不過如此，運氣好還可以賺更多，即「最壞打算的做法」。

另一個較積極的做法：以十分的創意來壓低損益平衡點，達到縮短 t 的目的。損益分歧點下降時，獲利開始營業額度也會從一千五百萬/月下降至一千三百萬/月或一千萬/月，當然 t 也會縮短。這是自己企業內可以做的，該做的，故稱為「自立更生」法。要想縮短 t，除上述的方法外別無他法，要銘記在心。

三　以簡易財務模式評估研發效益

研發是企業營運相當重要的一環，藉由研發投資可能帶來創新突破的技術或產品應用，為企業創造未來市場利益同時提升企業的競爭力。然而研發活動往往必須投入大量的資金、風險性很高，與財務分析所支持的短期可獲得豐厚利潤之投資常處於對立的狀態。回顧科技演變的歷史，幾乎所有成功的新科技都來自多年前所產生的構想，每個成功的研發投資在執行的過程中無不須克服重重的難關後，才能為公司創造財富。

舉例來說，3M 公司所生產的便利貼，來自於 1974 年 3M 的化學工程師雅特富萊的靈感，而從靈感的產生、黏膠的研發並進一步改良應用於紙條上，到設計

出能大量生產黏性便條紙的機器，這期間投入了許多時間與金錢，儘管起初公司內部人員都不看好這項新產品，然而在使用過後都有所改觀，終於在 1981 年，3M 將此產品命名為「Post-it」開始銷售，果然上市後營業額急速成長。於是，小小的 Post-it® 從此大大地改變人們的留言方式！

因研發活動無論在過程或是結果都充滿了不確定性，不像一般資產的購買可以單純地以會計的方式認列費用，然後再當期沖銷，反倒是投資與費用名目上的混淆經常誤導管理當局與投資人對於研發活動獲利水準評估之看法，因而在評估的研發的價值時，會計作帳的方式顯然無法表達研發之價值。再者，研發活動不同於一般實體資產，當投入一項研發工作時，在成功的研發成果發生之前，永遠沒有所謂真正可得的資產，然而一旦成功地研發後，卻可能為企業賺進大把鈔票，尤其對於高科技產業公司而言，好的研發有助於企業的競爭力、整體形象的提升，影響可謂相當深遠。因此，研發活動的投入帶來了未來可能獲利的「機會」，而這樣的機會是無形的，但其影響力對於某些產業而言卻遠大於有形資產。因此，如何應用簡易的財務方法儘可能地估算企業研發案的價值，協助研發經理人從許多研發專案中，挑選出有價值、前景看好的長期研發專案，一直是備受關注的問題。

傳統的評價模式

經過了多年的努力，學術界與實務發展了不少的評價模式。例如，1962 年 Gordon 提出的 Gordon Model 便是衡量企業價值十分簡潔且優良的評價模式，其視權益價值為未來股利的折現值，而資產價值可視為殘值，在永續經營前提下甚至可略去不計，因此在精神上偏向於損益表導向，可計算公司、業主權益的價值，稱為「以獲利為基礎的鑑價方法」。此外，學者還發展出許多複雜的模式，使得評價的方法有了更多的選擇。依評價的方式不同，可大致分為以下資產評價法、乘數評價法以及獲利價值評價法三種傳統的評價模式，以下分述此三種評價模式之概念：

(一) 資產評價模式

亦即會計基礎評價法，以公司淨資產為參考。因資產性質及未來效用不同，而對於資產價值有不同評定基礎，可分為公平市價、重置成本、清算價值，以及重估後帳面價值。資產價值法係國內購併最常用亦穩健之評價方法之一，乃將公司之資產按公平價值重新評估與調整減除負債後，所得之公司調整後淨值。

資產價值評定如下：

1. 公平市價：是指資產客觀公平的市場價格，如土地、商品等。公平價格之取得，通常參考政府或權威機構公布之資料或委由不動產鑑價中心鑑估；
2. 重置成本：是指資產重新購置之成本，如原料、機器、設備等；
3. 清算價值：是指資產處置可得到之價款，減除相關費用後之價值；
4. 重估後帳面價值：是指以公司帳列資產價值為基礎，就其明顯高估或低估部分予以適當調整，如提列存呆滯跌價損失準備、備抵呆帳、估列退休金負債、承諾及保證損失。

(二) 乘數評價模式

根據市場效率假設，長期而言，市場價值是最能反映公司真實價值的評價指標。因此將過去財務表現與市場價值連結起來，得到兩者關係的相對指標（或稱乘數）。透過選取適當的對照（Comparable）公司的乘數為基礎，來進行評價。一般常用的相對指標（乘數）有：本益比（P/E Ratio）、市價對帳面價值比（PB Ratio）、市價對銷貨比，以及市價對現金流量比。運用乘數評價法來評估研發專案之價值時，首先要蒐集並篩選資料，同時須對資料之可靠度與正確性做驗證，接下來透過選定乘數並將乘數乘上當期的財務表現，便可得到當期的市場價值。為降低偏誤，有時須以產業平均值替代單一公司來做價值估算。

然而使用乘數評價法有一些爭議的地方，包括不易找到真正相似的對照公司；乘數的計算方法有很多種選擇，應如何選擇乘數做指標才是恰當的？又每個公司的乘數都不同，其他公司的乘數是否真的可適用於受評公司也是一大爭議。故應用乘數評價法的前提是須對每個乘數的決定因素透澈了解，才能以其作為價值衡量之工具。

(三) 獲利價值評價法

也就是最常見的折現現金流量法（DFC），其前提是今日的一塊錢要比明天才能獲得的一塊錢來得有價值，也因此要將所有未來的現金流量，透過折現的方法，轉換成今日真正所代表的價值。因此應用折現現金流量方於無形資產評價時，是以公司未來獲利能力為依據，可採用未來營運現金流量、經濟利潤、每股股利、異常盈餘，或會計盈餘加以折現，以計算無形資產之價值。

然而研發的評價，由於未來收益較不確定，因此如何準確估計未來的現金流量是採行折現現金流量法的困難之處，須同時應用複雜的分析工具與人為的判斷。並且傳統折現現金流量的計算方式，將研發創新的不確定風險視為負面因素，因此會給予較高的折扣值，如此一來非但沒能將研發潛在的經濟價值考量進來，反而可能因此抹煞了未來可能為公司創造財富的研發專案，而產生對於研發創新不利的決策。

由於以傳統的財務方法來評估研發活動這一類無形資產顯然有所不足，近年興起了應用選擇權於評價之概念，也就是「實質選擇權評價法」。實質選擇權評價法可以捕捉傳統評價上忽略的「管理彈性」所產生的機會價值。將研發創新的不確定風險視為正面機會，並計算這種正面機會可能帶來的價值。因此，可以產生對於研發創新有利的決策。對於新興科技投資的決策，實質選擇權分析能夠顯示重大研發創新的策略價值，可以彌補一般財務分析工具的不足。運用傳統財務方法的研發投資評估，將創新視為一種靜態的決策過程，假設未來的情境是確定的，因此排除所有不確定與資訊不齊全的因素，並認為在此刻就可以對未來選擇做出正確的決策。但實質選擇權分析則將創新視為是一種動態的過程，是由一連串的決策組成的，未來將會有很多的變化，而且眼前我們對於未來情境並無足夠的資訊，所以此刻的決策只是為下一階段決策提供機會而已。

選擇權之概念

由於實質選擇權評價法事實上源自於財務選擇權，因此必須先對於選擇權之概念有所了解。

選擇權是一種交易者在未來特定時間得以約定價格（履約價）買進或賣出標的物之契約，以權利金高低衡量選擇權之價值，買入選擇權者支付權利金後擁有權利但沒有義務，在未來到期日或之前，得主動地以約定價格（履約價）購買或出售一定數量的標的物，賣出選擇權者收取權利金後有義務但沒有權利，在未來的到期日或之前，被動地以約定價格（履約價）出售或購買一定數量的標的物，選擇權可分為買權（Call）與賣權（Put）兩種。

㈠買權（Call）

買權的買方在付出權利金後有權利在到期日或到期日之前，以約定之履約價格、數量，買進標的商品，而買權的賣方則在收取權利金後有義務依約賣出該標的商品。

㈡賣權（Put）

賣權的買方在付出權利金後有權利在到期日或到期日之前，以約定之履約價格、數量，賣出標的商品，而賣權的賣方則在收取權利金後有義務依約買進該標的商品。

在 1973 年，Black 和 Schole 提出了選擇權定價模式，也就是有名的 B-S 模型，至今仍廣泛被運用在金融市場。B-S 模型如下：

$$C = SN(d_1) - Ke^{-rt}N(d_2)$$

$$d_1 = \frac{\ln\left(\frac{S}{K}\right) + \left(r + \frac{\sigma^2}{2}\right)t}{\sigma\sqrt{t}} \tag{1}$$

$$d_2 = d_1 - \sigma\sqrt{t}$$

其中　C：買權價格

　　　S：目前股價

　　　K：履約價

　　　r：無風險利率

　　　t：存續期間

　　　σ^2：股價之變異數

$N(d_i)$：在標準常態分配下，離差小於 d_i 的累積機率

該模型看似複雜，但實際上的精神其實很單純，對照模型的公式可看出其涵義是：資產的價值（公式的左邊）來自於其能創造的利潤，而這又取決於預期的收入減掉成本（公式的右邊）。此外，公式中的變數間的相互影響主要有以下幾種涵義：

1. 每股股價（S）愈高，買權（C）的售價愈高；
2. 履約價格（X）愈高，買權（C）的售價愈低；
3. 存續期間（T）愈長，買權（C）的售價愈高；
4. 股價變異性（σ^2）愈大，買權（C）的售價愈高。

實質選擇權評價法

所謂的實質選擇權其實是從金融資產往實體資產（包括有形或無形資產）的延伸運用，所以實際上並非是什麼新方法，只是把傳統選擇權中的金融資產轉為評估實體資產。而選擇權理論大師 Brennan 和 Schwartz（1985）提出，實體資產的價值包括兩項：

1. 資產本身的價值；
2. 機會與經營彈性的價值。

依據對於標的資產在未來的決策調整情況不同，又可分為多種不同的選擇權，包括放棄投資的「放棄選擇權」、可取得未來投資優先權的「擴充選擇權」、該投資未來將有成長機會的「成長選擇權」等，表 2.1.5 為學者整理之幾類常見的選擇權以及其適用產業。

自理論上來看，企業的研發都是一種資產，而所有的研發投資決策都可以被視為是一種選擇權的決策。因為研發創新的目的是為了提供企業未來創造市場利益的機會，無論研發創新需要承受多高的風險，但只要有機會，研發創新就具有價值。所以投入於研發等同於為企業購買未來市場機會的選擇權，而所謂投資評估的關鍵將在於企業為此選擇權付出的代價是否合理。

表 2.1.5　實質選擇權的分類以及適用產業

種類	說明	適用產業	參考文獻
延後投資選擇（Option to Defer）	管理者持有「標的物」的租賃或買入契約，可以在今後的規定年限前，以規定的條件承租或買入標的物。	天然資源開鑿工業；土地開發產業；農產業；造紙工業	McDonald & Siegel 1986; Paddock et al. 1988; Tourinho 1979; Titman 1985; Ingersoll & Ross 1992
階段投資選擇（Time-to-Build Option; Staged Investment）	系列投資的產出影響今後投資的決定，複合式選擇權的應用。	R&D 工業如製藥工業；高科技草創期；大型公共建設或電廠建設	Majd & Pindyck 1987; Carr 1988; Trigeorgis 1993
變更操作規模選擇（Option to Alter Operation Scale, e.g. to Expand, to Contract, to Shut Down and Restart）	隨外在市場狀況變化而做擴充、緊縮、暫停、重開等規模變更。	天然資源工業；季節性設施規劃和建設；流行服飾成衣業；消費財；商業物件	Trigeorgis & Mason 1987; Pindyck 1988; McDonald & Siegel 1985; Brennan & Schwartz 1985
放棄投資選擇（Option to Abandon）	永久放棄目前營運的選擇。	交通事業；投資理財服務；不確定市場之新產品導入	Myers & Majd 1990
交換投資選擇（Option to Switch, e.g. Outputs or Inputs）	隨價格或需求的變更、選擇不同的產出或投入方式彈性製造。	原料依賴工業；電力、化工、農作物、零件工業	Margrabe 1978; Kensinger 1987; Kulatilaka & Trigeorgis 1994
投資成長選擇（Growth Options）	早期投資是必需的或相關計畫是連結的，將來有成長的機會的投資選擇。	基礎建設工業或策略工業（高科技R&D）複合產業或多國籍企業營運；策略性購併	Myers 1977; Brealey & Myers 1991; Kester 1984, 1993; Trigeorgis 1988; Chung & Chjaroenwong 1991
交互策略投資選擇（Multiple Interacting-Options）	規避下方風險的策略投資組合。	以上列舉工業皆適用	Trigeorgis 1993; Brennan & Schwartz 1985; Kulatilaka 1994.

資料來源：Linos Trigeorgis, Real Options- Managerial Flexibility and Strategy in Resource Allocation, The MIT Press, 1999, pp. 2~3

　　利用選擇權定價模型來做研發之評價時，只需將其變數的代表意涵做如表 2.1.6 之轉換。

表 2.1.6　應用選擇權於研發評估之變數意涵

符號	選擇權定價模式	研發定價模式
C	選擇權價格	該研發專案之價值
S	選擇權對應之股票現值	研發專案創造現金流量之現值
K	選擇權之履約價格	該研發所需投入之成本
r	預定的無風險利率	預定的無風險利率
t	選擇權執行時間	研發專案進行時間
σ^2	股價之變異數	現金流量之變異數

　　其中，「S」為研發專案創造之價值，是在實際應用時，較不易估計的資訊。而「σ^2」為現金流量之變異數，由於研發本身之現金流量不易估計，故有時也會以一般多用公司平均股價報酬之變異數來做替代。

範例 1.

　　一家生物科技公司要評估是否投入一項新藥研發之專案，該研發須耗費 17 年的時間（t），估計該研發之新藥上市後可以帶來價值 34.22 億之現值（S），又投入該研發專案的成本為 28.75 億元（K），已知目前 17 年期的政府公債之利率為 6.7 %（r），而上市生技公司現金流量的變異數為 0.224（σ^2），則可利用實質 B-S 模式進行評價：

$$d_1 = \frac{\ln\left(\dfrac{S}{K}\right) + \left(r + \dfrac{\sigma^2}{2}\right)t}{\sigma\sqrt{t}}$$

$$= \frac{\ln\left(\dfrac{34.22}{28.75}\right) + \left(6.7\% + \dfrac{0.224}{2}\right)17}{\sqrt{0.224}\sqrt{17}} = 1.1362$$

$$d_2 = d_1 - \sigma\sqrt{t} = 1.1362 - \sqrt{0.224}\sqrt{17} = 0.8512$$

查詢常態分配表可得

$$N(d_1) = N(1.1362) = 0.8720$$
$$N(d_2) = N(0.8512) = 0.2076$$

$$C = SN(d_1) - Ke^{-rt}N(d_2)$$
$$= 34.22 \times 0.8720 - 28.75 \times e^{(-0.067)(17)}(0.2076)$$
$$= 9.07 \text{（億）}$$

因此該研發專案之價值約為 9 億。

以實質選擇權評估研發效益的好處與限制性

　　實質選擇權相對於傳統財務分析，更多的著重於研發創新背後所隱藏的非財務性效益，包括研發創新所帶來的後續市場發展機會、研發創新對於技術能力提升的價值，以及研發創新對於企業創造競爭優勢與未來發展所可能產生的策略面影響等。

　　由於研發創新的目的是為了帶給企業美麗遠景，因此選擇權評估將更為重視研發創新成功可能帶來的重大價值。雖然研發創新也很可能失敗，不過失敗的代價最多也不過是所投入研發資源的損失，更何況失敗經常是下一階段成功的基礎，但如果研發創新成功，往往成果會數倍於所投入的研發費用，因此實質選擇權評估將更傾向於發掘研發創新的價值。

　　對於一項研發創新活動，選擇權並非自然形成或明確呈現，經常是依據企業需要而被設計出來。由於資訊不足與不確定性因素較高，導致困難計算選擇權的真正價值。因此如何將選擇權的價值，在研發創新過程中充分地發揮，將與企業經理人的管理能力、執行能力，以及決策能力有密切關係。可將實質選擇權內涵與價值歸納為以下五點：

1. 實質選擇權將未來的不確定性視為是一種創造價值的機會，更重視創新所可能帶來的潛在機會與策略價值；
2. 實質選擇權將彈性以及無形資產也視為是一種價值，並且十分重視未來各種可能發展趨勢的資訊判斷；
3. 實質選擇權是一種逐步漸進式的決策方式，依據未來的發展情境，經理人可擁有自由抉擇的空間；

4.實質選擇權的內涵與價值高低，可由企業依據投資決策需求而自行設計；

5.實質選擇權價值的實現，最終還是需要視企業本身的經營管理能力與對未來發展的企圖心。

由於實質選擇權的設計具有多樣化與複雜性，使用起來難度很高，經理人需要對於選擇權的內涵與價值有正確的認識，這樣才有可能將選擇權方法運用到新興科技研發創新有關的評估工作上。

雖然財務分析模式經常被運用來計算選擇權，但可能會將選擇權決策問題相當程度地簡化，因此未必適用於沒有過去經驗可以參考的新興科技投資決策。對於新興科技投資的選擇權評估問題，大部分的資訊可能都是估計來的，因此計算的結果主要是供決策者參考，並非能夠真實計算出選擇權的價值。

雖然學術界都希望能算出選擇權的真正價值，但實務上，目前並沒有一種數量模式可以準確計算出研發選擇權的價值，不過數量方法所得到的結果，對於研發投資決策仍然十分具有參考。一般企業在做研發投資決策時的考量，除了投資報酬因素外，也還包括策略性目的與增加知識能力等。因此，所謂的投資決策是綜合量化的財務資訊與主觀的經驗判斷，才做出最後決策的。舉例來說，企業可以一般的財務分析方法，計算研發投資案的報酬率，如果未能達到企業所能接受的最低門檻，那麼經理人就需要考量策略性價值與知識創新價值是否能夠彌補其間的差距。如果經理人認為加上這兩項無法財務量化的因素，總價值將能夠超過所謂的最低門檻，那麼這項研發投資就值得被執行。

因為高科技研發面對極為不確定的未來，包括市場與技術的高度不確定，企業內外部環境的不確定，所以高科技研發投資一般都無法達成縝密的規劃分析。保守的經理人可能採取趨避風險態度，儘量避免投入於不可預測結果的研發投資，但是這也可能使企業喪失許多開創新事業的機會。如果企業經理人只是憑藉經驗與直覺從事高科技投資，則也很可能會將企業帶到極大的險境。

雖然實質選擇權的設計架構並無法消除研發創新所面對的風險與不確定，但它可以針對未來環境變動與研發計畫執行情況，不斷地調整決策，為企業發掘不確定性背後潛藏的商機，並且協助經理人在最適當的時間點，做出最有利於企業的決策，來降低風險對於企業的潛在威脅。

實質選擇權採取的方法是一種經由密切掌握計畫執行狀況與環境變動資訊，

在計畫進行過程中持續不斷地再評估與再決策,並由適時執行各項選擇權的機會,來降低投資風險,並提升計畫的價值。因此,實質選擇權顯然是一種十分適用於規劃研發投資決策與評估研發投資價值的重要工具。

問 題 與 討 論

1. 全真科技公司欲評估一項為期十年之研發專案的可行性,依據該研發專案之 NPV 分析(折現現金流量法),得知其未來現金流入之現值為五億元,投資成本為四億元,又以該現金流量的變異數為 0.052,已知目前十年政府公債的利率為 8%,試問以實質選擇權的評價方式,該研發投資之選擇權價值多少?又比較實質選擇權方法與 NPV 分析所估算的價值是否有所不同,原因為何?
2. 找一個實質選擇權的案例,試算該專案之價值。

參 考 文 獻

中文

1. 王淑芬,《企業評價》,華泰書局,2006 年 6 月。
2. 伍忠賢,《公司鑑價》,三民書局,2001 年。
3. 瑪莎・艾瑪倫,《你的公司多值錢》,早安財經文化有限公司,2004 年。

英文

1. Brennan, M. J. & Schwartz, E. S., 1985, "Evaluating Natural Resource Investment," The Journal of Business, vol.58(2).
2. Gordon, M. J., 1962, "The Investment, Financing, and Valuation of the Corporation,"

Homewood, Ill.: R. D. Irwin.

3. Ingersoll, J. E. & Ross, S. A., 1992. "Waiting to Invest: Investment and Uncertainty," Journal of Business, vol.65(1).

4. Kester, W., 1984, "Today's options for tomorrow's growth," Harvard Business Review.

5. Kulatilaka, N. & Kogut, B.,1994, "Options thinking and platform investments: Investing in opportunity," California Management Review.

6. Majd, S. & Pindyck, R. S., 1987, "Time to Build, Option Value,and Investment Decisions." Journal of Financial Economics,1987

7. McDonald, R. & Siegel, D., 1985, "Investment and the valuation of firms when there is an option of shut down," International Economic Review, vol. 28(2).

8. McDonald, R. & Siegel, D., 1986, "The Value of Waiting to Investment," Quarterly Journal of Economies, vol.101(4).

9. Paddock, T. B., Pfitzer, P. & Cleve T., 1998, a summary account, J. Cramer Berlin-Stuttgart.

10. Tourinho, O., 1979, "The Option Value of Reserves of Natural Resources," Working Paper 94, Berkeley: University of California.

11. Trigeorgis, L. & Mason, S. P., 1987, "Valuing Managerial Flexibility," Midland Corporate Finance Journal.

12. Trigeorgis, L., 1993, "Real Options and Interactions with Financial Flexibility," Financial Management (Autumn). p. 202-224.

13. Trigeorgis, L., 1999, "Real Options- Managerial Flexibility and Strategy in Resource Allocation", The MIT Press.

2 由產品創新角度看新產品研發

一 產品創新的概念

 創新的發展

創新是一個古老的詞語。根據《韋伯斯特辭典》的解釋，該詞起源於 15 世紀，其涵義有二：引入新東西或新概念，製造新變化。在過去的五個多世紀裡，創新的基本詞義並沒有發生太大的變化。自 20 世紀以來，創新的理論研究和理論涵義的演變，大致經歷了三階段：

㈠創新理論的引入階段

在 1912 年，熊彼得（Joseph Schumpeter）將「創新」概念引入經濟學，用來解釋企業的利潤來源。他認為，所謂創新，就是建立一種新的生產函數，把一種從來沒有過的關於生產要素和生產條件的「新組合」引入生產體系。這種新組合包括：引入新產品、引進新技術、開闢新市場，開拓並利用原材料新來源，實現工業的新組織。熊彼得的創新，實質上是企業創新，他開創了創新經濟學研究的先河。

㈡技術創新和制度創新研究階段

20 世紀 50 年代以來，學者們發展了創新理論，產生兩個分支：以技術創新和技術推廣為對象的技術創新經濟學，以制度創新和制度形成為對象的制度創新

經濟學。根據經濟合作與發展組織的觀點，技術創新包括新產品和新技術，及產品和技術顯著的技術變化。

(三)國家創新系統和廣義的創新研究階段

1987 年英國學者Freeman提出國家創新系統。1992 年經濟合作與發展組織指出「創新是一個廣泛的概念」。創新在廣義的層面泛指各種型式的創新，包括知識創新、技術創新、制度創新、組織創新、管理創新和政策創新等。其中，知識創新概念是 20 世紀 90 年代提出來的，其內涵正不斷的演化。1952 年美國科學社會學家巴伯在《科學與社會秩序》書中多次提到「科學創新」。他所謂的「科學創新」，指科學發現或發明。1991 年日本學者野中郁次郎發表「創造知識的公司」一文，認為透過不斷地創造新知識，在組織中廣泛推廣新知識，並迅速將其融進新技術、新產品、新系統中，就能夠實現創新。

當一種產品或技術過程達到商品化，方可被認為發生了創新。一個想法或點子可能成為發明，但在它商品化之前不能稱為創新。一般來說，從點子到市場應用的道路是很長的，短則幾年，長則達上百年之久，甚至新的點子在其商業價值實現之前就夭折了，其中存在很多不確定因素。在熊彼得 1934 年關於企業家的概念中，提出了企業家可能以五種方式進行創新；四十多年之後尼爾森和溫特提出產品創新是企業家長期行為的最重要方面（Nelson & Winter, 1982）；近年更有學者對創新的概念提出幾點補充（王緝慈，2001）。

1. 創新不等於創造

在上面公式中，「新」（新的創意、新的產品或新的服務）是和「市場價值」密不可分的，二者缺一不可。因此，市場對於創新來說攸關重要。「無視市場需要的創新，是陷阱而不是鮮花」（溫州正泰集團總裁南存輝語）。如果只從「新」出發，一味注重創造，新產品功能多而複雜難以暢銷，或對新產品投入過高而產出不足，或創造之前對「新」的程度認識不清，重複勞動甚至與人雷同，都會造成創新失誤。

2. 創新不等於更新、標新立異

在我國，很多傳統的思維習慣阻礙了社會進步，而標新立異的行為又往往受到爭議，這種狀況急需變革。因此，創新的概念就容易與更新和標新立異、推陳

出新混淆一起。但是，這往往掩蓋了與產業發展和企業命運息息相關的創新真正涵義。例如，知識經濟中的知識創新（Knowledge Innovation）一詞，被國內很多人誤為知識更新。實際上，知識創新是知識產品實現其市場價值。在網際網路時代，知識創造價值的機會比過去大得多，知識創新的概念鼓勵人們在企業中發揮創造力，滿足繽紛的市場，同時創造效益。

3.創新不等於發展高技術產業

一切產業都需要創新，所有企業都必須以創新來提高企業績效，實現永續經營。人們對產品的需求無止境，全球市場變幻莫測，企業需要根據市場需求變化而不斷創新。創新可以擴大內需，開發適合我國及其各地區市場豐富多彩的新產品。為此，必須大力培育創新型中小企業，使其資源和有技能的工人得到最好的使用。

按照一般的定義，高技術產業是指那些生產高技術產品的產業。然而，在傳統產業的生產過程中，有大量的高技術生產工藝和過程，其重要性卻經常被忽視。例如，在被視為勞動密集型傳統產業的造船業中，組裝散貨輪可能需要較低的技術，但組裝豪華型遊輪卻需要很高的技術，即使散裝貨輪中，也有很多需要高技術工藝進行加工的零組件，其技術仍然掌握在國外廠商手中，這就需要我國加強前瞻性的研究與開發進行創新，其他產業亦是如此。

4.要重視創新性的低技術產業

家具業和服裝、鞋帽等產業，在國外關於高技術產業和低技術產業的分類中，是屬於低技術類別的，被稱為「創新性的低技術產業」（Innovative Low-Tech Industry）：(1)低技術的學習與創新和高技術的研究與開發同樣是知識創造，從事低技術產業的企業在資源管理、後勤、生產組織、營業銷售等方面都需要創新以獲得競爭力；(2)知識密度不等同於研究與開發密度，所有部門包括那些傳統的、非研究與開發密集的產業都可以是創新性的；(3)儘管作為競爭要素的高技術愈來愈重要，還應重視與其同樣重要的產品差異化而非創新方法，例如耗費資金較少的優秀設計和持續改善產品品質。

前些年很多人預測到先進國家成熟的製造業部門會轉移，先進的資訊和通信技術已經為新知識經濟時代的到來鋪好了道路，競爭優勢和財富愈來愈依賴那些建立在學習、創新、知識創造基礎上的經濟活動上，而對原材料生產的依賴愈來

愈少。然而，這種狹隘的知識經濟解釋已經受到挑戰。產品同樣有不可觸摸性，或像是特殊的外觀造形，這些特質逐漸成為他們經濟上成功的基礎。

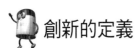 創新的定義

目前對於「創新」尚未有較一致性的定義，我們嘗試利用它的兩種用法來說明創新真正的內涵。

㈠作為普通詞的「創新」

根據《韋伯斯特辭典》的定義，創新的涵義是：引入新東西、引入新概念、製造新變化（它沒有區分「新」的涵義差別）。

㈡作為專業詞的「創新」

創新的內涵是在世界上首次引入新東西、引入新概念、製造新變化。其中，「新」的涵義是知識產權意義的新，即在原理、結構、功能、性質、方法、過程等方面有顯著性變化，而不是時間意義或地理意義的新。它具有兩個基本特點：世界範圍內的第一次、顯著性變化。創新的範圍包括知識創新、技術創新、制度創新等。熊彼得的企業創新（引入新組合），也是創新的一種型式。

而一般我們所說的創新，通常是指新的事物或新方法的引進，也有學者認為是程序（Process）、產品（Product）或服務（Service）上的創新，而其詳細的定義為：「結合或綜合知識以造就原創、相關、有價值的新產品、新流程或新服務」（Luecke, 2003）。一般而言，創新又可分成兩種：漸進式創新（Incremental Innovation）與激進式創新（Radical Innovation）。所謂漸進式創新，乃是指由現有既存的事物獲得技術進行改善；而激進式創新則是指發展或開發世上前所未有的事物，或是與現有的技術及方法不同。但不論是漸進式創新或激進式創新，許多企業都贊同產品或技術上的創新，於企業競爭時扮演了相當重要的角色。

管理大師 Michael Porter（1985）指出「企業可經由改善、創新與升級獲得全球的競爭優勢」。然而對於許多企業而言，創新的問題不是「要不要實行？」而是如何實行？因為創新對於企業而言，就如同「食譜」，只提供程序的開發，卻

沒有一定的答案。因此本文先就創新的來源等於創意（Creativity）進行介紹，再依據創新分類深入討論產品創新設計時對企業所帶來的影響。

創意

創意，可說是開發新事物（Newness）的認知程序（Cognitive Process），而創新則是將新的事物變成實務。一般來說，創意的來源有六種：新知、顧客、領先使用者、共鳴設計、創新工廠與秘密計畫及創意的公開市場（Luecke, 2003）。

㈠新知＝創新的重要來源

新知所帶來的創新往往具有很強的威力，但由新知的開發至商品化階段，往往耗費許多時間，如康寧（Corning）於 1966 年開始開發玻璃的光傳輸特性（當時稱為光導管），歷經四年才告成功。

㈡傾聽顧客的聲音＝顧客永遠是解決問題的創意最佳來源

但也可能阻礙創新，其原因為顧客無法了解技術的發展性，及害怕創新會使自己使用的系統落伍。

㈢像領先使用者學習＝領先使用者是一群需求遠超前市場趨勢的人

可能是企業或個人，且不一定是顧客。他們有一個共同的特點為了滿足自己的特殊需求，往往在企業上未考慮這些需求時，就驅策自己創新。3M 就針對如何向領先使用者學習制定四階段流程：奠定基礎、確認目標市場、判定趨勢與業界專家交換意見，找出領先使用者，及促成突破（Hippel et al., 1999）。

㈣共鳴設計（Empathetic Design）＝激發創意的技巧

創新者不應只是要求其潛在顧客（Potential Customer）填寫問卷，反而應該仔細觀察顧客如何使用現有的產品與服務，來激發創意。Leonard 和 Rayport（1999）針對共鳴設計提出五個步驟：觀察、記錄資料、思考與分析、腦力激盪及建立解決方案的雛型。

㈤創新工廠與秘密計畫＝許多大型企業設立研發單位

以發展創意，或為了創新的緣故，以形成特殊團隊秘密進行研發，一般也稱為秘密計畫（Skunk Works）。Skunk Works 的典型代表為 Apple 公司的 Macintosh 電腦。

㈥公開市場創新（Open Market Innovation）＝運用授權、合資與策略聯盟的方式，使創意流通

激發創意的兩個技巧：腦力激盪（Brainstorming）與接球。

1. 腦力激盪

由 Alex Osborn（又稱為腦力激盪之父）於 1941 年，為了提升廣告點子的品質與數量，所創造的腦力激盪會議，比起單獨作業的個人，還要能夠激發更多的創意。執行時，其人數不應太多（限制參與人數為五人以下），且將時間限為三十到四十五分鐘，並且須注意以下幾個關鍵原則：①對於任何創意不許批評；②儘量要求創意的數量；③鼓勵由各種不同的觀點看問題；④儘量延伸別人的創意。

2. 接球（Catch Ball）

接球是日本人在管理學上的方法之一，其主要是在組織中，利用互動的環境（Interactive Dialogue）中，以投球與接球（Give-and-Take）使每位成員都了解其組織的重點，且在每一階段都需要了解其目的與各項計畫，以支援整體目標。

 產品創新設計

創新依其層級或效果，可以分為漸進式（Incremental）、躍進式（Distinctive）及突破式（Breakthrough）三種：

1. 漸進式（Incremental）

反應一些微小的改變於產品、流程或程序上，如較好、較快或較便宜；

2. 躍進式（Distinctive）

提供很有效、差異性的改善，但並非從根本的技術或方法徹底改變；

3.突破式（Breakthrough）

由根本的技術或方法徹底改變，甚至是不可能，或無法完成。

而依其創新的本質可分成產品（Produc）、流程（Process）及程序（Procedure）等三種創新，此三種分類方式若以創新地圖（Innovation Map），如表 2.2.1 所示。

表 2.2.1　創新地圖

本質	層	級	
	漸進式	躍進式	突破式
產品			
流程			
程序			

資料來源：產品創新設計，郭財吉

1.產品創新

包括提供給顧客使用的功能（含內部與外部）的創新，或外型。其應用範圍包含工業機器、消費性物質、軟體或零件，也可能是服務，如隔天送達等；

2.流程創新

包括產品開發、生產和提供的方法，其中包括製造程序、配送方法及開發流程；

3.程序創新

包括產品和流程與組織操作整合的創新，其中包括市場銷售方法、銷售狀況等。

一般人認為產品創新設計指侷限於產品，但其實產品設計創新的範圍包含流程（Process）或程序（Procedure）上的創新，將會對企業產生意想不到的效果。以下針對裕隆汽車及收銀機的創新地圖作為案例說明。

㈠裕隆汽車的創新

過去裕隆汽車與裕隆日產先後提出了許多引領車壇的造車概念，從寧靜工程、舒適工學、健康對策、e 智慧房車……等一系列創新思維，讓 Nissan 的車款

成為同業競逐、跟隨的目標。由於汽車市場在供過於求的情況下，製造與裝配過程附加價值甚低，附加價值存在於隨品牌所提供的產品服務。尤其是近幾年消費者外移，例如：目前有二百萬台商赴大陸，因此，如何建立並強化客戶忠誠度，向來是企業經營的一大挑戰。以汽車平均三至五年的使用期限來看，如何在客戶使用汽車的期間內，加強與客戶的互動溝通、提供服務支援與資訊，以及創造最佳的使用及價值體驗，正是確保顧客忠誠度的重要課題，這也是裕隆汽車開發TOBE 系統的原點。以往，消費者對汽車的需求一直都停留在內裝的舒適、外型的美觀以及性能的優越，當裕隆以消費者的角度重新定義顧客需求後，裕隆首先結合了水平周邊事業提出了「One stop Shopping & Total Solution」（一次購足及整體解決方案）的服務觀念，後來更進一步的演化為TOBE服務平台。透過e平台、道路平台、生活平台與資訊平台，TOBE 為消費者提供了前所未有的服務模式。裕隆提出的創新服務如表 2.2.2，包括：

1. 客製化協同生產：以滿足顧客對車輛多樣化的需求，並有效縮短交期；
2. 溝通輔助系統：透過專線網路，將生產及車系資訊資料庫、銷售資訊、貸款及產險等資訊，更好更快地提供給顧客；
3. 及時關懷網：以自動語音系統與語音資料庫，主動且全面地關懷車主；
4. TOBE 服務平台，提供消費者食衣住行育樂的生活資訊、安全便利的行車智慧配備，以及精確的衛星定位導航系統，讓行車更安全而豐富有趣。

表 2.2.2　裕隆 TOBE 的創新地圖

本質	層	級	
	漸進式	躍進式	突破式
產品	A	B	
流程			
程序		C	D

資料來源：產品創新設計，郭財吉

A. 內裝舒適、外型美觀、性能優越
B. 客製化協同生產
C. 溝通輔助系統
D. TOBE 服務平台

(二)收銀機的創新

於零售業的領域中，點銷售系統（Point of Sale, POS）藉由掃描產品上的條碼，不僅能夠使消費者快速地通過零售商店的結帳櫃檯，同時也可協助商店管理存貨，以持續提供商店經營者商品銷售與庫存數量的資料，甚至自動為某些產品發出訂單需求。

1960 年代的收銀機雖然在當時居於領導地位，並擁有百分之八十的市場占有率，但與現代的POS收銀機相較，是非常簡單且粗糙的，是由大量的機械組件，如齒輪、輪軸等所構成。收銀員在操作時，必須一個個按下每個商品的價格，然後拉一下桿子，表示完成價格輸入，該機器也無法提供商店管理者庫存資料。1960 年代末期，Singer 公司及需要機器能夠自動蒐集資訊，雖然當時電晶體及其他電子組件取代輪軸、齒輪及鏈子，但是NCR公司認為是不可行、是非技術性，且不具經濟價值。其後，Singer 則求助其子公司 Friden，並於 1969 年發展生產第一部電子收銀機，一直到現在，電子收銀機與網路技術結合，不僅可以擁有收銀的功能，也可協助管理物料庫存、配銷及金融等管理系統，如表 2.2.3 所示。

表 2.2.3　收銀機系統的創新地圖

本質	層		級
	漸進式	躍進式	突破式
產品	A →	B	
	C ←		
流程		↓	
程序		D →	E

資料來源：產品創新設計，郭財吉
　　　A. 電晶體與電子零件
　　　B. 電子收銀機
　　　C. 蒐集資料傳送至電腦
　　　D. 庫存管理、配銷與金融系統
　　　E. 顧客關係管理

由上述的兩項例子，現今企業的創新已經不僅侷限於產品本身，相對的在流程、程序等創新，皆可讓企業超越其同業的競爭。

多年來，學者專家及企業早已公認創新是企業的創造者與維繫者。許多企業因為產品流程及服務的創新提升自我的競爭力。而企業的創新策略也扮演著相當重要的角色，包含：攻擊（Offensive）、防禦（Defensive）、模仿（Imitative）、依賴（Dependent）、傳統（Traditional）及機會（Opportunity）。而不管企業是運用何種策略，創新都會對社會產生影響，經濟學家 Joseph Schumpeter（1934）曾闡述創新對經濟、社會與組織所造成的衝擊，以及他所帶來的創造破壞的潮流。這股潮流不僅掃除了過去的方法，也淘汰了許多舊方法的企業與機構，若跟不上這些創新腳步的企業，很快便會從業界淘汰。

二　以時間系列性產品的重疊戰略

人的一生可分為幼年期、青年期、壯年期與老年期；產品也一樣具有生命週期。產品的生命週期，從萌芽期（相當於幼年期）開始進入成長期，然後經過成熟期而到達衰退期，從而市場消失無蹤。但是像司克達機車或賽路洛等產品，卻能夠重新從敗部復活，是屬於特殊例子。

產品的生命週期及產品重疊

有關產品的生命週期的論調，常常被一些經濟學者或經營學者所引用，但是對於產品的生命週期中的每一個階段的定義不是很完備，以致無法判定某一個產品正處於生命週期的哪一個階段。以下所要講述的產品的生命週期，將會有明確的定義。

在生產體中，很多人認為產品重疊（Product Mix）的方式非常的重要，然而，真正重要的產品重疊，並非只考慮到處於同時間點的產品，而是要考慮到時間序列性的產品的推出，我們可由它們的產品生命週期中得到解答。

產品生命週期的判別法

任何的新產品,它們的營業額(生產額)都是從零開始。現在以縱軸來代表營業額(也可以用生產額;以下總稱為營業額),以橫軸表示時間的經過,如此可以顯示出營業額隨時間變化的趨勢(如圖2.2.1)。實際的產品生命週期,因為中間不斷地改良,或人為的修正等因素的加入,使得曲線變得複雜,為了讓大家容易了解,儘量採用了較單純的曲線。

如前所述,產品和人生一樣具有生命週期,分為萌芽期、成長期、成熟期與衰退期共五個階段。但是在研發期中,產品還在研究發展中,營業額當然為零,所以沒有在圖上顯示出來。直到商品化之後,才會有營業額,圖上就從這時間點開始畫起。

然而只是從營業額變遷曲線來看,還是無法判斷萌芽期、成長期從何處開

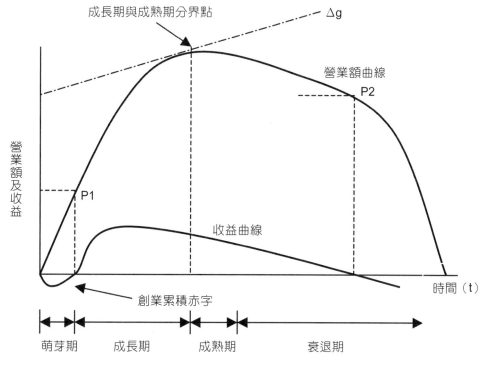

圖 2.2.1　商品的生命週期

始。因此必須加入一個變數協助判斷，那就是收益曲線。

(一) 萌芽期

產品開始上市，無論是以試賣或促銷方式開始推出市場的階段，稱之為萌芽期。因為營業額是從零開始，所以營業額的成長非常地快速。但是以收益面來看，因為開始時小量生產的成本較高，加上宣傳廣告費，業務人員的推廣費等市場研發費的支出，使得發生赤字。這就是所謂的創業累積赤字。

營業額為零至達到損益平衡點的過程，稱為萌芽期。有時候縱使達到了損益平衡點，也無法彌補花費的成本額，形成的赤字以創業累積赤字的型態殘留。在這個階段，以「商品的定義」，產品價格＜成本來看，產品還未達到商品的地步。

(二) 成長期

好不容易突破了損益平衡點，營業額更上一層樓，收益也隨之水漲船高。到了成長期，不但把萌芽期的創業赤字都彌補過來了，而且可以淨收純益，享受成果。

(三) 成熟期

在成長期時，營業額及收益都大幅度地成長，對企業而言是真正的枯草逢春的甜美時光，然而漸漸地營業額的成長趨緩了。成長趨勢並不代表成長為零；如果為零時產品就進入了衰退期。

趨緩的因素有很多，簡而言之就是市場飽和了。進入了成熟期的產品，市場上也看不到新產品參與市場，但是在初進入成熟期時，將有一番激烈的市場占有率之爭奪戰。大部分的產業可說都處於這個階段。

然而，成長期持續到什麼時點才算進入成熟期呢？需要很嚴謹地來定義「成長期」與「成熟期」的區隔。因為產品處於成長期或成熟期的階段，企業因應市場的戰略當然不同，所以要明確地定義清楚。

有人認為「營業額不在增加時產品就進入了成熟期」，這種想法太隨便了，會導致很大的錯誤。

為了要明確地區分「成長期」與「成熟期」，在此提出另外一個變數，即營

業額曲線上所畫的切線Δg，Δg為GNP的實質成長率的$\tan\theta$值。此值代表了全市場的成長率。

　　其次算出營業額增長率ΔS，ΔS＝（本年度營業額－前年度營業額/前年度營業額$\times 100\%$），當 GNP 的增長率Δg與營業額增長率ΔS的交會點為界，在此之前為成長期，而在此點之後為成熟期。此分界點如圖 2.2.2 所示，營業額曲線與Δg線的交點即是。所以並非前述的「營業額的成長率為零時即進入了成熟期」。

　　這個方式是以實質成長率GNP，與全產業或全產品的實質平均成長率來做比較，GNP大於平均成長率則為成長期，相等時為成熟期，若是小於時已經進入了衰退期。

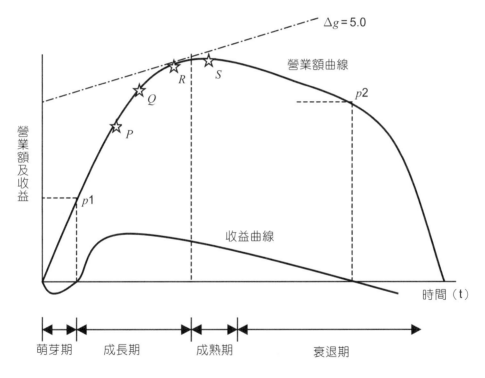

圖 2.2.2　P、Q、R、S 至現在商品週期的位置

　　將上述整理後，得到了表 2.2.4。以Δg作為指標變數的想法，是非常的合理，因為判斷的結果不受到景氣因素的影響；景氣好的時候，ΔS的值很大，而Δg值也是很大；但是景氣差時，Δg固然變小，ΔS值也相對地變小。所以無論在什麼情況下，都可以貼切地做判斷。

表 2.2.4　商品生命週期的各個階段

$\Delta S \geqq \Delta g$	萌芽期
$\Delta S > \Delta g$	成長期
$\Delta S = \Delta g$	成熟期
$\Delta S < \Delta g$	衰退期

註：≧大於或等於；＞大於；＞＞較大於；＞＞＞遠大於

㈣衰退期

某一產品連續幾年，營業額成長率比 GNP 成長率來得低，此時該產品是否真的進入了衰退期？有時候公司的營業額成長率開始衰退了，但是其他公司相同產品卻不見得下降，或者甚至於整個市場的景氣還在回升，這時不能怪景氣，只能檢討自己努力不夠。

至於衰退期的原因，可歸納成下列幾個因素：

1. 普及率已經到達了極限（消費財、生產財）；
2. 強而有力的替代性產品在市場出現（消費財、中間財、生產財）；
3. 消費者的消費習性的改變（消費財）。

與業界成長率的比較

對於某個產品，若業界全體的販賣（生產）實績的年間成長率為Δm，以此Δm當成ΔS的標準，比較同期的ΔS及Δg值，可以得到一些有用的資訊。

㈠$\Delta S > \Delta m > \Delta g$ 的情況

某個產品在業界中的$\Delta m > \Delta g$時，很明顯地是處於成長期。如果$\Delta S > \Delta m$時，更表示此產品比業界還具有更高的成長率，代表該產品的品質、性能及販賣力比其他業界的產品更具有競爭力，市場占有率也會節節上升。這是最理想的典型。

但是，縱使$\Delta m > \Delta g$的情況下，$\Delta S < \Delta m$時，代表這個產品不是有缺陷，就

是販賣不夠賣力，必須追究其原因。因此若能夠將其弱點補足的話，還有挽回的餘地。

(二) $\Delta S > \Delta m \leqq \Delta g$ 的情況

這個類型乍見之下好像很順暢地進行，其實要加以注意。因為此產品在企業界中是處於 $\Delta m \leqq \Delta g$，表示此產品是位在成熟期或衰退期。

雖然 $\Delta m \leqq \Delta g$，但是還能創造出 $\Delta S > \Delta m$，若是因為產品的改良或超級業務人員推銷的成果，那還可接受；反之，若光是以低價策略來取得優勢，那要深思一番。因為既然是非成長性的市場，競爭對手也不會太在意市場占有率的問題，反而會壓低價格出清存貨，導致了一場價格戰。最後就算是扳回了市場占有率，但是削價競爭的結果不但沒有賺到錢，還可能產生赤字。

(三) $\Delta S < \Delta g$ ，$\Delta m < \Delta g$ 的情況

$\Delta S < \Delta g$ ，$\Delta m < \Delta g$ 的情況連續了二、三年時，要特別地注意。因為可能這個產品已經進入了衰退期，要對這個產品所屬的市場，用下列的觀點徹底地再調查與檢討。

若發現到的原因，不僅你的公司沒有對策，整個業界也沒有好的因應對策時，唯一能做的對策就是：

1. 縮小事業規模；
2. 從這個領域撤退；
3. 儘快轉到其他領域。

若不能趁早做決定，隨著時間的經過，赤字會累積愈多，最後連公司的命脈都斷送了。

關於這個撤退的對策，有人卻反向思考，亦即同業的其他公司接續地從市場撤退，只要逆向操作頑強堅持到底，可能得到最後的勝利。實際上有一個例子，大協的賽路洛就證實了這個想法。但是這種做法卻有些困難點，譬如說其他業者何時從市場撤退，很難預料，而且在這一段期間公司的赤字經營，財務上是否能熬得過，還是一個疑問。

（四） $\Delta S \gg \Delta g$ 的情況

$\Delta S \gg \Delta g$ 的情況，表示這個產品處於萌芽期，雖然目前值僅有數%，但是顯示出有 20%、30%高速成長的潛力。

但是以收益面來看，並不一定保證是處於有利狀態。因為生產規模未達到損益平衡點時，收益會被產品研發費、市場開拓費所抵銷了。

如果 $\Delta S \gg \Delta g$ 的情況並非曇花一現，而是持續了好幾期，這樣可以斷定這個產品已進入了成長期。

這樣的檢討方式，最好能持續不斷地進行，如此可以把握產品的生命週期的推移，而且可以早期發現到市場的異常現象。

 ## 你負責的產品目前處於生命週期的哪一個階段？

上述的方法可以真實地告知我們，你負責的產品，或公司內的某個產品目前處於生命週期的哪一個階段。

以表 2.2.5 為例子，表示列出了數年中 Δg、ΔS 值，由表可以看到 $\Delta S/\Delta g$ 的值漸漸趨近於 1，表示這個產品在生命週期中，可算是成長期，但是已經很接近成熟期了。

假設如表 2.2.5 所示，在 2005 年的 Δg 值為 4.2%，同年度中該企業的 P、Q、R、S 四種產品，它們的營業額的成長率如表 2.2.6 所示，此情況下各個產品對應的位置分別是圖 2.2.2 上的 P、Q、R、S 點。亦即：

P 產品、Q 產品 ----- 成長期；

R 產品 ---------------- 成熟期；

S 產品 --------------- 衰退期。

$\Delta S/\Delta g$ 的另一個作用，可以某種程度的預測次年度的營業額。假設次年度的 Δg 值預測為 3.5%時，則各個產品的 $\Delta S'$ 值可以預測，如表 2.2.7 所示。

因為 Δg 為預測的實質成長率，並沒有把價格變動的因素考慮進去，因此預測 ΔS 值的時候，要站在同樣的立場上做比較才具有意義。

表 2.2.5　往後年度的 ΔS 及 Δg 預測值

	Δg	ΔS	$\Delta S/\Delta g$
2001	4.6%	7.8%	1.70
2002	5.7%	9.1%	1.59
2003	4.9%	7.5%	1.52
2004	5.0%	7.3%	1.45
2005	4.2%	5.5%	1.30

表 2.2.6　P Q R S 四產品營業額上升率

	ΔS	$\Delta S/\Delta g$
P 產品	12.6%	3.0
Q 產品	9.7%	2.30
R 產品	4.8%	1.14
S 產品	3.0%	0.72

表 2.2.7　P Q R S 四產品次年度營業額預測

	ΔS
P 產品	10.0%
Q 產品	7.6%
R 產品	3.8%
S 產品	3.4%

走向預測的應用

　　上述的方法，亦可應用於預測特定產品未來的營業規模、市場規模的走向。

　　一般的方式，都是算出過去幾年之間的平均成長率，然後以外插的方式來預測未來的走向，但是以產品的生命週期的推移觀點來看，這個方式不一定正確。

例如說，在前面表 2.2.5 中所列的數據，過去四年中的平均年成長率為 7.4%，以外插法預測四年後的營業額成長率，試算的結果，為 2005 年的 1.33 倍營業額。這個結果是否正確，且看下列的分析。

利用產品的生命週期方式來做走向預測時，首先要觀察 $\Delta S/\Delta g$ 的變化。參照表 2.2.8，這四年間，$\Delta S/\Delta g$ 的變化為 1.70～1.30。今後四年間 $\Delta S/\Delta g$ 的變化為 1.30～1.00。因此 $\Delta S/\Delta g$ 的年平均變化量為 0.067，所以各年度的 $\Delta S/\Delta g$ 值分別為 1.30、1.22、1.14、1.07 及 1.00。

今後四年間的 Δg 值，由經濟部或經濟研究所公布的預測值約為 3.5～4.0。當 Δg 等於 3.5 時，ΔS 值分別為 5.5%、4.3%、4.0%、3.7%及 3.5%。

由上述的分析可知，四年後的營業額約達到 2005 年營業額的 1.16 倍。

採用這個方式做走向預測，以後只要定期的檢討 Δg 是否變化，一般而言，Δg 不會有太大的變動，萬一有什麼樣的因素導致 Δg 發生激烈的變化時，只要做 Δg 的修正，就能夠立即算出 ΔS 的修正值，這是本方法的一大優點。

表 2.2.8　往後年度的 ΔS 及 Δg 預測值

	Δg	ΔS	$\Delta S/\Delta g$
2001	4.6%	7.8%	1.70
2002	5.7%	9.1%	1.59
2003	4.9%	7.5%	1.52
2004	5.0%	7.3%	1.45
2005	4.2%	5.5%	1.30
2006		4.3%	1.22
2007		4.0%	1.14
2008		3.7%	1.07
2009		3.5%	1.00

左右企業命運的產品重疊理論

進入成長期的產品，它的營業額漸漸地增加，但是收益曲線卻緩緩地下降。收益曲線逐漸地滑落，最後會變成沒有收益，亦即達到了另外的一個損益分歧點，在圖 2.2.2 中以 P_2 表示，P_2 與最初的損益平衡點 P_1（萌芽期轉至成長期的分界點）比較，P_2 的位置明顯地升高了許多。這個現象，與其說營業額的上升所導致的，倒不如說是因為市場的成熟度升高的結果。

處於成熟期或衰退期的產品，因為市場飽和了，增加營業額的量產效果失去了功效，另外加上占有率競爭的激烈化，不得不削價競爭，人事費、材料費等經常支出也日益增加，形成了成本上升的壓力，使得損益平衡點大幅地上升。假使景氣變差了，營業額下降了百分之十，處於成熟期、衰退期的產品可能變成赤字經營，不得不小心。

一般而言，企業都等到了現在上市的產品的營業額的成長率下滑了，產品進入了成熟期、衰退期時，才發覺必須研發下一世代的產品。也許目前的產品正處於「成長期」，所以全力從事於產品的改良或營業額的提升，無暇顧及到新產品的研發也說不定，直到了現產品的銷售出現了問題，才對新產品的研發專注起來。

然而，等到產品進入了成熟期、衰退期之後，才慌張匆忙地研發新世代的產品，會發生什麼樣的狀況呢？請參考圖 2.2.3。從成熟期開始研發新的產品，等研發完成開始上市時，原來的產品可能已經進入了衰退期。初上市的時候，產量尚未達到損益平衡點之上，會造成創業累積赤字，彌補這個赤字當然是從現產品的收益而來。

然而，在產品的生命週期中，在成長期中收益曲線是指向成長方向的右上方，而在成熟期之後，收益曲線是指向右下方。

收益曲線指向右上方或右下方，代表著極端不同的意義。當收益曲線指向右上方，當經濟變動時，營業額雖然受到影響而減少，但是實際收益不會減少太多；反之，收益曲線指向右下方時，營業額減少個 10%，實際收益立刻跌到赤字。景氣好的時候，實際的收益總能夠彌補創業累積赤字；然而，景氣不好的時候，現行產品的利益的維持已經精疲力盡了，根本無暇顧及新產品研發的累積赤

字。結果，新世代的產品研發不得不半途而廢，現產品也進入了衰退期，最後來個全軍覆沒。因此，現產品的收益曲線開始指向右下方時，才開始研發下一世代的產品，是一件很危險的事。犯這種致命傷的企業，卻也不在少數。

因此為了避免這種缺失，次一世代的新產品的起始腳步，要在現產品還處於成長期的時候就必須開始進行。現產品在成長期時，收益曲線是指向右上方，因此就算遇到不景氣、營業額減少時，還能有淨收益來彌補下一世代的新產品研發的累積赤字。次世代的新產品逐漸地脫離了萌芽期，進入了成長期，成為企業的主要收益的支柱（圖 2.2.4）。現階段賴以維生的主力產品也進入了成熟期、衰退期，收益也漸漸萎縮了。由圖 2.2.4 中二種產品的收益曲線的變遷，可看到它們的收益的交棒非常地順暢。

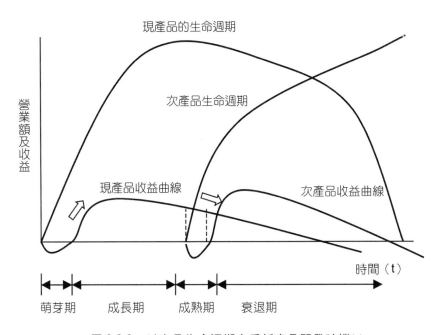

圖 2.2.3　以商品生命週期來看新產品開發時機㈠

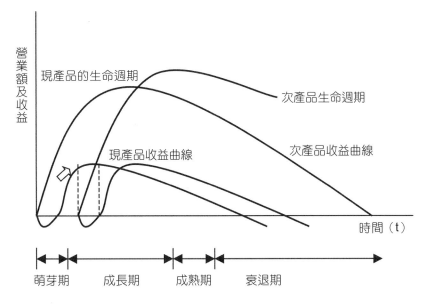

圖 2.2.4 以商品生命週期來看新產品開發時機(二)

以日立公司為例,電算機部門的研發,約從 1960 年代中期開始的,為了要對抗電算機界的巨人「市界占有率 70% 的 IBM」,日立電算機部門必須付出極大的努力。研發初期,電算機部門累積了大量的赤字,企業內外的人士都認為如何損耗下去,連本業都會被拖垮。

還好,當時的彩色電視機正處於成長期,其收益剛好可以彌補電算機部門的虧損。經過了十多年的努力,終於開花結果,電算機部門成了最賺錢的部門,也成為企業的支柱。而此時,彩色電視機已進入了衰退期,而將棒子轉給了電算機、電子部門,完成了傳承的工作。

目前的趨勢走向了小型化的家用電算機,因此大型泛用型電腦也漸漸走向了成熟期、衰退期,下個世代的主力產品,現在開始必須預先準備才是。

如上面所述,要使企業的主力產品能夠順利地交棒連續,時間系列的產品重疊的想法,可說是左右企業命運的產品戰略。

左右企業命運的產品重疊理論的實例

案例一：照明器具

電燈泡是由美國的愛迪生與英國的John Swann分別在兩地所發明的。兩者都採用碳纖維作為白熾燈泡的燈絲，在 1889 年發明時，功率不是很高，僅有 1 流明/瓦特。

縱使到了 1900 年，奇異所生產的電燈泡還是愛迪生所發明的款式，而必須面對一些新的發明對他的白熾燈泡挑戰。第二個需要面對的是螢光燈（水銀燈、日光燈），是由美國人 Hewitt 所發明。

比較白熾燈與螢光燈的發展情況，白熾燈在 1889 年發明以來，功率使用上雖然有所改進，但是到了 1920 年代後，幾乎停滯不前；反觀螢光燈的情況，在 1940 年代被發明時就遠比白熾燈的效率來得高，所以不久就取代了白熾燈。

原因是螢光燈和白熾燈是採用不同的物理原理來發光。螢光燈利用的原理是將電子束透過充滿氣體蒸氣的管子，氣體受到電子的撞擊提升為激發態，激發態的氣體降回穩定態時，就發出螢光；而白熾燈則是電子流經固體，與固體內的原子相碰撞，損失的能量以光的型態射出。這兩種發光的方式，在物理上是完全不同的方式，所以發光功率也完全不同。

最近發展的 LED 顯示元件，有望成為下一世代的照明元件。由於 LED 元件壽命長達十萬小時，用電量僅為一般燈泡的十分之一，近年來 LED 產品已廣泛應用在汽車、通訊、消費性電子等不同領域上，只要能突破白光 LED 的技術，便宜的 LED 照明設備指日可待，屆時又會取代了螢光燈。

案例二：靜電複印術的發明

技術的創新是一個複雜的過程，Chester F. Carlson有名的靜電複印術的發明，就是一個很好的例子。Carlson 於 1906 年 2 月 8 日出生在 Seattl Wasfington。他的父親患有結核病和關節炎，因而全家從 Seattl 搬到 California。Carlson 在 California 的 San Bernadino 中學期間，在一個報社以及小印刷品工廠裡打工。他對於「如何

將語言變成文字或者變成印刷品,這個困難的問題」變得很感興趣。

在從中學畢業之後,Carlson 首先從兩年制的河邊初級學院畢業,然後在 1930 年由 California 的帕薩迪納工學院畢業,得到物理學學士學位。

在 Caltech 的時候,Carlson 開始認為他自己是一位發明家:「在我讀過愛迪生和成功的發明家的事蹟後,吸引我的是少數利用創新而成功改變某些人的經濟狀況的想法,在那時我感興趣的是,利用我對科技的認知,儘可能地對社會有所貢獻」。

Carlson 在紐約市的 Bell 電話公司找到一個工作,被分派到 Bell 的專利律師部門工作。

當時正處於美國經濟大蕭條,就在 1933 年,Carlson 從 Bell 被解僱,但是在紐約法律事務所找到了一個類似的工作,一年後又轉到 P. R. Mallory and Company 工作。在 Mallory 的時候,Carlson 從紐約大學法學院畢業,並且變成 Mallory 專利部門的主管。

從他的經歷中,Carlson 擁有了碳的物理學和化學方面的技術背景(碳粉是在他的發明過程中使用),印刷技術(他的發明是一項打印的發明),以及智慧財產權(他理解一項好專利的基本商業價值)的知識。

當他是專利律師時,有一次在提出申請專利過程中,由於在製造備份時發生錯誤,而遭到挫敗;因而發現到大量複製文件時,品質會隨數目持續降低的難題。在當時,打印多份相同文件時,要用多張複寫紙才能打印多份——打錯字時,需要每一份都改正,而且文件的品質會隨複製的數量而降低。

他站在顧客的立場考量,清楚知道市場需要的發明是什麼。從 1935 年起,Carlson 開始晚上和週末做實驗,為了創造一個新的複製方法。

他的想法是:(1)將紙上的打字的圖像投射到一張被塗上乾燥的碳的空白紙上;(2)利用光引起靜電荷,使碳粉暫時地停留在有字母圖像的地方;(3)藉由烘烤,使得油墨融化留在紙上,形成永久的圖像。這將產生快速的、乾的頁面型式的複印品。

在 1938 年秋,Carlson 將他的儀器從紐約公寓的廚房搬到在長島 Astoria 的一間實驗室。他僱用一個新進從奧地利移民來的物理學家 Otto Kornie 幫助他做實驗。

在 1938 年 10 月 22 日,他們使用靜電和光以及覆蓋了硫的鋅盤,將寫下的詞

句「10-22-38-ASTORIA」由玻璃盤複印到紙張上，這就是後來稱為（XEROX 靜電複印術）的首次成功的實驗。雖然還是一幅很粗糙的圖像，但是實踐了他的想法，因此他提出申請專利。然而就像所有的新發明一樣，只是一個「技術模型」，仍然無法有效率地商業化、節省成本，或者達到方便性，它還需要研究與開發（R & D）。

一項新技術的發展，通常花費很多錢、時間、並且需要充足的資源。所有的發明者都會面臨相似的問題，首先設定發明方向，然後將它實用化，取得專利，最後希望獲得支持能商業化。

從 1939 至 1944 年，Carlson 在各公司間遊說，想獲得支持。他一次又一次地被拒絕，拒絕他的公司，包括了二十家大公司都不知道，他們錯過近十年內極好的商業機會。

最後，在 1944 年，Carlson 在 Mallory 專利事務所工作的經歷，使他有機會與當時在俄亥俄州的 Battelle Memorial Institute 的 Russell Davton 有所接觸。一些在 Battelle 的研究人員覺得 Carlson 的想法有趣，在 1944 年 10 月 6 日與他簽署一項研發的協議，以分享得自發明的版稅作為報答。Battelle Memorial Institute 是一個非營利的 R & D 組織，當時正著手從事幾個流程的改進。

同年，Haloid 公司的研究部主任 Dessauer 讀了關於 Carlson 專利的文章。Dessauer 將這個專利報告了 Haloid 的總裁 Wilson。當時，Wilson 正積極為他的公司尋找新技術或新產品。因為在那時，Wilson 主要戶是 Kidak，Kidak 是一家大公司，如果他們認為必要，能隨時結束他的小型企業。Wilson 看中了 Battelle 的研究發展計畫，因此在 1947 年與 Battelle 和 Carlson 簽署許可協議。

Wilson 提供 Battelle 資金作為其後的研發經費，使得影印機能商業化，Wilson 將其稱為 Xerox，後來 Wilson 甚至把公司名稱都改成 Xerox。Xerox 建立影印機的新工業，在 20 世紀 50、60 年代，是世界上增值最快的公司之一。不過，在 2000 年，因為沒有接手的新產品研發，Xerox 因破產而關閉了。

這件事告訴我們：沒有永續創新；獲利再高的高科技公司不可能屹立不搖。

案例三：文字處理機的例子

設計新產品和新的生產過程，對工程的任務來說是其重心。這個例子說明

了，當技術繼續在變化時，如何革新產品設計才能夠持續存活下去。

　　早期的文字處理機，使用起來很困難。它們僅僅顯示了一行文字來進行編輯，使用者必須計算原稿中每個字的位置。王安和他的工程師構想出一種新型文字處理機，使用起來較為容易，能夠顯示出完整頁面，並儲存更大量的文件。王安在文字處理機銷售方面超越了IBM。從一開始的沒沒無聞，公司一下子在全世界文字處理機市場占了50%以上。

　　1977年開始的銷售業績為一千二百萬，1978年成長到二千一百萬，然後六千三百萬、一億三千萬，直到1981的一億六千萬美元。但是1981年後就逐漸走下坡了。全新的個人用計算機，特別是 IBM 個人電腦，在1984年導入市場後，就開始取代文字處理機的應用，到 1985 年完全封殺了王安的文字處理機在商務中的市場。

　　王安並沒打算改製造個人電腦，也不打算為個人電腦寫文書處理的程式。王安公司在90年代，只是試圖重新尋找自己的定位。在1990年，王安過世以後，公司也破產了。

　　這個情況說明了，一個創新的產品如何創造出市場，但是當一個創新先進的產品能取代之前的產品時，原先的產品就會失去它的市場。成功的企業，只靠單一的新工程設計產品是不能夠維持的，要持續地開發以確保能不斷地將新改進的產品投入市場，才能確保永續地經營。

案例四：遊戲機戰國三雄鬥智

　　1994年底，新力（Sony）還未推出PS（Play Station）遊戲機之前，仰望全球電視遊戲機界，就只看到兩個巨人，世嘉（SEGA）、任天堂（Nintendo）雄霸市場。曾幾何時，當年的巨人SEGA卻因策略錯誤，不得不黯然退出電視遊戲機市場；而菜鳥的新力 PS2 則紅透了半邊天。

　　不過，這場戰役仍未結束，軟體巨擘微軟挾著龐大財力進軍遊戲機產業，推出X-Box旋即炒熱遊戲機話題，並造成全球遊戲機市場版圖重新洗牌，如今的遊戲機三大巨人分別是新力 PS2、微軟 X-Box、任天堂的 Game Cube。三雄各出奇謀，既要抓住現在玩家的口味，又要伺機成為下一波遊戲機主流的領航者，在這麼激烈競爭下，三家背景迥異的遊戲機大廠要如何勝出，策略就很重要了。

先來看 SEGA 為何會黯然退出市場的原因吧！SEGA 本身幾乎壟斷了大型遊戲機台市場，走入遊藝場，看到的電動玩具機和遊戲軟體多數都是 SEGA 的產品。1994 年底新力推出 PS 遊戲機，就像微軟一樣，來勢洶洶介入遊戲機市場。SEGA 看到苗頭不對，還特別趕在 PS 遊戲機上市前的二週搶先推出新款遊戲機 Saturn，這款當時號稱 2D 超級硬體，搭配了雙 CPU 的強力功能，再加上把一些大型遊戲機台經典作品移植成電視遊戲，讓 Saturn 氣勢強得不得了。還未上市前，Saturn 的預約數量就多達一百四十萬台，比新力剛推出的 PS 預約數量高出一倍，半年內 Saturn 在日本的銷售量約三百萬台，可算是不錯的成績了。但是，巨人被這個太早的勝利沖昏了頭，看不到市場玩家的口味已經改變，還一味地陶醉於 Saturn 這台 2D 超級硬體的光環。

　　但是遊戲機菜鳥新力認為，既然晚了別人十幾年來加入戰局，總要有出色策略才能後來居上啊！新力出奇招，打出 3D 技術來號召遊戲軟體廠商加入 PS 的陣營，更提供豐富的程式開發資料庫以幫助遊戲的開發，結果幾家知名的軟體廠商如 Namco（開發出「鬥魂」的遊戲廠商）、Komani（開發出「實況世界足球」的遊戲廠商）、Capcom（開發出「快打旋風」的遊戲廠商）、Square（開發出「太空戰士」的遊戲廠商）、Enix（開發出「勇者鬥惡龍」的遊戲廠商）開始支持 PS 遊戲，到了 1997 年，遊戲機市場情勢大逆轉，眾多軟體廠商發現 Saturn 在 3D 繪圖能力上遠不如 PS，遊戲機銷售量也輸給了 PS，自此，就一面倒地投奔 PS 陣營了。

　　SEGA 看到陣營成員倒戈嚴重，原來的寶貝 Saturn，無奈此時卻反而成了「雞肋」，花了那麼大心血打造出的 Saturn，如今卻是食之無味、棄之可惜，更麻煩的是，如果不儘快處理這個棘手問題，SEGA 好不容易打下的電視遊戲機江山勢必拱手讓人。痛下決心的 SEGA 只得拋棄包袱，跟上玩家口味，在 1998 年年底推出新款主機 Dreamcast（簡稱 DC），這款 DC 除了加強 3D 繪圖處理的技術外，更突破性地採用內建數據機，準備搭上網路時代的熱潮。看起來此策略似乎走對了。不過，長期來太專注於 2D 遊戲作品的開發，讓市場質疑 DC 的硬體性能，結果，又引發軟體廠商持觀望態度。另一方面，SEGA 本身還有遊藝場大型機台市場要照顧，擔心電視遊戲機賣得太好，會打擊到大型機台的市場，在想要腳踏兩條船，卻沒有魚與熊掌得兼的良好策略下，SEGA 就此步上遊戲機廠商最擔心

的惡夢——遊戲機賣不好，導致軟體廠商不願開發新作品，沒有新作品更造成遊戲機賣得更不好，SEGA 陷入了難以解脫的惡性循環了。經過幾年的虧損後，SEGA終於在 2001 年初想通了，乾脆放棄電視遊戲機市場，專注於遊藝場的大型機台以及開發跨平台的遊戲軟體。

　　電視遊戲機市場的戰役上SEGA雖屬敗軍，但不能就此批評經營階層沒有遠見。SEGA 是第一家想到把大型機台遊戲搬進家裡，讓家中的小朋友不必到環境複雜的遊樂場就能在家快樂打電玩；領先推出 32 位元主機；甚至也是最早搭上網路風潮的遊戲機廠商。那 SEGA 是否從此就輸定了呢？這倒未必。SEGA 的主要營收若來自大型機台市場，退出彼此具有競爭性的電視遊戲機市場並沒有錯，重要的是，寬頻網路時代來臨，未來遊戲玩家所使用的遊戲機可能不再是固定於家中，還需要接上電視的主機，而且還包括彩色螢幕的 PDA、3G 手機，甚至如果有一家軟體廠商有辦法開發出同時可在 X-Box、PS2、PDA 等不同平台玩的遊戲，那消費者肯定會喜歡這種軟體。而 SEGA 目前正有此意，在電視遊戲機市場上，改以專注開發跨平台的遊戲軟體。如今PS2、X-Box、Game Cube 三雄無不積極拉攏 SEGA 加入其陣營，但從規劃開發的軟體數量來看，SEGA 預計為 Game Cube開發六十五套遊戲軟體，但只幫PS2及X-Box開發共五十三套，「這是否意味 SEGA 看好 Game Cube 的後市，實在頗耐人尋味！」

　　回過頭來看目前三雄具備坐三望二實力的任天堂Game Cube 吧！你知道「皮卡丘」那隻活潑可愛，會發出閃電的神奇寶貝嗎？它就是任天堂Game Cube 所開發的遊戲軟體「口袋怪獸」主角。超級瑪利兄弟、俄羅斯方塊、馬利歐賽車，這些曾盛極一時的作品總該聽過吧！他們都出自任天堂手中。對三十、四十歲的人來說，「超任」（超級任天堂）根本就是電視遊樂器的同義詞。任天堂更建立了電視遊戲機市場的新商業模式，畢竟樣樣遊戲軟體都要自己開發實在太累了，要如何才能吸引眾多的軟體廠商加入陣營呢？任天堂採取了新做法，卻也成了往後遊戲機界遵循的制度，就是授權給軟體廠商，可開發使用於任天堂遊戲機平台的遊戲，然後向遊戲軟體廠商收取權利金。靠著這個動作，把遊戲機硬體和軟體廠商緊密結合起來，硬體做得愈好，就愈能玩出精緻的遊戲；精緻的遊戲愈多，買遊戲機的人也愈多，當然可賣出的軟體數量也愈大。

　　此外，遊戲機一定要做到 3D 技術處理能力強嗎？從任天堂發展的策略看來

卻又不然，它在 1989 年推出二灰階的黑白液晶螢幕掌上型遊樂器 Game Boy，最大的優勢是可隨身攜帶，結果眾多遊戲廠商願意支援它，一舉造就 Game Boy 成為全球最具代表性的掌上型遊樂器，獨領風騷至今，估計累計銷售的數量超過一億台。

任天堂為何又會從原來的霸王淪為如今的老三呢？1983 年任天堂推出新款遊戲機 Family Computer（簡稱 Famicom），因為外觀由紅白雙色組成，台灣就暱稱為紅白機，當時可是赫赫有名獨霸全球的產品。但是，任天堂也陷入產品太成功反而成了致命傷的陷阱。紅白機雖然很成功，但是卻使用遊戲卡匣，限制了遊戲機的處理器功能，想要進階，恐怕就需要徹底改變了。任天堂也看到這個陷阱，希望把光碟機CD-ROM引進遊戲機市場，問題是任天堂沒有這個技術，因此，找上當時家電大廠新力（Sony）合作，將多年來的遊戲機經營經驗移植給新力，由新力幫任天堂代工生產遊戲機。結果，新力不負眾望，生產出光碟機型式的遊戲機PS，但任天堂本身卻出現問題，原來是卡匣的遊戲軟體要改寫成光碟版並不容易，而且卡匣還有一大優點，就是很難違法複製，在技術面臨瓶頸，又加上心態上擔心光碟版遊戲軟體商機容易遭盜版侵蝕，導致新力開發出 PS 後苦苦等不到任天堂的回應。

終於新力不願再等下去，在 1994 年自己跳出來，不再定位自己是任天堂的主機代工廠商，把產品掛上 Sony 品牌，結果PS一炮而紅。任天堂看到新力PS的成功，知道自己必須提升遊戲機的功能，因此，又回過頭自己研發新一代主機 Nintendo 64（簡稱 N64）也就是後來俗稱的超任。只是，N64 依然是使用卡匣，而原來支持任天堂的遊戲軟體早已被新力拉攏，在缺乏遊戲軟體廠商的幫襯下，N64 銷售成績欠佳。在如此的劣勢下，任天堂只得乖乖打造光碟版的遊戲機，可是，這時候市場已經確定全球超級巨擘微軟要介入遊戲機市場推出 X-Box，任天堂此時才發現頭髮已經洗了一半，只好想辦法洗出一個好髮型了。

首先，任天堂把掌上型遊樂器升級，變成功能更強的 Game Boy Advance（簡稱GBA），同時，也推出光碟版的遊戲機Game Cube。看著前面二座山頭X-Box、PS2 擋在前頭，任天堂採取不同行銷策略，X-Box、PS2 一台售價 299 美元，那 Game Cube 就賣 199 美元，而且也是搶在 X-Box 推出前的二週提前上市。，任天堂的最大競爭優勢在於本身擁有強大的軟體開發能力，而這個也是遊戲機界獲利

的保證，從早期的超級瑪利兄弟、口袋怪獸、俄羅斯方塊、大金剛、薩爾達傳說等遊戲，迄今都是紅遍全球、膾炙人口的經典作品。除了遊戲軟體本身的銷售可帶來豐富的收入之外，把遊戲作品改編成漫畫、電影、各種玩具等週邊商品，更為任天堂賺進大把權利金收入。任天堂對於遊戲軟體抱持著「寧缺勿濫」的精緻理念，卻也打造出獨特獲利模式。任天堂遊戲機多年設計心態並沒有像 SEGA、Sony 的產品還特別做功能的延伸，多少也導致遊戲機銷售成績每況愈下。但是，在此情況下，仍願意掏錢買任天堂產品的人，鐵定是毫無雜質的電玩遊戲核心玩家。任天堂只須強力推出幾套膾炙人口的經典系列遊戲作品，則來自軟體銷售收入，再搭配週邊商品授權的雙重獲利模式，勢必成為任天堂的競爭優勢，「任天堂已有如一頭乍醒的猛獅，實力不容小覷！」

　　如今坐穩遊戲機市場霸主的新力，難道能長期保持優勢嗎？新力其實要玩的規則是想打造出一個「全方位的娛樂設備平台」，結合日系大廠如東芝（Toshiba）、日立（Hitachi）、松下（Panasonic）、先鋒（Pioneer）的鼎力支持，很可能會創造出數位家電市場的另一片天地，就好像電腦界大家熟悉的「Intel Inside」，在數位家電界則有「Sony Inside」。

　　有人這麼比喻著，PS2 是一台做得很像電腦的遊戲機，而 X-Box 則是一台做得很像遊戲機的電腦。從這樣的比喻可清楚，PS2 是遊戲機，但功能比電腦強，試想一下，售價不到三百美元，台灣售價新台幣一萬塊錢出頭，可以看 DVD 影片，可以玩電玩遊戲，將來搭配上網組件後還能上網，如今新力又推出配備 40 GB 容量的硬碟，絕對比電腦便宜，更遑論筆記型電腦，這就是新力的競爭優勢，也是它想要進軍領導數位家電產業的雄心。

　　但是，新力的如意算盤一定打得響嗎？這可不一定！從以往歷史經驗來看，電視遊戲機市場的世代交替期約五年，也就是今天的贏家，很可能會變成明天的輸家，尤其新力 PS2 存在著一個致命弱點，就是它不夠完善的軟體開發環境。新力雖然取得許多遊戲軟體廠商的支持，但長期來都不肯提供廠商一些遊戲資料庫。深究起來，PS2 的硬體配件非常複雜，中央處理器、繪圖處理器都採用獨特結構，這樣情況下，往往造成一個軟體廠商空有精彩的創作內容，但是卻沒有辦法融入 PS2 系統，這也是 PS2 問世以來，暢銷的經典作品並不多見的主因。新力推出第一代遊戲機 PS 時，曾把遊戲資料庫開放給軟體廠商，因此，迅速造就 PS

的光輝時代，但是，PS2遊戲機推出後，新力並沒有把遊戲資料庫開放，結果就造成遊戲軟體的開發要曠日費時，更嚴重的是，如今微軟採取開放式架構，很快就吸引大批遊戲軟體廠商投效。難怪PS2上市一年多，但支援的遊戲軟體卻只有二百三十套左右。遊戲軟體的製作成本高漲，如果再碰上市場銷售欠佳時，軟體開發廠商照樣需要繳交權利金給遊戲機廠商，在這種情況下，微軟竄起，怎會不趁機拉攏遊戲軟體、挖空新力的根基呢。

可是，微軟就一定有把握擊垮新力嗎？既然X-Box是一台做得很像遊戲機的電腦，表示它終究還是一台電腦。首先X-Box會遭遇的難題是硬體升級，當初在設計X-Box時，電腦CPU的Pentium 4還未成形，因此，X-Box領先採用Pentium 3 733 MHz的CPU，可算是很強大的功能了。但是，如今Pentium 4 2 GHz都已經成了市場主流，X-Box才剛推出，這該如何是好。這個難題會衍生出另一個問題，就是X-Box的客戶族群和PC的電腦遊戲玩家族群太過接近，當遊戲玩家擁有高級電腦配備時，很可能就不太會想要購買X-Box。其次，微軟是靠寫軟體程式起家，沒有硬體製造經驗與能力，所以X-Box這台遊戲機幾乎沒有一個零組件是微軟生產的，相對於新力PS2，甚至於它的CPU是新力自己打造出來的。如此一來，如果微軟這台X-Box賣得很好，逐漸成為家庭娛樂平台，那提供遊戲機心臟的Intel難保不會跳出來，想要主導下一世代X-Box的硬體新規格。這時候，合作情義擺兩邊，利字放中間，微軟難道要斷然和Intel翻臉，還是把這片江山拱手奉送呢。不過，微軟也並不是弱者，挾著龐大財力做後盾，或許會玩出遊戲機產業的新花樣。微軟將會替X-Box打造出一個線上的遊戲服務平台，一旦這個服務成形，X-Box就正式成為微軟在全球家庭線上娛樂市場布局策略重要的一環。

這可不是空口說白話，微軟的比爾‧蓋茲在X-Box發表會上就充分表露出他下一步的雄心壯志，「下一個世代，微軟要挑戰的是客廳，而不再只是書房」。從實際的商品來看，微軟可以透過X-Box，讓電腦從書房走進客廳。如此一來，X-Box的定位就非常明顯了，「它是一部娛樂用的PC」。為了達成這個創舉，微軟可說是投入眾多心血，除了第一年已經打算花掉五億美元來促銷X-Box之外，X-Box簡直就是微軟進軍每一個家庭客廳的特洛伊木馬（Trojan Horse）。

想想看，從SEGA、任天堂、新力，到新加入戰局的微軟，各有各的長處，也有其包袱與難題，在每一世代只能保持五年榮景的宿命論下，誰會勝出？不僅

遊戲玩家關心，就連爭取代工商機的廠商也屏息揣測。

　　　　　（後記：目前任天堂推出的 Wii 遊戲機，又紅遍了半邊天。）

三　分辨清楚何者為新產品、改良產品及替代產品

　　企業常常會推出一些「新產品」，其實所謂的「新產品」中包括了下列三種類型：

　　*1.*改良產品；

　　*2.*替代產品；

　　*3.*真正的新產品。

 ### 改良產品無法提高營業額

　　每一家企業為了保持現在產品的競爭力、市場占有率，無不盡全力的改良產品。

　　然而，改良產品之後，它的營業額會增加嗎？答案是否定的。何故？企業對於產品稍微改良，一時的營業額或市場占有率會增加，但是競爭對手會立刻跟進，而且會進一步改良，奪回市場占有率。因此，產品的改良只是在保持目前產品在市場的占有率的必要手段而已，要以此來增加營業額，不要期望太高。

 ### 替代產品也無法有效地提高營業額

　　所謂替代產品是只為了使用上的目的，A 產品用 B 產品來替代的情形。在此情況下，B 產品的營業額是從零開始成長；相反的，A 產品的營業額必然會下降。一來一往，替代產品的推出，對總營業額沒有什麼幫助。

純粹的新產品才可使營業額增加

　　純粹的新產品，與改良產品、替代產品不同，也和現有的產品的需求與市場沒有重疊，所以可以創造出新的營業額。本書所述的新產品研發，都是指這類可以創造出新營業額的產品。

　　假設，目前企業賴以為支柱的產品，在產品的生命週期中還處於成長期的話，雖然到了某一年會進入衰退期，但是在短期的二、三年間，平均年成長率還比 GNP 的成長率來得高，所以營業額也相對地會成長才是。

　　反之，主力產品是處於成長期後段或成熟期，營業額的成長率與 GNP 一樣的鈍化，甚至於停頓了。此情況下，企業發現到目前的主力產品的成長鈍化了、停頓了，於是企業不得不研發純粹的新產品來維持收益。

　　將新產品如此嚴密地區分，目的不僅要在事先了解產品研發的效果，而且可以幫助企業來訂定中期計畫、長期計畫。

　　常常聽到某個企業的董事長嘆道：「這二、三年來，研發了不少的新產品，但是對營業額的提升一點都沒幫助！」仔細分析觀察他所謂的新產品，發現到幾乎是改良產品或替代產品，要想以此來提升營業額，當然行不通。

四 中小企業的新技術、新產品研發的方式

 ## 縱使是中小企業也不可逃避先端科技

　　常言道，中小企業是日本產業的支柱。縱使是世界級的產業，像豐田汽車、日立等大企業，對於下游的中小企業的依賴度還是很大。但是縱使是中小企業，為了日後的生存，也不可逃避先端科技。

　　舉例來說，第二次的產業外移，一些產業漸漸地移轉到海外生產，結果造成國內產業的空洞化。所謂空洞化，就是指某一個企業目前需要十個下游中小企業來配合，漸漸地減少成八個、七個，遞減下去。能夠彌補這種空洞化的趨勢，唯

有發展先端技術產業而已，只有如此才能搭上成長的列車。

另外，理工系畢業生的第二次產業的背離，不肯進入勞動產業，使得年輕勞動力不足，這個問題會愈來愈嚴重。一些所謂的夕陽工業，因勞動人口的不足，會加速其崩潰。

但是在於所謂先端技術的領域裡也是怨聲載道，「在這裡可以做出什麼名堂？有什麼更好的技術嗎？」然而對於這些怨言好好思考對策，可以變成是一種「需求」。對於這些「需求」，若能解決一、兩個，將會帶給企業無限生機，也是通往先端技術的窗口。

這種事情，並非直接到尖端技術企業去，開口問「有什麼困擾的事」，就能夠得到答案。而是要親自去體驗發覺出來。

上位的人要注意到各種報告的內容

作為上司的你，所重視的只是業務人員向你報告的業績，那邊這邊的客戶各訂了多少貨；或者連一些細微的事情也注意到呢？例如某個業務員在報告中提到：「有個客戶問了某個產品，被我回絕了」或「這不是我們公司所得做的事」，你是否注意到了這些事情呢？其實在業務員拒絕的談話中，可能隱藏了某些先端技術，可能成為一隻金雞母。

迄今連聽都沒聽過的產品中，大部分與先端技術有所關聯也說不定。因為在未知的領域裡，追求的是史無前例的高機能性物品，昨日不合用的物品，今日可能變成適用品。因此，其所追求的零組件或素材，物換星移，可能成為有百倍成長空間的熱賣產品。

如此將一隻「金雞母」平白地從手中飛走，這是因為業務人員的技術知識背景不足，視野太窄的緣故。但是作為上司的你，絕不能讓這種事發生在你的身上，至少你必須具有這樣的認知。

專業的資訊是寶貴研發資訊的來源

目前正處於一個資訊化的時代，資訊的迅速性與大量性被這個時代所要求，

而需求性也呈多樣化。

處於這種時代中，一般的報紙刊載了各式各樣的資訊，然而對於專業人員而言，這種資訊太表面化不夠用，至少要像經濟新聞等專門報紙才能提供有用的資訊。對於新技術研發資訊的來源，經濟新聞一報也無法滿足所需求的資訊，要更廣泛地從工業新聞、產業新聞等專門報紙吸收有用資訊。

有時候到比較偏遠的地區去訪問，常聽到他們抱怨資訊不夠流暢；雖然某些方面的確比較吃虧，例如：各種的研討會等；但是以報紙或網路而言，則是全國同步發行，不可能落後。主要的差異在於主事者對於資訊的處理態度。

這些專門的資訊中，每天都刊載著業界的新技術、新產品研發的有關記事，其中也可能包括了一些先端技術研發的消息。這些資訊，可說是玉石雜沓，有的是以需求為導向的，有的是以新發現為導向的，更有的是一些有勇無謀的研發案子。目前是「玉」，可是過一陣子可能變成了「石」。

所以接觸到這些資訊時，要以下列兩方面來思考：

1. 這個研發，是為了滿足何種需求？
2. 這個研發，對未來影響有多大？

以這樣的觀點來瀏覽所得的資訊，可以把握住像先端技術在何處會遇到瓶頸、需求，技術的走向是如何等大前提。如此一來，總會遇到一些自己也能夠研發的技術的資訊。繼續往下扎根調查，終有一天會踏上先端技術的行列。

 ## 以數量來分散研發風險

先端新技術的研發當然會具有很大的風險，一般而言，愈有用的研發案子所負的風險也愈大，沒有風險的研發也沒什麼大用途。

要挑戰這個風險是件難事，但是以中小企業而言，可以以數量來取勝。中小企業的規模小，但是數量很多，常有所謂的同業企業團體、地區企業團體的組織存在。單獨一家挑戰這個風險，負擔太沉重，若能結合志同道合的企業共同研發，則能夠分散了風險。

這樣的共同研發方式，國家或地方也都訂有相當完備的制度。中小企業的性質與大企業、中堅企業不同，所有的決策都由負責人一人就可決定，整合上也較

容易。很多的合作案子都是在席間一杯酒就搞定了。

善用各地方的諮詢窗口

中小企業在研發的過程中，總會遇到一些技術上的瓶頸，這時會想到借助專家的智慧，但是卻不知道到何處找適當的人選來商談。這時我建議各位儘量利用當地的工業技術研究所，與他們的專家商討技術上的問題。然而，因為技術的範圍很廣，無法立即給予解答，但是工業技術研究所與全國的研究所、研究單位有所聯繫，透過他們或許可以得到想要的資訊，或者可以委託代為研發，可收到事半功倍的效果。

各縣市等都設有「技術協助」制度，然而編制人員有限，要求他們提供你所需的資訊，那是不太可能；反之，利用他們的通道、管道，仲介適當的對象，倒是一條便利的路子。

確保研發人才

各個地區總設有一些大學，大學裡設有理工學系。這些大學的學生有半數以上是外縣市來的，而且在地的學生中，畢業後會到外地的大企業、大都會去就職，因此留在本地的學生不多，使得中小企業得不到需要的理工系畢業生。

但是，用另一種方式來思考。所謂大學理工系的畢業生，真正受到專業技術的訓練也不過是大學後二年的時間，扣除寒、暑假後，真正的專業訓練時間也不過一年的時間，因此縱然被大企業僱用了，也需要經過一段實務訓練，才能發揮實力。以這種看法，中小企業裡的技術員大都為當地的高工、高職畢業生，所差的只不過是一年左右的專業訓練，若能補足這一段差距，則能提升從業員的水準。

幸運的，全國各地學校都設有在職專班，來訓練企業界的員工，而且有很多的研討會在各處舉行。中小企業在埋怨人手不足之前，要先檢討自己是否已經確立了技術人員教育制度。

參 考 文 獻

中文

1. 王緝慈（2001），《創新的空間：企業集群與區域發展》，北京：北京大學出版社。

2. 郭財吉、周月霞、邱志仁、潘宛玲（2005），產品創新設計，工安環保，No.26。

英文

1. Freeman, C. (1987), "Technology and Economic Performance: Lessons from Japan", Pinter, London.

2. Hippel, E., Thomke, S. & Sonack, M. (1999), "Creating Break throughs at 3M", Havard Business Review, Sep.-Oct., pp. 47-57.

3. Leonard, D. & Rayport, J. F. (1999), "Spark Innovation Through Empathic Design", Harvard Business Review, Nov.-Dec., pp. 102-1.

4. Luecke, R. (2003)，楊幼蘭譯（天下文化出版社），Harvard Business Essentials: Managing Creativity and Innovation, Harvard Business School Publishing Corporation.

5. Nelson, R. & Winter, S. (1982), "An Evolutionary Theory of Economic Change. Cambridge", MA: The Belknap Press.

6. Porter, M. E. & Miller, V. E. (1985), "How Information Give You Competitive Advantage," Harvard Business Review, pp. 149-160.

7. Schumpeter, J. A. (1934), "The Theory of Economic Development", Cambridge, MA: Harvard University Press.

3 技術與市場預測

一 新技術的預測方法

為何要做技術預測

　　「為什麼要做技術預測？」這問題乍聽之下，好像可以選擇「要做技術預測」與「不做技術預測」。但事實上，「技術預測」就像「天氣預測」一樣，人們為了想掌握未來的天氣狀況而做天氣預測。同樣地，因技術改變而受影響的個人、組織或國家，都會想要做技術預測以進行「分配資源達特定目的」的決策，因為當技術產生改變，可能使原先某一特別的資源配置決策完全失效。因此，每一項決策本身就伴隨一項預測，這樣的預測是針對該技術在未來一點都不會改變，或者將會有所改變等，來幫助決策者了解事項決策是否會成為一個好的決策。

　　技術預測固然重要，但人們為什麼進行技術預測的原因也是我們想知道的。事實上，一般人之所以做技術預測與他們需要做其他的預測有著相同的原因，包括：

　　　*1.*從組織外在的事件中獲得最大收益；

　　　*2.*從組織行動的結果中獲得最大收益；

　　　*3.*從組織外在不可控制的事件中，降低其損失到最小程度；

　　　*4.*防止對組織有競爭威脅及敵意的行動；

　　　*5.*預測組織生產或存貨控制的需求；

　　　*6.*預測組織資金規劃中設備的需求；

　　　*7.*預測組織確定足夠人員的人力需求；

8.發展組織內部行政人事或預算的計畫及政策；

9.發展一套適用於非組織內部人員的政策。

以上的每一項都可進行技術預測及經濟、商業、政治或天氣預測的動機，這些項目最終都可歸納到，讓未來狀況「獲益最大化」與「損失最小化」的概念。

科技預測的先驅 拉爾夫‧藍茲（Ralph Lenz, 1972）認為，科技預測之所以能增進決策品質，是因為科技預測扮演以下的特殊角色：

1.它找出不可能超越的限制或可行性；

2.它建立可行的進步速度，因此能讓計畫完全採用此一步調進行；計畫不需要採用不可能達成的速度來進展；

3.它敘述可供選擇的替代方案；

4.它顯示出可能達成的機率為何？

5.提供一個計畫參考標準。該計畫因此能在執行當中，經常與預測結果做比較，來決定是否繼續進行，或者因為預測的改變，計畫須被修改；

6.當警訊發生時，決策者可以判斷目前某些行動方案應當立即停止。

在扮演這些角色時，預測提供了決策者所需的特定資訊。一般都會認為，預測所帶來的決策品質，一定大於預測所需的成本。當然這並非絕對，有時預測成本高於預測所獲得的結果，但我們強調的是「預測可提供改善決策品質所需的特定資訊」。

 ## 技術預測的重要性

技術是公司進行策略規劃的主要元件，組織的企業層級在制定決策時，莫不站在技術的基礎上來提供顧客服務及產品。圖2.3.1顯示在Martin（1994）建議的模式中，技術規劃需要包括由上到下、由下到上以及斜向的參與，說明了組織進行技術規劃的時候，不僅需要企業或策略事業單位之管理者的參與，同時亦需要在個別工作領域中對技術狀況有了解的研發、生產及行銷幹部的加入。在圖2.3.1中，箭頭標示為發展最佳計畫所必要的資訊流方向，其概念是為達成企業目標所需要的技術計畫，應選擇適當的技術並將其納入企業的投資組合內，在過程中妥善地分配資源以確保預期計畫的完成。

非指導性的 基礎研究	指導性的 應用研究	最初/實驗性 的發展	次要的發 展	第三等的發展 和設計	引導/模型生 產

傳統的預測模式大多是依賴過去的績效再推算到未來，這種方法存在著未來可能不如過去一樣表現的缺點。圖 2.3.2 顯示對一個技術未來可能的成長模式的三種推測。未來的情勢仰賴技術的特徵和自然的限制、影響技術發展的環境及社會因素，以及市場的競爭狀況。舉例來說，技術預測已經可以預測核能電力設備技術，會遵循如圖 2.3.2 的 S 曲線模式，此時環境關係和市場狀況已經促使技術的成長模式加速產生變動。

對於正在經歷快速變動的技術而言，預測未來是一個相當困難的問題。當一個技術可能被另一個技術取代而產生威脅時，管理者必須可以預測不連續發生的事件。以圖 2.3.3 所示，S_1 是技術 1 的技術進步曲線，致力於技術 1 的企業可能會決定繼續持有該技術，即使替代性技術（技術 2）已經出現。如技術進步曲線 S_2 所標示，技術 2 隱約可能即將發生，使用具有較佳績效的技術 2 之企業，即使它開始的時間點是在較晚的 t_1，但是它將以完全新的路徑發展，而且他的技術是優於最先的企業所擁有的技術。在這個情況中，最先的企業為在長期之內保護技術 1 的策略將是徒勞無功，而管理者必須以適時的方法去制定移轉到新技術 2 的決策。有許多歷史技術具有不連續發展的範例，如汽船取代帆船、在電子工程上以電晶體取代真空管和以個人電腦取代打字機。

 ## 技術預測的方法及概念

為了發展一個好的預測，一個技術預測者必須對技術生命週期和影響技術發展及創新速率的因素有清楚的認知。再者，了解每一個預測技術的優點、缺點及限制也是相當重要的。一個好的預測必須具備：

1. 信度和效度；
2. 正確的資訊基礎；
3. 清楚地描述方法和模式；
4. 清楚地定義和確認假設；

5.以量化表達每一種可能;

6.對預測的資訊有一定的信心。

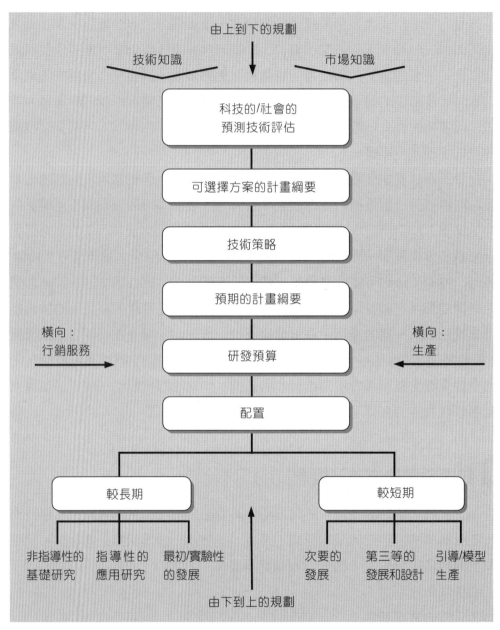

圖 2.3.1　技術規劃

資料來源：M. J. C. Martin, Managing Innovation and Entrepreneurship in Technology-Based Firms. © 1994, John Wiley and Sons Inc. Reprinted by permission of John Wiley and Sons Inc.

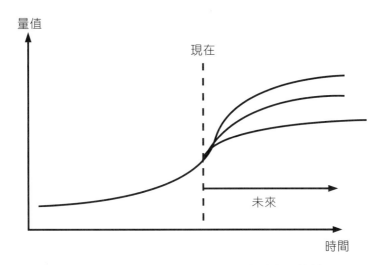

圖 2.3.2　技術的成長模式和未來情勢可能性

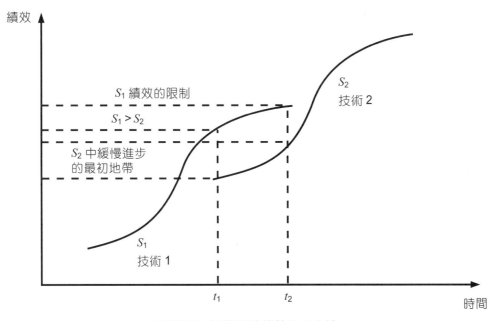

圖 2.3.3　技術不連續性的 S 曲線

技術的不連續

　　如果領導者未能體認技術的不連續以處理技術逐漸減少的報酬，他們將會變
成失敗者。

不同特性的技術，適用於不同的技術預測方法。技術預測的類別如表 2.3.1；技術預測方法之分類如表 2.3.2；不同技術預測方法適用的範圍如表 2.3.3；Alan. L. Porter 針對各種技術預測方法之比較（表 2.3.4）。

表 2.3.1　技術預測分類表

類別	定義	可適用之預測方法
直接預測 （Direct Forecasting）	直接預測衡量技術的參數	專家意見、德菲法、名目群體法、趨勢外插法、成長曲線等
關聯預測 （Correlative Forecasting）	考慮該項技術和其他技術或背景因素間的關係	類推法、情境法等
結構預測 （Structural Forecasting）	考慮因果關係對技術成長的影響	迴歸分析、關聯樹、因果分析、模擬模式等

資料來源：工研院網站（http://www.ipc.itri.org.tw/content/menu-sql.asp? pid=62）

表 2.3.2　技術預測方法之分類

類別	預測方法
判斷式預測	專家意見法、德菲法
時間序列與歷史預測	指數平滑法、移動平均法、延續（naive）模型預測
因果性預測法	迴歸分析、投入/產出分析、經濟計量模型
技術趨勢預測	系統分析、腦力激盪、關聯樹探索、趨勢外插法

資料來源：摘自 David Frigstad, "Industrial Market Research & Forecasting", Frost & Sullivan,1996

表 2.3.3　技術預測方法適用的範圍

影響因素/方法	資料數	不確定性	技術發展期
1.德菲法	少	高	早期
2.類推法	少	高	早期
3.成長曲線法	中	中	中期
4.趨勢外插法	少	中	中期
5.技術的衡量	多	低	晚期
6.相關方法	－	－	－

影響因素/方法	資料數	不確定性	技術發展期
7.因果關係	多	高	中期
8.機率法	多	中	中期
9.情境偵測法	–	–	–
10.複合法	–	–	–
11.規範法	中	低	中期
12.情境法	中	高	早期

資料來源：Alan L. Porter, "Forecasting and Management of Technology", John Wiley & Sons Inc., 1991

表 2.3.4　Alan. L. Porter 針對各種技術預測方法之比較表

	監測法	趨勢分析法	專家意見法	模式法	情境法
簡述	搜尋週遭環境以獲取與預測主題相關的資訊	利用數學與統計技巧來擴展時間序列資料到未來階段	獲得特殊領域內之專家意見並分析之	模式是現實世界的簡化表示，用來預測系統的行為	情境是未來某些光景的描述集合，包含所有可能出現的狀況
假設	目前可取得對預測有用的資訊	過去的狀況與趨勢將會持續到未來	多數專家的意見優於個別專家的意見	有些事物的基本結構與程序可以簡化的表示式加以詮釋	以有限的資料庫可以建構一個未來的合理集合
優點	可以從廣大的資訊來蒐集大量有用的資訊	為一實際且含有可量化參數的預測方法，在短期的預測上十分準確	專家預測較易導出高品質的模式	可透過模式的建構來觀察複雜的系統行為	對未來可提供豐富且複雜的描述，且可結合數種技術預測方法所得結果
缺點	太多的資訊可能導致無從選擇或無法整理	需要大量的資料，而且僅能用在可量化的參數，對於不連續情況則無法發揮作用	在界定專家上有困難，提供專家的問題往往不夠清楚	模式常採用量化的參數如簡單的流程圖或是複雜的電腦模擬，因此易忽略潛在的重要因素	容易流於幻想，除非預測者有一些確切的實例當基礎
使用時機	想要對某領域進行持續的了解或是作為預測的基礎	欲分析技術採用或替代時機；可取得數量化參數	欲預測的主題有傑出的專家，資訊缺乏或無法建立數量的預測模式	想要簡化複雜的系統為可控制的表示式	預測或溝通的複雜度高且處於高度不確定的狀況；必須整合定性及定量的資訊
技巧	問卷調查法、訪談法、關聯樹法、推論法	指數平滑法、成長曲線、迴歸分析、趨勢外插	委員會、腦力激盪法、名目群體法、德菲法	交叉衝擊分析法、系統動力學、任務流程圖、型態學模型	情境撰寫、未來分析

資料來源：Alan L. Porter, "Forecasting and Management of technology", John Wiley & Sons Inc., 1991

二 市場預估

市場導向

在資訊科技帶來的全球化競爭時代，廠商必須更加集中精神、擬訂策略以滿足市場的具體需求。在過去二次世界大戰過後的經濟景氣低迷時代，許多公司引進技術生產──他們自認為市場需要的產品，在高度市場需求的情形下產品經常都是銷售一空的現象，但是廠商很少或者甚至不認真考慮顧客真正需要的是什麼，儼然是供給導向策略。然而在網際網路發達的今日，市場已經超越現有國界的限制，正式進入全球化的階段。面對市場上林林總總的產品，顧客已經掌握了主控權，採用傳統供給導向策略的企業，只會使其產品銷售的滲透力持續降低，因此企業經理人紛紛採取市場導向策略，也就是在新產品生產之前，仔細觀察市場狀況，分析是否有足夠的需求存在，並確認潛在市場的大小。唯有對市場了解透澈，才能使生產者對變動做出迅速而有效的反應。

美國西南航空公司就是採取市場導向策略相當成功的案例之一，該公司成功地占有美國國內運輸市場強勢地位，其成長與財務績效令人印象深刻。相對於美國航空（AMR）、Delta 航空及 UAL 航空，雖然西南航空位居全美第四大航空公司，但其市值卻高於其他三家，在 2002 年西南航空收入更高達將近七十五億美元，誰又能想到在 1998 年時他的獲利不盡理想呢？探究其原因，我們發現：

㈠西南航空後來改採用點對點路徑系統（Point-to-Point），優於其他公司的輻輳轉接系統（Hub-and-Spoke），航空服務遍布二十九個州五十七座城市，平均旅遊行程約為五百英里；

㈡該公司對於消費者的策略，採用低費率與有限服務方式（不提供餐點）；

㈢採用波音 737 客機，確保營運成本低價競爭力；

㈣縮降航班起降時間區間。

因為站在消費者立場來考量價格及服務，西南航空的市場導向策略成功地讓該公司營運獲得持續成長。

產品市場的定義與結構

產品市場（Product-Market）意指市場存在具有需求的購買者，他們擁有購買產品（商品或服務）的能力，並且他們的需求能因此獲得滿足。對於經理人來說，產品市場概念的了解相當容易，但如何區分其間的差異卻是非常複雜。大致來說，整個市場可以劃分為不同類型的一般市場，可能因劃分的標準不同，而有不同的分類。

(一)以購買者購買目的和身分來分類

依此標準，市場可區分為四種：

1. 消費者市場

購買者是個人消費者，購買目的是為了滿足個人及其家庭成員生活消費的需要而無牟利的目的。

2. 工業市場

亦稱生產者市場或產業市場。是由獲得產品或服務以製造其他產品或服務，以供出售、租賃或供給他人使用的所有組織機構所組成。組成工業市場的主要行業有農業、林業、漁業、畜牧業、採礦業、製造業、建築業、通訊業、公用事業、銀行業、金融業、保險業和服務業等。

3. 中間商市場

亦稱轉賣者市場。購買者是中間商，其購買的目的並不是為了生活消費或生產消費，而是為了轉手出售獲取商業利潤。近幾年人們把工業市場與中間商市場合稱為企業市場（Business Markets）。

4. 政府機構市場

購買者是各級政府機構，其購買目的是為了執行政府的職能，如經濟建設、國防建設、行政管理、國家儲備、科研文教、對外援助等。

(二)以市場地理位置或商品流通的區域來分類

依此標準，市場可分為國內市場和國際市場兩大類。國內市場可分為城市市

場和農村市場等。國際市場又可分為國別市場和區域市場,前者如美國市場、日本市場,後者如北美市場、西歐市場、東南亞市場。顯然,處於不同地理位置的購買者,對商品的購買需求常會存在重大的差別。

(三)以購買者、購買對象是否具有物質實體來分類

依此標準,市場可分為實體產品市場和服務市場兩大類。所謂服務是指「一方能向另一方提供本質上是無形的任何功用或利益,並且不會產生任何所有權的問題,他的提供可能與實體產品有關,也可能無關。由此可知,服務的最基本特點是不具有物質實體的、無形效用。因此,所謂服務市場可以定義如下:凡是以勞務來滿足購買者的需要而不涉及實體商品的轉移,或實體商品的轉移處於不重要的地位之商業活動,均屬於服務市場。雖然有些服務項目的提供也包括某些實體商品的轉移,如修理服務中包括某些新替換的零組件。但服務市場的中心內容是向顧客提供無形的效益,而非轉移某些實體產品的所有權。服務市場包括一切服務行業。隨著商品經濟的發展,服務行業在整個國民經濟中的比重已不斷增加,新的服務行業肆意增多,服務市場的範圍也日益擴大。目前我國除了具有專業性的服務業(醫師、律師等)、個人與工商服務業(旅館、攝影、理髮、廣告、打字等)以外,金融服務業、技術服務業、交通運輸服務業、資訊服務業、郵電通訊服務業、諮詢顧問服務業、旅遊服務業、勞務服務業等,均有很快的發展,從而成為服務市場的組成部分。為了把握服務市場各組成部分的需求規律和行銷特點,服務市場有必要按服務的內容或活動領域進行進一步的分類,如分為金融市場、資訊市場、技術市場、勞動就業市場等。

(四)以提供產品的生產部門來分類

依此標準,市場可分為重工業產品市場、輕工業產品市場和農產品市場三大類。這種分類的目的是為了將農產品和其他生產部門的產品區別開來。所謂農產品包括農林漁牧四業的產品,他們的生產和經營的特點和工業產品完全不同。例如:農產品的生產比較分散,且受自然條件的影響重大;農產品的供應大都具有季節性;農產品大都是新鮮貨品,容易霉爛變質,對運輸、儲存有更嚴格的要求等等。

消費者的需求

　　當市場被定義之後，緊接著企業提供的服務或產品，能否滿足顧客需求，將是影響成敗的試金石。因此，有效的行銷策略必須將目標放在比競爭對手更能夠有效地滿足顧客的需求與願望，正如同 Robertson 和 Wind（1983）所說：「對消費者的需求進行評估的道理與重要性雖然無庸置疑，但卻經常被忽略。舉例而言，大多數的新產品都遭到了失敗的命運，問題並不在產品本身，而是在於消費者並不想要這些產品。」就如同現在火紅的 3G 影像電話，早在 1964 年美國紐約世界博覽會中，就由通訊界巨擘——AT&T 首先公開發表，但是對於當時的市場來說，技術與市場需求仍有相當的差距，因此產品並未受到重視。

　　顧客需求一直是企業持續追求的目標，但是在技術開發的同時，這個課題卻往往被忽略了！

　　「我頭好痛！」小明痛苦地說著。「怎麼你也頭痛了？爸爸也正在頭痛！我看我去拿藥給你們吃好了！」媽媽心疼地說著。所謂的「頭痛」，是否每個人的症狀都一樣呢？答案是否定的。曾有一家製藥廠花了一整年的時間要求公司內五十名員工填寫一份問卷，描述他們在日常生活中的生理感受。然後公司據此列出了一長串的症狀，和公司聘請的科學家面對面地坐下來，一項一項地問這些科學家：你知道人們為什麼會有這樣的感覺嗎？有什麼藥物可以解決這種症狀？結果發現，其中 80% 的症狀是無藥可解的。對於其中許多症狀而言，有些現有藥物的組合處方是能有幫助的。但對於其他更多症狀而言，卻沒有任何人想到要去尋求解決的方法。這些科學家顯然忽略了公司可能擁有的巨額利益。故事中的小明與爸爸正在頭痛，小明的媽媽去拿藥來試著讓他們頭痛的症狀舒緩，這也恰好是現實生活中許多人生活的寫照。我們嘗試著去解決頭痛的症狀，但卻忽略了頭痛真正的原因，事實上，有許多頭痛是心理性的，是有文化特殊性的。以電視廣告為例，在美國最常見的抱怨就是頭痛；在英國是背痛；在日本是胃痛。即使如此，我們如何能夠精確地了解人們所感覺到的是什麼？而其真正原因又是什麼嗎？

　　詳細檢視需求是將價值感傳遞給顧客的第一步。傳統上，人們以 Maslow

（1943）的需求階層模型將需求加以分類，可以參考圖 2.3.4。從最低到最高，Maslow 將需求分為五個階層：生理需求、安全需求、社會需求、自尊需求及自我實現需求。當生理需求滿足後，人們就會追求安全需求；當安全需求滿足後，人們又會開始追求社會需求；藉由如此漸進式的方式，人們不斷地追求較高層次的需求。當需求無法滿足時，便會產生挫折，當挫折的強度到達某個程度時，便會激發紓解行動，例如：買東西。某個需求一旦被滿足了，便會被遺忘，讓出一個空間以供人們追求其他需求。以行銷的角度而言，這表示我們必須定期地提醒消費者他們和某個產品之間的關係，特別是在需求被滿足的時候。當我們隨著Maslow 的階層理論而上時，可以發現需求愈來愈不明顯，對於企業而言，適當地採取合宜的行銷策略以提醒人們這些不明顯的需求，並滿足這些人在各階層的所有需求，將會為公司帶來莫大的幫助。

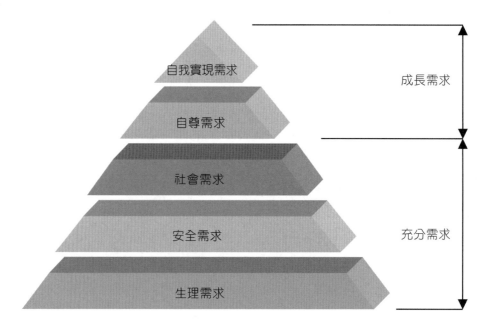

圖 2.3.4　Maslow 需求階層理論

Maslow 模型中的前二個需求可以稱為生存需求，對消費者而言，當產品可以滿足他生理需求及安全性需求，他將會購買該項產品。而接下來的社會需求與自尊需求，則是一種顧客酬償需求，也就是購買某個產品可以讓顧客個人產生價

值感。最高的自我實現需求，就是顧客會對於產品產生一種緊密的認同感。當然，並非所有的需求一定可以被滿足，但運用 Maslow 的需求階層理論，企業應該盡力尋求滿足顧客的需求。

 ## 市場規模預估

顧客需求是市場誕生的源頭，若想要判斷一個市場的價值，評估當前與潛在市場規模是很重要的，市場規模經常透過特定產品市場與其間銷售金額或銷售單未來衡量，其他規模衡量包括購買者數量、平均購買數量及購買頻率。三項關鍵的市場規模衡量方式，包括市場潛力（Market Potential）、銷售預測（Sales Forecast）及市場占有率（Market Share）。

㈠市場潛力

市場潛力是指產品的飽和銷售量，在特定期間內所有銷售此特定產品的企業所能銷售的最大數量，也就是銷售上限值。通常實際產業銷售會低於市場潛力，因為生產與配銷系統無法完全滿足所有購買者需求，且無法控制的外在影響因素眾多，如法規等，都會讓消費者即使擁有意願卻無法購買。

㈡銷售預測

銷售預測是指在特定期間內特定產品的預期銷售，可運用在不同的對象上，如產業銷售預測即表示某一時間內所有提供某特定產品的企業對於產品市場的整體銷售預測、企業銷售預測即指在特定期間內目標企業所有產品的市場銷售預測。然而銷售預測值大多低於市場潛力，因為在進行預測的時候，預測者必須進行許多條件因素的限定以確保預測的有效性。

雖然銷售預測的結果總是低於市場潛力，但仍有許多企業努力開發出正確而有效的銷售預測系統。正確的銷售預測，可有效減少存貨、大幅提高企業內部的營運效率，甚至在供應鏈電子化的今日，銷售預測系統的重要性更扮演不可或缺的角色。在 1995 年食品日用品流通業領導廠商 Wal-Mart 和其供應商 Warner-Lambert 的示範計畫中，就發展出類似的系統。經過之後的研究，在 1998 年自發性跨組

織溝通標準 VICS（Voluntary Inter-Industry Communications Standards）協會成功地開發出合作式計畫預測補貨CPFR（Collaborative Planning, Forecasting and Replenishment），並導入一些示範計畫以證明其正面成效。其中，Wal-Mart 和 Sara Lee 的示範性計畫，這個合作計畫開始於 1998 年 7 月，初步進行二十四週（約半年）。計畫的導入範圍鎖定在 Sara Lee 的二十三項女性品牌內衣商品，而其中有五個品項是新引進的商品，並且僅配銷到小型的店面，其餘的商品則配銷至所有的店面（約二千四百個店面），或者配銷到所有小型的店面。最後的計畫結果顯示：

　　1.庫存量改善：改善 2%的店內庫存；

　　2.降低每週持有庫存水準：改善 14%店內庫存水準；

　　3.更準確的預測：反應於庫存與銷售的改善上；

　　4.降低缺貨率：提升 32%的銷售量，增加 17%的商品週轉率。

(三)市場占有率

　　目標公司在特定產品的銷售除以提供相同產品的所有企業總體銷售，代表該公司在特定產品市場的市場占有率。評估市場占有率的計算方式，可以實際銷售或是銷售預測值為基礎。決定市占率的因素很多，像是競爭者的價格因素、替代品的出現、企業的品牌知名度等，這些因素都會直接影響企業的銷售金額和數量。

　　以單一公司的市占率來看，是沒有意義的！市占率是一個相對性的指標，與競爭對手相比較，才能了解自己的行銷策略是否奏效。然而，有效比較的重要關鍵，必須明確地定義產品市場、時間、地理區域等，不同產品市場的市占率比較是不具意義的。

　　然而，既然是預測就可能會出現誤差。如果實際的需求與預測相差較大，企業各個環節要能夠快速調整，以適應變化、減少損失。曾經有如下一個案例：2000 年 3 月廣州某超市，某品牌新上市的洗髮精缺貨了，專程前來購買的顧客不得不購買其他品牌的產品。該公司立即召開緊急會議：這個新品上市一週，全國銷售四萬箱，已經超過兩個月市場預測總和，市場嚴重缺貨；公司會議計畫把下週的預測從五千箱提高到五萬箱，增加到十倍，這個數量工廠雖然不可能立刻生產出來，但是立即生產可以減少缺貨的時間，比長期缺貨好。工廠計畫部經理看

到新的預測量，目瞪口呆：生產要增加十倍，而原材料庫存最多只能支援一倍半的生產量，原材料大多是進口的，就算立刻下單，供應商倉庫有能夠支持十倍產量的庫存，按照正常情況，運輸通關需要兩個月才能完成，並且下週生產計畫已經排滿了。但是，工廠的職責就是保證預測的需求，無論如何也要盡力生產出來，於是通知採購部門緊急向供應商下單，所有海外材料一律空運，這樣運輸和通關時間可以縮短到兩星期，同時調整兩週之後的生產計畫，優先保證該新品種的生產。然後計畫部經理告訴總部，三星期之後能夠完成新的計畫，建議先制定給現有客戶的銷售配額。一個月後，產品陸續擺上各個商店貨架，公司上下都等著喜訊，但是市場卻出奇地平靜，新產品無人問津，甚至還不如其他產品賣得好。

最有利的商機瞬間即逝，預測不準確及過長的供應鏈給公司帶來大量的損失：巨額的材料空運成本、倉庫的大量存貨，還有失去的消費者。這是某著名消費品公司的悲壯例子，這個例子一方面說明了要實現準確預測是多麼的困難，市場的變換可能受到天氣、競爭產品、自己推出新品的影響，甚至毫無原因的變化。另一方面，我們也看到案例中的企業在面臨實際需求遠大於預測的情況下，從整個公司層面進行快速回應，適應市場需求的變化。如果案例中市場仍然保持旺盛的需求，則可以大大減少銷售損失，減少一半的缺貨時間。

一般來說，預測的時間愈遠，預測準確度就愈差。為提升預測準確度，可以利用滾動預測的方式，如圖 2.3.5 所示。滾動預測可以實現對一個時間間隔的多次預測，比如現在是五月，若預測八月的銷售數量，可以在五月做一～三個月週期的預測，比較精確的預測六月的需求，同時對於七月、八月做粗略預測；同樣六月也會對八月做粗略預測，七月對八月做精確的預測。由於多次預測，可以充分考慮市場變化的因素，能夠比單次預測有更好的可信度。

市場預測的方法

市場預測的方法很多，主要可分為主觀性的判斷、客觀性的調查、指標的相關分析三種，以下分別說明之。

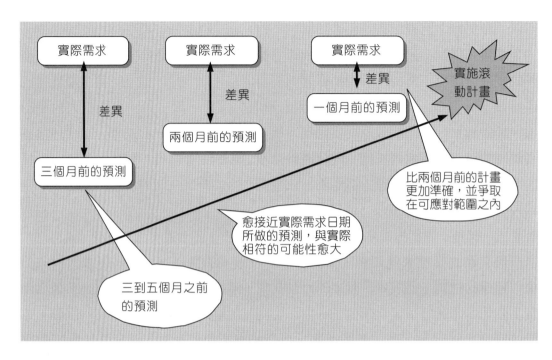

圖 2.3.5　利用滾動預測提高準確度

(一) 主觀性的判斷法

　　所謂主觀性的判斷，就是「藉由個人的專業知識、觀察與經驗等，主觀地判斷所預測的事項」。這樣的方式完全依賴判斷者的能力而定，因此，關鍵在於誰的判斷比較正確。與消費者最接近的銷售人員、研究相關市場的學者專家、能夠全面掌握資訊的高階經理人、與所有生產廠商接觸的原物料供應商、創造新產品新技術的研究人員等等，都能提供他們對於未來市場的看法，行銷人員藉由他們所提供的資訊，綜合多種角度的判斷意見，可以歸納出市場預測的結果。

　　主觀性判斷的最大優點是：內容豐富、取得資料時效佳。例如與技術人員的訪問中，可得知新產品的發展趨勢，行銷人員可以預先去評估這些新產品在市場上被接受的可能性，取代舊市場的程度等議題，這是其他方式所不能提供的資訊。

(二) 客觀性的調查法

　　客觀性的調查法是藉由具有代表市場的樣本，取得市場的觀察值，而後推算

出市場的規模或趨勢。例如以問卷調查的方式，由消費者整體中抽出許多消費者，詢問他們現有及未來打算消費的數量，然後由抽出的比例，導出整體的消費量。客觀性調查由市場中直接獲得消費量的數據，比較符合科學的精神。但調查所需要的時間與資金比較多，是否值得取得該項資訊，決策者也需要多加考量。

　　主觀性與客觀性之分並非絕對，最大的差異在於樣本的代表性。取得資料樣本愈多，且愈均勻地來自市場的各部分，則愈能代表市場的整體，也就愈具有客觀性；反之，則趨向主觀性。但是要多少樣本，或是均勻到何種程度才能稱為客觀性，並無一定的標準。

㈢ 指標的相關分析

　　指標相關方程式是利用數理的原理，找出與市場消費量有關的指標，建立最佳的估計方程式，以推算現有或是未來的消費量。被用來作為指標的變數，應該是容易取得的資料，否則還需要花費一番功夫才能獲得該項指標的水準值。而方程式的建立，是經過長期數據的累積，以數學方式所推演出來的。

三　產品創新管理

　　針對未來的技術及市場做預測、分析之後，隨之而來的就是新產品的推出。然而產品和所謂的「新產品」之間有什麼樣的差異，如何才能將產品有效創新，企業對於產品創新方面應該要從哪些方面努力，都是值得我們去探討的。

何謂產品

　　人們對產品的理解，傳統上常常侷限在實務產品或者特質產品。但對於企業來說，產品的概念遠大於此，它是指市場所提供能滿足人類特定需求的一切東西，包括實物、服務、保證、意識等各種型式。從行銷學的角度來看，產品的概念具有兩種特質：⑴並非具有物質實體的才是產品，凡是能滿足人類某種需要的服務也是產品；⑵對產業來說，其產品不僅是具有物質實體的本身，還包括附隨

實物出售所提供的服務。

　　廣義的產品概念可以引申出整體產品概念，這種概念將產品視為由五個層次所組成的一個整體，如圖 2.3.6 所示。

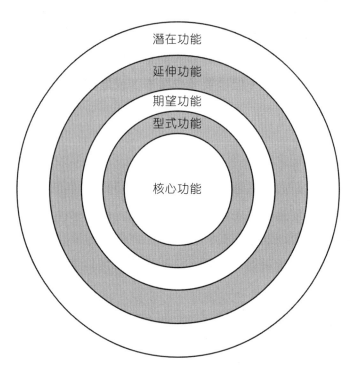

圖 2.3.6　產品的五個層面

㈠第一層是核心功能

　　即指消費者購買產品的基本效用或利益。消費者購買某項產品並非為了占有或獲得產品，而是為了某種特殊的目的。舉例來說，消費者購買筆記型電腦，並非為了得到這台「機器」，而是希望藉由這個「機器」滿足消費者的基本需求，如上網、文書處理作業等。雖然許多類似的產品，至今都開始著重在外型的美觀設計，但是其所銷售的真正目的，並非在於產品的表面特色，而是在於它可以滿足消費者的特殊需求，為消費者帶來一些效用或利益。

(二)第二層稱為型式功能

係指核心產品可藉由特殊型式而呈現出來，而特殊的型式即為企業所提供的實體或服務的外觀。然而，產品的外觀並非指的是具有外型，而是指產品在市場上可為顧客識別的面貌。而現代行銷學認為，型式產品包含了五種基本要素：品質、特徵、型態、品牌、包裝，即使是無形的服務性商品，也會具有相似型式的特點。因為產品的基本效用是透過設計的型式所呈現出來，所以行銷人員必須了解顧客的真正需求，進而使產品以最能滿足客戶的方式來設計。早先的電腦多為桌上型電腦，具有多功能的用途來滿足消費者需求。然而，隨著時代的演進，消費者對於電腦移動性的需求逐漸增加，故為滿足消費者移動性的需求而設計出筆記型電腦。

(三)第三層是期望功能

指消費者在購買產品時，對產品會有一定的期望。就像購買筆記型電腦，會期望得到完整的週邊設備，例如：電源線、滑鼠等，並非只是得到單純的電腦主體而已。

(四)第四層是延伸功能

指顧客購買產品時所能獲得的附加服務和利益。就像之前所提的筆記型電腦產品，在銷售的時候不單純是銷售其產品本身，也包括了所附帶的售後服務。而今日在售後服務方面都有改進的趨勢，早先售後服務是需要消費者攜帶產品至維修廠進行維修，然而在競爭激烈的時代，為了增加彼此的差異性，開始有廠商推出「到府服務」，甚至是「線上維修」。

(五)第五層是潛在功能

是指現有產品經過設計、改良後，在未來可能發展的潛在產品。就像數位生活所描述的電視，未來可能結合電腦、電話功能，成為多功能一體的設計。

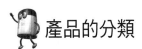# 產品的分類

發展產品及服務的行銷策略時，行銷人員必須先了解有哪些產品，了解產品的分類將有助於發展行銷策略。產品分類主要根據使用者類型做分別。若將產品與服務依照使用者類型做分類，可分為消費品（Consumer Goods）和商業品（Business Goods）。而其中最大的差異在於產品購買時的目的，消費品是消費者為達消費目的而購買此類產品，而商業品是消費者為達經營目的而購買此類產品。

消費品係指最終消費者購買的商品，行銷人員通常會再根據消費者購買消費品的方式，分為便利品、選購品、特殊品，以及冷門品四種。

㈠便利品（Convenience Products）

是消費者經常購買且較少花費心力去比價的消費品或服務，如肥皂、糖果及報紙等。通常便利品的價格不高，而行銷人員也將它普及性地配置在通路上，使消費者能夠輕易地購買。

㈡選購品（Shopping Products）

是購買較不頻繁的消費品，顧客會謹慎地比較功能、品質及價格，並思考其實用性，如家具、筆記型電腦等。此類的產品，行銷人員通常會提供較深入的銷售服務，以加強消費者對於產品的了解，協助消費者進行選購及比較。

㈢特殊品（Specialty Products）

表示該產品具有獨一無二的特質或品牌知名度，以使特定消費族群願意以較高價格購買，如特定品牌的汽車、名牌皮包等。行銷人員會設置專門的銷售地點，而購買者通常不會與其他產品相互比較，且願意付出時間、心力來購買這類產品。

㈣冷門品（Unsought Products）

是消費者不知道，或者即使知道也不願意購買的消費品。透過廣告使消費者

知曉這類產品之前，許多創新產品都屬此類，因此行銷人員必須透過適當的行銷手法，如廣告等，來加強其在消費者心中的印象。

商業品，有時也稱為工業品或企業品，是指產品直接或間接轉售的商品。工業品主要可分為三類：原料與零組件、資本設備，以及消耗品及服務三種。

(一)原料與零組件（Material and Parts）

包括天然原料以及加工後的物料與零件，天然原料如小麥、棉花、水果、石油等，加工後的物料與零件則分為鐵、電線、輪胎等。通常這類商品的競爭多在價格及服務上，因此不需要太多的行銷手法。

(二)資本設備（Capital Items）

是用以協助購買者的生產程序或商業活動的工業品，包括主要設備及附屬設備。主要設備如廠房、辦公室發電機等，附屬設備如辦公桌、電腦、傳真機等。資本設備的產品多為一般性需求，故顧客的選擇多在價格、品質及服務上做考量。

(三)消耗品及服務（Supplies and Services）

是指一般企業在營運過程中會消耗的產品及服務，消耗品如筆、墨水匣、紙等，服務方面如水電維修、辦公室清潔等。消耗品多為價格較為低廉的產品，因此消費者多不會花費太多心力在上面。而服務大多是透過契約來建立關係，通常都是經過長久合作而建立良好的主雇關係。

不過，通常消費品和商業品有時候很難分別（參考圖 2.3.7），如 IBM 銷售其電腦給一般消費者或公司，因為消費的目的不同，因而很難將其定位成消費品或工業品。因此，銷售人員必須先了解消費者消費的目的，再搭配適當的行銷手法，才能事半功倍。

 ## 產品生命週期

了解產品種類的同時，銷售人員也必須了解產品處在產品生命週期的哪一個

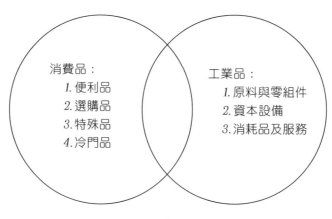

圖 2.3.7　產品的分類

階段。每個階段的消費者特性不同，產品的功能、技術、品質也會有所不同。因此，必須透過適當的行銷策略，讓產品順利地銷售出去。

　　產品的生命週期，從一開始被發明或創造，經過導入市場之後，會歷經成長、成熟階段，終至衰退以致退出市場。然而，每種產品其生命週期的長短也會有所不同，而一些外在因素如市場環境、競爭者的出現等等也會影響生命週期，生活中許多產品因為市場環境、技術的演進而被迫退出市場，如傳統的錄影帶、音樂錄音帶等等，在數位化時代來臨之後，這些產品因為無法滿足消費者的需求而被迫淘汰。

　　一般而言，典型的產品生命週期（Product Life Cycle, PLC）分成四個階段——導入期、成長期、成熟期、衰退期，如圖 2.3.8 所示。生命週期各階段是以銷售量變化作為分界線。導入期是從新產品上市開始到銷售量成長率快速上升之前；成長期是指銷售量快速成長的階段，成長率快速上升至其趨於緩和階段；成熟期表示產品進入穩定、緩和階段，銷售量始終會維持一定的水準；衰退期表示產品銷售量開始明顯地下滑。以下分別描述關於各階段的特徵及行銷策略。

(一) 導入期

1. 市場狀況：此時產品剛問市，知道的消費者並不多，且對於產品的功能和品質並不太了解。因為產品剛發明上市，由於生產技術、專利保護、市場不確定等因素的影響，願意加入競爭的廠商通常不多。

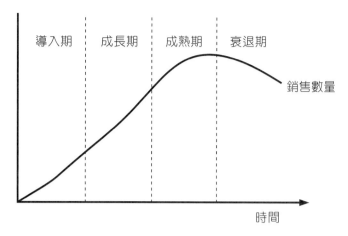

圖 2.3.8 產品生命週期

2. 產品銷售狀況：在這個階段，產品價格較低，且功能較為基本，通常產品銷售量的成長非常遲緩。

3. 行銷策略：這個階段中因為競爭者少，此時是建立知名度的最佳時機，可透過試用、低價促銷等策略，讓消費者清楚地了解這個產品的功能，以成功建立公司的品牌知名度。

(二)成長期

1. 市場狀況：認識產品的潛在顧客逐漸增加，且對於產品的功能產生認同感，顧客市場開始擴張。同時，競爭者數目也開始增加。

2. 產品銷售狀況：產品銷售量開始快速增加，促銷成本被成長的銷售量所分攤，且大量製造帶來的單位成本下降，造成利潤開始增加。

3. 行銷策略：在這個時期，許多消費者仍屬於初次消費，因為產品的口碑已開始建立，廠商可採取適當地行銷策略，將會有效快速地提升其市占率。另外，部分消費者對於新產品的主要功能已經逐漸了解，但對於附加功能可能各有所需，廠商多會繼續改良產品、增加功能來滿足市場需求。另外，也會有部分廠商可能會開始定位市場採取差異化策略，將產品經過技術的改良、品質的改善，以滿足不同市場的需求。

(三)成熟期

1. 市場狀況：消費者更加了解產品，並能清楚地比較不同品牌產品的差異。而競爭者為保有甚至增加市占率，開始採取低價策略，市場的競爭狀況非常激烈。

2. 產品銷售狀況：產品銷售成長率逐漸趨緩，隨著大量生產、競爭激烈的情形出現，廠商的存貨逐漸增加。

3. 行銷策略：此一時期的競爭異常激烈，採取市占率擴張的策略將會引起對手的強烈攻擊，且市場已呈現供過於求的情形，除非持有特殊競爭優勢的廠商，否則體質較弱的廠商多會逐漸被淘汰。擁有市占率優勢的廠商，除了繼續享有生產規模的優勢外，在上下游關係的建立也有固定的合作夥伴，可透過適當的策略來鞏固自己的市場，也因為體質較健全，可以價格戰將競爭對手逐漸淘汰。一般來說，廠商在成熟期的市場多會採取改良產品、進入新的市場、促銷等策略，來獲得較高的利益。

(四)衰退期

1. 市場狀況：消費者對於產品的需求逐漸減少，競爭者開始退出競爭。

2. 產品銷售狀況：這個時期產品的整體銷售量逐漸下滑，衰退的原因有很多，包括新技術的發明、消費者的習性改變等等。

3. 行銷策略：廠商面對產品銷售量開始下降時，通常會有兩種策略，一是選擇適當的時機撤退，通常這個階段各廠商都減少生產，且停止產品改良及促銷的工作，並選擇適當的時機離開市場。另一策略是利用新的策略方向企圖讓原產品重新進入另一個產品生命週期階段，如將黑白電視機作為閉路監視系統的顯示器。

　　生命週期的各階段時間，會因為產品而有所不同。一般而言，新產品帶來的利益愈高、產品技術或使用愈容易了解、愈接近消費者需求，且廠商愈容易展示新產品的功能、或愈容易提供試用的機會，則新產品的銷售成長會愈快，也會比較早進入成長期與成熟期，如手機等。

　　關於生命週期各階段的特徵、目標與策略，可參考學者 Philip Kotler 和 Gary Armstrong（1999）所提出的概念，整理如表 2.3.5 所示。

表 2.3.5　產品生命週期特徵、目標與策略

	導入期	成長期	成熟期	衰退期
1. 特徵				
銷售額	低	快速上升	達到頂峰	衰退
單位成本	高	中	低	低
利潤	負	獲利上升	高獲利	獲利衰退
顧客	創新者	早期採用者	中期多數者	延遲購買者
競爭者	少	數目增加	數目穩定但開始下降	數目減少
2. 行銷目標	創造產品並試用	增加市場占有率	防禦市場占有率下求獲利之最大	降低費用並榨取品牌
3. 策略				
產品	供應基本產品	供應產品延伸品、服務、保證	品牌及樣式的多樣化	剔除弱勢品項
定價	成本加成法	市場滲透定價	跟著競爭者定價或低價競爭	降價
配銷	建立選擇性配銷	建立密集性配銷系統	建立更密集的配銷系統	選擇性配銷，並將不獲利的通路剔除
廣告	在早期採用者及經銷商間建立產品認知	在大量市場建立產品認知與興趣	強調品牌差異性與利益	降低至維持核心忠誠度的必要水準
促銷	使用大量促銷以引誘消費者試用	減少以利用顧客的強勁需求	增加以激勵轉換品牌	降低至最低水準

資料來源：Philip Kotler, Gary Armstrong, Marketing, 1999

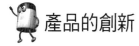

產品的創新

　　新產品的開發對於企業，無疑地是一個非常重要且艱巨的任務，特別是在資訊科技時代中，產品生命週期相當短，利用新產品來創造企業生存利基更是分秒必爭。

　　新產品是一個很廣泛的概念，一般來說，如果一件新產品在功能上完全不同於現有的產品，那它就可被視為「新的」。而聯邦貿易委員會建議的「新」，則限定新產品在已經進入產品通路後的六個月內。綜合上述觀點，從公司的角度來看，任何方面的不同都是「新」。而我們必須再次強調，從消費者的角度來了解「新」才是最重要的。

　　而新產品的開發不論從總體或個體的角度來說都具有策略性的重大意義，歸

納起來共有四點：

㈠發展新產品是衡量一國科學技術水準和經濟發展水準的重要指標；

㈡新產品能持續地提高人民物質、文化生活水準，是推動現代化的重要基石；

㈢發展新產品是提高企業競爭力的重要保證；

㈣新產品是一條能有效提高企業經濟效益的途徑。

　　雖然新產品開發的意義重大，但我們同時也要了解，開發新產品會伴隨著相當大的風險。許多公司在新產品的開發遇到挫折，甚至因此被迫淘汰。為什麼新產品開發會有如此高的失敗率？根據許多研究報告，我們可以歸納出以下幾點：

㈠無顯著差異性

　　新產品對於使用者必須能產生獨特的利益。如 1995 年通用模仿的產品 Fingos 是一種甜的穀類薄片，可直接食用，但消費者不知正確的食用方法。由於其差異性不明顯而無法吸引消費者終致失敗；

㈡產品開發前對市場和產品定義不夠完善

　　理想的新產品開發計畫必須是完整的，也就是說在開發之前必須要先有完整的目標市場、特定顧客群的需求；

㈢市場吸引性不足

　　產品所追求的市場，其潛在利益應能包含企業在營運上的成本支出，否則即使新產品開發成功，企業的入不敷出也會出現危機；

㈣產品品質不佳或客戶關鍵需求得不到滿足

　　產品的開發應首重市場需求及產品品質。提供錯誤功能的產品，是無法造就成功的企業。良好的產品品質，不僅能提升顧客忠誠度，亦能增加企業營運效率。

㈤時機不佳

　　產品問世的時機，會影響市場的接受度。產品太快上市，相關基礎建設尚未成熟，消費者無法了解其功能的實用性。產品太慢上市，會失去市場領先者的優

勢；

㈥沒有經濟管道接近購買者

　　企業在產品開發的計畫中，也必須投資相當的資源在產品行銷方面，甚至在傳統的商場上，企業也必須在通路布局上耗費許多資源。然而，在網際網路時代中，實體通路的布局已逐漸被虛擬商店所取代，資源耗費已大幅地減少。

 # 創新產品的發展過程

　　新產品的開發流程，從創意的發展、篩選，經過產品的研發、試銷到問世，公司應有一套系統化的管理制度。本書會針對各階段內容做一個介紹，相關流程可參考圖 2.3.9。

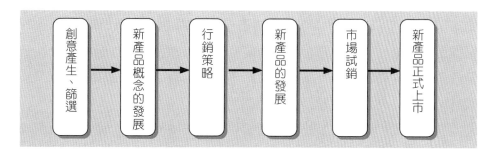

圖 2.3.9　創新產品開發流程

㈠創意產生、篩選

　　新產品的概念源自於人類的創意，而創意的來源無所不在。因此，企業企圖透過各種方法發覺新的創意，從顧客、供應商、合作夥伴、公司內部人員，都有機會可以產生新的創意。

　　創意要能成為一項產品，必須要有可生產、可銷售的條件，若要進一步成為能為公司帶來利益的產品，必須透過篩選的程序。創意的篩選，一般來說都是由公司內部的高層主管，或是有經驗的經理人，針對產品未來發展潛力、產品的發展是否與公司願景、目標、資源相符合的程度來篩選，這樣的方式可以讓公司集

中資源在可行性更高的創意上。目前，已有許多公司利用較科學的方式來有系統地篩選創意。

(二)新產品概念的發展

這是開發新產品過程中最關鍵的階段。經過篩選的創意，必須被發展成為產品概念，而產品概念的結果可能是產品的原始模型、幾張草圖、粗略的產品操作手冊、基本的結構說明等等。這些結果可以讓企業內部人員不管是在製作技術或是行銷策略方面都可作為一個依據。

(三)行銷策略

產品發展進入行銷階段，需要有系統的規劃方針。首先行銷人員必須了解，產品推出的原因是什麼、產品的訴求是什麼、產品何時要上市、目標市場在哪裡。

產品推出的原因很多，可能是為了幫助自家產品的銷售、可能是為了要掠奪對手的市場、也有可能是要開發新的市場，了解產品推出的原因，有助於行銷人員在目標上的定位。「產品具有什麼功能？」「能為我帶來什麼樣的幫助？」這些話是行銷人員耳熟能詳的，產品的設計本來就是為了要接近顧客的需求，了解產品設計的功能、外型，對於行銷的策略將會更有幫助。

之前曾經提到，產品上市時間不適當是一個失敗的原因。產品的銷售成功，不僅市場環境要能適合產品的生存，技術也要能推動產品持續的改進，相關的基礎設施更扮演了不可或缺的角色，就像手機的成功，必須建立在許多基地台的設立，才能達到其方便性的目的。另外，也有許多產品是時效性的商品，時間的錯估將引起產品行銷的挫敗，就像秋冬的衣服就不適合在春夏季節銷售。

好的市場區隔，可以巧妙地避開對手占有優勢的市場，在對手的市場中找到利基，甚至還可能發現全新的市場。傳統美容市場都是女性的天下，舉凡美髮沙龍、流行雜誌等，清一色都是以女性顧客為主，然而時代的進步、國民所得增加，小時候經常被父母疼愛、打扮得帥氣的男孩子，也開始會注重外表的裝扮，男性市場開始興盛，而台灣的 *Men's Uno* 雜誌就是看到這樣的商機而推出男性專屬的雜誌，如今每月的總銷售量在兩岸三地創下八十萬份的佳績。

㈣ 新產品的發展

在這個階段，產品開始進入研發部門或工程技術部門進行實體化開發、生產，也因此公司在這個階段也會投入相當多的資源，包括原物料、人力及時間等等。而在產品成功的開發之後，還必須經過功能測試，在不斷的錯誤、改進、試驗之下，才能有最終成功的產品。

㈤ 市場試銷

通常產品成功地開發出來，還不會進行大量生產。公司會先生產少量的產品，經過目標市場分析之後，選出較具消費潛力的代表性市場進行銷售測試。一般來說，試銷規模愈大，愈能反應真實的情形。因此，許多公司會選擇數個地區作為試銷的場所，甚至會在一個主要城市中設置多點銷售點同時進行試銷。

㈥ 新產品正式上市

正式上市又稱作產品商業化，公司經過一連串的設計、開發，在試銷階段獲得消費者良好的回應，因而決定大量生產。這時候公司將會買進生產產品的機具設備，並僱用操作人力，而此時市場的不確定性也會隨著時間增加而增加，因此在這個階段行銷人員因密切注意市場的反應，適時地調整行銷策略。

個案分析

博格科技股份有限公司

成立日期	2003 年 2 月 19 日
登記實收資本額	二千萬元
經常僱用員工人數	20 人
主要服務/產品	企業資訊保全（E-DRM）、企業入口網站（EIP）、企業專案管理（EPM）、企業內部及跨企業間的商業流程管理（BPM）等解決方案、建置與專業顧問服務。

　　　　第 4 屆新創事業；第 12 屆創新研究獎；

　　　　　　　　　微軟 FY2006 Best IW Solution Partner Award

　　「BorG」（博格）源自星際爭霸戰（Star Trek）的「Borg Collective」（博格集合體），「BorG Technology」（博格科技）代表宇宙最先進的科技。當全台灣仍限於軟體產業是否有前景的思考時，博格科技股份有限公司（BorG Technology Corporation）（以下簡稱博格科技）早已開始默默深耕軟體的技術研發工作。

　　博格科技成立於 2002 年，是由一群「熱愛研究創新」及「堅持技術領先」的專業軟體團隊所組成。儘管員工總數僅二十多人，但是他們個個都對台灣軟體產業的前景充滿希望，並擁有企業資訊保全、企業入口網站、企業專案管理與商業流程管理的豐富實戰經驗，以 Microsoft. net 技術整合微軟企業新產品，積極研發各種應用軟體，為企業客戶提供最佳的軟體解決方案與專業顧問服務。

　　博格科技同時創下榮獲「創新研究獎」、「新創事業獎」與「鼓勵中小企業開發新技術推動計畫補助（SBIR）」等三個經濟部獎項的紀錄，代表博格科技所研發的創新軟體產品、創新的營運模式與新產品開發計畫等受到高度肯定。

一、居市場領先地位，奠定創業基礎

　　博格科技團隊除已擁有企業資訊保全、企業入口網站、企業專案管理與商業流程管理的豐富實戰經驗外，在博格科技創立之前，該創業團隊已有其他成功創業的經驗，曾先後成立特望科技與喬篷科技。特望科技以低成本行銷方式開發出電腦語音廣場與電話秘書軟體，喬篷科技則首度運用與「微軟公司合作」的零成本行銷方式，開發與行銷全國第一套便於使用的工作流程管理軟體。特望科技與喬篷科技想家企業先後運用藍海市場的策略，使之企業居於市場領先地位，並先後獲得創新獎等殊榮，此也奠定博格科技成功創新的基礎。

二、尋求最適經營模式，積極擴充產業版圖

由於新技術的出現將導引出新市場，博格科技經營團隊認為，中小型軟體企業若想維持企業永續經營，就應該在第一時間與相關廠商進行策略合作，成為新市場的先行者，同時並透過相關政府獎勵及成功案例的加持，更加穩固軟體業者的市場根基。

三、致力研發企業資訊保全產品

近年，由於資訊用戶端安全與主動防禦機制等概念逐漸受到重視，因此其衍生了入侵預測、身分辨識以及內容安全管理等相關產品需求之迅速成長，倘若公司的報價單、技術文件與研發成果等機密文件遭竊取，勢必造成核心技術被盜用而致使企業營業虧損等狀況，並也影響企業的形象。因此，如何有效掌握企業資訊文件的安全，已成為知識經濟年代中極為重要的議題。目前國內企業大多已將製造據點移至大陸地區，台灣地區之據點主要是扮演研發或營運總部之功能。因此，企業更加重視智財權、研發機密資料以及營運機密資料之管理控制及保全。為了面對與有效解決上述的議題，遂出現資訊保全等應用軟體技術，而台灣資訊保全技術的演進，也從慢慢進化到系統控管、檔案控管至授權控管。此外，由於政府重視國家安全發展，積極推動資訊安全防護計畫，因而更佳促進資訊保全相關產品之內需市場的成長。

根據資策會MIC資料顯示，我國的資訊保全市場成長動力源自於資安事件威脅的增加，促使企業必須加快落實資安工作的腳步，預估 2007 年市場規模將上看 170 億元，每年預估 23%的成長率。有鑑於此，博格科技致力研發企業資訊保全等相關產品。

四、與國際大廠策略聯盟

台灣的產業雖然多已朝向知識經濟型版圖擴展，但是環顧目前市場環境，仍以硬體製造業為主；對軟體業者而言，當前所面臨的首要問題，在於如何有效結合其他產業的具有優勢（例如全球性的發展與市場規模），創造軟體業者的新藍海市場。相較於其他先進國家，台灣的軟體資訊人才較為貧

乏，同時因為台灣軟體市場穩定度較低，因此業者較難能發展永續經營之道。博格科技認為，就產業需求端來看軟體市場具有一定的發展潛力，面對市場趨勢，台灣軟體業者當務之急為中小型軟體業者可以透過與國際大廠的策略聯盟模式，尋求最適經營模式，以維持企業的永續經營。

當軟體業尋找合作夥伴時，都希望對方已擁有穩健的市場經營能力與相關的維修服務能力。因此，博格科技自創立以來，基於企業「持續成長」的經營思維，即與微軟企業策略聯盟的方式為經營主軸；再者，由於博格科技的軟體研發又是為資訊保全以及流程管理等技術的整合，故博格科技與微軟企業的策略聯盟方向，亦以此作為範疇。

博格科技認為新興的中小型軟體業者想在台灣、甚或國際市場闖出名號，就必須懂得善用既有的優勢以拓展新市場，同時更要避免瓜分既有的技術市場或以低價方式經營，必須轉以開發新應用技術為主要經營模式；博格科技即是以快速開發微軟企業新技術的加值應用為主要經營模式，該公司目前也是微軟企業唯一的 DRM 平台加值廠商，也因為博格科技規模不大、組織彈性佳的優點，使其相較其他軟體企業來說，配合度較高，故博格科技公司取得微軟企業的最高等級夥伴資格（Microsoft Gold Certified Partner），並榮獲微軟企業 2006 年最佳知識工作者解決方案合作夥伴獎（FY06 Best IW Solution Partner Award），以及同時獲得軟體解決方案（ISV/Software Solutions）。

五、掌握使用者需求，再創應用技術新市場

博格科技之主要產品服務為「企業資訊保全」與「商業流程管理」等項目。其中，「企業資訊保全」（Enterprise Digital Rights Management）簡稱 E-DRM，或稱企業數位版權管理，主要功能為確保企業內部機密資訊之安全。「商業流程管理」（Business Process Management）簡稱 BPM，專注於人與人之間簽核流程，又稱為「工作流程管理」，即透過表單電子化、流程自動化，以增進簽核流程之效益。

而博格科技在 E-DRM 所針對的客層主要為高科技、製造業、政府機關等產業，以及研發、行銷、財務、法務等部門的機密資料之資訊保全。而BPM 主要針對需要導入流程自動化解決方案的各行各業，包括尚未導入、或

更換原有老舊工作流程管理系統的客戶；此外，企業資訊專業人員自行導入流程自動化應用、程式設計師整合商業流程管理的功能到應用軟體、系統整合開發商整合商業流程管理的功能，到專案系統與需要商業流程管理功能等的使用者，亦皆為 BPM 的目標客層。

六、「1P3Q」（Thank you）營運模式，創造軟體藍海策略

相較於國內大部分軟體公司都在從事無法量產的「軟體專案開發」，博格科技則為因應市場快速變動與激烈競爭，發展出一套成功的「1P3Q」(Thank You)營運模式，讓軟體產品可以「量產化」，並大幅度降低成本，促使博格科技能快速從微軟企業新產品中，開發出新技術的加值產品，以及商用企業軟體之產品行銷與產品研發等。E-DRM產品推出後，迅速地避開「比價格低與比功能多」的「紅海競爭殺戮市場」，為微軟企業DRM平台的唯一選擇，創造出「藍海市場」。此外，博格科技創新的行銷策略，獨創「與微軟公司合作」與「塑造專家形象與技術權威」的產品行銷策略。

所謂的「1P」，指的是聚焦（Focus）專注於軟體「產品」，即只做產品不接專案；所謂的「3Q」(Thank You)，指的是 Quick Marketing（快速產品行銷）、Quick Development（快速產品研發）與 Quick Deployment（快速上線導入）。透過「1P3Q」(Thank You)的營運模式，博格科技與國際知名微軟企業合作，快速建立品牌形象，並讓大型客戶買單，博格科技公司已經被認可為微軟企業平台之企業資訊保全領導廠商。此外，捨棄「先定規格後開發產品」的傳統開發方式，以解決方案為導向，依照客戶需求客製其所需功能，避免閉門造車，故而產品規格符合客戶所需，並縮短開發時程，降低開發成本與風險。博格科技累積實務經驗與產業知識之後，再整合所有客戶實際上線後之需求訪談、POC雛形等規格，並結合導入方法論後，整合完成產品，使客戶導入時程短（約一個月），而降低成本，更增添博格科技在市場的競爭力。

七、迎接嶄新挑戰，創造下一個藍海市場

　　軟體產業的春天何時來臨？博格科技周總經理認為，事實上，只要採取對的方式，台灣軟體業仍十分具有發展性。博格科技之所以能榮獲創新研究獎及創新事業獎，即是因為其以另闢新應用軟體市場作為經營法則，而不陷入同性質的應用軟體廝殺市場。此外，博格科技以與既有大廠進行技術合作的經營模式，成為微軟企業的先行合作者，因此，微軟企業 E-DRM 的相關廠商都會成為博格科技的顧客，在此市場機制下，博格科技只要專心致力於 E-DRM 進一步研發與應用發展，即可繼續保有市場之利基，同時亦能維持穩定成長。

　　博格科技期許短期內，成為國內微軟平台第一品牌，發揮「1P3Q」(Thank You)營運模式，於所創造出的國內藍海市場中，取得最大之效益，因此博格科技建立可複製的成功模式，包括標準化、標準作業程序 SOP (Stand Operation Process)、累積知識庫文件。博格科技中期希冀能成為大中華地區領導品牌，繼續創造出下一個藍海市場，因此博格科技期許將成功的「1P3Q」(Thank You)營運模式，並搭配台灣微軟企業在大陸的行銷活動，以大陸台商為目標，擴大複製營運模式到大中華地區。博格科技長期則期望成為獨領風騷的全球第一品牌，並將博格科技定位於「企業資訊保全專家」與「微軟解決方案找博格」，將「1P3Q」(Thank You)營運模式成功地複製到全球市場。博格科技之願景就是「博格商用企業軟體產品成為全球領導品牌」。微軟企業將於 2007 年，開發 Share Point、Project 等新產品工作流程管理，又是一個「從新技術當中創造藍海市場」的商機。屆時，博格科技將可提供整合微軟新產品 Office 2007 之工作流程管理與企業資訊保全的產品，我們將拭目以待，博格科技成功地迎接一個嶄新的挑戰。

問 題 與 討 論

1. 試述公司為何要做技術預測，技術預測的結果對於公司會有什麼影響？

2. 請列舉兩個技術預測方法，並比較其優缺點及說明其適用時機為何？

3. 一般而言，產品市場會有哪些分類？

4. 目前市面上所採行的產品市場規模預估多採用哪幾種方法？

5. 請說明創新產品的規劃步驟有哪些？並列舉一例說明之。

參 考 文 獻

中文

1. 吳松齡，《創新管理》，五南圖書出版公司，2005 年。

2. Jain & Subhash, C. (2000)，李茂興譯，《行銷策略》，揚智出版社。

3. 夏侯欣鵬，「利器在握、誰與爭鋒：博格科技」，電子時報。

4. 耿筠，《行銷管理理論與架構》，華泰書局，2005 年。

5. 蔡宜秀，「透過新技術研發創造軟體藍海策略」，電子時報，2006 年。

6. 蔡宜秀，「以分離式架構打造商業流程──讓流程管理更具便捷性」，電子時報，2006 年。

7. 蔡宜秀，「透過新技術研發－博格科技善用既有優勢」，電子時報，2005 年。

8. 鄧勝梁、許紹李、張庚淼合著，《行銷管理理論與策略》，五南圖書出版公司，2003 年。

9. John Show，石浮譯，《90 年代的銷售贏家－市場開發與銷售實用指南》，業強出版社，1993 年。

10. 博格科技股份有限公司網頁。http://www.borg.com.tw

11. 經濟部，合作式商務的經典 CPFR: Wal-Mart 和 Sara Lee 示範案例，資策會電子商務應用推廣中心。

英文

1. Cravens, D. W. & Piercy, N. F. (2003), "Strategic Marketing", McGraw Hill Press.

2. Frigstad, D. (1996), "Industrial Market Research & Forecasting", Frost & Sullivan.

3. Frigstad, D. (2006), "Industrial Market Research & Forecasting", Frost & Sullivan.

4. Kotler, P. & Armstrong, G. (1999), "Marketing", Prentice Hall Press.

5. Lenz, R. & Lanford, H. W. (1972), "Technological Forecasting", Business Horizons, vol. 15(1), pp. 63-68.

6. Maslow, A. H. (1943), "A Theory of Human Motivation, psychological Review", Vol.50, pp. 370-396.

7. Martin, M. J. C. (1994), "Managing Innovation and Entrepreneurship in Technology-Based Firms", John Wiley and Sons Inc. Reprinted by permission of John Wiley and Sons Inc.

8. Martino, J. P. (2005), "Technological Forecasting for Decision Marking", Research Institute University of Dayton, Dayton, Ohio.

9. Porter, A. L. (1991), "Forecasting and Management of Technology", John Wiley & Sons Inc.

10. Wind, J. & Robertson, T. (1983), "Strategic Marketing: New Directions for Theory and

Research", former Working Paper, pp.82-013, published in Journal of Marketing, Vol.47, pp. 12-25.

11. Digitime 企業 IT 網頁 http://office.digitimes.com.tw.

12. 工研院網站 http://www.ipc.itri.org.tw/content/menu-sql.asp? pid=62

4　如何進行研發

　　經過前面研發的策略擬訂後，對於產品進軍市場已有初步的規劃，但最後是否能夠成功搶占灘頭堡必須與後續執行力的配合，所以緊接著必須進行研發的執行，才使研發的目標得以實現，避免研發的策略淪為空談，而喪失了研發的重要時機，所以規劃如何進行研發工作是非常重要的課題之一。

一　暢銷商品的規格如何設計

完全把握商品的賣點

　　前面已經敘述過了，為了使商品能夠賣得好，必須滿足「商品價值＞商品價格」。因為如此，顧客才會覺得物超所值，樂意購買；反之，則認為划不來，不願意掏腰包。

　　若能夠達到「商品價值＞＞＞商品價格」，則此商品一定大賣特賣，像以前所舉 CD 的例子，是一個熱門商品。在新產品研發時，其評價要儘量地客觀，例如有「＞＞＞」的實力時，要降一級，做「＞＞」（註：＞大於；＞＞較大於；＞＞＞遠大於）的評價，因為人們對於自己研發的產品，總會給予過高的評價，但是顧客的評價總是比較嚴苛。

　　商品的價值能夠正當地評價，唯有自己掏腰包購買的人才具有真正的資格。

　　了解之後，坐在那邊枯等顧客評價的方式，未免太消極了，必須要主動地出擊。遇到客人時要向其介紹「這個產品具有這些的商品價值」，即向客人顯示自己商品的賣點。當被問到有關該商品的賣點時，必須當即回答「本商品的特點為……」，若非如此，顯得拖泥帶水時，商品也賣不出去。

有關商品的賣點，有下列幾種例子（表 2.4.1）。

(一)硬體有關的賣點

1. 省時、省力的訴求

Fuzzy 洗衣機、微波爐等可以節省家事時間的訴求；乾衣機的省力訴求等等。這樣的訴求，在生產財、中間生產財也廣泛地被要求著；

2. 省能源的訴求

為了防止地球的溫暖化，限制二氧化碳的排出量是其中的一個對策，導致了各個商品對省能源的要求。但是要注意的一點，製造省能源裝置所需要的能量要小於省能量裝置所能節省的能源的量，亦即要滿足「能源收支平衡」法則，否則就是一種浪費；

3. 省空間的訴求

產品儘量達到輕、小、短、薄，以達到節省空間。像筆記型電腦，以及重量三百克以下的行動電話即為很好的例子；

4. 化不可能為可能

Canon 的自動對焦（AF）透鏡組，因為採用了超小型的超音波馬達為此最佳的例子。傳統式的馬達無法裝置在透鏡組裡；

5. 實現非常顯著的效果

與傳統的產品比較，可以實現非常顯著的效果時，是一個很大的賣點。例如 LP 唱盤被 CD 取代的例子；

6. 填補閒暇時間

隨著週休二日制的實施，空閒的時間相對地增加了，填補閒暇時間的需求也愈來愈高，VCD、DVD、DAT、高畫質電視、數位電視等的享受也愈來愈普及。

(二)軟性有關的賣點

軟性的賣點主要在訴求精神方面的充足、自我顯示方面。例如，愛馬仕、香奈兒、克麗絲汀等一流的名牌，商品的價格包括了下列軟性價值，例如：一流品牌、高貴的象徵、原創性的設計等。

表 2.4.1　賣點在何處？

賣　點	
先行類似產品	本產品為先發
○品質、性質的優點 　主要部分？ 　附加部分？ ○價格的優勢 　價格差？ 　價格差的滿意度？ ○服務方面得優勢 　外觀觸感？ 　維護保養？	◎硬體產品 ○省力、省時的優點 ○省電、省資源的優點 ○可能實現的優點（不可能→可能） ○使用效果的優點（健康器具等） ○節省空間的優點 ○閒暇娛樂的功能 ◎軟性產品 ○精神充足的優點
優點＞同樣價格的類似品 優點＞價格差異	優點＞商品價格

 # 追隨者商品的賣點設計法

(一)與先發商品比較，本公司的產品在性能、品質上有哪些優點

　　因為是追隨者，與先發者比較，若沒有更多特點，當然沒有銷路。話雖如此，現實上卻意外很難決定。問題是這個優點是先發產品的「要項」，還是「附帶部分」。如果是「要項」，則可以比先發商品具有更高的賣點；反之，其優點為「附帶部分」，則是否成為賣點還有待斟酌。

　　什麼是「要害」，什麼是「附帶部分」，由下面的例子可以幫助了解。彩色電視機中，畫面的色彩鮮明度是其「要項」，而遙控選台、聲音多重等是「附帶部分」。以冰箱為例，所占的面積大小、冷藏空間的大小，雙門式等是其「要項」，而門未關緊警報器則為「附帶部分」。這些附帶的部分，是否會引起顧客強烈的購買意願，還成問題。因此，同樣是賣點，擊中「要項」或「附帶部分」，可以左右商品的價值。

㈡與先發商品比較，公司的產品在價格上較便宜的賣點

這裡要談的是，價格的差異對購買者是否有足夠的吸引力。以五萬元的商品而言，若能有10%的差價，那就有很大的吸引力；反之，同樣10%的差價，對於一千元的商品、或不常買的商品，吸引力就沒有那麼大了；但是換成經常購買的日常用品，購買者連續可以享受到10%的優惠時，效果卻又出現了。

中間生產財（零組件）的情況；大量購買時，價格差可使得成本下降，故是一項誘因；但是使用量少的情況下，雖然貴了一點，但是與熟悉的供應商購買時，多少有一些便利性，所以會從另一個角度來考量，價格差已變為次要問題。

㈢與先發商品比較，公司的產品在外觀、維護上占優勢

與先發商品比較，公司的產品在外觀設計、顏色搭配是否勝過，或者零故障、故障時的零件或消耗品的替換時是否以插入式的方式，立即可以維護好？最近，購買者對於外觀的品味愈來愈挑剔，同一性能、同一價格的產品，外觀較華麗的總是較吃香。

製造設計理想的規格

正確地把握了商品的賣點，為了將此賣點發揮極致，創造出「商品價值＞商品價格」，必須要訂出一些商品的規格，使得這個商品有自信能夠賣出。在這情況下，對於所定出來的規格，不要太在意以目前的技術是否能實現、成本會有多高的問題。

這個作業程序絕不會是浪費，因為縱使目前的技術無法完成所定的規格，但是能夠把握住已推出的新產品中有哪些點尚待改進，預先可以把握住購買者會有怎樣的不滿。

分辨固定規格與可變規格

所謂的規格，它規範了產品的性能、品質、形狀、重量、動力來源、外觀設

計等廣泛的範圍,所以不能掉以輕心,最重要的是要把握著該商品的賣點的適當規格。

所有的規格都要與賣點相關聯,那是不可能的,例如:VTR錄影機的外殼來說,採用金屬的好,還是塑膠來的好,這就與賣點沒什麼關聯性。與賣點直接有關的是:重量、畫面的鮮明度,錄影時間長短等的規格。

在所有的規格裡,大概可分成三類:(1)與賣點直接的規格;(2)助長賣點的規格;(3)對賣點有加分作用的規格。如此的分類,我們可以定義:

a. 固定規格:與賣點直接的規格;

b. 可變規格:助長賣點的規格,對賣點有加分作用的規格。

一般而言,無論是哪種新產品研發時,最後的產品不一定完全遵照最初所設計的規格製成。途中,可能遇到了技術瓶頸,或者成本的因素,不想再浪費時間或金錢以致喪失了投入市場的機會,因此會在規格上做某些程度的妥協,以期早日上市。話雖如此,為了技術或成本上的考量,對於規格的妥協不能犧牲掉賣點,不然沒有賣點的新產品就失去了商品價值,縱使上了市也銷售不出去。因此,賣點直接的規格(固定規格)不得任意更改,可以更改的是助長賣點的規格或對賣點有加分作用的規格(可變規格)。

亦即,可變規格可以妥協,然而固定規格不得妥協。若連固定規格都要變動時,研發才能順利完成的產品,早日放棄為上策。

以行動電話為例,為了要讓購買者單手就能使用,它的重量要限制在三百克以下,若不能達成,還是趁早收攤為妙。

決定企劃規格的時間不能拖得太長,否則在研發途中,常會受到各部門的要求變更規格,結果左右搖擺不定,研發出來的新產品成了四不像,最大的原因是大家對於固定規格與可變規格認識不清導致的結果。

企劃規格的點檢表

由可變規格及固定規格所組合成的企劃規格,其各個細目必須包括下列的項目。

以點檢表的方式來表示,下面是一個參考例子。

㈠研發產品的性能、機能及品質

1. 外觀與形狀：尤其流行的產品其畫面看起來不可太難看；

2. 產品的尺寸大小：理想的外型尺寸，對於產品而言，不一定小就是美；但是在不損及機能、品質的範圍內，小型化、流線化比較討好；

3. 產品重量：特別是手提式的、口袋型的重量要注意到。用手持著操作或移動的產品，其規格是不可省略的；

4. 材質：為了要實現產品的機能，材質的使用一般由研發部門來決定；但是外觀或手感的增強，需要特殊的材質時，必須要明示其規格；

5. 動力源：這個產品是採用家庭 110V 電源、汽車電瓶 12V，或者乾電池、太陽能源板為其動力來源要規定清楚。特別是攜帶式的情況、電池的能量密度也是一個重點。一般動力源的選擇，隨著本產品的主要使用地點為其主要考量；

6. 使用的難易度：使用者的性別、年齡層要列入考慮。一般愈簡單愈好；

7. 預測使用的時間及頻率；

8. 必要的規格：符合製造及販賣的法規；輸出品時，要符合國際規格（UL、CE、JIS、ISO 等規格）；

9. 安全性（使用上的危險性）；

10. 檢驗許可證是否需要；

11. 商品的耐久度。

㈡研發商品的外觀設計

研發出來的產品要在市場上為人們所能接受才能稱為商品。產品僅提供某些機能性的功能時，已無法滿足現代的消費者。有時候，在機能與外觀設計上要犧牲某一項，所以有特殊的外觀設計時，應該在事先提出來檢討。

1. 理想的外觀設計為何；

2. 本產品的特徵是以機能性導向或外觀感覺導向的設計為主；

3. 與使用材質相關聯的表面感覺（金屬的感覺、塑膠的感覺，色彩、透明度或木質等自然的感覺）；

4.開關（制動部分），接合部（組裝與分解）；

5.不同種材料組合使用時的視覺效果（金屬與塑膠的組合、壓克力塑膠與 PVC 塑膠的組合）；

6.人體工學的觀點要求的設計（高度、粗細等）。

(三) 維護與維修的必要性

有了產品，就需要維護與維修。特別是新產品，使用者對該產品還用不習慣，或者產品中潛在的一些考慮未週全的缺點，更需要這方面的協助。在設計產品時要百分之百顧慮到，那是不可能的，但是至少要站在「使用者」的立場來做研發；因此某些方面可以預先想到。

1.先行預測，在使用時發生故障的可能性，以及可能發生故障的地方；

2.故障修理的途徑；

3.消耗性零件更換的可能性、更換頻率及更換的方式（是否隨插即用）。本體所附的備用品的範圍及數量；

4.故障的修理、零件換時是否很方便的設計；

5.使用時可能發生的危險，徹底地說明舉例出來；

6.在販賣店即可修理及更換零件的範圍。

(四) 產業智財權的事先檢討

對於新產品的研發，當然會遇上一些產業智財權的問題。舉例來說，計畫研發的新產品是一個全新的構想，縱使還沒有圖面化或試作品出來，也要申請產業智財權。

1.是否與其他企業擁有的產業智財權相牴觸；

2.本產品所引用的技術是否為大家所週知的；

3.若與別人的產業智財權相牴觸，是否有替代性的技術可用。這時候對別人的產業智財權範圍要從嚴解釋；

4.可否取得他公司的產業智財權的授權使用。取得的條件為何？

5.本產品在企劃時，可否申請新型、發明等專利，有時候註冊商標亦要留意。

二　研發完成時期是由市場條件來決定

 ### 研發完成時期的決定

　　圖 2.4.1 是某個新產品研發進度的梯度圖。在第一階段中，首先出現的是「決定研發的時間表」。

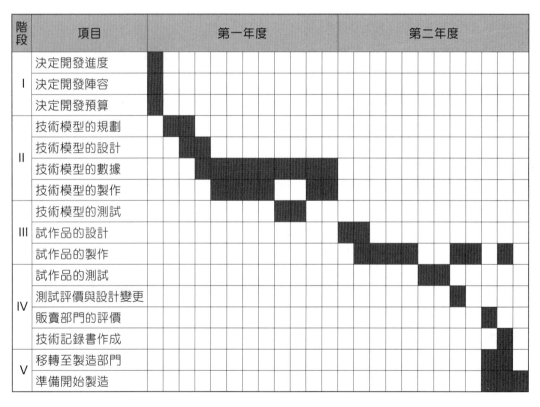

圖 2.4.1　新產品技術開發進度表的例子

　　實際上，研發的時間表是由研究陣營或研發陣營依據其研發能力定出了「何時可研發出產品」。然而，對於新產品、新技術的研發，更重要的是要注意研發出來的東西何時切入市場。尤其是市場有所需求的商品，針對此需求而做的研發

要搶得切入市場的時機，不要失去了市場先機，落後了五、六年，成為追隨者。

在追隨者當中也有不少是後來居上的企業。對於全新市場的產品，所負的風險實在很大，倒不如讓先發的企業先行，看市場的反應，再以追隨者的方式投入市場，這倒是另一種聰明的方式。

這種小聰明取巧的方法，在高度成長時代或許行得通，但是在買方市場的現代，可能不易實行。因為新產品的營業額規模未達到損益平衡點之前，會發生創業累積赤字，然而先發的對手可能已經脫離了萌芽期，進入了成長期已成為該企業的支柱產品，量放大了成本也降低了，很難再與之對抗。與其對抗的方法，唯有降價一途，然而壓低的售價，會使得損益平衡點向上爬升，創業累積赤字更進一步增大。

若具有完整銷售網的企業，或許可以用通路的優勢挽回追隨者的劣勢，像松下、日立等大企業擁有全國完整銷售網可以利用，但是一般企業卻無這種優勢。而且只要大企業一出手的話，商品的生命週期都會變短。

以前曾經紅極一時的超音波美容器、翻譯機、手提式影印機等，大企業一加入競爭行列、商品化上市時，該商品的生命週期也宣告終了。一些生產模具、庫藏的產品，最後都成了一堆廢鐵。

 ## 研發並不是一般的算術式子

對於研發，沒有絕對的時間表，隨著進行的方式不同，可能需要一萬工時，也可能變成需要三萬工時。所以 1+1+1+1+1=5 不一定正確，隨著研發技術者的挑戰精神，可能等於 3 或 10。因此，憑著技術者的感覺來決定研發完成的期限，這種做法是不正確的。正確的做法是要以切入市場的時機為研發完成的期限；要在這個期限內完成研發，要思考的是如何規劃這個研發體制。

改良修正型的研發案，投入研發的人數愈多，或許愈能夠縮短研發時間；然而創造型的研發，完全是全新的技術或產品，一切都是從零開始，與其重其「量」倒不如重其「質」來得重要。

而且，新產品、新技術的研發並不限於企業內的技術者為研發成員，必要時異種企業之間的相互支援，共同研發也是一個方法。研發的陣容決定了之後，最

初的研發預算也可大略地估算出來。

 ### 「物質戰略」及「人才戰略」的確立是邁開研發的第一步

　　無論是怎樣的企業，都編有新產品、新技術研發的組織或體制。這些編制因企業的種類、規模大小而有所差異，哪一種做法比較好，無法以一言以概之。

　　以研發而言，經營者的理念、企業內的氣氛比理論性來得重要，因為執行研發的是人，人的感覺是最重要的，這一點要牢記在心。

　　所以研發可分成兩大部分，一是設定貼切的研發目標的「物質戰略」，另一是發掘及活用可以實現上述戰略之人才的「人才戰略」。完整的研發是上述兩種戰略的結合。無論外表上如何龐大的組織，若「物質戰略」與「人才戰略」沒有妥善地確立時，這個組織只能稱為是一個空架子。

　　若能將上面的基本概念牢記於心，則所制定的研發組織及研發體制，不至於太離譜。

　　以美國IBM公司為例，擁有研究研發費約一兆元，研究人員至少二萬人以上的研發團隊。IBM之所以能有壓倒性的市場占有率，可說是背後這個研究團隊在支撐。但是，仔細地觀察IBM的研發層面，發現到其在半導體元件、光電技術及取代超級電腦的伺服器的領域上，未必居於領導地位。倒是一些戰力不及其十分之一的企業，像美國的蘋果電腦、日本的富士通、日電、日立等在力爭上游。

 ### 研發的題目該由誰來決定

　　企業的產品戰略當然是指「物質戰略」，是企業裡最重要無法取代的業務，本來應由最高決策者來決定。企業選擇了一個貼切的研發題目，可以說是成功了一半。特別是有關企業生存維生的重要研發，更不能任由專家們或下層來決定。而是由決策者來決定、尋找及評價研發題目，作業上有所困難，因此需要一個補

助團隊來協助。

許多的企業中設有「企劃部」或「研發部」，就是屬於這一類的團隊。在此情況下，補助團隊的責任是將有關的資料、數據整理成容易判斷的型式，提供給決策者做決定用，其中最重要的前提是「自己的意識不能介入」。但是從探索研發的題目到定案為止的作業程序中，包括了技術預測、市場預測等高難度的工作，要求由特定的企劃部或研發部的有限人員來完成，近乎不可能。原因是要具有社會經濟觀點及技術預測觀點兼備的人才足以勝任。

若是部署中沒有適當的人才時，還是不要委託「企劃部」或「研發部」等固定組織來處理較為妥當，因為這些人位於中間階層，具有過濾的作用，因為判斷力的不足，常會使得下情不能上達，或者扭曲了下層的原意。

因此，希望能以「商品研發委員會」的方式來運行較為適當。採用臨時軟性的團隊編制來代替固定的編制，較能收到實際的效果。日常的事務處理，可以依照委員會的指示，由事務部兼任即可，如此不會妨礙到正常的營運。

有一些大企業，決定權都分散在各個事業部長手中，若某一個研發題目橫跨了好幾個事業部，或者都不屬於任何一個事業部時，那該如何處理？這是事業部制度企業的缺陷，為了彌補這個缺點，必須要成立一個全企業共通的戰略策定組織來因應。

決定研發的題目，很多的企業都是委由廠長，或研究所長來做決定，這等於是決策者放棄了物質戰略的決定權。對於一般的戰術性的研發題目，像現產品的改良及替代等題目，由廠長階層決定即可，但是遇到新技術、新產品的研發題目時，由資歷不深的廠長、研究所長來做決定，可能會掉入用途研發等型態，結果會浪費研發資源或錯失良機。因此，縱然是戰術性的研發，遇到新技術或新產品時，希望能由最高決策者或事業部長級以上人士來做決定。

誰來負責推動研發計畫

研發的題目定下來了之後，具體的研發實務就要啟動了，研發計畫案進行的順序如前述，首先訂立研發進度的時間表、然後決定研發的陣容及研發的經費預算等工作。

推動的過程中，最重要的推手還是取決於握有最高權限的決策者或事業部長，唯有他們全力推動，研發才能順暢地進行。因為研發案中有關研發陣容的組成，預算的多寡都牽涉到了人事的調動、財務及會計的問題，須由高層的人來決定。一般的經常事務可由補助團隊處理，或由企劃部或研發部來協助。

其次是有關研發的內容，亦即企劃案式樣該由哪個部門來做成呢？

所謂企劃案式樣，是指研發題目完成了，產品商品化的型態，與以後產品的賣點有極大的關聯性，因此委由工廠、研究所等沒有市場經驗的人來決定，十分的不妥。在擁有各種事業部的企業裡，該擔當的事業部負有銷售此產品的責任，因此宜由事業部長來決定企劃案式樣。在小企業裡，當然由決策者或者是授權給研發部長或企劃部長來決定。但是在授權給研發部或企劃部做決定時，要注意到他們與市場研發是否有關聯性。因為企劃案式樣關係著市場銷售的難易，負有市場推廣責任的部門在做企劃案式樣決定時，會考慮到市場性的問題；反之，與行銷沒有關聯的部門來決定時，就不會考慮到市場的問題，貿然決定後會在銷售時產生問題。

綜合上述，決定企劃案式樣，應由負有銷售此項產品責任的部門來決定較為妥當。

企劃案式樣接著送到了研發部，由他們做技術觀點的評估，這時可能受到技術層面的責難；這個情況下，研發製造部門無論有多少的困難或意見，還是要盡力克服以求得販賣部門所訂的要求，不然這個產品在市場上成不了氣候。所以販賣部門在參與決定企劃案式樣後，一定要堅持所訂定的式樣。

研發實際進行後，要隨時追蹤進度，技術模型、試作品、產品化是否照既定的時間表進行，同時要注意市場的動態，兩方面要相互的檢討。此時，內部的進度比較容易追蹤，但是外部市場的變因（需求的改變、競爭者的動向），比較難掌握。這時就必須依賴營業部門來蒐集各種的有關市場資訊；為了要得到有用的資訊，技術部門要讓營業部門了解研發的進度，相互了解交換情報，才可得到有用市場資訊。

誰來執行新技術、新產品的研發

談到研發，大家都會聯想到是由研究所或工廠裡的固定組織來進行；最近也有企業因應情況，組織成一些臨時性的編制來執行研發的任務。兩種方式，何種較有利，因情況而定。

若是研發的內容是現產品的改良或替代品的研發，則宜由工廠來主導，可以在工廠內調派人員，選出研發負責人，組織研發團隊。因為該工廠負責生產某個產品，就有責任保持該產品在市場上的競爭力，所以必須負責產品的改良、替代品的研發等工作。但是有時候，研發的內容超越了工廠的能力範圍，屬於「基礎研究」的範疇，這時可以委託企業內的研究所、外部的研究機關代為研發。但是研發的主導權還是屬於工廠，工廠要負起責任來。

對於全新的技術或產品的研發，因為研發的內容不同，而有不同的對應方式。不同的做法，所投注的研發成本也有很大的差距，所以必須仔細地思考。

第三篇

···

新產品進入市場篇

PART

3

1 新產品研發

經過以上研發標的制定、主題的尋找、流程的規劃、產品推廣的企劃案式樣制定等一連串的程序後，接下來就是朝研發目標勇往直前，以搶得商機捷足先登。就以上的敘述好像很簡單、一蹴可幾，但事實上並非如此理想，要達到目標的境界還必須經過一番辛苦的經營才可獲得甜美成果，本章即在闡述如何達成目標。

一 研發的機制

今後要在市場上形成熱賣商品，只有「賣點優良的產品」及「品質優良的產品」才能勝任，這些產品大都採用了新技術。這兩種產品在研發時遇到了共通的問題：「目前為止還沒人實現的技術」及「市場上尚未出現的產品」。因此，研發時沒有樣品可供參考。雖然如此，從另一方面來看，若已經有人在研發了，或其他公司的產品已經上市了，參考它們比較容易研發出自己的產品，但是自己會淪為二手產品，成為追隨者，無法獨霸市場。

因此，研發一項獨霸市場的產品，要存著從「無」中生「有」之決心。若研發的方式沒有確立，以前的論述皆成了空談。為了要實現這樣的研發案，如何制定「研發的體制」及「研發的組織」，是一個重要的工作。

「技術模型」的研發

一般的認識，認為研發的流程為：試作品→產品→商品，如圖 3.1.1(a)所示。在此情況下，產品及商品的區別，僅在於東西還停留在工廠的階段，尚未成型的

為產品。或者為了具備硬體的商品的價值、軟性的商品價值，在市場上讓顧客感覺到「商品價值＞商品價格」，可以在市場上販賣的產品；而且為了滿足「商品價值＞商品價格＞成本」的公式，還在努力研發中的為產品。這個產品的雛型稱為試作品。雛型能成功的話，就能順利地推展成產品。

　　問題是這個試作品如何製成的呢？如果已經有其他企業的商品出現在市場上，可以作為模仿的對象；如果是現產品的改良型，則可以從使用者的評價或與其他公司的產品做比較，這些情況下，總是有一個可以參考的對象。但是，完全是「無」中生「有」的情況下，幾乎沒有可供參考的對象，為了要實現某一個全新的理念，所創造出來的一個具體的模型，我們稱之為「技術模型」。

　　這個「技術模型」，無論你的研發是屬於「高度技術性的研發」、「賣點特優的研發」、「品質優良產品的研發」、「硬體產品的研發」或「軟性產品的研發」，是其共通的一個要素。「技術模型」，只是個雛型，或只是一堆數據，但是最重要的是無論任何人在同樣的條件下可以再現，才能讓人家接受。有了這個「技術模型」後，以此為出發點，可以發展出一些實用性高的產品。但是，要從「零」開始，創造出一個「技術模型」是一個高難度的工作。

　　例如日本電氣通信研究所，於1959年首先研發出了電場效應電晶體FET（Field Effect Transistor），如今在電子工業中廣泛被採用。它的基礎，追根究柢，是蕭克利（William Shockley, 1910～1989）所發明的電晶體。如果沒有電晶體的發明，就沒有FET的問世。因此，FET的基礎就是電晶體，此即為「技術模型」。

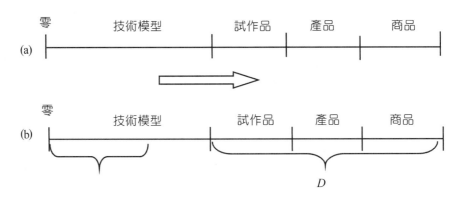

圖 3.1.1　傳統式新技術及新產品開發程序

　　所以「技術模型」是研發「賣點優良的產品」，或「品質優良的產品」的一個最重要步驟。

案例一：第一個電晶體的發明過程

　　貝爾實驗室的創辦人，貝爾（Alexander Graham Bell, 1847～1922）終其一生的願望，就是發明一個好用的助聽器（貝爾的太太是位聽障者），這個願望在他逝後多年，因他的實驗室研究員的發明而得以實現。

　　於 1833 年法拉第（Michael Faraday, 1791～1867）發現了半導體，他發現硫化銀的電阻與普通的金屬不同，它的電阻隨著溫度的上升而降低，而普通金屬的電阻都是隨著溫度的上升而增加的。

　　在二次大戰前，人們已開始進行半導體的研究，二次大戰期間，貝爾實驗室的人都被徵調去當兵。其中一人是蕭克利，他當兵期間是雷達軍官，對真空管相當了解，對真空管體積大、耗電量多、易損壞的缺點也知之甚詳。戰爭結束後，他亟想用當時正在發展中的半導體來取代真空管。

　　當時已知在半導體內移動的是自由電子與電洞，他想：「如果我在半導體內插入二個電極板，控制這二個電極板的電壓，就可以影響半導體內自由電子與電洞的分布，我就可以改變電流，讓電流通過外接的電阻，就可以使電壓放大。」（當時應用中的真空管三極體主要功能就是放大、開關）但是他一直無法在半導體內插入電極板，在他準備放棄前他找了布拉頓（Walter H. Brattain, 1902～1987）來幫忙，布拉頓是農家小孩出身，手很靈巧，他依照蕭克利的要求，將平行刀片插進半導體內，可是電流卻沒有如蕭克利所預期般的放大。前後嘗試了三年，一直沒有成功。巴丁（John Bardeen, 1908～1987）是一個理論物理學家，他與布拉頓在同一個辦公室，他覺得蕭克利的構想不錯，他也很疑惑，為何無法得到預期的結果（電流經過電晶體後應會被放大）？他花了一個月的時間，潛心研究，解決了這個問題。他發現，當金屬片存在半導體中時，會產生金屬屏蔽效應，雖然在半導體二端加了電場，電場卻無法穿越半導體。他認為如果要控制電流的話，不是控制晶體內部電子或電洞，是應該要控制表面，要從表面來想，不是從塊狀物來想。朝這個方向去研究，他們只用了一年多，就做出了第一個電晶體。

　　第一個電晶體依其結構又稱為點接觸電晶體，品質相當不穩定，難以控制。

電晶體的構想是蕭克利提出，最後卻是由巴丁解決了理論的問題而得以成功，不服輸的蕭克利為此閉關苦思一個月，接著發明了接面型電晶體（BJT）。品質穩定，得以大量生產。幾個星期後，蕭克利將之改良為 p-n 接面型電晶體，並建構了相關的理論。由於他們三位在半導體研究的開創性貢獻，1956 年獲頒諾貝爾物理獎。蕭克利後來離開了貝爾實驗室，在加州灣區開創第一家半導體公司，引起了風起雲湧的矽谷盛事。

「基礎研究」及「技術模型」之間的連結

研發，一般稱為 R & D（Research and Development），直譯成「基礎研究」及「應用發展」。

到目前為止，一般的研發大致上以 D 為主體，因此常被歐美人士批評為「搭順風車」或「模仿」式的研發。然而今日的我們已經躋身於已開發國之列，已不能再抄襲以往的做法。因此，在 R 的方面也該下一番功夫，於是有了國科會的各種技術研發計畫、產官學合作計畫，很多的企業也紛紛成立了研究中心。

將 R & D 套入研發流程中，如圖 3.1.1 所示，由圖可以發現到 R 及「技術模型」之間，有一段空白地帶。從研發的程序圖來看，從 R 到「技術模型」創造出來為止，沒有一個可供參考的樣本，而 D 是以「技術模型」為參考，製造出最後的產品。

以一般的專家而言，這一個不可能的斷層，如何來填補呢？這裡以 X 來代表。若以創造、獨創的概念來看，若創造、獨創定義成「誰都尚未完成的事務，以非凡的想法來完成它」，能夠了解這個意義時，X 就代表了創造性（圖 3.1.2）。這裡所指的，X = 創造性，並非是指諾貝爾受獎級的研究、研發，而是市場上尚未出現的商品要研發時所不可缺的基本要素。

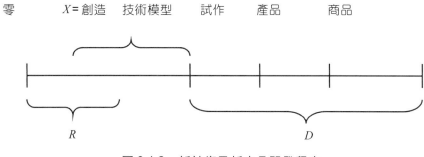

圖 3.1.2　新技術及新產品開發程序

創造性的機制，是連接「基礎研究」及「技術模型」。以幾個例子來說明。

案例二：Cannon 的 EOS 照相機使用的超音波馬達

超音波馬達的基礎技術是壓電陶瓷（錯鈦酸鉛，PZT）。世界上有關壓電陶瓷的研究很多，但是壓電陶瓷的 R 做得再好，與超音波馬達的技術模型沒有直接的關係。

有關壓電陶瓷的研究（R）的文獻像山一樣的多，但是將垂直振動轉變成回轉運動的文獻幾乎沒有，也就是說沒有參考的對象。在此情況下，創造出超音波馬達可說是具有非凡的想像力，或者是經過無數次的試行錯誤的結果。終於發現到了，將垂直運動的壓電陶瓷與彈性體密合，因此可以將垂直振動波改變成彈性體內的進行波，在此印加一個具有相位差的電壓，此進行波會做逆相迴轉的橢圓運動，在其中再接觸一個摩擦體，此摩擦體則會做旋轉運動。有了這個構想，若能夠以實物呈現出來，即成了「技術模型」。

有了這個能將壓電陶瓷的垂直振動波轉變成迴轉運動的「技術模型」，接著，一般的研究者以此為出發點，超音波馬達的試作，發展成產品，一般而言不是太困難的事，相當於 D 的工作。

案例三：靜電複印機（影印機）

Carlson 乾式複印機的想法是：(1)將紙上打字圖像投射到一張被塗上乾燥的碳的空白紙上；(2)利用光引起靜電荷，使碳粉暫時地停留在有字母圖像的地方；(3)藉由烘烤，使得油墨融化留在紙上，形成永久的圖像。這將產生快速的、乾的頁

面型式的複印品。

在 1938 年 10 月 22 日，他們使用靜電和光以及覆蓋了硫的鋅盤，將寫下的詞句「10-22-38-ASTORIA」由玻璃盤複印到紙張上，這就是後來稱為（XEROX 靜電複印術）的首次成功的實驗。雖然還是一幅很粗糙的圖像，但是實踐了他的想法，即成了「技術模型」。然而就像所有的新發明一樣，只是一個概念模型，仍然無法有效率地商業化、節省成本，或者達到方便性，它還需要研究與開發（R & D）。

案例四：電子計算機的故事

Mauchly 在 1907 出生於俄亥俄州的辛辛那提，1932 年約翰霍普金大學得到物理博士學位。從 1933 年到 1941 年，在 Ursinus 學院教授物理。他在做氣象研究時開始利用電子計數器來做實驗。在 1941 年的夏天，他到賓州大學附屬的 Moore 電機工程學院進修，隨後被邀請加入了該學院。同年 Mauchly 聽說了愛荷華大學的 John · Atanasoff 物理學家正從事一些計算的工作，於是 Mauchly 去拜訪他，Atanasoff 介紹了他在 1940 年實驗性質電子加算器。這台機器觸發了 Mauchly 的靈感。在 1942 年秋天，他寫下了一個備忘錄，有關運用電子真空管來建造計算機的想法。在他的計畫裡，主要的想法是利用 Atanasoff 的閘門電路作為計算機基礎的邏輯迴路，因為它能記錄二進位的 1 與 0 狀態。當一個訊號輸入到真空管的柵極時，可使其保持通電狀態（表示 1），直到另一個訊號送入時，電流才被切斷（表示 0）。無論是開或關的狀態下，都要等到下一個訊號出現時才會改變狀態。這種迴路是由兩個真空管連成一起組成的。在他的備忘錄中提到，如何用一組的閘門電路去表示（二進位）數字系統，「技術模型」，以及如何建構一台可行的計算機器。

創造不等於應用研發（$X \neq D$）

如圖 3.1.2 所示，研發的程序包括了創造與應用研發，X 及 D，這兩者有所不同。應用研發（D），是已經有了「技術模型」為出發點，只要投入人力、金錢、時間，研發出試作品、產品、商品的可能性很高，風險也較小。因此，D 為以

「量」取勝。另一方面，X 是以「質」取勝。

回顧研發或研究的歷史，一些改變文明的大發明，很少是由工作團隊所發現的，常常是由個人的靈感所創造出來的。因此，沒有研發體制、研發組織的企業要了解到，X 的研發委由具有創造性的個人去研發，等到「技術模型」製造出來之後，再由 D 的研發團隊接手去研發產品。

在很多的企業裡，都設有龐大的研發團隊，如果連 X 的研發都由同團隊進行時，那可說只有外表而已。例如：X 的研發設有一個十人小組來負責，但是真正有創造力的只有一個人，其他的九人不但沒有幫助，而且會幫倒忙。所以開始時倒不如讓有創意的一個人專心放手地去做研發，這樣的效果會比較好。如果工作太繁忙時，可以配給一、二個助手。

有些企業常常會說到「本公司的 R 團隊編制很大，但是沒有什麼成效」，這是因為經營者對 R 及 X 的區別認識不夠清楚的緣故。

 ## 「技術模型」研發的兩個方式

「技術模型」的研發有二種類型，一為在研發的過程中發現了某種特殊現象，將其模型化；另一種是應需求而研發出來的模式。電晶體、盤尼西林等是屬於前者，而尼龍、非晶相太陽能電池、高溫超導體等屬於後者。

為使以上兩種「技術模型」的類型能夠進一步清晰了解，利用以下幾個例子來說明：

案例五：發明電晶體

電晶體的發明，早在 1930 與 1940 年代，使用半導體製作固態放大器的想法就持續不斷；第一個有實驗結果的放大器是 1938 年，由波歐（Robert Pohl, 1884～1976）與赫希（Rudolf Hilsch）所做的，使用的是溴化鉀晶體與鎢絲做成的閘極，儘管其操作頻率只有一赫茲，並無實際用途，卻證明了類似真空管的固態三端子元件的實用性。

二次大戰後，美國的貝爾實驗室，決定要進行一個半導體方面的計畫，目標自然是想做出固態放大器，它們在 1945 年 7 月，成立了固態物理的研究部門，經

理正是蕭克利與摩根（Stanley Morgan）。由於使用場效應（Field Effect）來改變電導的許多實驗都失敗了，巴丁推定是因為半導體具有表面態（Surface State）的關係，為了避開表面態的問題，1947 年 11 月 17 日，巴丁與布拉頓在矽表面滴上水滴，用塗了蠟的鎢絲與矽接觸，再加上一伏特的電壓，發現流經接點的電流增加了！但若想得到足夠的功率放大，相鄰兩接觸點的距離要接近到千分之二英寸以下。12 月 16 日，布拉頓用一塊三角形塑膠，在塑膠角上貼上金箔，然後用刀片切開一條細縫，形成了兩個距離很近的電極，其中，加正電壓的稱為射極（Emitter），負電壓的稱為集極（Collector），塑膠下方接觸的鍺晶體就是基極（Base），構成第一個點接觸電晶體（Point Contact Transistor），1947 年 12 月 23 日，他們更進一步使用點接觸電晶體製作出一個語音放大器，該日因而成為電晶體正式發明的重大日子。

案例六：發明盤尼西林

　　盤尼西林是在研發的過程中發現了某種特殊現象，而加以發展的最好例子。盤尼西林抗生素的發現，被視為 20 世紀藥物發展最重要里程碑之一。科學家很早就發現，如果把兩種細菌放入同一個培養基，通常會由一方取得優勢，另一方常被消滅。1928 年，英國醫師佛萊明（Fleming）意外發現，培養皿中污染的青黴素會分泌一種黃色物質，抑制葡萄球菌。他很快地把青黴素分離出來單獨培養，發現除了可以殺死葡萄球菌、肺炎球菌、淋球菌、梅毒螺旋菌等，都會受到它的抑制。佛萊明把發現發表在英國病理實驗雜誌，將此物質命名為盤尼西林（Pencillin）。後來在佛洛瑞（Florey）及姜（Chain）的全力協助下，分離精製盤尼西林的工業流程經過十年研究而建立，盤尼西林於 1938 年進入臨床試驗的階段。當時適逢二次世界大戰，德國納粹陰影籠罩歐洲，英國首相邱吉爾為此日夜奔勞，最後因為肺炎而病倒，在試過包括磺胺劑在內的一切治療之後，尚在研究中的盤尼西林成為最後的希望。結果邱吉爾的病在幾天內迅速好轉，消息傳遍全世界，盤尼西林一戰成名、眾所矚目。當時，各交戰國傷患累累，細菌感染是士兵死亡的主因。英美兩國投入二千五百萬美元，以軍事研究開發盤尼西林，在 1944 年將其大量生產送入戰場，聯軍傷患死亡率自此急速銳減。1945 年，世界大戰結束，佛萊明、佛洛瑞和姜三人獲頒諾貝爾醫學獎。

案例七：發明尼龍

　　尼龍是應需求而研發出來的模式。一次大戰後，絲襪成為歐美婦女衣飾中不可缺少的配件，因此必須大量供應蠶絲或有適當的取代品方能解決供不應求的壓力，這種情形在美國尤其嚴重，美國婦女們大量地使用絲襪，而主要的供應國——日本卻逐漸式微，化學家遂夢想找出與真絲媲美的纖維。

　　1930 年代，美國杜邦公司的化學家柯洛塞茲（Wallace Hume Carothers）研究將己二酸和己二胺構成的聚合體經熔化，再從小孔中噴出，將之伸展開，所形成的纖維如同晶束般排列成行，其光澤類似蠶絲，所織成的布如蠶絲般薄而美麗，甚至更強韌，這種完全合成的纖維名為尼龍（Nylon）。1939 年開始商業上的生產。之後在 1939 至 1940 年的紐約世界博覽會上，杜邦全新的神奇纖維首度面市時，他們向世人宣告：「強如鋼，柔如蜘蛛絲」由於比絲質襪子更便宜也更耐用，尼龍襪一上市立即轟動，到 1941 年止，估計賣了六千四百萬雙。當美國於 1941 年加入第二次世界大戰時，如火如荼的襪子銷售就停止了，而且整個尼龍生產都分派軍事用途。首先，尼龍被應用在降落傘纖維，接下來的應用是重量很輕的帳棚和雨衣，以及以尼龍加強的繩索和輪胎，尼龍在戰爭時期的成功，提供了很好的基礎，促成戰後更大的商業價值，這樣的影響持續至今。

案例八：發明太陽能電池

　　太陽能電池是應需求而研發出來的模式，太陽能電池是一種能量轉換的光電元件，它是經由太陽光照射後，把光的能量轉換成電能，此種光電元件稱為太陽能電池（Solar Cell）。從物理學的角度來看，有人稱之為光伏電池（Photovoltaic，簡稱 PV），其中的 Photo 就是光（Light），而 Voltaic 就是電力（Electricity）。

　　太陽能電池的種類繁多，若依材料的種類來區分，可分為單晶矽（Single Crystal Silicon)、多晶矽（Polycrystal Silicon）、非晶矽（Amorphous Silicon，簡稱 A-Si）、Ⅲ-Ⅴ 族〔包括：砷化鎵（GaAs）、磷化銦（InP）、磷化鎵銦（InGa-P）〕、Ⅱ-Ⅵ族〔包括：碲化鎘（CdTe)、硒化銦銅（CuInSe2）〕等。

　　第一個太陽能電池是在 1954 年由貝爾實驗室所製造出來的，當時研究的動機是希望能替偏遠地區的通訊系統提供電源，不過由於效率太低（只有 6%），

而且造價太高（357 美元/瓦），缺乏商業上的價值。就在此時，開創人類歷史的另一項計畫——太空計畫也正在如火如荼地展開中；因為太陽能電池具有不可取代的重要性，使得太陽能電池得以找到另一片發展的天空。從 1957 年發射第一顆人造衛星開始，太陽能電池就肩負著太空飛行任務中一項重要的角色，一直到 1969 年美國人登陸月球，太陽能電池的發展可以說到達一個巔峰的境界。但因為太陽能電池造價昂貴，相對地使得太陽能電池的應用範圍受到限制。到了 1970 年代初期，由於中東發生戰爭，石油禁運，使得工業國家的石油供應中斷造成能源危機，迫使人們不得不再度重視將太陽能電池應用於電力系統的可行性。1990 年以後，人們開始將太陽能電池發電與民生用電結合，於是「與市電併聯型太陽能電池發電系統」（Grid-Connected Photovoltaic System）開始推廣，此觀念是把太陽能電池與建築物的設計整合在一起，並與傳統的電力系統相連結，如此我們就可以從這兩種方式取得電力，除了可以減少尖峰用電的負荷外，剩餘的電力還可儲存或是回售給電力公司。此一發電系統的建立可以舒緩籌建大型發電廠的壓力，避免土地徵收的困難與環境的破壞。近年來，太陽能電池不斷有新的結構與製造技術被研發出來，其目的不外乎是希望能降低成本，並提高效率。如此太陽能電池才可能全面普及化，成為電力系統的主要來源。

案例九：發明超導體

　　超導體的發現與進展。1911 年，荷蘭萊頓大學的卡茂林・昂尼斯意外地發現，將汞冷卻到 $-268.98°C$ 時，汞的電阻突然消失；後來他又發現許多金屬和合金都具有與上述汞相類似的低溫下失去電阻的特性，由於它的特殊導電性能，卡茂林・昂尼斯稱之為超導態。卡茂林由於他的這一發現獲得了 1913 年諾貝爾獎。在他之後，人們開始把處於超導狀態的導體稱之為「超導體」。超導體的直流電阻率在一定的低溫下突然消失，被稱作零電阻效應。導體沒有了電阻，電流流經超導體時就不發生熱損耗，電流可以毫無阻力地在導線中產生大量的電流，從而產生超強磁場。

　　於 1933 年，荷蘭的邁斯納和奧森菲爾德共同發現了超導體的另一個極為重要的性質，當金屬處在超導狀態時，這一超導體內的磁感應強度為零，卻把原來存在於物體內的磁場排擠出去。對單晶錫球進行實驗發現：錫球過渡到超導態

時，錫球周圍的磁場突然發生變化，磁力線似乎一下子被排斥到超導體之外去了，人們將這種現象稱之為「邁斯納效應」。可惜的是，傳統的超導電現象只能在液氦溫區（−269℃）才能出現，而氦是一種稀有氣體，因而大大限制了超導的應用。1986 年夏，當時在瑞士工作的物理學家繆勒和貝德諾茲發現，一類特殊的銅氧化物超導轉變溫度高達近 40 度絕對溫度。

於 1987 年初，在美國工作的華裔科學家吳茂昆、朱經武等發現了超導轉變溫度高達 90 度絕對溫度的超導體，幾天後，中國科學院物理研究所趙忠賢、陳立泉等，以及日本的科學家也分別獨立地發現了超導轉變溫度為 100 度絕對溫度以上的超導體。超導體不能在液氮溫區（絕對溫度 78 度）工作的禁區終於被打破了，氮在空氣中多的是，而空氣的液化是一種廣泛應用的技術。

眾所週知的，超導體在電力能源、超導磁體、生物、醫療科技、通信和微電子等領域有廣泛的應用。在電力能源方面，包括輸電電纜、線流器、電動機、發電機、變壓器、超導儲能系統在內的一系列超導體物品將給電力的發展帶來深遠的影響，以至於美國能源部的專家認為「超導電力技術是 21 世紀電力工業唯一的高科技技術儲備」。未來的十年是高溫超導市場發展和材料產業化的十年。據預測，2010 年和 2020 年，世界超導市場將分別達到 300 億美元/年和 2,440 億美元/年。超導技術正愈來愈向實用化邁進。可以預料，正像光纖的發明催生出嶄新的資訊時代，高溫超導材料也必將帶來電力工業史上劃時代的革命。

以上這二種研發的型態，相互之間沒有很明顯的界線，無論是顯在的或潛在的，只要是沒有新的需求存在的話，縱使完成了原型產品，也無法形成真正的市場所需求的商品。市場沒需求的新產品會導致增加了市場研發費、累積了創業赤字，所負擔的風險也相對地增加了。

 ## 應用研發與產品化

一般而言，談到 D（應用研發）都會認為是「技術模型→試作→產品→商品」等一貫的作業，但仔細觀察可發現到每一階段對應的技術研發不盡相同。

技術模型，例如：愛迪生發明的電燈，最先是採用碳纖維為燈絲，如此的型態是不能夠商品化的；另外一個例子是電晶體的發明，若僅是取代真空管，那以

後也不會導致電子工程如此地發達。前者的電燈泡在商品化時已改進成鎢絲，而且燈泡裡也封入了鈍氣；電晶體也進步到了 IC、LSI，或微處理器之後才達到了實用化的階段。

這意味著「技術模型→試作」的階段，需要更多的實驗、數據的整理、樣品的製作等等的研發，宜由企業的研究所或研發部門來擔當。但是「試作品」必須要考慮到能夠以工業化的方式來大量生產，否則不能成為產品，更不能推出市場了。

接著進入了「試作→產品」的階段。在此階段，已經不是研究所或研發部門的工作了，該由工廠方面來接手，從事外型的設計、生產技術及品質管理等方面的考量。製造成本以及損益平衡點的推算，也在這個階段完成。

一旦進入了工廠研發的階段，已經進入了產品的型式了，這時要注意的不僅僅是產品的功能而已，必須要考慮到使用者對此產品的觀感，因此對於外型的設計、產品的包裝及使用上的便利性都要深思熟慮；最重要的是這個產品推出後可以獲利。可以獲利的產品才算是一個商品。

在此，再次地強調，所謂的「研發」是指「零→技術模型→試作」的階段，範圍不要訂得太廣、太鬆散。否則廣義地把「改良產品」或「替代產品」也納入這個範疇內，「新產品」的定義會變得含混不清，結果會淪為只為了創造營業額的產品。

研發程序中的創造性策略與整合性策略

創造性的研發可以比喻為登山，「技術模型」可視為山頂，各個策略就是為了攻頂的登山路徑。以登阿里山為例，不一定要從嘉義搭小火車才能到，也可以從新中橫或溪頭上山。在攻頂前要先決定登山口，及行進路線，但是又不能拘泥於特定的登山口及路線，否則沒有創意也沒有新鮮感。研發也是一樣，常常要轉換思考方式、橫向的思考，發揮出創造力，沒有創造力的人可說是沒有研發資質者。

一旦「技術模型」完成了以後，可以依此模型來從事產品化的工作。在此過程中，還是需要一些技術。無論是什麼樣的新產品，都要能夠複製、大量地生

產，否則會淪為藝術品而不是商品。為了達到量產的目的，材料零件、生產方法、試驗檢查、包裝、輸送等方面必須做適當的調整。

在「技術模型→試作品→產品」的過程中，要經過不斷的「試驗→評價→設計變更」，週而復始，直到能為市場所接受為止。在此最後的階段，需要販賣部門的評價作為修正產品的參考。

由上面可知，從技術模型以後的研發程序，較不需要創造力與創意，反而是購買、製造、檢查及販賣等部門的意見為主軸。

以策略的觀點來分析研發過程，前半段「零→技術模型」的階段屬於創造性的策略，而後半段「技術模型→試作品→產品化→商品化」的過程屬於整合性的策略（圖 3.1.3）。

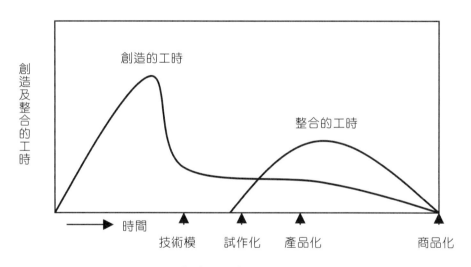

圖 3.1.3　新產品技術開發的工時分布

如果能了解到研發的程序中並存著這兩種不同的策略，那才能說理解了什麼是「研發」，才能有效率地研發，這是非常重要的一點。創造性的策略及整合性策略是完全不相容的方針，甚至還相互矛盾，沒有人都兼具有這兩項才能，所以要分開來進行。

理解了上述的異質性與矛盾性之後，才能以最低風險來進行研發計畫。

二 創造性研發及應用性研發（R&D）

研發費用的大半花費為人事費

一般的研發，研發費用的（60%）花費在研究研發者及其相關者的人事費上，剩下的 40% 才是硬體、設備、材料、水電等消費。這個比率在美國或日本的企業裡都大致相同。即所謂的：研究研發費是工時（Man-Hour）的集成。

工時制度（Sliding System）可以評估各個部門的效率，比較適用於製造部門及管理部門。因為將全生產量或全事務量除以人數後，就可以算出每個人的平均生產量或事務量，直接可以評比。要使得效率增加，可以在工廠導入自動化機器促使工廠效率增加；而事務方面，可以導入一些 OA 機器來增加效率。相對的，營業部門及研究研發部門比較難以簡單的方式來提評估、提升效率。這兩部門的人員的工時效率常因人的資質而改變，沒有固定的模式。

以業務人員為例，有經驗跟無經驗，或者個人的資質影響很大。有能力的業務人員，其工作效率可達到一般人的五倍或十倍量；無能的業務人員，其效率還達不到付自己的薪水。而且對新進業務人員的養成，也是一種負擔。

研究研發也存在同樣的問題。如果是應用研發的情況，進行方針已經確定了，人多可能比較好辦事，成果與投入的工時成比例。然而，需要創造力的研發的情況，人多口雜，倒不如培養一個具有創造力的人，由他獨自來研發會比較有效率。

一週總共有一百六十八個小時，固定在公司裡的工作時間僅僅四十個小時，約只占全部的四分之一。一般人下了班，大都把公司的工作放到一邊去了；然而創造型的人，無論在何時何地頭腦也在運轉，縱使身不在公司內，頭腦裡想的還是如何創造發明。

因此，要有效率地完成創造型研發，而且要降低研發風險，上述的方式是較為可行的方法。

「技術模型」的研發宜由創造型的研究員獨自來挑戰

新產品的研發，分為「零→技術模型→產品化→商品化」三個階段，這三個階段中，以第一個階段，從零到技術模型最為困難，因為需要豐富的創造力。因此，研發出「技術模型」是決定關鍵，這個階段能順利地進行的話，可以說成功了一半，與研發的風險息息相關，大家應該可以理解。

前面已經提過了，研發可分成「技術模型創造」及「應用研發」二大類型，前者是「零→技術模型」，而後者是「→試作化→產品化→商品化」的型式。

為了要達成「技術模型創造」的研發，宜由具有創造型的技術者個人來擔當，如此所負的研發風險較低，而效率也較高。

對於創造型的研究研發者不需要有什麼約束，而任其發揮，僅需要明確的指示：(1)研究研發的目標（技術模型）；(2)達成的期限，就足夠了。所需要的經費及補助人員，由他事先提出計畫即可。這種類型的研究者，一旦接受了研究研發案件，連以後產品化時的成本、市場性等都能面面俱到。因此，連他自己研究研發所需的經費也能控制。因此對於這種人儘量讓他自由發揮最為上策。

計畫及預算決定了之後，只要是在研發成本容許範圍之內，就可以令他進行研究研發，一些管理上的細節不必要太在意。遇到了瓶頸，他自然會提出說明。有些公司設有很週詳的經理或會計制度，也要因人而異，只要要求他每一、兩個月提出來報告一次進行狀況即可。

這種人的研究研發型態與一般的研究者的方式應該有所不同。剛開始時，也許不會固定在某一個場所，一下子到工廠，一下子到營業部門，或者跑到其他公司去了，為了要找資料，以及取得必要資訊。等到一切就緒了，決定了進行方針，就會集中精神在短期間內突破了技術障礙，完成研發。

這類型的研究者在外面常常交遊廣闊，一些跨領域的點子常是由此而來，所以不應該過分限制他的行動，他從外界所獲得的資訊，可能就是他創造性想法的靈感。

雖然任其自由發揮，但是研發「技術模型」時，不需要給予太充裕的經費，在很多情況下，經費太充足了反而做不出好的研究成果。在貧困的情況下，反而會激發出一些特別的創意。

如何才能振奮他的研究企圖心呢？最重要的是讓他對這個研發題目有認同感，缺了這個認同感就無法引起他的挑戰心情。其次要能夠尊重他的自主性，最後才是研發成功後的犒賞。

應用研發由企業的研發團隊來研發

　　「技術模型」既然已經完成了，接下去的第二階段、第三階段是產品化及商品化的工作。在第二個階段，雖然需要一些創意、創造力，但是與第一階段在研發「技術模型」時比較起來，顯得微不足道。

　　有一些企業把「技術模型」的研發當成基礎研究，有的是以專案方式來處理，但是大多數企業的做法是把「技術模型」到產品化及商品化的各個階段，都委由同一成員來研發，研發完成之後才轉移給製造部門、營業部門。但是這種做法並不恰當，產品化及商品化的階段宜由另一組成員來接手。因為具有創造性的研究人員能夠發揮其獨創性製造出巧妙的「技術模型」，然而叫他去做產品化或商品化的工作，他的創造性就無法充分發揮，甚至被埋沒了。

　　在產品化及商品化的過程中，與技術模型不同的是要加入各種的變數。大多數的情況下，是以製造程序能否量產化為前提，為了達到量產化必須做某些修正。技術模型一般都是手工製造，產品化時則必須為機械式的一貫作業，因此在製造技術面上的制約又浮現了。產品在推出市場時，其成本考量及賣點的考量也是要考慮的因素。

　　現在的產品，不光是在性能、機能及品質上比高下，而且是在比設計、色彩、收納方便，這些因素也必須加進去。其實，如此的一貫的產品化過程，在下一章會加以詳述，一個產品若沒有增加一些知性的、軟性的附加價值，那會使得不易創造出來的技術模型減少了不少的震撼力。

　　本來，技術模型的創造是一件很了不起的事，但是卻不能立即送入市場成為商品，還需要經過很多人的測試、改良、修正之後才能在市場上銷售，成為商品。以愛迪生發明的電燈泡為例，需要經過很多次的修正，從碳纖維變成鎢絲做為燈絲，燈泡裡要灌入鈍態氣體等等，然後才能夠成為商品。

　　接著，由「技術模型」進入到「應用研發」的階段時，應該由應用研發的團

隊來接棒，他們雖然較沒有創造力，但是屬於組織性的團體戰，他們常和製造部門、販賣部門及宣傳部門有密切的聯繫，可以採納各部門的意見融入於產品設計上。應用研發的策略，在大企業裡大都採用組織研發的型態。

當然，如果叫原班人馬繼續從事於後段的應用研發也可以，不過前提是他們也需要有這方面的能力，亦就是說具有全方位的研發能力。舉例而言，就像生小孩一樣，父母總希望能夠一手把小孩子帶大到長大成人。然而懷胎十月後，經過陣痛辛苦地生下來，也就是相當於辛辛苦苦完成的技術，要轉手給他人，對於第一階段的研發者而言，是一件很捨不得的事。然而，若能夠了解到他們所產下的技術模型可以在優良的環境中成長茁壯，也應該可以釋懷了。

然而，創造研發與應用研發在接棒時，往往會發生技術理念不合的情況。如果發生了，也不要太在意，因為應用研發者的反向思考，或許會衍生出更好的想法。因此，創造研發者也不必太拘泥於自己的原創理念，要尊重應用研發者的想法，如此由一個技術模型可以產生連鎖反應廣泛應用到各個層面。這樣的組合可以說是最完美的。一個完美的技術模型，可以誘導出各樣的應用，這是研發的真諦。

圖 3.1.4、圖 3.1.5、圖 3.1.6 分別表示，沒有分割的研發，二分割的研發，其完成度與時間、工時之間的關係圖。在非分割的研發情況下，創造型的研發者沒有充分發揮，因此相同完成度所需的時間與工時，都比分割的研發方式來得多。

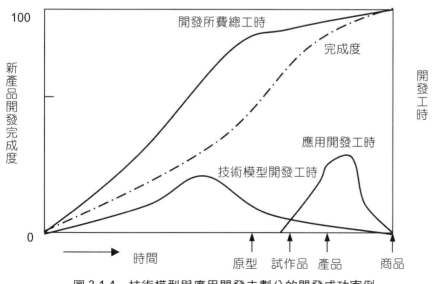

圖 3.1.4　技術模型與應用開發未劃分的開發成功案例

圖 3.1.5　技術模型與應用開發未劃分的開發不成功的例子

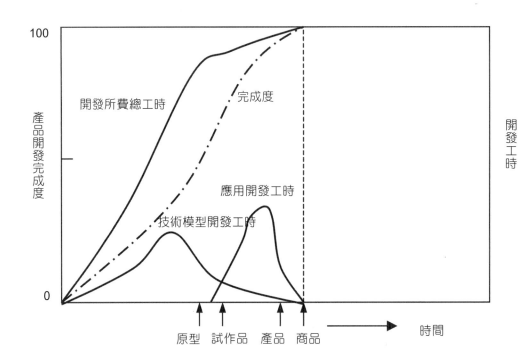

圖 3.1.6　技術模型與應用開發的開發例子

三 創造型研發者的發掘與活用

創造型研發者的特性

　　研發技術模型的創造型研發者，到底是一些怎麼樣的人呢？這些人的特性能把握住的話，在企業內發掘這種創造型的研發者，就不是一件困難的事。有些人對這種人下了一個簡單的定義，例如：數學家廣中平佑博士稱之為「創造即Want」，東北大學校長：「獨創是不停的挑戰」。創造型研發者的資質，可以用圖 3.1.7 所示的圖來描繪。

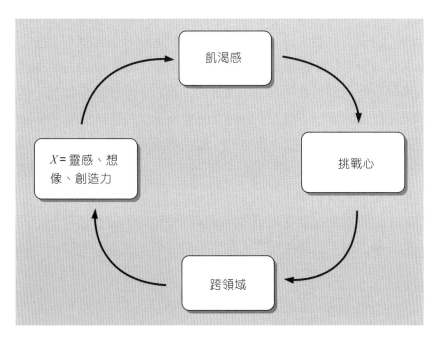

圖 3.1.7　創造型研究者的特性

　　創造型研發者通常處於「飢餓」（Hungry）狀態，即常常對現狀不滿，做事情時挑戰性很旺盛。每挑戰一次，他的視野就增廣許多，反覆數次後，他的視野可以橫跨數個領域。這樣的創造型研發者適任於 X 的研發。X 的研發，需要靈感、

想像力、創造力及逆向思考能力。

發現了很棒的點子的創造型研發者常常會很謙遜地說：「在泡澡時突然來的靈感……」或者：「在上廁所時，突然靈光一閃……」等偶然獲得的靈感。若是如此，X的發現正如他們所說是偶然間獲得，我等凡人也有機會發現才對，實際上卻不是那麼一回事。他們能在偶然中獲得靈感是因為平日為了達到目標，經歷一次次的挑戰日思夜索，終於最後在某一個地方突破了瓶頸，得到了解答。

在企劃會議中常常有人會有些提案，提供一些點子，但是平常沒有思考，只有在會議中突然有一些想法，在當時覺得是一個了不起的提議，但是過了兩、三天仔細思考後，會發現根本行不通，這說明了靈感也是日積月累挑戰所得到的結果，並非平日從天而降。

前面曾經比喻「技術模型」是一座山（阿里山）的山頂，為了要攻頂需要尋找登山途徑。專家都會認為登到山頂一定要從嘉義搭小火車上山；一旦鐵路不通，他會認為「這個研發無法達到目標」。同一領域的專家也會有一致的論調。

但是創造型研發者卻不這麼認為；登山鐵路不通，還可以由公路從新中橫上山，或者由溪頭步行上山；會從各個角度著想。所以，不要輕率地說「這件事情辦不到」，只是自己的資訊不足，不知道世界上某處已經完成了這項研發，等資料蒐集全了再下結論也不遲，上面所述的，是突破障礙所需要保持的一個心態。

具有創造力的研究者，縱使千人中只有一個人，在企業中的某處被埋沒了，必須要撥開草叢把他給找出來。

長久以來，企業大都在做應用研發，這種創造型的研發者也有不少人混跡在其中，今後的研發方針，與其採用百人的應用研發者，倒不如發掘出一個創造型的研發者。

創造型研發者的資質

(一)挑戰性

創造型研發者勇於向風險挑戰，他們所面對的風險有哪些呢？由下面幾個例子可以明白了。

　　1986 年 1 月，德國 IBM Zurich 研究所 Georg Bednorz Alex Muller 博士，研發了高溫超導體，因而得到了諾貝爾物理獎；在研發當時，他曾問過十多個專家，所得到的回答都是「不可能」，可是他還是向不可能挑戰，而且成功了。

　　關於超導體的理論，大都是以約三十年前由 Bardeen、Cooper、Schriffer 所提倡的 BCS 理論為基礎。根據這個理論，每一個物質都有一個臨界溫度 Tc，金屬系列的物質超過了它的臨界溫度時（30K 以上）不可能成為超導體，實際上最高的 Tc 也停留在 23K。

　　假使 Bednorz 博士的研究沒有成功，會招致同儕的嘲笑「以前已經說過了，不行就是不行」，「平白浪費了一些研究費」，他必須面對。更甚的是會失去了人們對他的研究信心，一生也許就平平庸庸地度過了。

　　創造型研發者所挑戰的風險，如上述，非常的大。因此大部分的研究研發者都選擇較平穩的路，從事成功率較高的應用研發。然而，不經辛勞的研發，也不會有太大的成就。

　　數年前研發出來大賣特賣的棉被乾燥器，是由三菱電機的神谷先生所提案的，當時他服務於該公司的群馬縣工廠。這種產品，技術層面不是很高，但是在當時是一個新概念商品，要成為商品在市場上推出，還是要歷經一番挑戰。

　　因為是全新概念的產品，銷售量會有多少，當然沒有可供參考的數字；等有了參考的數據時，此產品已不是新產品了。所以神谷先生提不出說服大家的數字出來，但是他意志非常堅強：「請讓我試試，雖然拿不出數據來，但我相信一定可行，如果失敗了，我願意辭職以示負責」，向在座的人表示了決心。

　　此即為一般上班族所面對的挑戰。但是這種挑戰不能說是百分之百成功，反而是失敗的機會來得大，也就是負擔的風險較大。

　　如此，不僅是研究研發者，一般的人也是一樣，總是避開風險走平穩的路子。這樣一來，為了害怕失敗，僅僅對現產品做改良，或者模仿其他公司的產品，這樣的公司其將來性也變得黯淡了。

　　綜觀所有偉大的研發成果，都是那些研發者不懼困難，挑戰一些全新的領域所得到的回報，由這些事實應該可以激發起奮進的精神。這種精神是以不滿足現狀的飢餓精神為基礎，飢餓的精神不僅僅是不平或不滿，例如登山者已經登上了玉山，他還會想征服更高的山，像阿爾卑斯山、喜馬拉雅山等，而有向上爬升的

精神。太容易自我滿足的人，無法向上。所以要隨時掛著向上的心，這樣人生過得才有意義、價值。

(二)跨領域的視野

有一次遇到了一個企業的經營者，他抱怨著：「我們也著手從事各種新產品的研發，但是沒法如期進展，懷疑是否我們研發者的資質有問題」。聽了有一些感慨，研發不能如期地進展，原因是研發者無法提出獨創性的想法。於是給他一個建言：「最大的原因出在貴公司的研發人員的技術領域的視野太窄的緣故」。然而該經營者卻辯稱：「本公司的研發者常常參加各種的討論會，怎麼會……」經過分析後，發現到技術研發者大都參加與自己技術有關的研討會，因此視野僅限定於某個範圍。於是向該經營者建議、鼓勵技術研發者多多接觸不同領域的技術，一回生二回熟，多次接觸後可從其中的得到對自身研發有益的資訊。參加其他領域的研討會，表面上好像浪費時間與金錢的事，事實上可以增加技術研發者的視野，對研發會有很大的助益，如此看來倒是很便宜的事了。

想完成傑出的研發，技術研發者的眼光不能只侷限在自己專門的領域，而是要常常注意到其他領域的技術動向。其原因可歸納成下列三項：

1. 自己目前所掌握的技術，那一天可能被其他領域的技術所取代。技術是達到目的之一種手段，這種手段絕對不是唯一的。從某個角度來看，不同領域的技術都是為了滿足同一個需求而競爭。

   例如以記憶體的發展來看，目前是以磁帶、磁碟等以磁性記錄的方式為主流，但是已經有了光碟、光磁碟等以光學記錄的方式出現了。如果專注於磁記錄方式的技術，將來在轉變成以光記錄為主流時，可能會措手不及。

2. 高度複合型技術，因不同領域的技術的導入而變成可行。在先端技術的時代裡，很多的技術都屬於複合型的技術。這情況下，若對其他領域的技術動向不夠了解，則無法貼切地複合化。以超音波馬達研發為例子，若只專注於傳統的線圈型馬達，就不會想到採用壓電陶瓷來做馬達。例如：發明靜電複印術 Carlson 的經歷中，發現他擁有碳的物理學與化學方面的技術背景（碳粉是在他的發明過程中使用）、印刷技術（他的發明是一項打印的發明），以及智慧財產權（他理解一項好的專利其商業價值）的知識。

3.創造型的研發可由其他領域的技術得到靈感。有很多傑出的研發，都是從其他領域的技術中得到靈感，打破了技術上的障礙才成功的。因此，對於其他領域的技術不是很了解時，也很難在本身領域中有所發揮。

例如：鎢絲燈絲研發的例子中，Coolidge 發現到鎢絲燈絲，在加熱時會發生結晶化現象而斷裂。Coolidge 從製造冰淇淋的過程中得到靈感，因為在製造冰淇淋的時候，總會添加一點甘油，以防止牛奶在冷凍時產生結晶的小冰塊；所以Coolidge在軟性鎢化合物中加入氧化釷，來防止鎢的結晶化。於 1910 年的 9 月 12 日，Coolidge 展示了他的第一個鎢絲燈泡。

因此，一個創造型的研發者，必須具備跨領域的視野。

四 創造型研發的真諦

今後的新技術、新產品的研發，將會著重於創造 X 的研發，這對一個企業而言是一個生存之道。

台灣能有目前的經濟發展，從歐美引進了一些先進技術是最大的原因。像十大建設發展的鋼鐵工業、石油化學工業及電子工業等皆是。

台灣的半導體技術居世界領導地位，占有率約為世界的40%。但是回溯其發展歷史，半導體的最先是由美國AT＆T，貝爾電話研究所的蕭克利博士所發明，當時是矽電晶體，接著由德州儀器公司（TI: Texas instrument）的 Kilabi 技師將其集體化，製成了世界上第一顆IC。

以研發程序的觀點來看，「技術模型」已經由歐美國家研發出來了，台灣只不過在做 D（應用研發）的工作而已。長久以來，一般企業的研發技術者都認為研發是指 D，經營者也有同樣的想法。

一般「技術模型」都申請了專利，從歐美研發的「技術模型」為出發點，做應用研發（D），常常會與基本專利牴觸，產生紛爭。在這種背景下，才會對研究研發的真諦有所誤解。

㈠打破傳統

研發的成敗，以是否選對了研發者為前提。一般的選法都是「那個人沒事做……」「他屬於這個領域的……」以這種方式來決定研發者。這種做法，對於應用研發 D 還說得過去，若對於 X 則萬萬行不通。X 研發，是要打破專家的常識的研發。專家擁有該領域的專門知識，要叫他推翻自己的知識是一件很辛苦的事。一旦回歸到了原本的領域，湧不出挑戰的精神來。沒有挑戰精神的研發者，無法勝任從事 X 的 XX 創造研發；只是在那裡浪費時間與金錢。

㈡培養挑戰性

常言道：「研究研發者，只要選擇了對的題目，就會有興趣做研究，就會有好成果……」，未必正確。

研究所裡要營造的是具有挑戰性的環境與精神，而不是放縱他們隨心所欲。因為企業中的研究與學界不同，所需要的是賴以維生下一批的產品，若只做學術上的研究，縱使在「Nature」或「Science」發表了成果，對企業的收益無什麼幫助。

只有在沒有風險的情況下，才可以放手讓研究者去從事喜歡的研究，看有沒有好的成果出來。

㈢培養刻苦精神

研究設備愈完善，成果愈好？這完全是藉口。Bednorz 博士到日本訪問的時候，被記者問到：「你在 1986 年發表了超導的論文，但是有關超導的一個性質『完全反磁性』完全沒有提供數據，是何緣故？」Bednorz 的回答，令人吃驚，他說：「我的研究是很孤單的，請購高價的反磁性測定儀給我的話，實在說不出口」。由這樣簡陋的實驗室裡可以做出諾貝爾獎級的研究成果，可知，成事在於研究者的資質，不在於設備的完善與否。與 Bednorz 博士同一研究所，比他更早得到諾貝爾獎的 H. RoRelu 與 G. Hiniku 博士，是以隧道掃描電子顯微鏡得到物理獎。曾到他們的實驗室參觀的人，被他們簡陋的設備所震驚。

由這樣的事實，標題的事要牢牢記在心裡。

五 創造型研發者的管理

 ### 創造型研發者的管理方式

今日的研發是處於全球性的競爭狀態，對於研究研發者如何來管理，也常常被議論著。在此舉出二個人，我認為是很理想的管理者。

首先的例子是英國的醫學家 Anbroz 博士。Anbroz 博士是 Hansfield 在研究 X 線斷層掃描器 XCT 時的工作夥伴。XCT 可以取代傳統的 X 光照片，更正確地診斷出腫瘤的位置。

Hansfield 當時是醫學的門外漢，只不過是一名小小的技師。然而 Anbroz 博士已是醫學界的權威，而且正繼續他的超音波斷層掃描器（SCT）的研究；一聽到 Hansfield 的構想，覺得比自己的想法更先進，於是放下了正在進行的研究工作，改而全面支持 Hansfield 的研究工作。Anbroz 博士的這種洞察力、謙虛心，世界上少有人能與其相比。

第二個例子是 Bednorz 博士的上司，Alex Muller 博士。前面已經說明過了，他們發現了高溫超導體，在當時誰也沒想到氧化物陶瓷的 Tc 會高於金屬氧化物，而且可提升到液態氮溫度（77 K）還是超導體。當時所有的專家都認為是不可能的事。Bednorz 博士卻向著這個不可能挑戰，當然不受到週遭的人的認同，甚至冷言冷語地在背後放話「只不過在浪費時間與金錢嘛」。後來成名後，Bednorz 很感傷地說：「我們的研究真的是很孤單！」雖然背後有 Muller 博士在支持他的研究。但也不是沒有限度，Muller 博士僅僅說到：「Bednorz，我們再拚半年吧！」結果不到半年有了破天荒的成果，共同得到了諾貝爾物理獎。

這兩個例子中，可以看出一個共通點，他們對於創造型的研究者很理解，並且資助育成他們。尤其是挑戰性的研發是很孤單無助的，有時是四面楚歌。在某些的情況，說不定在萌芽階段就被摧殘掉了。人才如千里馬，遇到了伯樂，才能展現人盡其才的加乘果效。筆者在此對這兩個管理階層的人深表敬意，沒有他們敏銳的洞察力，以及全力的支持，就沒有這些偉大的發明。換成國內的研究者，

就沒有那麼幸運了，若提出了像 Bednorz 的研究題目出來，不但得不到支持，還會被罵成「頭殼壞掉」。

Muller 博士不僅僅是信任支持部下的挑戰精神，還像大家長一樣地照顧他們，而且對部下所挑戰的研究所具有的價值與成果可以看得很清楚，也就是他本身也兼具有創造性的資質。附帶值得一提的是，兩位博士都不是超導的專家。

曾經強調過許多次，他們兩位博士所挑戰的是當時學界都認為不可能達成的任務。如果遇到的是一個沒有遠見的管理上司，開始時可能就被封殺出局了。Muller博士本身是一位傑出的研究者，與前述的 Anbroz博士有著相同的特點。有如此開明的研究管理階層，才能培育出創造型的研究者出來。

位在高階層的你，本身沒有發揮創造力的天分，至少也要支持一些有創造性的研究者，不要封殺他們。

 ## 創造型研發者的評價方式

每年的營運方針，經濟者總會提到：「提高研究研發的效率」，企業裡總是要求所有事情要有效率，研究研發當然不例外，需要有效率。然而一般的效率化準則，對於創造型研發並不適用，硬是套用的話，會產生極大的負面效果。

例如以一般的效率化準則來評價時，總會被問到：「你這五年內研發了多少件產品？」這種評估法是一般的經營管理方式，表面上沒有錯，但其中卻潛在很大的陷阱。如果這是唯一的評價方式，創造型研發者會有怎樣的反應與做法呢？他們一定會選擇一些風險性較低、成功率較高的模仿型、應用研發型的研究來進行；反之，一些高風險的創造型研發沒人願意去挑戰。

現產品的改良、替代品的研發，其功能只能維持產品在市場的占有率，若要保持日後企業能在市場上生存，戰略性的研發是非常重要的。因此，創造型的研發與應用型的研發要分開來評價，要確立一套能客觀評價的評價法則。

其實，有關於客觀的評價方式，在前面「研發資訊」之文中，已經道出了其真諦。但是在此，重新簡要敘述一次。

評估時，可如表 3.1.1 所示「研發技術者的評價要領」分項檢討：

　　1. 研發的創新性：研發技術者的研發成果直接評估；

*2.*對於技術進步的影響度：評估對本公司技術進步的影響度；

*3.*產品化的接近度：評估此研發是屬於基礎研究、技術模型階段、試作階段或產品化階段；

*4.*市場的形成力：此研發對該企業的營業額的形成力，將每一個研發可能創造的營業額，與企業的規模來比較。

採用上述的評估法，較能面面俱到。例如創造型的研發在 *3.*的部分得點不高，但是在 *1.*、*2.*、*4.*的部分可以得到高分；反之，應用型的研發，*1.*、*2.*的部分得點不高，但是在 *3.*可以得到高分。

這樣的評估法，對於創造型或應用型的研發能較公正地評價。

表 3.1.1　開發技術者的評價要領

評價項目	評點
*1.*開發的創新度	
*2.*對於技術進步的影響度	
*3.*產品化的接近度	
*4.*市場的形成潛力	
總　　計	

◎ 開發的創新度：

　　3 點：從零開始的創造型開發；

　　2 點：技術模型已經存在，但是需要創意修改；

　　1 點：完全的應用開發。

◎ 對於技術進步的影響度：

　　3 點：非常大（技術領先了 3 年以上）；

　　2 點：很大（技術領先了 1～3 年）；

　　1 點：平常。

◎ 產品化的接近度：

　　3 點：一年內可產品化（產品化階段）；

2 點：三年內可產品化（試作階段）；

1 點：五年、十年以上（基礎研究，技術模型階段）。

◎ 市場的形成潛力（產品化後三年）：

3 點：數百億/年的規模；

2 點：數十億/年的規模；

1 點：數億/年的規模。

評點 10～12：期待性的開發；

8～9：優良的開發；

6～7：可有可無的開發；

5 點以下：賠本的開發。

 ## 塑造創造型的研發者

常常有人問到：「一般型的研發者可以改造成創造型的研發者嗎？坊間常見到一些秘笈可靠嗎？」。

創造性大部分是先天性的，外加成長的環境、經歷等後天性歷練出來的。光靠什麼樣的「秘笈」要短時間內將一個人改頭換面，迄今還沒有聽過有成功的例子。但是要讓人們較具有創造性，卻非不可能的事。本書的目的，並非在改造人類的本性，但是至少可以具有創造性的感覺。

請再回顧一下圖 3.1.7 談過的「創造型研發者的特性」中所代表的循環。當研發者的挑戰精神與多重的視野能相輔相成時，才能夠發揮其創造力。因此所要培養的是其不怕失敗的精神，以及廣闊的技術視野、跨領域的視野和敏銳的嗅覺。

如果能夠做到上述的步驟，也可說是接近創造型研發者了。

 ## 改變企業不重視「創造型技術者」的習慣

台灣出了少數幾名世界級的研究者，如丁肇中博士、李遠哲博士等；這幾名博士都楚材晉用，得到諾貝爾獎都算外國的成績。由這件事情，有人懷疑我們的風土習慣是否留不住創造型的研究者？在回答之前，先參考下面的例子。

　　假設有 A 和 B 兩個碩士畢業生進入了某個企業。A 選擇了成功率高的應用型研發，B 選擇了創造型的研發。十年過後，A 的研發成果一個個地呈現出來了，他的位置也相對地晉升了。另一方面，埋頭於創造的 B，一直沒有很大的突破，當然地位及薪水都比不上 A。有一天，B 突然有了一個大發現，而且這個技術可以成為企業的支柱。B 的貢獻可以說比 A 大得多了，這時企業為了報答 B 的辛勞，給予一些報酬，但是有可能將地位及薪水提升超越過 A 嗎？在我們的企業裡，應該是不可能。在學術領域也有相同的現象。

　　但是在歐美國家卻相反。B 這樣的研發者立即被連升好幾級。理由很簡單，B 的研發是如此的重要，立刻傳遍了整個世界，企業如果不對 B 調整適當的待遇，可能被其他企業挖角。為了防止被挖角，企業一般都會立刻對 B 調整待遇。

　　前述的人才外流問題，雖然說是美國較為自由，可以做自己喜歡的研究，但另一方面，一旦有了創造性研發，立即可以得到相對的回報，這也是吸引人的地方。

　　一般而言，我們的上班族對企業較忠心，一個地方一待就是幾十年。然而，外國企業漸漸地登陸，會充分地利用我們的人才與腦力，最直接的方式就是向我們的企業挖角。這樣的挖角現象，傳統的企業經營方式還禁得起考驗嗎？沒有歐美式的獎賞制度，還可以留住人才嗎？因此，要在企業內發掘出創造型的研發技術者，並且活用他們，我們的企業必須訂立一套合理的制度。

設立企業活潑化的發展制度

　　在一些大企業裡，組織很完善，但是運作起來太過於僵硬。如何在這種企業裡，使得以最低風險從事最有效果的研發研究，需要一種做法；最基礎的就是要使企業活潑化。有一種有效的做法，就是在企業內導入研發基金系統。其基本構想如下：

　　1. 在企業內設置研發基金：將企業的全部研發費的 10%～20% 集中運用成立研發基金，不再分配到每個單位。

　　2. 研發基金的使用方針：企業內的社員，自主召集了三五的同好成立團隊，從事於研發計畫或新商品計畫，可向基金申請經費。團隊的成員必須包括了相關

部門的成員，例如需求導向的題目，成員要包括研究研發員或社外的共同研究者（大學研究室，下游廠商等）；基礎研究導向題目，需要包括市場調查或營業部門的成員。簡而言之，就是可以成立私設的研發團隊。

3.私設研發團隊的認可：所申請的研發計畫或新商品計畫，經過評審通過後，即視為正式的研發團隊，申請者被任命為專案經理，可以得到基金的補助。

4.對於私設的研發團隊，企業不要過度涉入管理：為了要培養企業內研究研發活潑的朝氣，企業要放手讓各個團體自主營運，半年一度的研究報告及經費報銷即可。最重要的是要做到失敗不罰。

研發的挑戰，當然伴隨著失敗的風險，正式的研發團隊也不能保證百分之百的成功。對於私設的研發團隊不能太嚴厲，否則會扼殺了研發的興趣及朝氣。因此希望企業能做到失敗不罰的地步。至於失敗的團隊，所受到的無形壓力一定比有形的來得更大，所以企業應以鼓勵的方法來替代懲罰，或許哪天有好成果也說不定。

乍看之下，這種做法有些冒險，實際上這個方式已經被採用了二十年，而且非常的成功。採用者是美國3M公司──美國的應用化學品的大廠商。

在3M，由這種方式培育了許多研究團隊，成長為事業部規模的部門就達到了三十多個。本來設立此制度的動機，是要激發起企業內的研究研發的風氣，但是後來收到的效果非常的大，像是提供了一些新的產品或技術給企業，而且防止了人才外流。這是一個典型美國式的做法，不但提升了企業內風氣，而且有些創新的成果，帶給了企業數千億元的收入。總而觀之，是一個很好的制度。

為了要讓這個制度圓滑運轉，在3M的實施要領中，可以看到幾個特點：(1)基金的申請窗口不只一個，事業部、研發事業部或中央研究所都設有申請窗口，避免官僚化；(2)組織成研發團隊時，成員的直屬上司要絕對地尊重；(3)好的研發成果要貼切地獎勵。

這些特點，是該企業實施這個制度二十年來，經驗累積出來的。

 ## 時效性研發的對策

研究研發所負的有兩大風險。第一，沒有研發成功；第二，研發成功時，已

經落在其他企業的後面，成了追隨者。關於研究研發，無論成敗總是伴隨著時效的風險，若失去了先機，研發成功了也等於失敗。為了要讓研發能有時效地研發完成，可令兩個團隊同時並列研發，可以收到成效。同一個目標由兩個團隊同時研發，表面看起來好像多浪費了一倍的工時，實際上好好的應用，卻非如此。

這兩個研發團隊，一個是正規團隊，另一個是由完全不同領域的技術研發者所組成的團隊。要強調的是，這兩個團隊的成員不能屬於同一個領域或同一個部門，否則會吃掉二倍的工時，沒有一點助益。這兩個團隊相隔愈遠愈好，或者是由企業外的成員組成的團隊也可以，主要是讓兩個團隊獨立作戰。

這種做法是將時間的序列性改變成並列性，以登山為例，通往山頂的方式有很多種（A、B、C），若只有一個團隊時，他們要試完了 A 途徑，然後 B 途徑、C 途徑，以時間序列性的方式來嘗試。若是有兩個以上的團隊同時登山時，可以同時探知不同的途徑，使時間變成並列性。因為選擇的途徑不同，成員也不同，因此可能有一些新的發現。

正式展開後，變成兩個團隊的競爭，在最短的工時可發揮最大的效果。無論哪一個團隊成功了，所花的工時絕不會是二倍。最壞時是一倍半，最好的時候，與一個團隊進行所費的工時一樣多。因為結合了不同人的腦力，過程中還可衍生出一些新的發現。

中小企業之間的複合型共同研發

技術研發的領域，今後漸漸地走向創造型態的研發，同時也愈注重學術的、業界的合作研發。

例如，工業的電腦化已經波及到了各個產業，今日雖然還用不著，但是誰也不敢保證日後新產品、新技術研發時能逃離這個趨勢。另一個趨勢是生物科技。一般的中小企業平時沒接觸到這些領域，沒有這方面的人才，遇到需要這種電腦工程師或生物科技工程師，變得很傷腦筋。縱使要挖角也無從著手，又何況中小企業無法維持這些人員。在此情況下，異業企業間複合型共同研發的模式就應運而生了。

異業企業間複合型共同研發的模式是，異業企業提出其保有的技術，相互交

換，換取自己欠缺的技術，或企業之間共同研發新的技術；有技術的企業也可以結合販賣力強的企業，做新產品的研發或市場的研發。亦即，異業企業間的複合型共同研發可分為技術複合型及技術、販賣複合型兩種型態。

技術複合型共同研發成功的例子有：CNC工作母機、產業用機器人及磁氣光碟等，都是採用技術轉移，或者異業企業共同研發而成的。由這個方式可以實現一些高度應用性、創造型的研發。

企業若具備技術基礎及販賣基礎是最理想的，但是很少有企業能百分之百兼備，於是產生了技術、販賣複合型的研發模式。持有技術研發能力，但缺乏販賣通路的企業，與具有販賣通路但缺乏技術研發能力的企業相結合，形成互補。這種方式最適合於僅具有一方面能力的中小企業採用。

舉例來說，某一個中小企業研發了某個產品，若能以家電的販賣通路銷售，應該可以賣得很好，於是找上了某一個家電廠商合作，但是該家電廠商也沒有自己的販賣通路，而是透過其他的販賣通路販賣，在此情況下可經由家電廠商為中間人，與販賣通路搭上線。以前曾經紅極一時的「家用麻糬製作機」就是以此方式銷售成功的。

以戰略型研發來分散風險

戰略性的研發有時候也像懷胎一樣，需要長時間的孕育。像常溫超導體、生物晶片及植物的基因重組等，這些研發需要快則四分之一世紀、慢則二分之一世紀的時間。這種長期抗戰型的研發，當然所負的風險也很大，非一般企業獨立能承擔。如何將研發風險分散，將風險最小化是必須要考慮的問題。

最基本的手法莫過於發掘出創造型、技術突破型的研發者，並活用他們。其次將這些人才組織成一個獨立的部門或公司，讓他們儘量地發揮。也就是成立一個與母公司完全分離、能長期獨立經營的機構，例如成立中央研究所等方式來進行。

當然長期抗戰型的研發，到能夠回收為止，需要一段很長時間，這一段期間的運作經費也要事先有所理解與準備。構成的成員都是創造型的研發者，在朝著目標前進的途中，總會有一些衍生技術的發現，於是最後研發出來的是一群的產

品或技術。研發成功了之後,應該給予適當的酬勞,至少也要晉升到與同期的同事相同的地位與薪給。這種做法的研發費用較為節省。

 ## 研發的經濟學

有關新技術、新產品的研發,最大的問題是花費多少的研發費用才是最恰當的。這就是所謂的研究研發的經濟學。

前面已經談過了,新產品、新技術研發完成時所耗的研發費,不僅僅是技術研發費而已,而是包括了市場研發費、創業累積赤字。尤其是在買方市場的現在,後者的花費可能占了大部分。因此 t 愈小,則負擔的風險也愈小。

因此,原則上,只要測出 t 值,就可以試算出此研發的經濟性。t 值若知道了,可以算出幾年內研究研發費可回收,亦可推算出創業累積赤字的多寡,全部成本何時可以回收。一般而言,t 愈短的研發經濟性愈高。由此亦可大致上看出適當的研究研發費應該多少。過大的研究研發費,使得固定費用的表示線向上偏移,結果使得 t 變長。這裡還沒談到創業累積赤字的變動呢!

要注意的一點,討論研究研發的經濟學時,戰略性的研發與戰術性的研發不可混同一談。對於戰略性的研發與戰術性的研發,新產品、新技術的研發費,以前者來得大。所以通常的經濟學不能原原本本地應用上去。

關於戰略研發的經濟學的基本考量,要假設目前賴以維生的技術或產品,十年或十五年後營業額、收益會減半,以此為出發點,因為要產生未來產品之前,要先投資於先行產品的生產。

例如,某個企業目前維持三百億營業額的產品有 A、B、C、D 四種,十年後營業額會減半,而十年後賴以維生的主力產品為 P、Q、R、S,目前正投入研究研發,這個情況下,研究研發費用需要投多少才好?

以前面的例子,若營業額的 5% 為研究研發費用,其中的 1.5% 為從事戰略研發的費用,則全額約為四億五千萬,十年則總花費額為四十五億。加上利息,總共約為六十億元。這六十億元就是要實現十年後的 P、Q、R、S 未來產品能夠創造出三百億的營業額。以此營業額來彌補支出的六十億元,應該在五年內可以沖銷。

但是投入了六十億的資金，研發出來的產品 P、Q、R、S 可否創造三百億的營業額，完全視研發目標的設定、研發的方式的不同而有所變化。如果能訂定最適切的研發目標，以最有效率的方式來研發，則可以將風險降至最低。

研發的中止與中斷

有時候，研發案不得不中途中止或中斷。決定時要根據下列的原則來做判斷。

1. 研發的題目明顯地錯誤；

2. 企劃規格的固定規格必須做大幅度的更動。

錯誤的研發，不但資金的無端浪費，而且會錯失了市場的先機，因此發現開發的題目不合時宜時，不要猶豫，應立即中止。判斷的方法，與前述一次評價、二次評價的方式相同。

例如固定規格變動的情況，原先設定要將直徑為三十公分、價格為二十萬元的 DAD 壓縮成十五公分直徑、價格為五萬元的規格，但是因為技術上無法突破而中斷。但是後來因為技術的進展，像半導體雷射、非球面透鏡等的發明使得技術上變得可行。應立即重新再度出發，有可能起死回生。

這裡要強調的是，不要太偏離固定規格太遠，否則會失去賣點，四不像的產品儘量不要推出市場。

2 新產品定價

　　新產品定價策略首先要設定價格目標並分析定價情勢，依據分析的結果由眾多的定價策略中，選擇新產品最適的定價策略，並決定其特定價格。透過適切的定價策略，企業可以達成其最先設定之目標（如：達成財務績效、刺激需求、市場定位及影響競爭優勢等等）。

一　產品定價策略

　　當一個新產品上市時，如何定價常常是讓行銷人員最頭痛的部分，因為價值在行銷組合中占了很重要的角色。顧客對於價格的反應往往很敏感，定價太高，顧客認為價格高於價值，不願意購買；定價太低，收益可能不敷成本的支出。因此，為新產品訂定一個恰到好處的價格，的確是一門藝術。然而究竟什麼是價格呢？這個問題看似簡單，但由於價格有時會以許多不同的名目出現，除了一般商品上的標價外，舉凡學費、佣金、保費、維修費等都是價格，因此價格的概念有時比想像中要來得複雜。此外，對於消費者與賣方而言，因為立場不同，對價格的解釋也就不同，對消費者而言，價格代表的是取得某樣商品或服務的代價，而對賣主而言，則指營收的財源。根據美國行銷學會（America Marking Association, AMA）的定義為：交換每單位商品或服務所需的價款。由這樣的定義，可以發現，舉凡生活中的任何商品與服務，都存在著定價問題。

　　影響企業定價的因素有很多，一般來說，可概略分為內部因素與外部因素，其中屬於外部因素有外部競爭、市場需求、經濟狀況、政府法律等，其中需求決定了產品所能提供的價值，而價值又決定顧客願意支付的價格，因此需求可為價格的上限；而屬於內部因素的則有行銷策略、定價目標、成本等，其中成本為理

論上的價格下限。一般而言，而最終的實際價格會在價格的上限與下限之間。

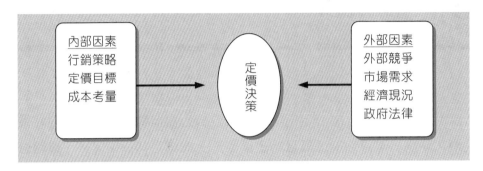

圖 3.2.1　影響定價之因素

　　企業的行銷人員在訂定價格時，一般有以下幾個主要的步驟：(1)確定定價目標；(2)評估成本、需求和利潤；(3)競爭者分析；(4)選擇定價的方式；(5)決定最終的價格。其中前三個步驟是分析影響定價之內外部因素，透過分析結果，搭配欲選擇的定價方式，而訂定新產品的價格。

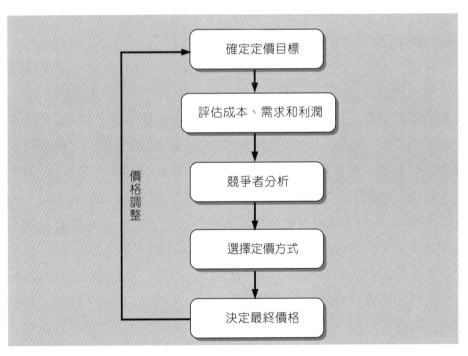

圖 3.2.2　定價之步驟

確定定價目標

如同企業運作需要一個明確的目標，定價策略的執行也需要一個明確的目標來指引策略方向，而一般的定價目標有分為以下六種：

㈠利潤導向的目標

所謂的利潤可以用單位利潤或總利潤來表示。單位利潤是指每單位的銷貨收入扣除單位成本的差額，而總利潤則是將單位利潤乘上銷售量所得到的值。企業在定價時以利潤作為主要的考量，制定的價格必至少能滿足股東所要求的利潤，甚至，有些積極以利潤導向的企業，為求快速回收其投入成本，而追求利潤的極大化，此類企業會在市場可接受的範圍內，儘可能設定與超過成本的高價以獲取暴利。

㈡生存導向的目標

當企業面臨重大危機時，例如資金週轉不靈，此時維持生存遠比獲取利潤要來得重要。因此，企業在定價策略可能會採生存導向，制定不尋常的低價或者進行大幅的降價行動來加速存貨的週轉，以吸引現金的流入以度過難關。所以採取生存導向目標的企業，其產品的定價首先會考量企業本身的生存要素，而不會考慮到市場價格的均衡穩定性。

㈢市占率導向的目標

有些企業相信維持較大的市占率，將享有較高的獲利率與市場影響力，因此這類的企業希望透過適當的定價策略來達成其市場銷售量極大化的目標。市占率的廣度過大與否，除與行銷策略有關外，即與產品的價格息息相關。因此，產品的定價策略可說非常的重要，一般較低的定價策略對市占率的提升有關聯性，例如：寶僑（Ｐ＆Ｇ）公司往往利用低價策略來擴展其產品市占率。

(四)品質導向的目標

有些企業希望將其產品或服務塑造成高品質的形象，或者因擁有獨特的技術而能創造出超乎一般水準的產品或服務時，通常會採取高價位的定價策略，藉由高價位來滿足其優越產品與服務品質的競爭定位，同時透過高價策略產生足夠的營收來維持其高品質的形象。許多名牌汽車其定價的策略即以品質為導向，例如：BMW、Mercedes-Benz、Lexus 等名牌汽車即強調其超高的品質與其價格是相互輝映。

(五)穩定導向的目標

此類的企業希望能維持一個穩定的經營環境，避免因價格競爭帶來的不利影響，因此會儘可能地消除影響價格變動的因子，藉由維持現狀的定價目標以協助穩定市場對產品的信賴與需求，從而降低自身企業之風險。值得注意的是，穩定導向的定價目標有時會使價格這個行銷組合要素不再成為一個主要的競爭工具。

(六)社會導向的目標

有些組織的存在目的是來自於創造社會福利而非營收或利潤，例如非營利組織即是。此類組織的營運成本來自於稅收或社會捐款，它們的服務對象中常常有某些人不願意或無力支付服務之全部成本，因此這類組織通常採取低價的策略，期望能將服務帶給所需要的人或特定對象，對社會帶來貢獻。

評估成本、需求和利潤

成本與需求對價格的影響是最為直接、而容易理解的。市場的需求來自於顧客對於企業產品或服務的渴望程度，當該產品或服務的存在對顧客而言是必要的，定價空間也就愈高，因而價格通常以市場需求為上限。大部分的產品或服務都有其一定的市場需求範圍，由需求影響到價格的制定，然而有些產品或服務，在其價格提高時，反而會導致更多的需求，使得定價的空間再度向上攀升，這樣的情況，在能夠藉由高價來彰顯身分或地位的炫耀品最為常見。由於此類產品或

服務的價格會帶來需求，而需求再回過頭來帶動價格，因此相較之下較無所謂的價格上限，或者也可說是其價格上限更為動態。

　　利潤來自於價格與成本的差距，當價格低於成本時，企業便無利可圖。因此，通常用成本作為定價時的價格下限。而企業的總成本包含了固定成本與變動成本兩種型式，固定成本指的是不因銷售量而變動的成本，亦即是維持企業運作的經營成本，如每個月固定要支出的員工薪資、廠房租金、利息費用都屬此類；變動成本則是指會隨著不同產出水準而改變的成本，例如：原物料、包裝等成本，隨著產出愈多，變動成本就愈高。而通常所謂的價格下限即是以單位變動成本來代表，亦即以每多產出一個產品或服務所需耗費的成本作為價格下限，因為由經濟學的角度來說，每當單位收入低於單位變動成本時，每多銷售一個產品或服務，只會讓企業蒙受更大的損失。

　　成本、需求、利潤與價格的關係如圖 3.2.3 所示，在決定了定價的目標之後，應估計在不同定價下的需求與成本，並進一步估算不同定價水準下的利潤，以了解何種定價有助於定價目標之實現。

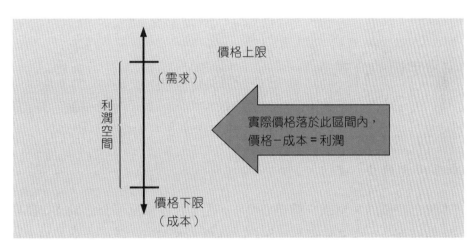

圖 3.2.3　成本、需求、利潤與價格之關係圖

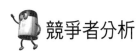 競爭者分析

在分析企業本身產品或服務的成本與市場需求後,要進一步檢視企業所處的競爭環境。競爭程度往往影響了定價的能力,而依競爭程度的不同,可將市場分為完全競爭、寡占、獨占性競爭與獨占。在競爭程度較高的完全競爭市場中,由於願意提供產品或服務的賣方以及願意購買的顧客都很多,在這樣的情況下,沒有人有能力影響市場價格。相對地,在競爭程度最低的獨占市場中,由於只有該企業提供產品或服務,故理論上該企業享有較大的定價能力。而在對於市場的競爭環境有所了解後,接著要分析每個競爭者的定價策略,包含:(1)找到目標市場的現存與潛在競爭者;(2)分析在相對價格基礎上,競爭企業在市場上的定位為何?價格在其行銷策略上扮演何種積極角色;(3)競爭者之價格策略之成效;(4)主要競爭者對於企業採行之價格策略可能的回應。透過釐清以上問題點,比較競爭者與自身企業的成本與市場需求狀況,了解是否存在相對的定價優勢,作為選擇定價方式之參考。

 選擇定價的方式

定價的方法依其目的的不同而歸納為成本導向、競爭導向和顧客價值導向三大類的定價方法,如表 3.2.1 所示。以下簡單說明此三大類之下的各個方法。

(一)成本導向定價法

成本導向定價法又稱成本基礎定價法,是指以產品或服務之成本為基礎,加上某一金額或百分比作為該產品或服務之價格。此類方法不一定要考慮供給與需求,也不一定能達成定價目標,但該定價方法因其簡單而容易執行的優點,故為經常使用的定價方法。成本導向定價法又分為:成本附加定價法、目標定價法、價格底線定價法。

表 3.2.1　定價方式法分類表

類別	定價方法	概念
（一）成本導向	1. 成本加成定價法	以單位生產成本或加上某一比率的利潤作為價格。
	2. 目標定價法	在估計的標準產量下，訂定一個能獲取一定目標投資報酬率的價格。
	3. 價格底線定價法	將一部分的產品以高於邊際變動成本的價格作為底線來銷售。
（二）競爭導向	1. 現行水準定價法	以市場上競爭者的價格作為定價依據。
	2. 競標法	考量競爭者可能訂定的價格，期望定出的價格低於競爭者的價格，以爭取消費者之購買。
	3. 拍賣定價法	根據消費者或銷售者的喊價，來決定產品或服務之價格。
（三）顧客價值導向	1. 認知價值定價法	依據消費者對於產品或服務的知覺價值來定價。
	2. 超值價值定價法	提供最終價值給予消費者，讓消費者擁有物超所值的感覺。
	3. 習慣價值定價法	依據消費者對於該產品預期的價格來定價。
	4. 需求回溯定價法	以消費者對該產品或服務所能接受的最高價格再回溯推算廠商之生產成本。
	5. 心理定價法	利用消費者對於價格的心理反應，作為定價的依據。

1. 成本加成定價法

　　成本加成定價法是以單位生產成本或加上某一比率的利潤作為價格，其主要適用於產品品項多、定價繁瑣的組織，如批發商、零售商多採用此法。其公式如下：

$$定價＝單位成本（1＋加成比率） \tag{1}$$

例如，印表機一台的單位成本為 2,000 元，零售商希望有 20%的利潤，因此該印表機之定價為 2,000 × (1＋20%)＝2,400。

　　成本加成定價法的缺點在於其只考慮成本，而忽略銷售量與市場需求，但由於成本的不確定性比需求的不確定性來得小，因此這樣的定價方式有助於簡化定價工作，故仍是普遍被採用的定價方法。

2.目標定價法

目標定價法是企業在估計的標準產量下，訂定一個能獲取一定目標投資報酬率的價格。其公式如下：

$$價格 = 單位成本 + \left(\frac{投資成本 \times 目標投資報酬率}{銷售量\ or\ 產量}\right) \tag{2}$$

例如，印表機廠商希望有目標投資報酬率為 10% 的利潤，又估計其投資在印表機的資本為 10,000 萬元，估計生產量為 5 萬台，則該印表機之定價計算如下：

$$
\begin{aligned}
單位成本 &= 10,000\ 萬元 \div 5\ 萬 = 2,000 \\
價格 &= 2,000 + \left(\frac{10,000\ 萬元 \times 10\%}{5\ 萬}\right) \\
&= 2,000 + 200 = 2,200\ 元
\end{aligned}
\tag{3}
$$

此種方法較適用於資本密集的廠商，一般低投資的廠商若使用此法可能會因實際銷售單位較低或產量低於標準而導致低估了價格。此外，由於此方法事先預估一個固定的銷售量來推算價格，但事實上價格與銷售量是會相互影響的，當價格較高時，若需求量不如預期時，銷售量會跟著下降。換言之，此方法忽略了需求的考量，往往僅作為初步定價之參考，必須考量市場上之需求，重新做動態調整定價。

3.價格底線定價法

價格底線定價法是將一部分的產品，以高於邊際變動成本的價格作為底線來銷售。舉例來說，印表機廠商在產能充分利用的情況下，可生產五萬台，平均每台印表機的變動成本是二千元。如果要涵蓋固定成本、變動成本及利潤目標，則平均每台印表機的售價應定在二千五百元，然而在此價格下僅能銷售四萬台。故為了售出剩餘的印表機，廠商將剩餘的一萬台以每台高於二千元的價格售出，此即為價格底線定價法。當然上述的例子是簡化的假設四萬台二千五百元的市場與一萬台二千元的市場不會互相干預，實際上，原先高價的市場可能受另一個低價的市場影響而導致下滑。

(二)競爭導向定價法

競爭導向定價是以產業內的競爭情況作為定價的基礎。其訂定的價格不考慮自身的成本或需求，而是專注於競爭者的價格變化，故此方法較適用於少數強而有力的成熟企業。其又可分成：現行水準定價法、競標法、拍賣定價法。

1.現行水準定價法

現行水準定價法又稱為競爭平位定價法，其定價方式通常是採取與市場上競爭者相同水準之定價，或者固定比其主要競爭者之價格略高或略低一些。這樣的定價方式，使得價格的差距很小且很固定，因而被認為是一種可以反應整體產業合作的定價方式，使得產業中的每家廠商都能獲得合理的報酬，也不會破壞產業的和諧。通常在一些寡占的企業中，較容易使用此種定價方式，如鋼鐵、水泥業，通常會有一個領導價格，其他廠商便有默契地追隨此價格，共同遵循市場秩序以避免陷入兩敗俱傷的價格戰爭。

2.競標法

競標的基本原則是標價愈高、得標的利潤愈大，但得標的機率愈低；反之，標價愈低、得標的利潤愈小，但得標的機率愈高。而應用競標法概念在於產品或服務的定價上，則須考量競爭者可能訂定的價格，期望訂出的價格能低於競爭者的價格，以爭取消費者之購買，但同時必須站在利潤的考量下，儘可能訂出較高的價格。但由於競爭者會儘可能避免洩漏本身之定價，故其定價通常只能憑猜測，因此在不同定價下的得標機率也須自行預估，以上這些都是利用競標法來定價的困難之處。表 3.2.2 是某公司利用競標法定價時分析的預估表，由此表看來，當價格訂在二千五百元時，所能得到的期望利潤最大，故應定價於此。

表 3.2.2　競標法下的定價與期望利潤

可能定價	成本	得標利潤	得標機率（％）	期望利潤
2,000	1,800	200	0.8	1,600
2,200	1,800	400	0.6	2,400
2,500	1,800	700	0.5	3,500
2,800	1,800	1,000	0.33	3,300
3,000	1,800	1,200	0.2	2,400

3. 拍賣定價法

　　所謂拍賣定價法是指根據消費者或銷售者的喊價來決定產品或服務之價格，一般而言又分為向上喊價與向下喊價兩種方式。向上喊價通常是存在於只有一個賣方與多個買方的情況下，因此需求大於供給，價格可不斷地向上攀升，最後由出價最高者購買該商品或服務；向下喊價則是在一個賣方和多個買方，或一個買方或多個賣方的情況都可能出現，在前者的情況是，賣方先提出一個價錢，然後再逐步降低價格，直到有買方願意購買為止；而後者的情況則是由於供給大於需求，因此由各個賣家向單一買家出價，直到出價最低者取得售出商品的服務的機會。在拍賣定價法中，價格是由買賣雙方不斷地喊價而動態決定的，此種方法在電子市集上的買賣尤其常見，因為透過網際網路，買賣雙方將可以快速喊價、議價，成本相對較低。

(三) 顧客價值導向定價法

　　顧客價值導向定價是以市場的需求面，顧客所能接受的價格為定價的基礎，故當需求較高時，訂定的價格較高；反之，需求較低時，訂定的價格也就愈低。顧客價值導向定價法又分為：認知價值定價法、超值價值定價法、習慣價值定價法、需求回溯定價法、心理定價法。

1. 認知價值定價法

　　認知價值定價法是依據消費者對於產品或服務的知覺價值來定價，當消費者認為該產品或服務的價值愈高，則價格便可訂得較高。舉例來說，平常在便利商店一瓶賣十元的礦泉水，到了高山上就可以賣到二十元，雖然都是同樣的礦泉水，但在高山上相對取得不易，相對的價值就比較高，當然價格也就可以跟著調

高。又例如冬天賣暖氣機可賣到較好的價錢，倘若到了夏天，往往必須降價才能
刺激銷售。

而利用認知價值定價法的關鍵，在於是否能夠準確地衡量消費者對於該項產
品或服務的認知價值。倘若廠商低估了該項產品或服務之價值，則可能導致價格
偏低；反之，若高估了價值，則可能使產品或服務的銷售量不如預期。

2.超值價值定價法

超值價值定價法又稱為每日低價法，透過此種定
價方式可提供最終價值給予消費者，讓消費者擁有物
超所值的感覺。此種方法的概念在於：能從消費者支
付的價格中提供最高的價值者，將可以使得消費者達
到最大的滿意度，進而刺激購買，成為市場上的最終
贏家。因此，採取超值定價的廠商，會持續地提供比
競爭對手都要低的價格，而並非只是在某一特價促銷期間提供低價，期望能使消
費者認知該廠商的產品或服務的價格最為合理且物超所值，進而不斷購買。例
如：屈臣氏的買貴退兩倍差價，即是此種定價手法。此外如家樂福、IKEA、Wal-
Mart 等大型量販店也都是採取此種經常性低價的超值價值定價法。

3.習慣價值定價法

習慣價值定價法是依據消費者對於該產品預期的價格來定價。由於有些產品
或服務在消費者心中有一個固定的價格，倘若忽然提高價格，消費者可能會很難
接受，因此廠商選擇遵循一般被公認的習慣價值來做定價。

4.需求回溯定價法

需求回溯定價法是以消費者對該產品或服務所能接受的最高價格，再回溯推
算廠商之生產成本。也就是說，廠商先估計該產品或服務的價格，再回溯減去通
路商的預期抽成及行銷和管理費用，就得到了成本，然後廠商再依據此一成本去
設計產品或服務的內容。因此，需求回溯定價法可說是成本加成定價法的反向思
考，兩者間之關係見圖 3.2.4。

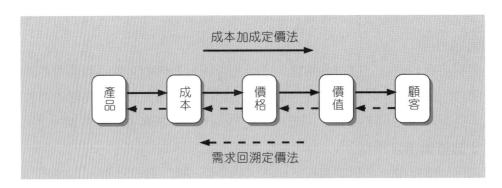

圖 3.2.4　成本加成 vs.需求回溯定價法

5.心理定價法

心理定價法是利用消費者對於價格的心理反應來作為定價的依據,其著重於考慮價格的心理而不只是考慮經濟因素。常見的心理定價法有:奇數定價法、威望定價法。

(1)奇數定價法

奇數定價是指利用消費者對數字的某種心理感覺而制定價格的策略。奇數定價適用於價格適中的一般商品,其定價手法通常刻意將價格定為非整數,例如:定價為 99 元,雖然 99 元事實上與 100 元只差了一塊錢,但卻會造成消費者感覺 99 元比 100 元便宜了一級的錯覺,因為 99 元仍是十進位,而 100 元則是百進位。又如將價格定為 247 元相對於定在 250 元,雖然僅是 3 元之差,但前者的非整數價格會讓消費者感覺其為精算後的廠商得以售出的最低價。對大多數的消費者來說,追求廉價是最普遍的消費心理,而這就是奇數定價法的心理學依據。

(2)威望定價法

使用威望定價法通常定價於高價位,並且往往很少提供任何折扣或優惠,其目的在於彰顯產品或服務之高品質與高價值,使得消費者透過購買此類高單價產品,以襯托其身分地位以及格調。此法較適用於一些將目標客戶鎖定於金字塔頂端的產品或服務,舉例來說,如 LV 包包、Tiffany 鑽戒這一類的奢侈品都是採取威望定價法,又如某些高級俱樂部的會員證,往往也須很高的價格購買,但因

這些特殊的消費群體追求的是身分的彰顯,因而單價愈高,反而愈是他們所追求的產品與服務。

㈣其他定價方法

由於各產品的需求與成本關係有所不同,且面臨的競爭程度有所差異,使定價變得困難。而當產品是產品組合的一部分時,則其定價方法與個別產品之定價有所不同。以下分成五種針對產品組合定價之情況:產品線定價、備選產品定價、互補產品定價、副產品定價及搭售產品定價。

1.產品線定價

當某一產品或服務只是整個產品線的一部分時,須考慮整條產品線的價格,此即為產品線定價。在產品線定價中,管理當局必須決定同一產品線不同產品的價格差距。

2.備選產品定價

許多公司採用備選產品定價,在銷售主要產品時提供備選或附屬產品,其須伴隨主要產品一起銷售,價格也必須和主產品的價格一併考慮。所以其定價方式須依附在主產品的定價模式中,隨著主產品的定價模式而改變其定價方式。

3.互補產品定價

生產與主產品一起使用的互補產品,必須採取後續產品定價,公司通常將主產品的價格定得較低,利用後續產品的高額加成來增加利潤。例如:惠普公司以銷售印表機為主產品,然而其印表機通常以較低的價格售出,而透過墨水匣的高價來作為利潤來源。又如:吉列公司銷售低價的刮鬍刀,但透過後續刀片的銷售來賺錢。

4.副產品定價

使用副產品定價時,製造商會設法尋找副產品的市場,只要價格高於倉儲與運輸成本就可以出售。如此一來,將有助透過產能之提高而降低主產品之成本與價格,加強企業競爭能力。

5.搭售產品定價

銷售者透過組合數種產品並訂定較低的價格,使得其中有些消費者本來不可

能購買的產品也一併被購買。舉例來說，旅遊業者經常會推出一些套裝的旅遊行程，並且以優惠價來吸引消費者，而儘管雖然其中有些行程也許是消費者原先並沒有計畫想去的，但受到優惠價格的吸引，便參加了這樣的套裝行程。由此可知，使用搭售定價的前提是成組價格必須低得足以吸引消費者來購買成組的產品。

 ## 決定最終價格與價格調整

根據一連串的內外部影響定價之因子分析後，企業可由上述的定價方法中，選出一個最能適切達成其定價目標之定價策略。而在決定了最終的產品或服務之價格後，不代表價格從此僵固，隨著競爭環境的改變，還須考慮各種顧客差異和環境變化因素，對價格做適度的調整。一般而言有如表 3.2.3 的五種調整策略：折扣與折讓的定價、區隔定價、促銷定價、地理性定價及國際定價。

表 3.2.3　價格調整策略列表

價格調整策略	概　　　　念
折扣與折讓定價	透過降低價格來為產品促銷，同時鼓勵顧客及早付款。
區隔定價	依顧客產品或地點的差異來調整價格。
促銷定價	透過暫時性的降價促銷活動，以增加短期的銷售。
地理性定價	依消費者所在的地理位置來調整價格。
國際定價	依不同的國際市場調整價格。

㈠折扣與折讓的定價

大部分公司會修正基礎價格，以鼓勵顧客採取對公司有利的行動，如提早付款、大量採購或淡季採購。這類的價格調整稱為折扣（Discounts）與折讓（Allowances）。而常見的折扣與折讓包括以下幾種：

1. 現金折扣

給予立即付款的消費者一定額度的減價，藉由加速消費者的付款，以減少資金積壓的成本，並避免呆帳的發生。

2.數量折扣

數量折扣可依據單次或某一特定時間內的總訂購數量為折扣基礎，提供大量購買的消費者數量上之折扣，以鼓勵消費者大量訂購其產品或服務。

3.功能性折扣

功能性折扣又稱為交易折扣，是製造商為執行行銷功能給予配銷通路成員之折扣，如零售商與批發商即擁有此類折扣。

4.季節折扣

廠商在對非旺季購買產品的客戶，通常會提供季節折扣。此法有助於穩定一整年的銷售量與生產量。例如：在冬天購買冷氣機往往能夠得到一些優惠折扣。

5.抵換折讓

抵換折讓是提供顧客在購買新產品時可以用舊型產品作為部分抵換，舉例來說，著名的印表機廠商 HP 就曾推出的舊機換新機活動，舊機之回收可以獲得郵政禮金一千元，即是一種抵換折讓。

HP Officejet 辦公室彩色新標竿 滿足辦公室 低成本 高效率 彩色化 的列印需求

▶ 活動期間，購買HP Officejet 4255/6210多功能事務機，只要加上任一款不限廠牌之舊款印表機、傳真機，多功能事務機，即可贈郵政禮金一千元。

活動日期：即日起至7月31日止，申請截止日期至8月15日截止

活動指定機種：HP Officejet 4255 / HP Officejet 6210

立即登錄 »

▶ 上網登錄或撥0800-236-686，就送您HP Officejet Pro K550商用高速印表機列印樣張、產品說明，並免費贈送墨水兌換卷！
＊僅限前100名購買者，墨水匣100組即日起送完為止！

免費墨水匣小組兌換電話(02)27372255 #77，宋小姐

詳細辦法 »

(二)區隔定價

所謂區隔定價是以兩種以上的價格出售同一產品或服務，這種價格不一定完全反映成本上的差異，例如：由於不同的顧客可能會支付不同的價格購買相同的

產品或服務，因而產生顧客區隔之定價；又依不同型式的產品，其差異未必完全反映在成本上，而採取產品型式區隔定價；此外，即使提供的成本並沒有差異，依不同的地點訂不同的價格，或依不同的季節、月份、日期等改變其定價，都是常見的區隔定價。

(三)促銷定價

促銷定價指在某些情況下公司會暫時以低於原定價格甚至成本的價格出售產品。常見的促銷型態像是以少數產品作為犧牲打，以吸引消費者到商店購買其他未打折的產品；或者是在某個季節或一些節日舉辦特賣會，吸引更多的顧客；此外亦可提供低利率貸款、長期保證或免費維修來作為促銷手段。

(四)地理性定價

地理性定價是依據全球或本國消費者所處地理區位的不同，而決定如何為其產品定價。其所採取地理性定價的原因在於有些產品較為笨重或是體積較龐大，因此在不同地區運送時，運費也是成本的一大考量，例如：家具、建材。五種主要的地理性定價策略包括：出廠價格定價、統一運費定價、分區價格定價、基準點價格定價、運費吸收定價。

1.出廠價格定價

出廠價格定價又稱為起運點定價，也就是說由起運點到達抵運地的運費均須由消費者負擔，因而隨著運送的距離愈遠運費愈貴，產品或服務的價格也就愈高。

2.統一運費定價

有時為了處理上之方便考量，企業會採取統一運費定價，也就是說，不論運送之遠近，一律收取相同的運費，產品或服務的定價就是其出廠價格加上一個固定的運費。

3.分區價格定價

分區價格定價是同時考量運輸距離之成本與處理之便利性考量時採用的折衷辦法，其提供在一定的地理範圍內相同之運費，例如：郵局的郵匯業務就是採用此種方式。

4.基準點價格定價

基準點價格定價是指銷售者指定某些位置作為基點，運費就由消費者所選定的基點到達至抵運點之距離來計算，距離基點愈近的顧客付的運費愈少。

5.運費吸收定價

運費吸收定價是指大部分的運費皆由銷售者負擔，因此運費吸收定價下的價格等於出廠價，此法常用於競爭較激烈的產業。

㈤國際定價

企業將產品行銷至國際市場時必須決定在不同的國家訂定什麼樣的價格。而影響在某一特定的國家應設定什麼樣的價格因素很多，包括當地的經濟條件、競爭態勢、法律限制，及當地批發與零售系統的發展程度。此外，成本在設定國際價格時也扮演一個很重要的角色。當然在某些特殊考量下，公司也可能設定一個全球統一的價格。

二　創新的定價新思維

資訊科技的快速發展，使得消費者可以輕易地透過網際網路取得產品價格資訊，電子商務的加入，更是帶來了一波波的削價競爭，顯然傳統的定價策略必須有所修正，今日的定價根本要素必須回歸到消費者價值，能夠滿足消費者期望之產品就有其存在的價值，而這種價值的高低就影響了定價，因此今日的定價要素應納入消費者價值，透過價值創造來提升價格。

價值引導價格

價格一向被視為市場競爭的要件，然而往往即使制定了一個良好的定價策略，並依環境不斷變動調整，仍是無法抵抗銷售下滑的力量，甚至於即使不斷降價也無法吸引顧客的興趣。對於這樣的現象，Adrian Slywotzky（1996）在其著作 *Value Migration* 中提出解釋，根據他研究許多績效呈現衰退的大公司及鋼鐵、百

貨、零售、電腦製造銷售、電器等產業之後，發現有六項造成他們衰退的原因：

1. 愈來愈多的顧客變得比較精明，若有價格較低廉的高品質替代品出現，他們不願意為了繼續使用原產品，而付出高價；

2. 愈來愈多的國際競爭者出現，並且推出新的事業設計，能為顧客提供更卓越的服務；

3. 科技進步，使得製造低價替代品取代原有產品更為容易，造成比過去較多跨行業競爭；

4. 許多行業不再強調組織規模，市場資訊成本降低，造成大量利用外包、代工，使得勞力密集的要求降低，同時減少競爭者進入產業的障礙；

5. 顧客比以前容易取得各種資訊，降低了轉換成本；

6. 新競爭者比過去更容易取得資本，抵銷市場領先者擁有大量資金的優勢。

由以上這些因素看來，價格不再是維持產品或服務競爭力之關鍵因素，企業界被迫要配合環境的變動，重新思考自己的經營策略以及經營方法，才能在顧客滿意經營的時代裡，贏得顧客的信任。近年來企業界不斷地思考突圍的方法，發現問題的根本還是要回歸到「消費者價值」的認定，因為在今日這樣一個消費者覺醒、資訊透明化時代，消費者對自己付出的每一分錢會愈來愈在意，因此任何公司若不能以價值為經營核心，不能持續提供物超所值的產品，那麼無論它曾經擁有多麼響亮的品牌，也都難逃客戶流失的命運。換句話說，唯有創造出消費者心中認定是有價值的東西，才能回過頭來提升產品或服務之價格，而不流於一波波的削價競爭。而這也正是在第一節中曾提及「需求決定了產品所能提供的價值，而價值又決定了顧客願意支付的價格」之概念，透過這樣的概念，亦可將價值視為由消費者需求轉變為最終價格的媒介。

顧客價值是指顧客從產品或服務所得各項利益總和減去顧客為取得產品或服務所花費之所有成本，亦即顧客價值是由顧客總利益與顧客總成本兩者間差異來界定，這種差異也是企業主要利潤的來源。顧客總利益是顧客從產品或服務中所能獲得的經濟性、功能性及心理性利益整合所轉換的貨幣價值。顧客總成本則是顧客為取得產品或服務所花費的貨幣成本、時間成本、精力成本及心力成本的全部集合。

不同顧客所關心或認同的價值並不相同，依照顧客認同的價值可將顧客群體

大致分成產品領先、營運績效卓越和顧客親密度三大類：

1. 認同產品領先的價值

這類顧客對於最新型、最先進的科技產品特別感興趣，銷售者必須以提供先進產品，並快速進入市場來爭取這一類型顧客。

2. 認同營運績效卓越的價值

這類顧客在購買產品或服務時，最注重價格的低廉性及購買的便利性，同時也要求高品質與良好的服務。

3. 認同顧客親密度的價值

這類顧客在意的是產品和服務的內容是否百分之百符合他們的需求，甚至願意多付一些錢或多等候一些時間。對於這種消費者，企業應能提供量身訂作的產品及高水準的貼心服務，才能獲得這一類顧客的長期認同與忠誠度。

近來美國企業在提升競爭力的做法上，也相繼導入以顧客為導向的「價值創造」，亦即重視為產品創造出顧客認為有用的價值，進而為企業創造新的成長動能，使企業在市場上反敗為勝。

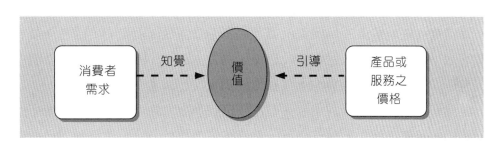

圖 3.2.5　價格、需求與價值之關係

 ## 消費者價值創造

固然消費者認知價值是一條可以通往銷售的路，然而，這種價值卻是一個複雜的觀念。因為在探討其組成項目時，所須考量的構面很多，而且關係錯綜複雜，包括認知價格、品質、利益、付出、等待成本等，而每個消費者對於價值的感受都不一樣，因此還要考慮各不同消費者之間存在著異質性的特質。單純向消費者強調制式化所生產出的產品或服務，是難以凸顯與他人之間的差異性，換句

話說，當大環境中有形產品及無形服務的品質、價格趨於一致時，想要受到消費者或採購者青睞，已不光只須具備銷售技能即可，更重要的是除供應客戶專業知識及一流服務外，還要大幅提升物超所值的「感受」層級。頂尖行銷贏家的致勝關鍵，就在於取得顧客的信賴及好感，進而在其心中烙印下「非您不賣」的「深層感受」，那麼才有機會延伸業務及客戶關係經營，從偶發顧客→滿意客戶→忠誠客戶→客戶成為全職口碑。

管理大師彼得‧杜拉克認為企業最重要的工作是創造顧客並留住顧客，其中增加顧客滿意度、提升消費者價值認知的最佳利器。因此，服務的概念必須受到重視，即使銷售的是實體的產品，也必須同時將服務導入行銷之中，甚至於有時服務的考量會遠大於價格考量。舉例來說，對於購買汽車的消費者而言，產品的售後維修與保養服務就可能扮演了很重要的角色；又如消費者在購買電腦時，保固期也同樣是影響消費者是否願意購買之重要因素。由此可知，產品與服務基本上是無法分割的，熱忱、負責的服務可以帶來消費者的滿意、創造消費者價值，進一步影響他們對該產品或服務的忠誠度。

近年來，行銷界提出「顧客滿意度」指標，提醒企業經營者應用「心」服務，為消費者創造價值。但要實現提升顧客滿意度是很困難的，因為往往一些很細微的因子就會對顧客滿意度造成影響，尤其在實際的服務與顧客所預期得到的服務有所落差時，隨著落差愈大，顧客的滿意度也就愈低。

雖然服務是一種無形的東西，但在今日競爭激烈的市場上，任何產品都必須搭配無形的服務來銷售，甚至必須以服務來決定勝負。而服務可分為有形產品服務與無形產品服務兩種：

1. 有形產品服務：服務會隨著實體的產品交易後而產生服務關係，例如：電器用品、汽車等；

2. 無形產品服務：非實體產品交易行為之服務，例如：擦皮鞋、音樂會、心理諮商等。

其中，有形產品服務首先應注意的是產品與服務的關係，像是消費者的需求是什麼？期望為何？公司能做的程度又為何？服務是否收費？收費標準為何？再者要考量到硬體設計，例如：設立專門負責維修保養部門或是處理消費者申訴抱怨部門等。最後是軟體的搭配，如工作人員處理消費者申訴流程，如何面對消費

者的要求給予回應。

　　至於無形產品服務上，首先要定義企業自身無形產品的專業程度如何？例如：疾病治療與擦皮鞋的專業程度與領域顯然不同，所提供的服務重點也不同。其次，要考慮完成服務的媒介為人還是機器，舉例來說，機器洗車的服務媒介是洗車設備，因此這個設備的好壞決定了服務的品質與可能導致消費者滿意度，故採用好的設備避免造成車子刮傷、掉漆是很重要的。相反地，以人工洗車來說，除了著重於使車子清潔亮麗外，與顧客的溝通也顯得很重要，透過溝通可以提供消費者一些客製化的車身美容服務。

　　雖然不同產業提供的產品型式不同，但在銷售產品的同時都不可避免地要與顧客產生互動。因此，成功的行銷應該注意顧客消費時的情緒反應，適時滿足顧客所需服務。

 ## 改善服務品質之落差與顧客關係管理

　　近來，現代服務行銷以顧客為中心的服務導向已經逐漸受到企業的重視。每家企業無不希望能夠與顧客產生很強的連結性，提高消費者對企業產品或服務的忠誠度，其中服務品質的全面提升是保持企業穩定成長的不二法門。相反地，顧客流失是企業最不願見到的現象，而其背後的原因可能包括價格、服務品質、顧客偏好的改變等等。因此，企業應設法去找到顧客流失的原因，並設法加以改善，一般進行顧客流失分析須觀察以下幾個重點：

　　1. 每年流失率與流失情形；

　　2. 各單位、營業處所、地區經銷商的流失率為何？

　　3. 流失率與價格之間的關係；

　　4. 整體產業的流失率為何？

　　5. 流失的顧客流向何處，其原因為何？

　　6. 找出產業中顧客流失率最低的公司，分析其原因為何？

　　為提高消費者的滿意度，管理者應致力於改善服務品質，服務品質是顧客心目中對提供服務者的品質評量，是主觀又抽象的觀念，而討論服務品質的理論中以Parasuraman、Zeithaml和Berry三位學者提出的服務品質理論（簡稱PZB理論）

最為著名。PZB理論主要是說明在整體服務過程中，每一個接觸點都可能出現服務品質之「缺口」，提供服務者可針對這些落差加以改進。服務過程中出現的缺口有以下五項：

缺口1：消費者「預期的服務」與服務業者對「消費者所期望服務品質的認知」之差距，如果提供服務的業者愈能了解消費者的預期心理，愈能縮小此缺口；

缺口2：服務業者對「消費者所期望服務品質認知」與將「認知轉換為服務品質的標準」之差距，其主要來自於服務業者認知與實際執行之落差，產生原因源自於組織人手限制、資源不足或不夠用心所致；

缺口3：服務業者將「認知轉換為服務品質的標準」與「實際服務的傳送」之差距產生原因可能來自組織服務人員未能遵照業者所制定的服務做法與方式；

缺口4：服務業者「實際服務的傳遞」與服務業者「對消費者的外部溝通」之差距，產生原因可能來自組織對社會的溝通與實際的服務有落差；

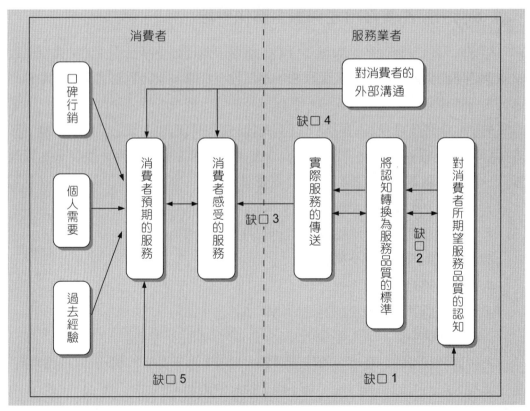

圖 3.2.6　服務品質缺口模式

缺口 5：消費者「預期的服務」與服務業者對「消費者所期望服務品質的認知」之差距，產生原因屬於消費者對整體服務的感覺高於服務業者對服務品質的認知，使消費者感覺不愉快。

此外，學者Schmitt（1999年）整合傳統行銷理論的觀點，以個別顧客的心理感受提出「體驗行銷」的概念，作為顧客關係管理的架構。體驗行銷主張產品或服務可以透過感官的、具感染力、創意與情感關聯的方式，為顧客創造出體驗，作為生活型態行銷及社會認同的活動。而這樣的活動通常來自於直接觀察與參與，不論是真實的或是虛擬的，每個個體的體驗都不會完全相同。

以星巴克咖啡店為例，其空間設計、產品包裝、店內擺飾以及網站，都帶給消費者感官的刺激，讓顧客產生不同的體驗。而在情感方面，星巴克成功塑造了給人感覺有品味、高尚的咖啡文化，讓顧客一進入店內就有不同的感受。

三　產品生命週期定價法

產品的價值隨著時間不斷地在改變，因此不同的目標與政策可能在不同的階段加以表現與應用。本節將介紹產品生命週期的模式與各階段特徵，將產品生命週期的概念導入定價，分析產品在不同生命週期下的定價策略。

 ### 產品生命週期

所謂的「產品生命週期」跟人的生命很類似，有所謂的初生、少年、青壯、老年及死亡等階段，企業不能期望其所推出的產品永遠暢銷，就好像人類無法期待自己永遠停留在青壯階段一般，因為產品所面對的市場將隨著時間的推移而發生變化，這種變化會讓產品經歷所謂：萌芽、成長、成熟和衰退的過程，最後退出市場，就如生物的生命歷程一般，所以稱之為產品生命週期。

產品生命週期是將整個產品在其銷售歷史過程中的銷售與利潤狀況，加以描述的一種觀念。典型的產品生命週期一般可以分成四個階段：導入期、成長期、成熟期和衰退期，不同的產品生命週期隱含了不同的機會與威脅。一般而言，產品生命週期的曲線大致呈現鐘形，如圖 3.2.7 所示，但並非所有的產品皆如此，事實上每一個產品的特性不同，其生命週期的曲線也都不同，圖 3.2.7 即是一些常見不同類型產品的生命週期型式。

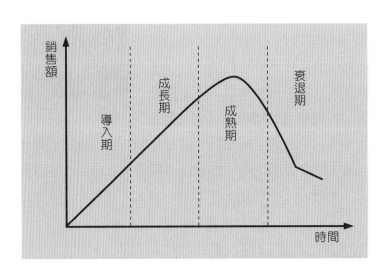

圖 3.2.7　產品生命週期各階段

產品推出至市場，首先進入所謂導入期，此時顧客對產品還不了解，除了少數追求新奇或對技術狂熱的客戶之外，幾乎很少人會購買該產品。在此階段客戶注重的是基本需求，亦即功能或實用性，而且需要教育市場才能讓客戶了解與接受，由於成本高，產品銷售量不大，此時企業通常仍處於虧損階段。

　　而當進入成長期，市場需求快速成長，市場規模迅速擴大，一般而言，在此階段之企業之生產成本由於規模經濟效果逐漸發酵而可大幅降低，因而開始獲利，不過為了擴大市場占有率及鞏固顧客忠誠度，在此階段也需要大量投資於品

牌形象及相關行銷與通路；而隨著產品逐漸滲透各類消費者區隔，市場開始呈現飽和，產品進入了所謂成熟期的階段。此時，銷售額成長速度緩慢而趨於停滯，而且由於競爭加劇，導致廣告費用再度提升，價格戰一觸即發，利潤因而又再度開始下滑。

最後，隨著科技的持續發展、新產品和替代品的出現，以及消費習慣的改變等原因，產品的銷售量和利潤持續下降，產品因此進入衰退期。此時成本較高的企業就會由於無利可圖而陸續停止生產，該類產品的生命週期也就陸續結束，以致完全撤出市場。當然，也有企業能及早規劃而延長產品生命週期，或者透過產品功能及目標市場的改變而再創產品生命的第二春。例如：法國的嬌蘭香水，一百多年來共研究開發出一百三十多種香水；著名的雀巢公司，至今也有一百多年的歷史，它的成功同樣在於不斷開發新品：由煉乳到咖啡、奶粉、麥片、飲料、餅乾，總共多達三千多種食品；德國的拜耳公司在一百多年的歷史裡，研究發明的醫藥就有一千三百多種。以大陸食品市場為例，近年來「八寶粥」在大陸甚為風行，它的成功就是抓住了中國人的飲食傳統，並結合現代消費者求方便的特點。食品廠商先以方便麵等方便食品開拓大陸消費者對於便利性消費的需求，獲得市場認同之後，再廣泛地開發各類式的便利食品，來進一步擴張便利食品消費市場的成長。有關產品生命週期的特徵、目標和策略見表 3.2.4。

表 3.2.4　產品生命週期的特徵、目標和策略

		導入期	成長期	成熟期	衰退期
特徵	銷售	銷售量低	銷售量快速成長	銷售量高峰	銷售量下降
	成本	單位顧客成本高	單位顧客成本普通	單位顧客成本低	單位顧客成本低
	利潤	利潤為負	利潤增加	利潤高	利潤下降
	顧客	創新者	早期採用者	早期及晚期大眾	落後者
	競爭者	很少	數目增多	數目穩定但開始減少	數目減少
行銷目標		創造產品知名度與試用	市場占有率極大化	利潤極大化，並保護市場占有率	減少支出和榨取品牌價值
價格策略		高價，成本加成	價格下降，但降幅有限	價格可能降至最低	價格穩定，有時會回升，但也可能出現銷價的退場機制

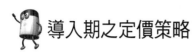 導入期之定價策略

新產品導入期間由於產品重複率低，公司只面對少數幾家競爭者，可根據該產品的供給與需要之預測，採取心理定價法，亦即根據產品的稀少性所供應少數需要的消費者。因此，根據產品的量少用利潤來算出所欲賣出的產品來訂定價格。

就 4P 中的價格與推廣兩面向，科特勒認為新產品在導入期有以下四種策略可供參考：

1. 快速榨取策略（Rapid-Skimming Strategy）

這種策略以高價配合大張旗鼓的促銷活動，求迅速擴大銷售量，先聲奪人，取得較高的市場占有率。採取這種策略必須有一定的市場環境，也就是大部分的潛在顧客仍不知道該產品或服務，因此剛接觸到該產品或服務時，會立即接受該價格而消費；

2. 緩慢榨取策略（Slow-Skimming Strategy）

該策略是透過定高價來提高毛利，但為了降低行銷費用而不急於促銷。使用該種策略的條件在於市場大小有限、該產品或服務為大眾所熟悉且消費者願意支付高的價格，當對手不至於馬上反擊的情況下，該策略是可以迅速獲利的；

3. 快速滲透策略（Rapid-Penetration Strategy）

又稱為密集式滲透策略。即確定較低的售價，再以較高的促銷投入，企圖獲得消費者更高的關注率，以爭奪市場占有率。其採用的時機在於市場大、競爭激烈，而該產品或服務尚不被熟知，且多數消費者對於價格很敏感；

4. 緩慢滲透策略（Slow-Penetration Strategy）

又稱為雙低策略，是以低價格搭配低銷售的策略。低價格可以促使市場快速接受該產品或服務，獲得較大的市占率，低銷售則可以降低行銷成本，藉以提升利潤。其採用時機在於市場大，並且消費者對於價格很敏感但對於銷售的活動並不敏感。

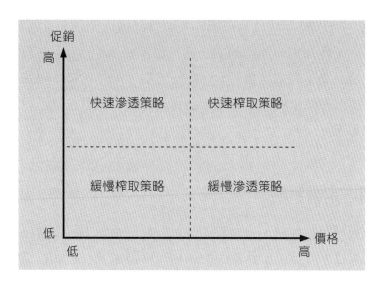

圖 3.2.8　導入期的四種策略

 ## 成長期之定價策略

　　新的使用者第一次購買產品後，此時市場正在持續成長中，亦即產品正被消費大眾所接受，所以，不僅是對產品感到新鮮的消費者在購買，廣大的消費群眾也在購買。產品被接受後，許多競爭者就會跟著而來。競爭焦點雖然集中在產品屬性——多樣化及差異化上，但此階段也重視定價的變化。例如售價以定價的七折來吸引顧客的目光。

　　當銷售量不斷成長時，並不代表銷售經理人從此可以鬆懈下來；相反地，成長期是一個產品成功與否的關鍵時期，其決策不僅影響到有多少競爭者會繼續進入市場，同時也會影響公司品牌近期與長期的發展。所以在成長期，企業必須重新評估定價，看看是否降低價格能夠有效提高市占率，倘若降價無法有效提高銷售量時，可能必須以其他的策略製造差異化，吸引消費者的購買，回頭控制價格。

舉例來說，在 1980 年代打入市場的遊戲機品牌任天堂，發展到 1990 年時，該產品似乎進入了產品生命週期的成長期，但卻在 1990 年代中期面臨了遊戲機銷售停滯的困境，為了刺激銷售，Sega、任天堂、新力三家公司進行超越科技計畫，競相開發更多視聽繪圖功能的遊樂器材與軟體，透過差異化的優勢，維持價格水準下之銷售量。

成熟期之定價策略

產品在公司裡已經存在了一段時間了，因此使用者不可能無止境地增加，所以市場的利潤也逐漸降低，於是產品的價格變得很重要。產品在這個時期，因少有顯著的差異性，於是趨向標準化，因此消費者欲購買商品時，特別重視價格，在這個階段為最危險的時刻，因為若在這時沒有售出，很可能就會造成產品的庫存成本增加。

成熟期依銷售量頂峰為中心，分為成長成熟期、穩定成熟期及衰退成熟期：
1. 成長成熟期：是指成熟期靠近成長期的一段，其銷售量雖然繼續成長，但成長的速度已經趨緩。
2. 穩定成熟期：指成熟期銷售量頂峰的周圍，此時期是銷售量開始下降的一期。
3. 衰退成熟期：是指成熟期靠近衰退期的一段，又稱為振盪期，因為有不少產業內的廠商在此時期退出市場，通常此時期的銷售量會快速下降。

一般來說，成熟期是產品生命週期中最長的一個階段，許多家電產品的生命週期多半處於該時期，因此很多成熟期的產品銷售來自於重複購買，例如：電視機、冰箱的購買往往都是重複性購買。因為成熟期的銷售量很大，市場競爭激烈，產品的型式多樣化，有些產品也因為供給過多而採消極的傾銷方式，並於週年慶及年終時期，以專門的特價清倉區放置特價品來出清存貨，或是提供特殊的服務加值於產品之上，提高顧客的購買慾望。此時的行銷活動也不再著重於拓展新的顧客，而是努力維持顧客的品牌忠誠與創造差異化。

衰退期之定價策略

衰退期是管理產品生命週期的最大挑戰，也是最令人難堪的階段，進入衰退期後，產品銷量迅速下降，雖然有些企業得以開發利基市場，並維持一定的成功，但如果無法再提升銷售量或利潤，當價格降到最低水準，企業利潤微薄，大部分廠商應考慮削價銷售產品，避免留下大量尚未出售的存貨。

衰退期的競爭者往往不多，因為大多的競爭者都已被淘汰，這時的顧客大多是落後者與忠誠者。該時期的定價策略應以縮減經營、減少損失為主，倘若仍存在利基市場時，可以將產品維持在一定水準，而將促銷成本降到最低，倘若顯然是無利可圖，則應降價刺激存貨之銷售。

個案分析

一、導讀

一般消費者採購物品，價格往往是購買與否的主要原因之一，在所得較低的地區，產品價格低廉與產品流通速度益加顯著。行銷學在理論發展過程中，很多觀念是從經濟學分出來的，因此，經濟學所提到的價格與供需理念自然成為行銷學的部分觀點。

然而，學理上的定價理論，須運用各種計量模式，造成實務界使用困難，因此定價模式仍憑主管主觀判斷居多。在此情況下，業者相互競爭，「削價」常淪為最後決定性的武器，這種削價競爭就長期而言，可能會造成廠商嚴重虧損，往往得不償失，是一種惡性競爭。在行銷案例上，這種採取「利潤破壞」的方式使全美量販店一度排名第一的 A&P 公司利潤流失，公司大量失血，經過十年的嚴重虧損，最後黯然遭受併購的命運。

二、A＆P 的割喉戰

A＆P 公司（全名為 Great Atlantic & Pacific Tea Company），1859 年由哈福特成立的美國連鎖零售店，經過一百多年經營，1950 年代初期，A＆P 已是全世界最大的零售商，也是全美數一數二的大企業；相反的，Kroger 是一家毫不起眼的雜貨連鎖店，營業規模不到 A＆P 的一半。A＆P 到了 1971 年在全美量販店的總營業額約五十五億美元，領先排名第二的 Safeway（五十三億）與排名第三的（三十七億）。

然而，從 1972 年起，A＆P公司就惡夢連連，漸入虧損的困境，到 1974 年獲利赤字更達到一億五千萬。至一九九八年，Kroger 的累計股票率是股市整體表現的十倍，更超越A＆P八十倍。此後，公司雖不斷更換高階經理人員亦無濟於事，為甚麼會發生如此的財富大逆轉呢？像A＆P這樣的大企業怎麼會落得如此下場呢？其中 1971 年 A＆P 的一項錯誤策略是造成其失敗的主因。

20 世紀上半葉，在經歷了兩次世界大戰和一次經濟大恐慌之後，美國人普遍節儉成性，A＆P 的營運模式可以說十分成功，提供消費者便宜而充裕的食品雜貨，但是 20 世紀中葉以後，隨著社會愈來愈富裕，美國人的消費心態也改變了，他們希望看到更好、更大的商店，提供更多樣的選擇，他們想要買剛出爐的麵包、新鮮的蔬果，希望能有四十五種早餐食品、十種牛奶；可以選擇的，還有感冒藥，甚至中國草藥，在買菜購物的同時，還能順便存款、領錢或注射流行性感冒疫苗。簡單地說，他們現在根本不想去雜貨店買東西，他們需要的是應有盡有、價廉物美的超級市場，有乾淨的地板，好幾個付款櫃台，還提供充裕的停車位。

問題與討論

1. 名詞解釋：成本導向定價法、競爭導向定價法、顧客導向定價法。
2. 請討論企業對於成本導向定價法、競爭導向定價法、顧客導向定價法的使用時機各為何？
3. 請討論目前台灣的大賣場、量販店常用的定價策略為何？
4. 請討論手機業者以門號搭配手機的定價策略。
5. 請舉出一些心理定價的例子，並探討其成效。

參考文獻

中文

1. 余朝權，《現代行銷管理》，五南圖書出版公司，1996 年。
2. 林建煌，《行銷管理》，智勝文化，2000 年。
3. 范惟翔，《行銷管理：策略、個案與應用》，揚智文化，2005 年。
4. 黃俊英，《行銷學的世界》，天下文化，2005 年。
5. 黃俊英，《行銷學原理》，華泰書局，2004 年。
6. 榮泰生，《國際行銷學》，華泰書局，2001 年。
7. 劉亦欣，《行銷管理》，新文京開發出版社，2006 年 7 月。
8. 劉典嚴，《商品行銷策略》，新文京開發出版社，2004 年 1 月。
9. 蘇雲華，《行銷管理》，滄海書局，2005 年 10 月。

英文

1. Bernd H. Schmitt, "Experiential Marketing: How to Get Customers to Sense, Feel, Think, Act, Relate to Your Company and Brands", New York: Free Press, 1999.

2. Parasuraman A., Valarie A. Zeithaml, & Leonard L. Berry (1988)," Servqual: A Multiple Consumer Perceptions of Service Quality,"Journal of Retailing, Vol.64 No.1, pp.12-40.

3. 維基百科，網頁 http://en.wikipedia.org/wiki/Main_Page。

3 新產品導入市場

　　產品最終的目的是商品化，並使商品能如預期地順利導入市場，進一步能獲得顧客好的評價，使產品能在市場上順利地流通與受到顧客的青睞。因此，產品的研發固然重要，相對的產品導入市場、市場開發、銷售通路等的建立更不可忽視，本節將對產品如何導入市場做深入的探討。

一　把握目標顧客群

 ### 目標顧客群

　　沒有一個商品可以讓所有男女老少的顧客都認為此商品的「商品價值＞商品價格」。況且，今日需求多樣化的時代，更是不可能。某些人給予極高的評價，某些人也許連看都不看。

　　假設有一產品上市，不同的人有不同的評價，評價可歸納成下列：

A群：商品價值＞＞商品價格；

B群：商品價值＞商品價格；

C群：商品價值＝商品價格；

D群：商品價值＜商品價格。

　　A群及B群的人有何共通點（性別、年齡、所得、居住地區、居住方式、職業……）能夠歸納出來時，知道什麼樣的人對本產品有較高的評價，也可說是可能先行購買的客戶。這樣的人我們稱為「目標顧客群」。

　　新產品在開拓市場的時候，要先知道目標顧客群在何處，首先要向目標顧客

群推銷。

新產品推出市場的先期準備

向目標顧客群推銷新產品前，有一些先期準備工作要做。該產品的使用說明書、維護要領以及外觀的設計等都要符合顧客群所需。

例如：某個目標顧客群是以家庭主婦為主，則組裝上要愈簡單愈好，使用上也求簡便，插上插頭按一下開關就能使用。

一般的產品都附有使用說明書，要注意到文意是否簡潔易懂。縱使是一般的民生產品、家電產品，顧客買回去後怎樣的使用，沒有辦法預料，也許因為誤用而發生事故，製造廠商若以「在使用說明書上已經說明了注意事項，還使用錯誤……。」來推託責任，已經行不通了。無論如何製造廠商要負責任。因此，顧客在購買時，必須要充分地說明，並且打開說明書，將注意事項特別地叮嚀，讓顧客留下深刻的印象。關於產品的故障維修，零件更換等，也必須配合顧客的要求力求方便。

外觀設計要迎合目標顧客群

最近的需要階層漸漸地走向軟性導向的產品，在前面已經談論過了。所謂軟性導向，就是軟性的商品價值要求較高的傾向。因此，產品的外觀設計上，必須迎合目標顧客群。以文具為例，以小學生為目標顧客群時，要色彩鮮豔、加印漫畫人物在上面才有銷路；然而以辦公室用品為目標時，顏色要簡單典雅才行。所以，單單從工廠生產出來的，只有外形與功能的「產品」，無法立即在市場上銷售，必須迎合顧客群的喜好加以修飾，這樣才夠格稱為「商品」。

如何把握目標顧客群

(一)以一般消費者的目標顧客群

1. 年代別、性別、特別類型別

・幼兒、兒童、青少年、青年、單身者、新家庭、中年、高齡者；

・男性、女性；

・身心障礙者、成人病患者。

2. 居住地區別

大都市及其近郊、地方都市及其近郊、農漁村。

3. 居住方式別

透天房屋、公寓、國民住宅、租用、宿舍。

4. 所得階層別

高所得層（年所得 NT$110 萬元）、中所得層（年所得 NT$50 萬元）、低所得層、OL。

5. 職業別

自營業、公司職員、公務員、自由業。

實際上的分類，上面的分類可混合使用。因此，對於鎖定的目標顧客群產品的外觀設計、尺寸大小、重量及使用方法要符合他們的使用方式。

舉例如下：

・針對年輕人的產品，要有鮮明的色彩、造形要夠酷；

・針對女性使用者，要小巧；

・針對高齡使用者，使用簡單，操作容易；

・針對幼兒、兒童使用者，安全性要求要高。

(二)以特定使用者為目標顧客群

1. 使用者的職業；

2. 使用者的使用目的；

3.使用者的最終產品的材料或零件；

4.使用者的企業規模；

5.使用者的地域性。

除了上述項目外，對於企業指向的顧客，還需要考慮下列問題：

1. 適用規格：JIS、JEM、UL、CIS 等；

2. 包裝數量；

3. 包裝的方式；

4. 到貨檢收及試驗方法；

5. 樣品的提供與否；

6. 製造所需時日；

7. 型錄及技術資料。

二　創造熱賣的商品

在「硬體充裕的時代」，要成為暢銷商品、熱賣商品，如前所述，必須符合下列式子才行：

商品價值＞商品價格；

商品價值＞＞商品價格。

熱賣商品必備條件

為了要滿足上面式子，商品若僅有一個賣點，則顯得說服力不足。因此，熱賣商品必須具有兩個或兩個以上的賣點，才能獲得市場熱賣的成效，以下舉幾個例子來說明。

(一) CD 播放機的例子

CD播放機從發販賣以來，數年間熱賣了七千萬台，它就具有了好幾個賣點：

1. 省空間；

2.效果非常優良（音質）；

3.休閒娛樂的好幫手。

CD 播放機採用了半導體雷射光為光源，非球面透鏡的拾光頭，達成了短小輕薄的需求。而且可將類比訊號數位化，能完全不漏地原音重現，與傳統的唱片比較，臨場感十足，成為休閒娛樂的好幫手。

(二) Cannon EOS 照相機的例子

Cannon EOS 的 AF（自動對焦）照相機也是一個熱賣商品，它的賣點如下：

1.省力、省時間；

2.省電力；

3.顯著的效果。

這型照相機，因為採用了超音波馬達來驅動透鏡組，使其對焦速度比傳統型快了二、三倍，使用者不致漏失了寶貴鏡頭。而且超音波馬達在低速時有很大的扭力，所以不需要減速齒輪組，這樣可以省空間，又節省電池耗電量，又可以任意搭載廣角或望遠鏡頭，運用性很廣。有了這些傳統照相機所無的賣點，難怪會成為熱賣商品。反觀，今日的數位相機，雖然把原來自動對焦的相機完全地取代，但數位相機仍然具有多項賣點的特性，例如：數位相機可以當錄影機、倒帶、篩選、重放與語音等多項賣點，難怪成為今日非常熱賣的一項商品。

(三) 影印機的例子

影印機推出時是一個熱賣商品，迄今辦公室裡還是少不了它，它的賣點如下：

1.省力、省時間；

2.工作的好幫手；

3.顯著的效果。

以前用複寫紙大量複製文件時，品質會隨數目持續降低。在當時，打印多份相同文件時，要用多張複寫紙才能打印多份。當打錯字時，需要每一份都改正，而且文件的品質會隨複製的數量而降低。影印機無論複製多少份文件都能保持品質。

㈣準分子雷射

　　1. 省空間；

　　2. 顯著的效果；

　　3. 比替代品便宜。

　　Cymer Inc.的新公司生產了一種叫準分子雷射的東西，波長只有 0.25 微米，可以用作晶圓照射時的新光源。因為X射線用在晶圓製造似乎還是太昂貴也太困難。在Cymer發表了定價四十五萬美金的準分子雷射後，在晶圓製造商的迫切需求壓力下，對焦機廠商被迫購買此高價位的商品，但是還是比採用迴旋加速器來產生 X 射線來得便宜。

 ## 設定價格的基本原則

　　為了要顯示與傳統產品性能上的差異，只有一個賣點時，最多只能達到
商品價值＞商品價格。

　　若要達到：

　　商品價值＞＞商品價格；

　　商品價值＞＞＞商品價格；

　　則必須具備有二個以上的賣點才行。

　　假設有一個新產品要上市，要先評估自己的新產品有幾個賣點，然後訂定價格，並檢討這個價格是否適當，即符合下列哪一個式子

　　商品價值＞＞商品價格；

　　商品價值＞商品價格；

　　商品價值＝商品價格；

　　商品價值＜商品價格；

　　但是要注意的是，人們總是對自己的產品給予過高的評價，自認為「商品價值＞＞商品價格」，但是顧客的評價為「商品價值＞商品價格」，落差了一級。若僅是將商品價格壓低，創造出表面的＞＞，但是卻變成「商品的價格＜成本」，這時候則必須考慮如何降低生產成本。這個方式，對於新產品推出市場時，訂定

產品的價格很有幫助。

 ## 以購買順位法來設定消費品價格

假若類似的產品已經充斥了市場,與這些產品的價格比較,訂定自己產品價格較有把握。然而,全新的產品,沒有比較的對象,比較難判斷。實際上,產品不推出市場,不與各個需求階層接觸的話,無法了解真正商品的價值以及需要目標顧客群在何處。這是一般市場的現狀。更甚的是,放出相反的風聲,誘引競爭者走向錯誤的方向。在此,要介紹一個解決方法,雖然無法百分之百地事前掌握,但是也不至於偏離實際太遠。

假設有一個健康器具 X 要推出市場:

第一步:設定 X 的暫定價格

暫定價格是自己想在市場販賣的價格,或者由各種成本、利潤等加算出來的結果。也就是消費者在百貨公司、店頭上購買該產品所付的金額。

第二步:找出與暫定價格相近的商品群

假設暫定價格為一萬五千元,則將價格為一萬到二萬元之間的商品全部表列出來。這時,不限定是類似商品,異種的商品也無妨,儘量地列出。因為消費者在購買東西時的購買順位,並不限於同種商品群,而是將所有的商品都列入考慮,排其購買順位。例如數位電視機,並非競爭廠商之爭,而是與高級瓷器組在爭購入順位。因為丈夫跟小孩的意見是數位電視機,而妻子則是以購買高級瓷器組為優先。所以表面上異種產品之間沒有關聯,實際上還是有可能在爭購買順位。

第三步:選出目標顧客群可能購買的二十種商品

從表列出來的商品(家電、家具、廚具、日常用品、健康用品)當中,選出二十項鎖定的目標顧客群(年齡、性別、所得階層、居住地、居住方式、職業等)可能購買的產品。判斷的方式如下:該商品具有特色,有錢時會購買;或者普及率不高的商品。資料可由各種統計表獲得,或做問卷調查皆可。

第四步：將商品X插入商品表中

商品以小賣價格排順位，然而商品X的暫定價格插入其間（參考表3.3.1）。

第五步：請受訪者填入購買的順位

實際做訪問調查，請受訪者填入購買的順位，從一排到二十二，或者分成上、中、下三個等級也可以。受訪者儘量涵蓋各階層，人數最少要一百人。做訪問時，因為要得到顧客群對這個新產品的看法，所以要附上產品說明書或型錄，以供參考，其他的商品也一樣，以免有先入為主的觀念。為了讓受訪者有考慮的時間，可以限定在某個時間內回收即可。為了得到公正的評價，可採用無記名的方式，但最好能提供一些基本資料，像性別、年齡層、所得層、居住方式及職業等，可以供日後分析用。

第六步：X產品的順位在何處

將二十一項商品的購入順位，依上、中、下分成三段。上位表示「商品價值＞商品價格」，中位表示「商品價值＝商品價格」，而下位表示「商品價值＜商品價格」。

若X產品的順位在上位，可針對上位的受訪者的基本資料做分析，可以得到這些受訪者的性別、年齡層、所得層等等的特徵，這些人才是真的有需要的目標顧客群。一般而言，真的有需要的目標顧客群總會給予較高的商品評價。

如果從訪問的結果歸納不出一個趨勢，宜再擴大受訪的對象的範圍。訪問調查若是公司內舉行，要把X產品模糊化，讓人認不出是自家產品，受訪對象也要以不記名方式處理，以求得公正的評價。

第七步：變更暫定價格，再度評價

若X產品的順位在下位，表示「商品價值＜商品價格」，今將一萬五千元的暫定價格修正為一萬二千元或一萬元，再次做調查。

若改成一萬二千元後，順位從下位上升到中位，代表X產品的商品價值雖小於一萬五千元，但是約等於一萬二千元，由此可以推斷出新產品的商品價值。

如果暫定價格下降了，但是還不見順位上升，表示此產品的商品價值不及一萬二千元，是沒有吸引力的產品，此時最好做通盤的檢討，然後再做商品評價。再次做調查時，受訪人最好換一批新的人。由上述的購買順位法，可以某種程度的測定商品價值以及發現可能的目標顧客群。

表 3.3.1　同一價格帶商品表列

品名	金額	購買順位
英國製茶具組	13,200	
輸入壁毯	13,200	
品牌服飾	13,200	
床具組	13,200	
正式套餐	12,760	
日本和服	12,100	
X 產品	12,100	
迷你機車	12,100	
迷你床頭音響	12,000	
伴唱機系統	12,000	
春節用品	11,000	
微波爐	11,000	
羽毛被	11,000	

三　精算成本

一個產品要成為賣得出去的商品，一定要滿足「商品價值＞商品價格」的原則。花了心思開發了一個產品，做了客觀的評價之後，定了一個價格，總是不放心，這個價格會不會使得「商品價值≦商品價格」。為了要將「≦」逆轉成「＞」，把價格降低就可以了，但是事情就解決了嗎？事情並非所想的那麼簡單，這裡必須再導入一個概念──成本的概念。企業在開發新產品投入了資

金，希望這個產品在市場上創造營業額，同時從中獲得利潤，因此前面的式子要改成：

> 商品價值＞商品價格＞成本

單純的降低商品價格，使它跌入低於成本，到頭來真不明白為了什麼目的做此開發。所以要常常記得，產品被前面的虎「商品價值」，及後面的狼「成本」所夾擊，需要好好應付。

常常有人說到這個產品的成本為多少錢，一個八百元的成本時，若賣價為一千元時，則有20%的利潤；反之，若成本為一千零五十元，則虧本，產生赤字。這是成本最簡單的定義，其實成本的真正概念要來得複雜。

以前說法可能適用於產業革命以前的手工業時代，但是對於目前的生產方式，資本主義、工業生產，已經不適用了。在大量工業生產時，成本已不是固定不變的項目，而是隨著生產的規模而改變。在資本主義的工業生產方式中，生產設備的固定費，隨著生產量被分攤了，生產量少的時候成本高；反之，生產量大時成本降低了。

在福特汽車還沒有導入輸送帶式現代的生產設備之前，一輛汽車的價格換算成當前的幣值約一千萬元，但是大量生產後，價格已降至幾十分之一。這個原理說明了，只要生產設備在運轉，有產品出來，就能分攤設備成本。因此，談到成本時，要明確地表明是在什麼樣的生產規模下的成本，否則會導致誤解。

特別是最近的工廠都走向自動化、無人化，固定費用在成本中所占的比率也愈來愈高。若對成本的定義下的不嚴謹時，會招致很大的誤解。

由上可知，成本決定了商品的損益。但光是以成本來決定價格，則顯得唯我獨尊了。因為，以「商品價格＞成本」的方式來訂定商品價格，但是會導致「商品價值≦商品價格」，無法被市場接受，所以價格是由市場來決定。

四　利益的來源

從利益圖表探索利益的來源

　　因為近代工業生產方式的導入，總生產成本除了材料費和加工費外，還要加上設備折舊攤還的固定費用。

　　這項固定費用，生產量為零時也必須要負擔，然而生產量增大時，分配到每一個產品的費用就降低了，這與生產品的降低成本有直接的關係。由這樣考量，總成本及營業額可分別用二條件來表示。尚未達到某個生產量時，每一個產品分攤的固定費還很高，使得總成本線高於營業額線，表示處於赤字狀態。當超越了某個生產量，固定費用分攤的比率變低，這時總成本線降到了營業額線以下，就產生了利益。這個分界點就是損益平衡點（圖 3.3.1）。

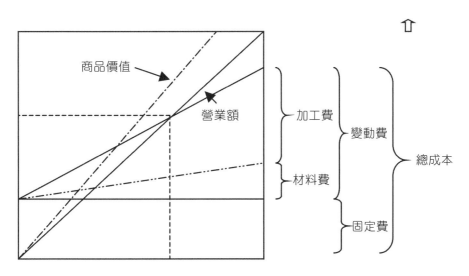

圖 3.3.1　近代工業生產的利益圖表

實際的利益圖表的樣式

為了討論方便，假設利益圖表中生產品的商品價值和商品價格都沒有變動。亦即，營業額線代表了商品價格，商品價值在此上方變動。商品價格、商品價值不變時，表示大量生產時，生產者的利潤隨之增大。

但是在實際生產時，大量生產雖可使成本降低，然而供給和需求相互牽制的關係，產品的商品價值、商品價格也隨之下滑。為了保持利潤，生產者的對策，只有再加大生產量。如果不增加產量，沒多久總營業額線會滑落到總成本線之下，表示沒有利潤了。亦即是，生產的供給量的增大，會使得商品價值、商品的價格成比例地向下滑落。

例如：在自用車與彩色電視機剛上市的時候其商品價值及商品價格相當的高，一般的消費者根本是可望而不可即，然而隨著量產化的進展，其商品價值、商品價格漸漸地滑落，成了一般的消費品，為了要彌補，目前的生產規模已放大至原來的千萬倍以上了。

因此要表示實際的狀況，圖 3.3.1 必須修正成圖 3.3.2 的模樣。最大不同點在於，商品價值線、商品價格線（營業額線），不再隨著生產規模的擴大而成直線向右上方上升，反而成曲線漸漸向下彎曲。

其原因可歸納成：其一、隨著商品的普及化，商品的評價遞減；其二、需求的成長已成鈍化，市場的競爭變得激烈。所以造成商品的價值與商品的價格低落。特別是目前處於「硬體充裕的時代」，商品價值線、商品價格線下壓的力道愈來愈強。目前大家幾乎都擁有自用車及彩色電視機，可謂硬體充裕了，相對的對於自用車及彩色電視機的商品評價也變低了。結果使得營業額線和總成本線的間距變窄了，即利潤變薄了。

如此可以理解到利益是從何處獲得的，才能夠想出因應的對策。

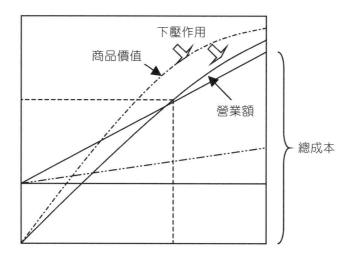

圖 3.3.2　隨著生產規模擴大，商品價值及價格下降

「品質優良的產品」及「品質特優的產品」之利益圖表

　　硬體變得愈充足，此商品的價值、價格隨之下滑，生產者的量產意願也受到頓挫。這些產品被稱為成熟商品或夕陽產品。日本的汽車及彩色電視機，在其國內已飽和了，但是還有海外市場，所以還能健在。然而輸出海外時，常會引起貿易摩擦。

　　要打開這個困境，前面已經述及，須投入軟性指向的「軟性產品」、顯示差異化的「品質優良的產品」，或者能發揮強力替代性的「品質特優的產品」進入戰場，才能挽回一席之地。這三種產品的特徵是能顯示「差異性」的產品，簡稱為「差異化產品」。

　　這些產品的商品價格線有什麼樣的特徵呢？

　　首先來看傳統產品的利益圖（圖 3.3.3）。商品價值線和商品價格線，隨著生產規模（供給規模）的擴大，成比例地向下彎曲，而且這兩條線的間隔變得愈來愈窄。亦即由本來的「商品價值＞商品價格」變成「商品價值＝商品價格」，到最後變成營業額及利潤的降低。

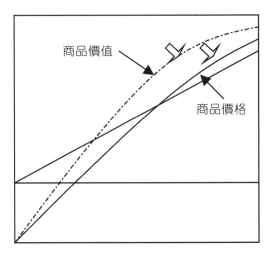

圖 3.3.3　現有商品的商品價值及商品價格

 差異化產品的利益圖表

　　圖 3.3.4 是差別產品的利益圖。與圖 3.3.3 最大的差異在於，商品價值線和商品價格線又開得很大。這件事代表了「商品價值＞＞商品價格」或「商品價值＞＞商品價格」。這個現象代表了此商品是個熱賣商品，產量增大時，兩條線的間隔分得愈開，表示在相當的時間裡，可以享受營業額及利益成長的快感。

　　為了要讓這兩條線保持很大的差距，最重要的因素就是新產品與傳統產品比較要能顯示出「差異化」，也就是要「品質優良」或「品質特優」才能顯出其高的商品價值。

　　關於軟性商品，以Hermes、Chanel為例都是世界一流的名牌，一見之下就能看出其特有的設計，持有人可以顯示出差異感。這種軟性的商品價值，是經年累月堆砌出來的口碑。

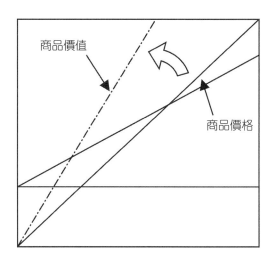

圖 3.3.4　差別產品的商品價值與商品價格

 ## 附加價值定義的變遷

　　傳統對附加價值的定義，是指從產品的售價或成本扣除生產設備折舊的攤還、材料及零件費、中間財費用之後，所剩下的加工費、利潤及損益。其基本想法是企業從外部導入的中間財才有附加價值，而生產財並不是利益的源泉無法創造附加價值。

　　現在，產業界都進入了工廠無人化的生產方式，其利益圖如圖 3.3.5 所示。由圖可看出，本來變動費用中大部分是加工費（人工費），人工費逐漸地被壓縮；相反的，由 CNC 工作母機、產業用機器人、雷射加工機所取代。若到後來完全變成無人化，變動費用只剩下材料與零件費而已，附加價值等於零的奇妙狀態出現了。當附加價值為零時，以傳統的觀念來看，利益也等於零，這是很矛盾的事。

　　但是，固定費用的當中，包括了研究開發者的研究開發費、設計費等（相當於人工費），也應視為附加價值才對。

　　因此，傳統的附加價值的定義，已不適用於現代工業生產方式。如前述，研究開發費、設計費也要攤入附加價值裡面才是。

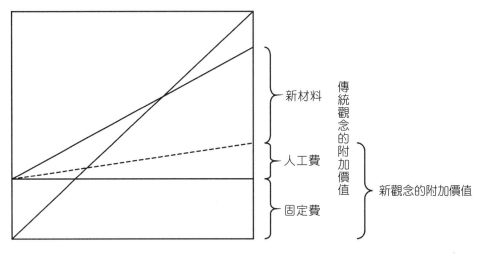

新材料

人工費

固定費

傳
統
觀
念
的
附
加
價
值

新觀念的附加價值

圖 3.3.5 無人工廠的利益圖表

 ## 附加價值與利益

　　常有人認為，從附加價值的大小，可以大略地判斷利益的大小。但是真的如此嗎？從利益的源泉探討中，立刻可發現疑問。一些高附加價值的企業產品除外，單是提高附加價值，不一定能創造利益。在實際例子中，有一個中間產品，它可以創造利益；將此中間產品再度加工成為最終產品，利益反而失去了。此例中，最終產品的附加價值遠比中間產品來得大，卻利益變小，令人費解。若能夠解開這個謎團，才能說對於創造利益的機制有初步的了解。

(一) 單純的附加價值與智慧的附加價值

　　產業革命之前手工業時代的利益圖如圖 3.3.6 所示。因為是手工業，所以固定費用很少或是零，營業額線與變動費用線幾乎是重疊在一起。我們可以將變動費用線分成二部分，即原料費與附加價值，手工精細品的附加價值率非常的高。目前還能見到的就是一些家庭代工式的生產，像編織品、皮雕等等小東西的製作。這一類型的生產，可說是：

原材料費＋加工費（附加價值）＝原價＝賣到商店的價格

這個方式，沒有創造利益的地方。縱使說：「賺了錢」，也都是花費比較多的工時換來的。因此附加價值比率為 80%、90% 也好，並沒有利益的源泉。

接著再看看圖 3.3.7，圖中變動費用線與附加價值線與圖 3.3.6 幾乎相同，但是營業額線高過於總成本線，兩線之間的間隔代表利益的存在。這個圖顯示的也是手工業產品的利益圖，只不過產品是市場上評價比較高的藝術品。一樣是藝術品，無名藝術家的作品，它的利益圖與圖 3.3.6 所示的手工業利益圖很相近。但是對於有名的藝術家，則變成為圖 3.3.7。

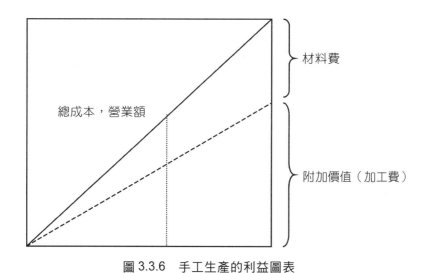

圖 3.3.6 手工生產的利益圖表

圖 3.3.8 是產業革命後資本主義工業生產方式的利益圖，圖中導入了包括研究開發費、生產設備折舊費等的固定費用的概念，變動費用線不再由零開始，而是從固定費用的基準開始延伸。於是營業額線與變動費用線會相交，交點即為損益平衡點。此情況下，變動費用中加工費及固定費用相加後，才構成附加價值。這裡所指的附加價值，指包括了固定費用的附加價值，不要混淆了。

然而，為何損益平衡點的左側為赤字，而右側為黑字呢？因為固定費用是固定的，生產為零、一百、一千，固定費用都不會變動。但是產量愈大，固定費用被分攤了，每一個產品所負擔的固定費用愈小，使得生產成本下降了。目前的資

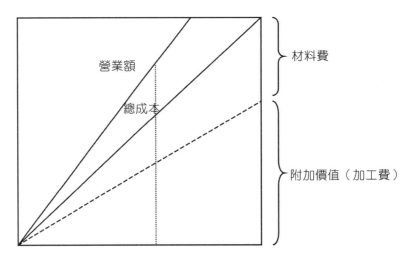

圖 3.3.7　藝術產品的利益圖表

本主義工業生產方式，生產量愈大，利益也愈大。但是目前少數品種多量生產的方式以達到了極限，慢慢走向了多品種少量生產的方式。這意味著資本主義工業生產方式將崩壞了，必須探討全新的生產方式。

　　如圖 3.3.8 所示，變動費用中包括了材料費及附加價值費，材料費多時附加價值就小；反之，亦然。無論哪個情況，對於損益平衡點沒有影響。亦即，附加價值變大時，不見得利益會增加。

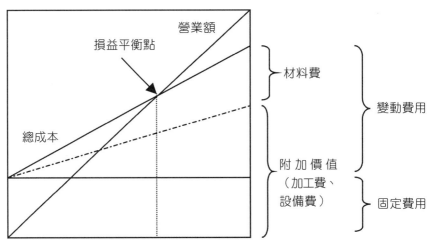

圖 3.3.8　資本主義工業生產的利益圖表

基本的原理如上述，但是利益存在何處，還不是很清楚。試著將圖 3.3.8 中的固定費用向上提升看看，發現到變動費用線也向上移動，使得損益平衡點向右移動，情況變得更糟。但是從這件事可以發現，固定費用裡包括了一項秘密 X，可能就是利益的源泉。為了了解固定費用裡所包含的項目，先考慮下列的例子。

假設有一個產品，生產時需要焊接十個地方。這個焊接工作，無論生產的規模如何，總是計算它所需的工時，在利益圖中是列在變動費用的加工費項目中，也可稱為附加價值。這樣一個附加價值，在第一個產品與第一百個產品都是一樣的，稱為單純的附加價值。這項單純的附加價值，無論有多大也不能成為利益的源泉。嚴格來說，若這個產品是採用資本主義工業生產方式來生產，也是可以獲得利益，因此生產量要放大。

有人認為，生產數量增加時，作業員的熟練度愈來愈高，所花費的時間也愈少，效率也會提高才對，話雖如此，在此是指一個人的平均效率。在人數多的時候也一樣，有熟練作業員，也有新進者，其效率當然不同，在此也是取平均值。

如何將單純的附加價值轉換成利益的源泉？有二種方式可以思考：

1. 變更設計

設計者對整個構造徹底地重新設計，不再需要焊接。這時，重新設計所需的工時不算變動費用，而是固定費用。這些額外的固定費用使得固定費用線上升了一些，但是相對的，變動費用線會向下移動，而且變動費用線下降的幅度會大於固定費用線上升的幅度，使得損益平衡點向左下方移動。這個設計費，我們稱為「智慧的附加價值」。

2. 自動化

自動化是另一個創造利益的方法。工廠自動化後，作業的效率可以飛躍地提升。

假設一個焊接點需費時五分鐘，一萬個焊接點就需要五萬分鐘，工時就相當的龐大。若導入一個每小時可以焊接一百個點的自動化機器，則可增加效率。自動化機器的導入，使得固定費用上升不少，生產量少的時候，負擔是很大；但是產量增加時，變動費用線會向下滑落，而且可以彌補固定費用上升的效果，最終的淨結果，損益平衡點與(1)一樣，會往左下方偏移。此情況下，上升的固定費用

部分即為附加價值，而且可以使損益平衡點下降，也是一個「智慧的附加價值」。

上述兩種智慧的附加價值，(1)可視為「勞動性的智慧附加價值」，而(2)為「資本性的智慧附加價值」。

談論到此，了解了利益產生的機構，就能夠明白為何每克二元的汽車，能夠創造出比每克五百元的照相機的利益高。

汽車的成本裡，除了具有高度資本性的智慧附加價值外，還包括了開發設計、高機能化等勞動性的智慧附加價值；相對的，照相機的成本裡，透鏡的製造還靠手工，組合時也無法自動化，亦即，智慧的附加價值沒有介入的餘地。例如柯達公司的同一機種要賣四百萬台以上才能完全的自動化。但是同樣是四百萬台的汽車，利益已大得驚人了。

(二)智慧的附加價值即為利益的源泉

智慧的附加價值的導向，以圖來表示時，即如圖 3.3.9。智慧的附加價值（勞動性或資本性）的加入，雖然使得固定費用上升；但是卻令變動費用從 V_1 下降到 V_2，也導致損益平衡點從 P_1 下降到 P_2。另一方面，在單純附加價值的情況下，固定費用一增加，不但損益平衡點不下降，反而會上升。

總附加價值，可以細分如下：

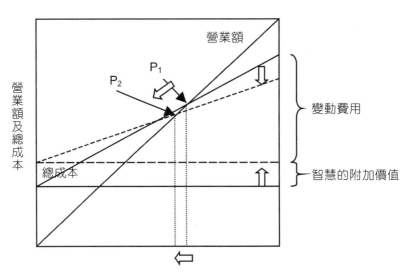

圖 3.3.9　智慧的附加價值與利益圖表

> 總附加價值＝單純附加價值＋智慧附加價值
> ＝（單純勞動＋智慧的勞動）附加價值＋（單純資本＋智慧的資本）附加價值

　　由此可知，智慧的附加價值愈高的產品，實現獲利的可能性愈大。因此，以附加價值的觀點來看開發出來的新產品時，要以智慧的附加價值與單純的附加價值兩方面分別檢討。這個方式，在損益平衡點，將總成本中扣除變動費用，剩下來的固定費用，可以再細分成：

- ‧智慧的勞動附加價值：開發費，設計費……等；
- ‧智慧的資本附加價值：自動化設備；
- ‧其他的單純附加價值：土地、廠房、公共設施、一般生產設備、福利設施、宿舍……等。

　　由此可以算出智慧的附加價值，占了總附加價值的百分比。此即為智慧的固定費用的比率。

　　舊制的資本主義工業生產方式中，以單純附加價值為主體的單純固定費用可以被分攤掉；而在新制的資本主義工業生產方式中，智慧的固定費用比率很高，可使得變動費用向下牽引的效果增大，固定費用分攤得更稀薄。例如：智慧的附加價值從 10% 上升到 20% 時，所獲得的利益上升了二倍多。

　　如此的，把附加價值分成單純的附加價值與智慧的附加價值，分開來思考，不僅能提供我們一個參考指標，而且教導我們想出有效的對策來增加利益。

　　為了要開發出獲得利益的產品，首先對其總成本做徹底的分析，分辨出哪些項是單純的附加價值，哪些項是智慧的附加價值。對那些單純的附加價值項目，想法子把相對應的成本降低。極端的想法，就是想辦法把單純附加價值的變動費用，將以智慧的固定費用來取代。這個情況下，智慧的固定費用的導入，當然會使得固定費用上升，但是會使得變動費用線下降，但是要注意到總結果要使得損益平衡點能夠下降才行。

　　假設，對策之一是工廠自動化（FA）的導入，生產量還在損益平衡點以下時，FA 的運轉可能達不到全載運轉，然而已經使得損益平衡點下降了，縮短到達的時間 t 即可。而且，FA 所導入的資金（假設一億元），還是算企業的資產。假若，損益平衡點不能夠下降，達到獲利時的營業額的時間 t 會變長，此時創業

累積赤字會超過一億元，這筆錢不再是留在企業內，而是流到外部去了，一旦流出去的金錢，很難叫它再回頭。

目前已不是處在高度成長的時代，單單以量產化的方式來獲得利益的泉源，已是行不通了；最好的做法是增加智慧的附加價值的比重。

以上，是將智慧的固定費用轉化成智慧的附加價值的方式。另外，增加智慧的附加價值也是另外一種方式。

如圖 3.3.9 所示，將變動費用、固定費用做少許的提升，使得商品價值能提升，導致營業額上升，營業額線上升時可使得損益平衡點向左下方移動。

第一種型式，是以降低成本為主要考量，屬於後知後覺型的智慧的附加價值；第二種型式，是以積極的提高商品的價值為主要考量，屬於先知先覺型的智慧的附加價值。第二種型態，對於未來產品的戰略是必須加以思考的，為了達到這個目標，需要很多的創意。了解了上述的意思之後，才算了解「創造產品」的真諦，唯有如此才能期望產品能獲得利益。

以泡麵為例，販售的泡麵有兩種型式，一種是用袋子裝的，另一種是用杯裝的杯麵，同樣的內容、同樣的沖開水就可食用，但是前者需要自備容器，而後者只要打開蓋子就可沖入開水。今將兩者分別以一克來計價，普通泡麵約五角錢，而杯麵約二塊錢，杯麵貴了很多。到底保麗龍杯子成本多少錢？一克的杯麵中所使用的杯子，其材料費、加工費等全部加算起來只不過一角錢。由普通泡麵變成杯麵時，成本只上升了一角錢，但是賣價卻提升了一元五角。其差值為一元四角，也就是把麵裝到保麗龍的容器內一起販售的創意，使得商品價值上升了一元四角。此情況下，賣價提升了一元五角，真正成本只增加了一角，差值的一元四角可說是智慧的附加價值，完完全全地轉化成利益。

這種價格形成的機制不了解的話，就很難理解為何 Hermes 的絲巾一條是國產品的五倍，LV 的皮包一個要價是國產品的十倍，因為扣除了關稅、運輸費之後，舶來品與國產品的成本沒什麼差別。

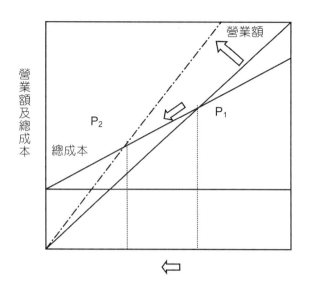

圖 3.3.10　由於智慧的附加價值因而提升商品的價值

提高智慧的附加價值的方法，歸納如下：

A 法：以智慧的資本附加價值，使變動費用線（損益平衡點）下降；

B 法：以智慧的勞動附加價值，使變動費用線（損益平衡點）下降；

C 法：以智慧的勞動附加價值，使得商品價值提高。

實際的例子如下：

A 法：自用車；

A ＋ B 法：半導體、VTR、TFT、彩色液晶螢幕、EOS 照相機；

B 法：電腦、AI、Fuzzy 應用產品；

C 法：一流品牌商品、杯麵、CD 軟體；

B ＋ C 法：CD 播放器、MD。

㈢提高智慧的附加價值的十個法則

前節所述的 C 法，在軟性指向的時代裡，是一個重要路線。A 法及 B 法，兩者都是成本導向的做法，並非以商品的價值為指向。為了要實踐 C 法，以下列的視點重新檢討一下，或許有極大的收穫。

1. 在設計、觸感及色彩下的工夫夠嗎？

在歐洲商品可以常見到提升商品價值的策略，例如在表面上做貴金屬處裡或漆器處理，使得外觀有寶石飾物感覺的Cartier所製造的打火機，採用閃亮的配件及觸感柔滑的皮革為原料製作的皮包的 Hermes、Celire 等，最有名的 Lovis Vutton 皮包更顯出原廠設計的功力。

2. 包裝上能更下工夫？

這是化妝品業常用的手法，產品中僅添加了某些香料而已，但是在命名或容器上做豪華的修飾，以便顯出高價格感。

3. 考慮過複合機能？

在產品的機能中，再增加一、二種機能，提高商品價值。這是日本人最得意的手法。例如：手錶型液晶電視或 CD 等。

4. 考慮過多用途機能？

除了當初設計的機能外，能有其他用途嗎？原理和機制可說完全相同，卻在商品化之外可製造成多種商機，例如：頭髮吹風機、棉被乾燥機、廁所用的烘手機等。

5. 為了要使產品使用更方便，可附加一些軟體嗎？

即硬體＋軟體的想法，電視用的電視遊樂器、能記住調理法的微波爐等。

6. Fuzzy 技術的附加，可使得機能性增加嗎？

利用 Fuzzy 控制理論，應用到冷暖器機、洗衣機、電風扇上，得到很好的迴響，是否能夠擴大應用？這是企業生存之道。

7. 是否能整合完全不同類的產品？

例如領帶與手帕的組合，皮包、皮夾與名片夾的組合，或者鋼筆與打火機的組合等。

8. 販賣的通路可否改變？

商品價值因使用者不同而有不同的評價。因此，改變需要階層，可能提高售價。例如，具有省力效果的文具若經由小文具店經售，販賣的對象是中小學生，價格一定提不高。若將同樣產品，經過改變外包裝轉變成省力事務用品，然後以辦公室銷售對象，可以賣到好價格。因為對於中小學生而言，省力化對他們不是很重要，故對省力化文具不會有太高的評價；然而辦公室提倡自動化的現代，會

對省力化產品有較高評價。

9.可否主打特定目標顧客群？

某個家電發展了一種靜音吸塵器，一般家庭對於低噪音的產品不會給過高的評價，但是家中有老人、嬰兒時就很需要這種產品，也會給予較高的評價，這種家庭比率上比較低，但是也是一個商機。

10.買了某產品之後，顧客的下一個期望是什麼？

消費者的慾望是無止境的，有了高畫質的電視之後，下一個是想要壁掛式的液晶電視。

產品在開發時，要預測未來的走向是有所困難，但是至少可以預測下個需求是什麼，若能在產品中儘量滿足這個需求，則可以增加該產品的智慧的附加價值。

改良的開發，在該產品開發時就應該並行才對。

五 降低成本的做法

新開發的商品要滿足「商品價值＞商品價格」才能賣得出去，想要變成商品更要滿足「商品價值＞＞商品價格」或「商品價值＞＞＞商品價格」，前面已經述說過了。實際上還有一個因素要考慮，即「商品價格＞成本」，這一個公式要成立，企業才能獲利。通常最直接的方式就是考慮，如何降低成本。

一般要求降低成本的方式，可歸納成下列幾項：

1. 位於萌芽期的產品，生產量較少成本較高，會發生赤字，要直到衝破了損益平衡點之後才會獲利轉成黑字，在此之前要有認賠的覺悟。

2. 自動化（VA）的導入，或生產合理化的方式，使損益平衡點下降的降低成本。

1. 的方式是以利益圖表的考量方式，基本上沒有錯誤，但是最大的問題在於新產品上市後的營業額問題，能否超過突破損益平衡點時的營業額？

企業在推出市場時，一定是有自信能達到「商品價值＞商品價格」，才推出產品，相信不久即能突破損益平衡點，開始獲利。

但是以前曾提過，創造發明者或企業常會高估自己，自己對新產品的評價為

「商品價值＞商品價格」，但是在顧客的眼裡，可能是「商品價值≦商品價格」，企業的想法可能是一廂情願的看法。而且能否達到損益平衡點的營業額，誰都不敢保證。

2.的做法，理論上是努力地將損益平衡點下降，是極正確的，在前面降低風險度的章節裡已經談論過了。

但是，其中還是有問題存在，即出在降低成本的內容上。不理想的 VA，使得產品品質下降、商品的信譽下降是一回事，萬一事故發生時所遭受的損失也更大，必須小心，而且過度的合理化與偷工減料只是一線之隔，也要注意。因此，降低成本不是簡單的事。

前面曾經舉了CD的例子作為暢銷產品的典範。CD與唱機、唱片比較，是品質及賣點特優的產品，通常的開發者的話，可能把價格訂在二十萬元，此時亦能滿足「商品價值＞商品價格」，可是卻謙虛地訂成五萬元，結果形成「商品價值＞＞＞商品價格」，使顧客趨之若鶩，造成熱賣商品。Sony公司所採用的降低成本方法，有別於上文所述的 1.與 2.方法，而是以一個很特殊的手段達成的，這個手法值得今後新產品開發者作為借鏡。

六　販賣的方式

販賣方式的分類

無論多好的產品，還是要想辦法推出市場，販賣的方式有很多種方式，可歸納成：

- ·直接販賣；
- ·間接販賣（物流通路）；
- ·小賣販賣；
- ·通信販賣；
- ·訪問販賣；
- ·線上行銷方式。

㈠直接販賣方式

　　企業的業務人員直接面對客戶，推銷產品，以產品適合特定用戶時，採用此法。一般而言，設備等生產財的販賣採用此方式，最近辦公室自動化機器 OA，也採用直接販賣。

　　直接販賣又可分為窗口販賣及專門販賣兩種方式。

　　窗口販賣，是指對於特定的客戶，從訂貨到出貨全部責任都由營業課來擔當，此營業課要擔當所有的產品。對顧客而言，責任歸屬很明確，業務的處理效率也很高，人際關係的長遠聯繫，業務人員的資質影響很大。

　　專門販賣，是指對於特定的商品販賣給顧客，例如電腦等需要專門知識的產品，就需要專門人才來販賣，戰略商品在開拓市場時，此方法最有效。

㈡間接販賣方式

　　企業將產品透過特定的販賣商店代為銷售，適用於一般的泛用商品、零件、素材等，而不特定對象的販賣。販賣商店從中收取服務費用，但是要負有保管商品、收回帳款的責任。但是使用者與製造者之間沒聯繫管道，技術資訊、市場資訊無法第一手資料獲得，而且與用戶之間的人際關係很難形成。

㈢小賣販賣方式

　　以一般消費者為對象的販賣方式，在百貨公司、超市、小販店販賣，依照產品的種類，有各式各樣的通路。

㈣通信販賣方式

　　以電視、報紙、雜誌廣告或電子郵件來推銷產品，沒有販賣通路的業者，或不適合陳列在店頭的產品，可以採用此方法販賣。但是廣告費、郵電費是很大的成本負擔，必須小心處理。

㈤訪問販賣方式

　　最近消費者的警戒心很強，不隨便接受訪問，非必要時儘量不要採用。話雖

如此，沒有販賣通路的企業，在推銷產品時，要建立通路也非易事，不得不採用此法。因為開拓新的販賣通路所負的風險，不下於新技術的開發。

㈥線上行銷方式

最近因為網際網路的發展，使得線上行銷變得很熱門。它不需要大規模的店面、業務人員，而且互動性很高，深受廠商歡迎。

案例：新力 PS2 如何靠網路線上行銷攻占歐洲

一項特別的新產品推出，卻無法直接送到消費者眼前，實在是令人扼腕。現在，遊戲製造商新力電腦娛樂（Sony Computer Entertainment）想出一個大膽的解決方案：歐洲版 Playstation.com，第一個整合性、泛歐洲的線上行銷管道。

新力電腦娛樂公司推出了其廣受歡迎電視遊樂器的最新一代機種 PlayStation 2（簡稱 PS2），這也許是有史以來最成功的消費性電子產品。流線、靈敏、好玩，PlayStation 完全符合今日的青少年文化。這項產品的商業成功——PlayStation 第一代和第二代加起來，在 2000 年電視遊戲市場的占有率高達 70%，占整個新力淨利的 28%。

然而，2000 年初，新力苦於無法將這項特別的新產品賣給歐洲成熟市場的消費者。新力的管理階層構想出 PS2 的線上訂購系統，以充分利用當時對 B2C 電子商務可行性的殷切期盼。為了達到這個期望，新力電腦娛樂歐洲分公司必須建立一個比原貌更細膩精巧的網站：綜合每個以國家為單位、只提供產品與行銷資訊的集錦網站。

新力極欲進軍這塊未知的領域。一些大型的線上零售商，如美國線上、亞馬遜書店，早已在歐洲各國廣設據點。從來沒有任何一家公司嘗試過只以單一的基地來攻占歐洲市場。2000 年 2 月，新力電腦娛樂歐洲公司請協助他們改善客戶關係管理的 Accenture 團隊，也替 Play Station 建置一套電子商務基礎架構。2000 年 11 月，歐洲新力的 PlayStation.com 亮相。這個網站主要目的是服務 PS2 遍布在歐洲十六個國家、通行十七種貨幣、使用十一種語言的消費者；它是電子商務史上第一個整合了這麼多國家的網站。這個網站提供每天二十四小時、每週七天，全年無休的服務，並且能夠承載尖峰時刻的流量。在交易的過程中，顧客會隨時收

到電子郵件，告知他們訂單目前的進度，或透過電話服務中心由專人服務。

另一方面，歐洲每個國家在網路上使用信用卡都有不同的規定與辦法；一些國家的法律要求所有網路交易都必須要有一份分開的、紙本的發票，整合這些差異也是一大挑戰。

通路也是一個令人頭痛的問題。PS2 的上市時間正好趕上聖誕節前夕的購物潮，所以及時並有效率地完成交易，就格外重要。倉儲與物流系統必須有足夠的彈性，包裝並運送尖峰時期的訂購數量。一個連結歐洲各地通路系統的中央倉儲，細膩地處理運送與收款服務。歐洲PlayStation.com的創立，是項龐大的試驗。在準備期間，Accenture團隊長期設計、建立、測試各項能力，以服務全歐洲的客戶。而當PS2 在各商店上市的同時，網站也順利開張，所有的人都鬆了一口氣。

PS2 一直以來都維持著相當高度的市場需求。事實上，歐洲新力電腦娛樂在PS2 上市 14 週賣出的遊樂器數量，是 1995 年 PlayStation 在歐洲上市同一時期的三倍之多，新力從歐洲 PlayStation.com 得到的收穫，難以計數。要實現在網路上發行PS2 遊戲軟體的「夢想」，還要花點時間才能實現。然而，這個可以把郵局丟一邊的計畫，會讓線上銷售真正達到成本效益，而歐洲新力電腦娛樂正朝著這個方向逐步發展。

廣告宣傳

目前是處於一個資訊氾濫的時代，電視、收音機、報紙、雜誌不斷的在灌輸消費者商業廣告，走在街上車廂內外也是廣告，可說是埋在廣告的洪水當中。然而他們的CM花費逐年上升，企業的宣傳課也覺得頭痛。到底只用宣傳廣告可否達到推銷產品的效果，當然每個人都會提出這樣的疑問。以接受者來說，聽到看到的 CM 太多了，耳目已呈半麻痺狀態，若不是一些令人留下很深刻印象的廣告，一般都是從左耳進右耳出不會有效果。企業肯花這麼多錢在這上面，應該有效果才對，例如：百貨公司週年慶、超市大特價的廣告一出來，總是吸引了滿滿的人；小孩子會被電視上的玩具、糖果所影響，向母親吵著要買，這都是能看到的廣告的效果。

電視、報紙等的廣告媒體，有下列的特徵：

- 費用：廣告量愈多，費用愈低；
- 拘束性：一年間的那幾天、什麼時段、每回長短及重複次數都要訂定契約，照契約執行；
- 對象性：對象是所有家庭成員，除了家庭用品外，商品訴求有些浪費。訴求對了時迴響很大；反之，損失慘重。兩者之間的差距很大。

常利用電視、報紙為廣告媒體的企業，有食品、綜合家電、化妝品、醫藥品等為多，他們會隨著季節改變主打的內容，亦即一波一波的商品群向著廣泛的對象推銷，資金較薄弱的企業無法全面做到，只能選擇某個時段做廣告，有些靠運氣。

相對的，專門報紙、雜誌為廣告媒體時，有下列特徵：
- 費用：廣告量增多，費用變化不大；
- 拘束性：不受拘束；
- 對象性：依照性別、年齡層、階級層、職業別為訴求對象，商品訴求對象較正確，效率較高。

無論是利用什麼樣的媒體，占了市場開發費用極大份量的宣傳廣告費，一向是企業揮之不去的夢魘，如何來好好對待它，值得深思。

廣告量愈多，相對的每次的廣告費用會下降，這是電視、報紙的費用算法，對於宣傳課員來說是一種麻藥。廣告播出的量愈多，相對的一次廣告的費用下降了，對於新產品上市時，常希望用這個方式來降低市場開發費，但是採用此法時，所準備的商品群要與廣告量成正比，不然反應差的產品再多次的廣告也不會打動顧客的心。

關於新產品的宣傳廣告，要做到定期追蹤成效，例如分析性別、年齡層、地域別等等，以及播放時間帶的效果；由上的結果，可以調整播放的頻度、時間帶或媒體，或者改變廣告的表現方式。這樣的追蹤作業，對於廣告宣傳者而言，是不可缺的工作。

追蹤的工作，以電視、報紙為廣告媒體時，較難實施；但是專門報紙、雜誌相對的可以針對特定對象做追蹤。花了同樣的宣傳廣告費，用不用頭腦，可以得到天壤之別的效果，大家都期望以最低費用得到最大效果。

今後要推出新產品到市面上，滲透到需要層裡，需要花費很大的宣傳費用。

新產品的開發比新技術的開發，成本要高上幾十倍，甚至幾百倍，因此花費的頭腦與智慧也需要幾十倍、幾百倍。

管道全開的作戰方式

　　新產品的開發，包含了市場開發，負了極大的風險。縱使以前的模仿產品，在 90 年代後期，風險也變得很大，尤其模仿的是一些成熟期的產品，一不小心變得血本無歸。企業要求永續經營，產品的推陳出新是必要的手段。但是新產品的推出，必存在一些風險，如何將風險降至最低是我們要探討的。

　　任何企業，除了新設的之外，都擁有現產品的販賣管道。這個管道連結了使用者、市場及企業。但是商品在這個管道流通時，管道是否全開，亦即商品流量是否夠大。例如有某個零件製造商，是一個下游廠商的零件供應廠商，但是供應的零件只占下游廠商的採購量的百分之幾而已，其他的則由競爭對手占走了。如果能夠提供一種合適新產品，則其銷售額很輕易地提升數倍。

　　由此可知，提升現有管道的流量，遠比重新建立新的管道，所負的風險較低。然而如何使管道中的商品流量增大呢？當然，要製造出比競爭對手的產品來得優良的產品，而且要擴大占有率時，不斷地要改良產品，不斷地推出新產品。這樣一來，形成良性循環，下游廠商因為你的新產品而提升他們的產品，而新產品可能需要新的組件或零件，你能一併提供的話，使得原先的管道更加流暢，流量也增加了，這就是所謂「管道全開的作戰方式」。

　　這個下游廠商需要的零組件，也可能是很多廠商所需要的，放眼看去，市場應該很大。因此，本來只為單一下游廠商開發的零組件，可以行銷至類似的行業去了。

　　這是直接營業的例子，間接營業的情況，作戰的方式也一樣。不管是經由什麼販賣通路，將產品送到使用者手上，這些通路上流通的產品不限於只有自己的產品，而是有多種的產品在同一條管道流動，或者同一個產品，流經不同的管道到使用者的手上，以整個流量來看，自己本身產品的占有率顯得很小。如同上述的手法，將目前所把握的管道活用，可以增加流量，亦即產品的販售量。

第四篇

全球行銷布局篇

1 全球行銷策略思維

　　因為全球化的趨勢，凸顯全球行銷之重要性。企業所處之國內外因素，促使企業開始重視全球行銷活動，而全球化之活動也幫助企業帶來巨額的利益。大部分的企業在剛開始運作時，並非就從事全球行銷，在資源有限的情況之下只能進行國內行銷策略，滿足國內市場需求。當企業逐漸可以因應全球市場需求時，在成本及差異化策略之下取得平衡，漸漸朝向全球行銷活動邁進。

一　全球行銷概要

 行銷的定義

　　在許多人的觀念中，對於「行銷」一詞即表示「銷售」或「廣告」。然而，行銷的真正意涵卻不是如此簡單，主要的行銷概念應以「滿足消費者的需求」為主要的目標。管理大師彼得‧杜拉克曾說過，行銷的目的在使銷售成為多餘，也就是說行銷是在真正的了解消費者，提供合乎其需求的產品或服務，屆時銷售功能已包含在內。Philip Kotler（2003）對於行銷的定義為行銷是一種社會性和管理性的過程，而個人與群體可經由此過程，透過彼此創造與交換產品及價值以滿足其需要與慾望。而行銷的定義是基於以下的核心概念所構成：

（一）**需要、慾望與需求**（Needs, Wants and Demands）

　　1. 需要是存在於人類生理狀態及生活環境中，如：食物、衣物、住所、安全、歸屬、受尊敬等，以維持生存，而非社會或行銷人員所創造出來。

2.慾望是指比維持生存更深層的需要之特定物的渴望。人類的慾望會受到社會力量影響，而被形成及改變。

3.需求是指對於特定產品的慾望，而有能力及意願去購買。

(二)產品（Products）

產品為包括任何可滿足人們需要或慾望的事物，可為實體產品，亦可為看不見的服務。

(三)價值、成本與滿足（Value, Cost and Satisfaction）

價值是指消費者評估產品可以為自己帶來的滿足程度。以消費者角度來看，成本即是產品的購買價格。所以消費者在購買產品時，會同時考量產品價值與價格，為邊際價值最大的產品所吸引。

(四)交換、交易與關心（Exchange, Transactions and Relationships）

「交換」是指從他人之處取得自己所欲得目標物，同時以自身的東西做交換。而交易則是將交換加入測量單位。若是以物品和貨幣相互交換，則是「貨幣交易」。在交換中不涉及金錢的以物易物，稱為「易貨交易」。

關係是指銷售人員和自身的顧客、供應商、經銷商、零售商等利害關係人建立一種具有承諾、信賴感的長期合作關係。藉由此關係，行銷人員可降低交易成本與時間，最終變成公司的獨特資產，以合理的價格提供最好的產品及服務。

(五)市場（Markets）

市場是由具有需要與慾望，並且願意和能夠進行交易以滿足自身需求和慾望的現存及潛在各顧客所組成。

整體而言，行銷觀念是以追求利潤為目標，滿足消費者需求為策略方向，利用整合公司基礎資源作為手段，可參照圖 4.1.1。

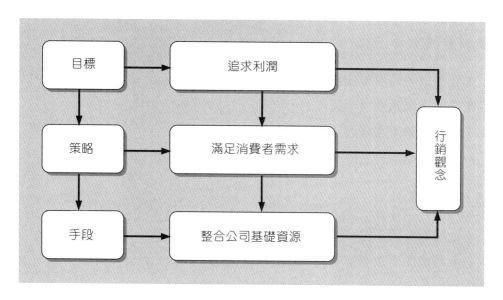

圖 4.1.1　行銷觀念

 # 全球行銷（Global Marketing）

　　伴隨著全球化，世界距離逐漸縮小，企業跨國經營已成為影響企業營運的重要趨勢。「全球行銷」一詞最早使用於 1980 年代的早期。在這之前，國際行銷（International Marketing）和多國行銷（Multinational Marketing）通常被用來形容國際行銷的活動。國家間因為人種、社會文化、政治、經濟等環境不同，造成顧客偏好、競爭者、配銷通路及溝通媒體不盡相同，意謂在一個國家行使非常成功的行銷策略往往不適用於另一個國家。跨國行銷實務的相異，一般的行銷方式無法適用於跨國企業，遂有「全球行銷」一詞形成。所謂全球行銷即是企業的行銷範圍跨越國界，而在一個或是數個國家進行行銷活動者。全球行銷的重要任務即是以一個策略核心為主軸，如何在可承受的成本範圍之下，差異化行銷策略使其可以適應每一個國家（Gillespie, J. & Hennessey, 2004）。

　　促使廠商從事全球行銷的活動大致可分為兩類：

(一)國內市場機會不佳

1. 經濟成長緩慢或國民所得偏低等經濟因素；
2. 國內市場飽和；
3. 政府壓迫產業發展或課稅繁重；
4. 國內競爭趨於激烈，利用國際行銷活動回應競爭者的入侵。

(二)國外機會吸引

1. 他國對於國外投資限制較低；
2. 國外產品需求增加，追求國外潛在顧客；
3. 顧客移至國外；
4. 國外經濟成長，國民生產毛額提高；
5. 尋求較低廉的生產要素。

除了國內外因素造成企業從事全球行銷活動之外，在行銷活動進行的同時，企業亦可從全球擴張中獲得利益。

(一)移轉特異能力

特異能力是使企業達到卓越效率、品質、創新及顧客回應的獨特優勢，通常擴張這些能力和自身的產品至國外可以獲得巨額的報酬。

(二)取得位置經濟效益

位置經濟是指將價值活動移轉到最適合此活動的地方，只要是運送成本和貿易障礙的許可下，將價值活動移轉到最適合的地點具有兩種效果：(1)降低創造價值成本最低的地方，例如：將生產活動移至勞力密集的地區；(2)使企業所提供的產品達到差異化，並收取溢價，例如：將服裝設計部分移至法國等時尚都市，可以幫助設計不同風格的產品。

(三) 下滑經驗曲線

由於所要供應的市場已非侷限國內，而是全球市場，為因應全球的需求量，企業需大量提高產能以供給需求。藉由快速提高產能，伴隨著規模經濟和學習效果，企業將可快速地下降經驗曲線，而得到成本降低之優勢。

 ## 全球行銷概念之發展過程

一個進行全球行銷活動的企業，並非一開始就從事全球性的活動，而是從滿足國內顧客需求為基礎，再慢慢將業務拓展至國外。全球行銷概念並非直接出現，而是有其發展過程，以下簡述之：

(一) 國內行銷（Domestic Marketing）

國內行銷的主要目標市場為單一國內市場，只面臨到單純的國內競爭、經濟條件限制和市場問題。雖然企業在國內會服務不同市場區隔的顧客，基本上只需要注意到國內顧客需求的變化。

(二) 出口行銷（Export Marketing）

出口行銷的特色為在企業營運和產品生產皆是在國內進行，最後再將產品行銷至國外。出口行銷最大的挑戰即是如何透過市場研究選擇適當的市場。對於國外的行銷方式因為成本上考量，會和國內大同小異，所以限制了市場特色必須要和國內相同，行銷策略才能符合國外顧客需求。加上出口通路的適當選擇，企業才能順利地將產品運往國外。而國際出口商間的產品流動是出口策略的主要部分，必須掌握對市場熟悉度、運費及出口的知識。當然極為類似的國家市場特色也不完全一樣，所以企業在進行出口行銷時，也必須注意到產品也要些微的改變以因應國外市場。

(三) 國際行銷（International Marketing）

當企業進行國內行銷時，即更直接深入國外的市場環境。國際企業也許會擁

有海外子公司，並且針對國外市場實行及發展完整的行銷策略。若是企業要執行國際行銷時，必須要決定如何調整整體的行銷策略以因應國外市場；包括要如何銷售、廣告的特色、產品分配等，以配合新開發市場的需求。了解當地不同的社會文化、政治、經濟環境是國際行銷策略成功的重要因素。實際上，國際行銷範疇在於對國外環境的認識及幫助管理者了解國際市場的差異性。

㈣跨國行銷（Multinational Marketing）

跨國行銷是針對不同國家的目標市場，執行適合每一個國家的差異化行銷方式。在進行跨國行銷策略之下，大部分都會發展為跨國的股份有限公司，這些公司的特色即是具有廣大的海外資產投資，在每一個國際目標市場當地中皆設有海外公司負責營運和行銷。跨國行銷最大的挑戰即是對於不同的目標市場，個別發展適合的行銷策略，特色為行銷策略當地化。雖然跨國行銷是在不同的國家中，為了配合當地環境而發展策略，以完全滿足當地的市場需求，但因為策略執行範圍不及全球，失去了和原料供應者及產品配銷者的議價力。加上在單一國家執行適應性之行銷策略，所以當總公司有新的行銷計畫時，其產品發展和促銷無法在不同國家間之海外子公司相互流通，造成整體營運上成本的浪費。

㈤區域行銷（Pan-regional Marketing）

對於不同國家市場進行不同行銷策略的跨國行銷具有經濟不規模的現象，所以許多企業紛紛轉向區域行銷。區域行銷是針對具有類似社會文化、政治或是經濟環境的國家執行相同的行銷策略。區域性策略強調將數個國家視為同一個區域，利用區域經濟和政治整合的方式發展行銷策略，例如泛歐洲策略即是針對歐洲國家的行銷策略。其他的例子例如北美地區，包括美國、加拿大、墨西哥等制定北美自由貿易協定之貿易契約。企業之所以會考慮區域行銷主要目的為在執行行銷策略時，尋求國家間之綜效而達到效率化。

㈥全球行銷（Global Marketing）

全球行銷的意義為在全球市場，針對產品或服務執行單一整體的行銷計畫。在最近幾年，企業慢慢意識到若整合及創造全球規模的行銷計畫，將會具有經濟

規模的機會和競爭力的提升。和跨國行銷不同的是，發展全球行銷策略時會同時考慮每一個國家，並且致力於發現國家間的共通性。執行全球行銷的企業追求可以運用在全球市場的基本行銷策略，但卻保有些許彈性可以適應當地市場需求。這樣的行銷策略會被激起的因素主要為許多國家間的環境和顧客需求漸漸偏向一致性。在執行全球行銷最大的挑戰為如何設計可以在跨國家運行自如的行銷策略，並且保有可變異的空間，以適應不同國家的環境。在企業追求全球行銷時必須要熟悉國際行銷策略，因為在設計全球行銷計畫時必須要了解許多國家的文化、經濟和政治背景。再者，執行全球行銷時不可存在考慮完全適應當地的策略，才能達到不違背基本全球行銷策略的本意。管理全球行銷技能已是目前可達全球市場行銷成功的重要因素。

二　全球行銷環境

　　在外國市場所遇到的問題和國內是不相似的，加上因應環境不確定性而制定的多樣化策略，使得外國市場對於每個企業都具有獨特性。選擇市場與策略時，環境特性是必要的考慮因素。在企業面臨環境變化時，可分為不可控制變數（Uncontrollable Variable）和可控制變數（Uncontrollable Variable）。不可控制變數是處於企業之外，無法利用自身的力量來影響，如競爭、法令限制、政府控制、氣候、技術水準及顧客行為等。雖然企業無法影響這些不可控制之變數，但能可藉由內部持續地調整和接受以導致企業之成功。另外，企業的另一項挑戰為如何在不可控制變數的市場環境架構之下，整合及協調可控制變數以利企業做出適當的決策，如在產品、定價、促銷、配銷和研究發展等。因為每個國家的經濟、政治法律及社會文化環境不盡相同，但市場之規範和觀點是在企業制定策略時必須要被接受的，因此如何配合外在的環境來制定出因應的可行策略以達到綜效是企業所需考量的。

　　從圖 4.1.2 的可控制變數來看，此部分是企業可以因應外在環境限制條件下之前提，發展行銷策略組合，以創造最佳的市占率及利潤。在可控制變數的外圍即是存在於企業之外無法掌握的國內市場環境之不可控制變數，它可以直接影響

企業在國內市場的成功生存與否。當企業進行國外行銷，即面臨到與國內市場截然不同，如政治穩定性、社會階層結構和經濟特性等國外市場環境之不可控制變數，而這些環境特色皆是影響企業決策的重要因素。而像市場 A、B、C 非企業之主要目標市場，但其市場環境不可控制變數仍會是間接影響到目標市場的環境變動，進而使企業決策必須改變。由此可知，每個市場皆是環環相扣，當企業在進行決策，除了目標市場環境動向之掌握外，對於目標市場有關聯的國家環境也須熟知，以制定對企業本身最有利的決策及策略。而影響國家環境的主要面向不外乎有經濟、政治法律及社會文化環境。因此，以下針對此三部分加以探討。

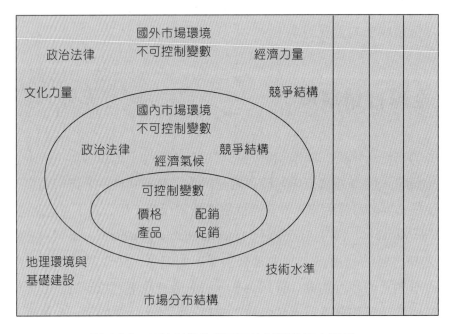

圖 4.1.2　可控制變數與不可控制變數間之關係

經濟環境

　　若要分析一國之經濟環境，可從經濟制度、市場發展階段、國際收支平衡表及匯率等方面來了解目前國家概況。

(一)經濟制度

全球的經濟制度可依資源分配的方式不同及資源所有權的不同分兩種面向，主要包含四種主要的制度，如：市場導向之資本主義（Market Capitalism）、中央政府主導之社會主義（Centrally Planned Socialism）、市場導向之社會主義（Market Socialism）和中央政府主導之資本主義（Centrally Planned Socialism）（如圖4.1.3）。

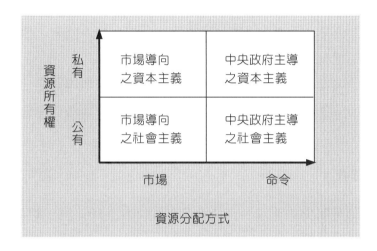

圖 4.1.3　經濟制度

1.市場導向之資本主義

在此經濟制度下，由個人及公司自由分配私有生產資源及財產。由顧客決定所需之產品，由企業決定該生產哪些產品及生產數量之控制，而政府的角色為促進公司間之良性競爭及保護消費者的權利，是一種自由經濟制度。市場導向之資本主義為目前世界上廣泛採用，大多數在北美和歐洲國家施行。

2.中央政府主導之社會主義

政府在國家經濟制度中占有極大的主導權，可以從事認為對國家經濟有幫助的公共服務。國家的規劃採行由上至下的決策方式，決定該生產哪一類的產品、生產多少，而消費者能決定自身所得的分配。此制度的主要特性為政府具有整體產業和個別產業的所有權。因為國家掌握整體生產，通常產出小於需求以避免過剩現象，為產出導向之市場特性，因此行銷組合的要素不被用來當作策略性的變

數。在此制度下，產品差異化、廣告或促銷無法作為提升利潤的策略，為了避免中間商的剝削，政府亦對於配銷通路加以控制。

3.市場導向之社會主義及中央政府主導之資本主義

基本上，單純之市場導向之資本主義和中央政府主導之社會主義普遍不存在。大部分的國家皆是公私有資源擁有及命令式和市場之資源分配方式並行。若純粹的市場導向之資本主義，較無競爭力的中小企業在市場上無法生存，最後的結果為市場資源及獲利被少數企業所壟斷。而經濟制度為中央政府主導之社會主義最大的問題為企業之生產皆由國家所支配，所得也皆為公有，導致人民生產力減弱，缺乏創新機制。

在公有整體環境內，進行市場的分配政策稱為「市場導向之社會主義」；反之，廣泛地使用命令式的資源分配方式分配私有資源，稱為「中央政府主導之資本主義」。

(二)市場發展階段

每個國家隨著歷史的演進，市場發展階段亦會有所不同。世界銀行（World Bank）以國民生產毛額（Gross National Product, GNP）為基礎，發展出包含四個階段的分類制度（圖4.1.4），分為高所得國家、中所得國家、中低所得國家及低所得國家。雖然依國民生產毛額來界定每個國家之發展階段是不明確的，但處於同一市場發展階段的國家通常具有相同的特性。

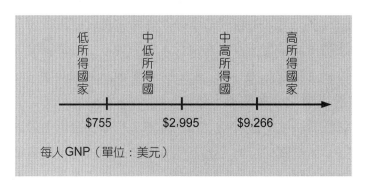

圖4.1.4　國家發展階段

1. 高所得國家

高所得國家稱為先進、已開發、工業化或是後工業化國家。平均國民所得超過 9,266 美元以上，除了產油國家之外，皆是經由國家經濟的成長來帶動高所得水準。在高所得國家中，美國、日本、德國、法國、英國、加拿大、義大利和俄羅斯被稱為八大工業國（Group of Eight, G8），將全球經濟帶往繁榮之趨勢，推動經濟全球化、政治民主化、解除貧窮。另外，由高所得國家所組成的機構為經濟合作發展組織（Organization for Economic Cooperation and Development, OECD），主要任務為讓成員都可達到最高程度的持續成長，改善國民經濟與社會福利制度。可知，高所得國家所重視的是國家生活水準的提升，在產品與市場機會上較依賴新產品與創新。

2. 中高所得國家

中高所得之國家，人民所得是介於 2,996 和 9,266 美元之間。國家因為工業化及都市化，農業人口急速下降，如巴西、智利、匈牙利及馬來西亞等。因為快速的工業化及工資上漲，人民的識字率和教育程度提高，帶動生活水準提升。具有工資成本較先進國家低的特色，可規劃國內生產機制，增加產出，以出口導向促進經濟成長。

3. 中低所得國家

中低所得的國家平均國民所得為 755 至 2,955 美元之間。通常被歸為低所得國家和中低所得國家皆被稱為低度開發國家，亦可稱為新興市場。處於工業化初期，技術發展在全球基本科技階段，工業產業大多供應國內市場之民生基本用具，如成衣、建築材料和包裝的食品。國家優勢為具有廉價之勞工，在標準化及勞力密集的產業具有強大的競爭力，為世界市場的潛在競爭者。

4. 低所得國家

低所得國家國民平均國民所得低於 785 美元，具有農牧業勞力密集、工業化程度低、高出生率、低識字率、政治不安定等特性。許多低收入國家都具有經濟、社會和政治不穩定的環境，在這些國家投資及營運的風險相對提高。因為國家不具有外國投資的吸引力，加上國內經濟制度之不健全，導致國家成長緩慢。

(三)國際收支平衡表（Balance of Payment）

國際收支平衡表為記載國家在某一期間內，本國與世界各國經濟之交易狀況。交易若是從國內居民購買資產（產品或是服務），使得國外的負債減少，表示國內資金流出；反之，交易是由國內居民賣出資產，增加國外負債，表示國內資金流入。而國際收支平衡表包括經常帳、資本帳及勞務帳。以下分別詳述之：

1. 經常帳

主要記載國家產品（Goods）、勞務（Service）及單邊移轉支付（Unilateral Transfers）之交易情況。產品意指利用貨幣來衡量國家之實體產品之國際交易。勞務即是用貨幣衡量較廣泛而多元的國際交易，例如：運輸之服務、旅遊諮詢業務、乘客服務、專利權版稅、租金或是投資所得等。而單邊移轉支付是指其贈與及撥款至海外，像是私人匯款、個人之贈與、慈善捐款等。若一個國家的經常帳是負的，發生貿逆差；即是進口的貨幣支出大於出口的貨幣流入。反之，若是經常帳為正，即發生貿易順差；進口的貨幣支出小於出口的貨幣流入。

2. 資本帳

資本帳為記載國際投資及資金流動，主要可分為兩個部分；短期交易和長期交易。短期交易期限為不超過一年，像是購買票據、有價證券、外匯及商業票據等。而長期交易是指超過一年以上，可分為直接投資和組合投資。直接投資是指企業在外國設置海外子公司或是分公司，具有管理的權力。而組合投資最大的特色即是對於國外資金營運並無管理權，例如：購買政府公債。

3. 勞務帳

而勞務帳是指官方準備變化的部分。當經常帳和資本帳之加總發生順差時，官方準備就會增加；相反地，若經常帳和資本帳之加總為逆差時，官方準備就會減少。

(四)匯率

匯率是指國家間貨幣兌換比例稱之。而一國貨幣的價值上升，即是貨幣升值；反之，貨幣的價值下降，稱為貶值。外匯市場交易顯示出供給和需求的力量，主要目的為全球貨物與服務貿易的銷售。當一個國家的貨品貨服務之賣出大

於買入時,則國家的幣值就要傾向於升值,以減少出口,增加進口。而中央銀行在此即扮演非常重要的角色,因為央行是本國貨幣供給最佳的控制者。然而,外匯市場之變動並不隨著貨物及服務貿易買賣而變動如此簡單,長短資金的流動才是外幣匯率的主要供需來源。短期資金隨著利率而變化,長期資金則對於預期報酬率非常敏感。結果顯示,貨幣投資者對於貨幣市場的影響力或許高於政府中央銀行。

 ## 政治法律環境

要在一個國家合法地進行全球行銷活動,勢必要經由當地政府之許可。了解國家之權力政府機構、政治黨派及政治組織之關係,有助於行銷活動之進行。因此,企業至他國從商必須研究當地政治文化環境,並分析政治相關之議題,如國家主權特色、風險和政府對於外商投資所採行之管制措施。

(一)國家主權特色

要了解國家決策之訂定及政府和企業間的關係,最有幫助之方法為研究當地的政治體系。可藉由民眾享有政府主權之程度將國家政治體系劃分出是民主主義、獨裁主義或是君主主義。民主主義國家讓民眾擁有選舉之權利,所以政府之政策較能反映民眾之意願。不論是哪一種政治體系的國家,皆具有維持國家政治環境穩定之使命。通常具有自我保護、確保國家安全、促進經濟繁榮、強化國家威望、明定國家民族意識型態及保有國家文化特色等目標。

(二)政治風險

政治風險為當某一國際企業到外國投資,在當地進行行銷活動時,受到當地政府的限制,而有虧損或倒閉的風險。基本上,造成政治風險的原因為當地居民對於政府政績之預期和實際的落差性,這通常發生在低所得的國家。政治風險和經濟發展程度大致成反向關係。經濟發展程度低的國家因為人民生活水準低,普遍期望政府能以加速國家經濟繁榮為導向來制定國家政策,將來可以跳脫貧困之生活。而政府績效未顯著時,民眾常會因為基本需求尚未滿足而情緒不滿,引發

暴動，推翻執政政府。高所得國家中，因為民眾預期政績和實際差距大所導致之政治風險則不高，大部分也許是因為宗教或是文化方面之衝突所引發的政治風險。

政治變動常引發經濟衰退，導致貨幣貶值，投資風險相對提高，造成已投資企業血本無歸。但企業常因評估政治風險之成本過高，加上缺乏當地政治變動的知識及敏感度而無法準確地預測，在規劃全球整體行銷策略時忽略這項重要之因素。不同企業對於政治風險也有不同的看法，當中小企業欲做最小的投資，但積極且具創業精神，政治風險較大的國家常具有較大的市場潛力；反之，較為保守或是欲投資較大金額的公司，在面對政治風險較大的國家會抱持較為悲觀的看法。

企業若欲規避政治風險，除了觀察將要投資國家之政治環境，可透過購買保險。在許多已開發國家中，通常皆設有保險機構以保障投資海外事業的公司，如美國設立 OPIC（Overseas Private Investment Corporation）保障私人企業在經濟水準開發較低之國家投資。也可和當地企業合作，降低開發外國市場的成本，風險程度亦較低，以較有效率的方式進行行銷活動。

(三)政府制定國外企業投資之規範

政府通常都會制定法律或是採取某些規範措施來影響外國企業在國家內進行投資的能力。也許會採取匯率的變化以間接影響企業之投資，或是利用法定措施以直接影響企業在國家投資的成功或失敗。

1. 政府補助（Government Subsidies）

政府期望對於整體經濟可以帶來全面效益之提升時，常會實施政府補助。政府常藉由直接或間接之補助，提升當地企業生產的意願，以增加出口量提升國家收入，亦提升就業。且強化當國企業對抗外國企業的效益，增加競爭力。最直接補助方式為政府對於企業生產每一單位的產品而補助固定金額的方式，即生產愈多，補助愈多。而間接的補助方式為提供企業生產時所需的原料，例如：製作鋼鐵零件的企業提供其所需之鋼鐵。

2. 所有權之限制（Ownership Restrictions）

政府有時會要求外國企業必須將部分股權、所有權或管理權釋放給當地企業。例如：印度政府規定外國公司之所有權或是股份不得超過 40%。此種限制會針對所有產業的外國公司，或是一些較為關鍵性之產業。

3.營運限制條件（Operating Conditions）

當要限制企業在國內營運時，政府會建構法令機制以執行規範，通常政府會干預企業在本國進行之產品設計、包裝、定價、廣告及促銷活動等。當這些營運的限制條件是針對跨國企業或是外國企業時，即降低其競爭能力，對於本國企業亦有保護之作用。其中一項營運之限制為經營許可或簽證（Work Permit or Visa），針對跨國企業之管理人員或是技術人員欲在本國設立分公司或海外子公司，必須經過當地政府核准，申請合法經營。另外自製率之要求（Local Content Requirement）為外國公司到本國設廠時，當地政府要求產品中之零件有某一固定百分比要在本國購買或製造，可以降低產品關稅。

4.公司聯合抵制（Boycotts of Firms）

在某一產業或相關產業中之國內企業聯合對抗外國公司。公司聯合抵制也會造成外國企業失去競爭力而完全退出本國市場。

5.接管（Takeover）

接管的意義為當地政府採取某些行動，使得外國企業喪失所有權或直接的控制權。象徵收為國有化（Expropriation）是一種常見、合法的方式，政府以有償或無償的手段將企業營運納為國有。

6.價格管制及配額限制

價格管制為政府對於進口商或外國之分公司及海外子公司，在產品售價上訂定上限值，廠商銷售價格不得超過法定上限。而配額限制即為限制廠商在本國當地銷售產品的數量。此兩種都是直接針對企業在面對市場時所做的限制規範。

企業在外國市場上進行行銷活動時，在當地國家除了有政府規範管制之外，尚有其他壓力團體限制企業之活動。如工會（Labor Group）、政治團體（Political Group）、環境保護團體（Environment Group）、當地同業公會（Local Business Group）及非營利事業組織（Non-Profit Organization）。在當地國家，這些團體對於企業經營時也具有相當之影響力。例如：某一企業在從事生產及製造時，造成當地國家環境污染，環境保護團體也許利用法律訴訟或走上街頭示威等激烈的方式來嚇阻企業營運。所以當企業在從事全球行銷時，除了要了解國家政治環境之外，其他壓力團體之力量也不容忽視。

除了國家政府所訂定之法律規範會影響企業之策略經營方式，亦有國際或全

球的法律規範是企業在進行行銷活動時所須注意的。如英美海洋法（Common law）源自於英國、美國、加拿大及其他提倡共同財富之國家。法律中的條文大多是根據社會規範而來，意謂法律反映出人民之基本信念和習慣。在法院進行判決的過程中，人民具有較大的權利影響判決結果。成文法（Civil or Code Law）以傳統羅馬權威的法律所衍生出來的，主要盛行於歐洲國家或是其他歐洲國家殖民的地方，如拉丁美洲。成文法所包含的法律規定範圍較廣也較精確，且法官在判決進行時扮演極為重要的角色。而英美海洋法和成文法最大的不同就是對於商標法的規定。在成文法中，商標之使用以最先登記之企業為商標權擁有者；但在英美海洋法，商標權決定於最先使用者，即是在企業在別人登記前就已經開始使用此商標，但卻未進行法定程序登記通過，仍有可成功地保有商標擁有權，使得其他企業不得進行合法登記。其他仍有伊斯蘭法律（Islamic Law）盛行於伊斯蘭回教之國家，主要以家庭規範之法律為主，而商業貿易規範依國家的不同而保有各自的特色。執行共產法（Socialist Law）的主要國家為俄羅斯和中國，以馬克思主義為精神，經濟權力集中為主要特色，對於商業貿易規範尚未發展完整。

社會文化環境

　　國家之社會文化環境是影響企業在執行全球行銷之最須著重的考慮因素。人自出生到長大，從食物、衣物到住所，無不受到國家文化所影響。而企業進行行銷時，終極目標就是要滿足顧客，而顧客行為是由社會文化環境所塑造，因此國家社會文化環境之變動進而影響企業行銷策略。文化可定義為：由一群人所共同建立，並且透過世代相傳才得以形成之「人類的生活方式」。組織人類學家Greet Hofstede（1991）認為文化是「用來區別某群成員與其他成員之集體心靈語言」。文化包含的層面相當廣，大致可分為物質文化與非物質文化。顧名思義，物質文化為有形之物品，包括食物、衣服等看得見的。非物質文化為無形的，深植於人民週遭之生活環境，如：社會環境、語言、教育及宗教等，所以分析社會文化環境必須要以總體觀進行之（見圖4.1.5）。

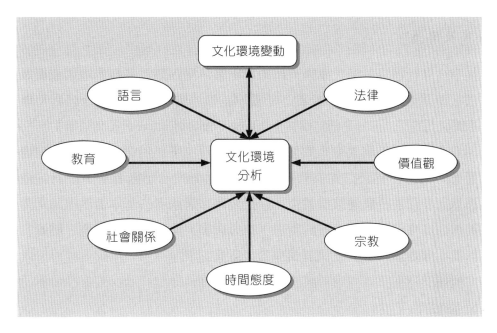

圖 4.1.5　文化環境分析

(一) 宗教

　　大多數的企業家常會忽視宗教對整體行銷環境所帶來的影響。宗教決定了民眾對於社會結構及經濟發展的態度，傳統和規範也許支配哪些產品會服務可以被購買？何時購買？誰可以採取購買的動作？宗教的教義、方式、節日及歷史，皆直接影響不同信仰的民眾對於行銷活動的不同反應。而宗教及節日也帶來產品及服務銷售的高潮，如：台灣所重視的過年，帶來零食和水果產業的銷售漲幅不小。

(二) 態度、信念與價值觀

　　態度是透過學習而形成的傾向，對待某些特定事物的態度趨於一致。信念為個人對於生存世界真理的認知，是一種有組織的意識型態。價值觀可定義為一種較為持久的信念或認知，對某些特定的行為模式和規範有特定的偏好。而任何一個大文化之下，皆存在次文化，定義為群體中有一小群具有相同的次要態度、信念與價值觀，次級文化也是企業在進行國際行銷時之利基市場。

(三) 語言及溝通

　　從事全球行銷活動時，語言是用來和顧客、通路商及其他本地國家民眾溝通的方式。產品名稱、廣告文案或是音韻的差異，皆會讓企業的行銷活動慘遭失敗。而溝通上的文化可分為低結構文化（Low-Context Culture）和高結構文化（High-Context Culture）。前者為較直率地，在任何情況之下，用語言和文字即可表達所有的意念，大部分的西方國家皆屬於此種溝通方式。而後者是屬較為沉穩內斂的，訊息大多存在於溝通結構當中，包括背景和溝通者的基本價值觀，常要利用其他肢體語言來輔助所要表達的意思，東方國家大部分皆屬於此種。例如，日本人常以鞠躬來表示自身對別人非常尊敬及敬重之意。

(四) 教育

　　在每個國家，基本教育之程度皆不盡相同，而結束基本教育之後，繼續升學或外出工作的比例也不一樣。在美國大部分的學生在基本教育結束後，皆會繼續升大學繼續就讀。而像英國或德國等，會進行技術教育，以強調實務經驗。不同教育程度的國家消費能力也不一樣，較高教育的國家平均工作機會較好，年收入亦較高，可以負擔較高之消費，且分公司或海外子公司也會聘用當地居民作為較高階的主管。而較低教育程度的國家通常經濟發展較低，外國公司較不會採用本地之勞動市場作為公司管理階層，但本地具有工資低廉的優勢，可僱用民眾協助較為末端的營運，如組裝等。且大部分經濟發展低的國家具有人口眾多的特性，因此消費市場可作為企業之利基市場。

(五) 時間態度

　　不同文化意識型態，對於時間的態度也不一樣。單一文化（Monochronic Culture）意指在同一個時間內，只能進行一項任務，例如美國他們非常依賴行事曆，必須將要處理的事務一件件依照輕重緩急排好。另一種文化為多重文化（Polychronic Culture），是指可以在同時間內處理多項事務。

　　另外還有及時導向（Temporal Orientation）的時間觀念。在比利時或墨西哥等國家，強調「目前」的時間觀，著重及時行樂。美國為以未來為導向的國家，在

工作上以達到未來目標為任務。像歐洲和中東文化的國家，以過去為導向，講求過去成功的經驗和關係。

而 Hofstede（1980）提出四個構面來比較不同國家的文化。以下分別論述之：

1. 權力距離（Power Distance）

指社會接受權力分配不均的程度。高權力距離為社會接受權力分配不均的程度較高，如執行共產主義的國家；反之，低權力距離為社會接受權力分配不均的程度較低，如美國、歐洲國家等。

2. 個人主義文化（Individualist Culture）與群體主義文化（Collectivist Culture）

個人在社會中融入群體的程度。個人主義文化較關心自己的興趣和自己家庭有關的事物，如美國與歐洲。而群體主義文化的社會成員較注重團體間的凝聚力，將個人目標置於群體目標之下，如日本。

3. 男性特質（Masculinity）與女性特質（Femininity）

男性特質為較具有雄心大略、有競爭力且較關心物質上的事物，如日本及奧地利等國家。而女性特質為講求心靈上的平靜、不具攻擊性、著重關心，如北歐、荷蘭和西班牙等國家。

㈥不確定性的規避程度（Uncertainty Avoidance）

指社會成員對於未來不確定或無法掌握情境之容忍的程度。高度不確定性規避程度為較不安、缺乏耐性、情緒化且較為悲觀，如希臘和拉丁美洲等國家。低度不確定規避程度的特性為較為寬容、沉穩且對於未來採取較樂觀的態度，如愛爾蘭和瑞典等國家。

但 Hofstede 的理論可分析社會文化的特色，卻無法解釋文化與經濟發展的關係。Hofstede 所提出的理論較適用於經濟成長已成熟的西方國家，無法映證之後經濟起飛的亞洲國家。於是後人提出長期導向（Long-term Orientation）及短期導向（Short-term Orientation）。長期導向是指追求未來的人生目標，對於之後的發展極為重視，期望目前的規劃在未來可以實現。

文化的共通性對於企業是一種機會，可針對此共通性將行銷策略標準化，可降低差異化所帶來的成本，再依據不同國家間些許的差異做些微的改變以因應當

地。而所謂的共通性即是所有文化間共同的生活行為模式。例如：西方國家的食物講求速度和便利，對於民生用品特性為可拋棄的。所以在進行全球行銷時，可著重於此特性來設計產品及行銷方式。另外，企業也可藉由全球環境的研究，找出具有相似文化特性的國家作為目標市場，以便行銷策略的標準化。

三　分析全球市場機會

在了解全球市場環境分析後，即要開始分析市場機會以幫助企業發現利基市場，選擇目標市場。因此，行銷者在選擇市場和制定行銷策略之前，皆會事先做市場調查，除了可避免企業承擔過多的風險，也可讓行銷活動較為成功。

市場研究

全球市場研究主要的目的在於當企業在進行全球行銷活動時，可提供適當的資料及具有說服力的資訊。全球市場研究和本國市場研究最基本的不同之處在其所包含的範疇較廣，且不確定性更高。在進行全球市場研究時所必須取得的資訊主要可分為三個部分：(1)關於區域、國家或市場之一般基本資料，如氣候特徵、經濟概況或人口結構等；(2)在特定市場或國家中，從預期的社會、經濟、顧客和產業潮流所得出的資料，可以預測未來市場的必須條件；(3)所蒐集到的資料可以幫助企業制定行銷決策及策略，如產品、定價、配銷及促銷等，並協助發展行銷計畫。在進行國內行銷，通常以第三項為主，因為此類的市場較易由第二手資料取得。

全球行銷研究常幫助企業做出策略性決策（Strategic Decision）和戰略性決策（Tactical Decision），策略性決策包括決定目標市場為何？如何進入？何時進入？及產品要在何地組裝可減少成本等議題。而戰略性決策則包含特定的行銷組合，像是廣告、促銷及銷售的數量等，此資料都是需要在目標市場試售後才可得到數據資料。雖然做法和國內市場研究相似，但複雜度卻因國家間變動的文化及環境而提高許多。所以在進行全球市場研究時，所面臨的挑戰主要有：

1. 國際市場環境的複雜度較高，國家間存在極大的差異性，企業常會缺乏國家外國市場所重視的市場資訊之熟悉度。在進入市場之前，對於市場規模、顧客需求、競爭環境及相關政治法規資料的掌握，還有產品定位及行銷組合決策等皆需要加以整合。市場研究可提供企業想進入市場時所需的資訊，提供產品在外國市場發展的方向，以避免因不適當的策略及喪失機會而導致錯誤的發生，使投資成本增加。

2. 在做市場研究時，第一手資料較具有研究價值，但往往成本較高。而第二手資料雖較易取得，但卻非常有限，所以市場研究者常要以較高的成本取得第一手資料，抑或是接受有限的第二手資料之兩難的局面。

3. 在不同國家間擁有不同的研究資料，而因國家的文化及環境不同，資料間不易建立比較或相等的機制。像是在歐洲國家，對於家庭主婦、社會階級、所得及顧客的定義就非常廣泛。在愛爾蘭，對於兩性關係的定義為單身、結婚及配偶死亡三種，但在拉丁美洲國家，存有同居的定義。而腳踏車在不同的國家定義也不一樣。北美國家，腳踏車被視為休閒器材；但在中國大陸，被視為重要的交通工具。單單在地理及文化上特徵上的不同，市場研究者也受到極大的挑戰。

　　全球市場研究常會受到時間及成本的限制，而市場環境本身也會影響到資料取得難易程度，若是處於較為封閉、經濟落後的國家，國家內並無將國內環境資訊蒐集及整合，則企業便不易取得第二手的資料。因此，企業本身必須在具有條件限制之下努力取得準確且有信度的資料。全球市場研究最為關鍵的成功因素為需要有系統且循序漸進的分析方式，以下為市場研究的步驟。

　　1. 明確定義所要研究的問題，並建立研究的目標；

　　2. 決定資料的來源以滿足研究目標所需；

　　3. 在研究過程中，必須考量成本及所能帶來的效益；

　　4. 從第一手或第二手資料蒐集相關的資料，並將兩項資料整合分析；

　　5. 分析、翻譯及摘要所得到的結果；

　　6. 將結果有效率地呈報給決策者。

　　在任何的市場研究當中，最為重要任務即是定義問題，同時決定哪些資訊是符合問題的，這些初始的研究可能要花上幾個禮拜，甚至到幾個月。接下來即面

臨到選擇適合的方法論，要對哪些對象進行研究，如何建立一個架構去引導整體的研究？雖然在每個國家的研究步驟皆大同小異，但因為國家間之文化及發展存在差異性，使在研究過程中遇到變動及問題。這些差異性表現在社會經濟條件、經濟發展的水準、文化環境或競爭市場結構中。但並非所有國家間皆無相似性，像在分析北美國家時，因文化環境相似度較高，所遇到的問題應該是雷同的。同理，分析歐洲國家亦同。市場研究者在分析之前，必須要先規劃問題，至少在大方向之下可進行整合統一。

在定義市場研究問題後，分析第二手資料為資料蒐集的第一步。雖然第二手資料有限，但可從一些公家機關或私有企業取得，且取得成本較低。像是網路搜尋引擎、銀行、諮詢機構、大使館、外國的委員會、圖書館及外國的雜誌等，皆是取得第二手資料的來源。企業必須依照研究的問題所需，去尋找適合的來源來蒐集資料。而第二手資料除了具有限的缺點之外，尚存有準確性之不明確、資料間缺乏比較性質及資料時間可取性受到質疑等問題。當企業發現到第二手資料受到懷疑且無法取得，行銷者面對的市場是需要準確的資料以迎合特定市場需求時，市場研究者即開始蒐集第一手資料。對於全球行銷者，蒐集第一手資料即要先設立研究工具，選定樣本，接下來才能開始進行蒐集，最後藉由文化的不同加以比較。

(1)發展研究工具（Developing a Research Instrument）

在發展研究工具的過程中，包括問卷的設計，和在不同的國家間因為此產品之推出，召集可提出建議的一群人進行討論。但因每個國家之語言和文法用語差異性極大，設計出一套研究工具能適用於每一個國家，是市場研究者所需思量的。問卷設計之翻譯主要目標，為如何讓回應者了解問題之意涵，且讓研究者了解回應者所要表達之意念。在翻譯的過程中，口語及方言常是語言轉換上較為困難的，所以在翻譯問卷時要根據不同的國家語言用法加以調整，以避免錯誤的表達。

(2)選擇樣本

在設計完工具及問卷後，研究者就必須挑選適當的受訪者。為了使調查出的資料具有可信度，研究者通常皆採用機率抽樣的方式來選擇受訪者，受訪者將隨機地被選出來調查。但在發展中的國家，因為資料及資訊缺乏，使得利用機率抽

樣的調查方式受到阻礙。而在人口眾多的國家當中，需要利用人口普查資料才可進行調查，但常因資料已許久沒有更新造成結果不確實。所以在進行選擇樣本時，因為受到許多外在條件的限制，研究者必須在這些條件之下選擇較為適當的抽樣方式。

(3) 蒐集資料（Collecting the Data）

資料蒐集的方式有很多種，可以用電子郵件的型式或僱用員工從事訪問的工作。在開發中國家，蒐集問卷資料的員工薪資皆不高，且本身也是被訪問的對象，常因員工對於問卷設計非常了解，而有資訊竊取的現象產生。在已開發國家此現象已採取保護措施，以保障研究者結果的價值。且研究者會透過再次訪問已訪問過民眾之方式，確認資料之正確性，以維護資料蒐集的品質。

(4) 從文化間比較研究（Comparing Studies Across Cultures）

國家間因為文化特性不同，使得受訪者對於問卷的熱衷度差異甚大，對於產品是採取中立的態度還是狂熱的態度，皆會影響資料蒐集的結果。在分析資料的過程中，研究者最為注重的為數量相等性（Scalar Equivalence）。例如：在問題等級為 1 到 9，受訪者的回答為 8，在不同的國家所表示的意義也不一樣。在拉丁美洲 8 表示對於產品缺乏極大的熱忱，但在亞洲，算是非常好的回應。另外，還有禮貌性偏視（Courtesy Bias），意謂受訪者猜測研究者希望得到什麼樣子的答案，影響本身對於問題真正的反應。不同的國家間，禮貌性偏視程度及方式也不同。所以在進行資料分析時，必須要考慮文化背景因素，以確保分析結果的正確性。

全球顧客行為

在進行全球行銷計畫時，所做的市場分析以顧客和市場競爭者為主要對象，此兩項因素決定市場的吸引力及未來企業是否可以在此市場持續賺取利潤。所以市場研究者皆會針對此兩項市場特徵做深入的研究。在此針對顧客行為加以探討，競爭態勢則在下一部分說明。

因為國家經濟和環境條件具有差異性，使得顧客所做的最終選擇也不盡相同。誰是真正產生購買動作的決定者、購買產品、購買的原因、購買方式、購買

時機及在哪裡購買？這些都會因國家不同而有不同的結果，所以假設全球市場的顧客皆用相同的選擇過程及準則，勢必導致失敗的行銷方式。因此，在每個國家中，了解潛在顧客及其選擇產品的消費方式，才能成功找出符合目標市場的行銷活動。在進行行銷方案設計過程中，最主要為能夠影響購買者的消費行為，使得顧客能在眾多競爭者中選擇本企業生產的產品。最重要的是，企業本身必須要了解真正的顧客是誰，在行銷策略發展過程中具有明確的方向。

消費者市場

全球消費者通常具有相似的需求。人在生活中皆需要基本需求，如食、衣、住、行與育樂等，進而需要較好的生活環境、較多的休閒時間及提高社會階級來提升生活品質。但消費模式因為各國人民的消費能力與購買動機不同，而有不同的消費方式。藉由滿足基本需求和慾望來提升生活品質，但並非所有的人皆有能力可以達成，而其他經濟、政治及社會結構皆會影響顧客滿足自身需求的能力。為了解顧客的市場，可以從三方面來看。

1. 顧客的購買能力

若要進行購買行為，顧客必須要有能力購買，而民眾之購買能力反應出國家的財富。能看出國家經濟之重要指標為國民所得毛額（Gross National Income, GNI），其反應出國家基本的財富狀況，也可看出國家潛在市場規模大小。而每個國民所得可以看出個人潛在消費能力的指標。國民所得依國家經濟發展的不同而有很大的差異性，可得知在經濟較為落後的國家，人民的購買能力較低。國家的財富分配狀況也是可看出市場潛力的指標，當一個國家只有高所得及低所得的人民，介於中所得部分極小；當企業的產品銷售對象為中所得的人民時，在行銷活動中就遭受到阻礙。因此企業在選擇目標市場及制定策略時，市場之所得分配狀況也是需要注意的。政府對於國內財富狀況的分配具有重要的影響力，可以透過政策的制定來影響國家的所得分配。例如：針對高所得的人民徵收 60%～70% 的所得稅，對於低所得的人民則不課稅，以縮減國家內財富分配不均的現象。評估國家財富分配狀況，可利用吉尼指數（Gini Index）來衡量，當吉尼指數愈高，表示國家貧富不均的現象愈明顯。

反常的是，屬於較低所得的國家中，人民對於消費性產品是較具吸引力的市

場。在許多發展中國家裡，所反映出購買能力較低之原因通常為許多的消費行為並沒有明定在官方資料中，稱為「黑市經濟」（Hidden Market）。所以當企業在進行國家所得研究時，除了政府所提供的資料外，對於國內非明示經濟活動也必須注意，避免低估目標市場真正的財富狀況。

2.顧客需求

馬斯洛（Maslow, 1987）民眾的需求分為五個層級，由低至高分別為生理、安全、社會、自尊及自我實現，民眾將在較第一層的需求被滿足後，進而尋求較高一層的滿足。

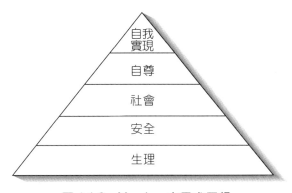

圖 4.1.6　Marslow 之需求層級

　　第一個階層的滿足為生理需求，主要為食、衣、住、行等維持生存的基本需求條件。第二階層為安全，為對於自身生存是否能穩定，避免遭受到危險等。第三階層為社會，主要為人們需要同伴的關心及愛等社會需求。第四階層為需要別人對於自己的尊敬，最後一個階層為追求本身的夢想及個人特質。行銷者可以針對每個國家的消費情況以需求層級加以分類，可明確地了解國家消費的分配狀況。通常在未開發的國家中，以滿足生理需求的產品消費比例較大。而在開發中國家，民眾常會捨棄基本需求的花費，將之轉為較為奢侈的產品，以滿足自尊的需求，建立自己的社會地位。而在已開發國家中、大部分的消費為滿足自身的興趣及休閒，以可達到自我滿足之產品及服務為主要的購買動機。

3.顧客行為

　　民眾的購買能力除了可了解國家的經濟狀況之外，也可反映出購買的動機。

雖然由購買能力可以全球市場內的人民依照相同所得之依據，歸納出許多區域，在同一個區域內的人雖具有相同之購買能力，卻具有不同的購買行為及動機。購買行為通常因為學習而形成，而學習從文化和習俗而來。文化因國家而具有差異性，造成不同國家具有不同購買行為的特性。最常見的例子為國家間對於顏色具有不同的認知。例如紫色在中國、日本及韓國等亞洲國家是表示高貴，但在美國卻是廉價的顏色。當企業進行產品包裝時，必須要依照不同國家間對於外觀的特別偏好採取反應的措施。另外，宗教對於人民的購買動機也有相當大的影響力，例如：沙烏地阿拉伯的宗教規範為禁止含有酒精的飲料。

家庭結構及角色在購買行為也占有重要的影響力。不同的消費產品，皆有不同家庭地位的人決定是否購買，及何時購買。不同的國家中，決定購買的人皆不同，是由丈夫決定、由妻子決定，或是共同決定？在不同產品特性間，決定的角色也不同。關於基本生活所需之產品購買，通常由妻子決定；若是置產或投資等較為重大的決策時，則由整體家庭一同決定。行銷者必須針對不同的決定購買角色，來訂定行銷方式。

社會階層不同，也會影響購買行為。社會階級是消費者依據所得、教育及職位所自行形成之社會族群。在同一個社會族群中，大致會具有相同的消費行為模式。行銷者可針對不同的社會階級來進行不同的行銷活動。

🔔 全球競爭

欲在全球市場進行成功的行銷活動，除了要了解潛在消費者之外，對於市場的競爭情況也必須掌握。雖然擁有國際市場的企業，因為在許多國家累積諸多行銷經驗，在財務及策略規劃效率上較具有優勢。但當地國家的企業較了解當地的文化及環境，較更有效率地反應顧客需求，對於當地配銷方式及法令限制也較為熟悉。在許多國家中，當地的企業以建立起自身的專有品牌及顧客忠誠度，所以外國企業欲往當地發展必須要了解競爭對手的優劣勢，才能成功地進入市場。

當地企業對抗跨國企業

在跨國企業進入市場時，當地企業可依據外在及內在條件，以發展應對的策

略。學者 Niraj Dawar 和 Tony Frost（1999）提出當地企業在面對跨國企業進入市場時，所發展之四種成功的策略與之對抗。

1. 防禦策略（Defender Strategies）

在本國中，針對跨國企業所沒有注意到的利基市場作為目標市場。本國企業可運用所擁有之地方性無形資產，如當地顧客消費模式之掌握，和對於配銷者及供應商之良好的關係。但科技產業較不適用於此策略，因科技產品之生命週期較短，消費者對於產品汰換頻率高，較易於喜新厭舊。當顧客對於一項產品之興趣已經衰退時，當地企業和跨國企業即重新回到起跑點。因此，當地企業在資源較弱的情況之下容易從市場中淘汰。

2. 擴張策略（Extender Strategies）

本國企業因為受到跨國企業的威脅，必須將市場向外拓展，便開始運用過去成功的經驗，尋找和本國市場環境類似的外國市場。

3. 競爭策略（Contender Strategies）

此策略為利用產品差異化的方式，針對跨國企業所沒有注意到的市場，發現市場機會，擴張本身之產能來對抗跨國企業。在較全球化的產業，本國企業較不易於和跨國企業競爭。在進行競爭策略時，本國企業會增加研究與發展的支出或是擴大產出以因應未開發之顧客需求。

4. 迴避策略（Dodger Strategies）

若本國企業在面對跨國企業提供較佳及便宜的產品時，沒有足夠的管理能力及資源與之對抗，則會選擇和外國競爭者合作而退出市場。在合作方面，本國企業可能會採取契約製造或成為跨國企業之當地分公司；在退出市場的話，當地企業將以較合理的價格出售公司。

產業是偏向於顧客取向，當地企業具有可競爭性的資產（國內經濟、文化環境和顧客行為之掌握），較可採用防禦策略和擴張策略。像通訊及汽車產業，全球之顧客需求皆大同小異，且研發成本較高，擁有經濟規模較容易具有競爭力，是屬於偏全球化產業。因此，本國企業在資源較不足的情況之下，可採取競爭策略及迴避策略。

跨國企業對跨國企業之競爭

當產業愈來愈趨向於全球化，具有吸引力的市場因為許多跨國企業之進入而競爭愈趨激烈。當某一跨國企業已在某一市場具有特定的市占率及顧客群，因為市場吸引其他跨國企業之進入，原本已在市場之跨國企業會因不同的競爭態勢而採取不同的競爭策略。George Yip（1993）針對此議題提出：

1. 跨國補貼（Cross-Country Subsidization）

利用財務槓桿的原理，將某一國家之分公司或海外子公司所獲利的部分，移至另一個競爭較為激烈的國家以提升競爭力。

2. 反擊迴避（Counter Parry）

若某一跨國企業在某一國家競爭力較為薄弱，無法與其他競爭者對抗，則會選擇在另外一個是本身企業較為具有優勢的國家以掠奪性定價、傾銷等策略加以反擊。

3. 全球同步行動（Globally Coordinated Moves）

發動一種調合性的攻擊，此時會在其他不同的外國市場中同步採取競爭性的策略。例如：跨國企業想要推出一種新的產品，會採取在全球同步推行行銷活動，避免其他競爭者趁機學習市場經驗以運用在其他國家。

4. 以全球競爭者為目標（Targeting of Global Competitors）

首先要先定義目前及潛在競爭者為何，再利用全面性的觀點去選擇要如何建立與競爭者間的關係，可能採取的策略為攻擊、合作、迴避或是併購。詳細策略將在下一節做詳細的介紹。

四　全球行銷策略

全球化是形容企業的行銷營運範圍從國內拓展到國外，前三節論述了何謂全球行銷，以及國家的經濟、政治法律及社會環境可從哪些方面探討其特徵，且如何開發全球市場機會。最後，要如何制定完善的行銷策略才是企業的最主要目

的。當企業決定要往全球化邁進時，整體決策及管理模式都將遭到改變。目前有許多大公司已朝往全球化邁進，而如何制定策略組合以利公司未來市場的持續擴張。對於中小企業，要決定是否全球化對本身而言是較重要且困難的，但為了因應潮流且具有競爭力，企業必須採取回應的策略。在本節針對全球行銷策略有哪些方式加以簡述。

 ## 跨國企業形成階段

在企業將要跨入全球化時，必須先開始尋找何種特質的市場是最利於本身企業獲取利潤。如何找到目標市場，以及確定目標市場後，行銷策略的發展都是重要的議題。本國企業要躋身為跨國企業時，具有三個過渡階段：

(一)準備階段

企業開始思考是否要進入海外市場，但目前仍是以本國市場為主。當企業有成為跨國企業的念頭時，即將面臨到選擇目標市場的難題，針對企業自身的條件及外在環境限制，進行目標市場的評估，此時最重要的即是地理或區域性特徵之評估。有些公司也許會決定將目標市場鎖定在歐洲、日本、美國或加拿大等已開發市場（Developed Market）。以這些國家作為目標市場的好處是因為國民所得高，可以負擔的產品價格相對提高，企業可以訂較高的銷售價格以賺取利潤。

而有些企業則會把目標放在亞洲、拉丁美洲或是非洲等開發中市場（Developing Market）或未開發市場（Non-Developed Market）。因為這些企業看中這些國家的發展潛力及具有較大的經濟進步空間，並且可利用當地廉價的原料及勞工，降低生產成本。但某些國家中的政治經濟環境動盪不安、投資常會因為外在環境的影響而導致失敗。另外，因為商業法歷史缺乏，使得投資的企業未受到保障。其他因素如缺乏商業自由化、短期利潤機會較小等皆使跨國企業遭受到投資失敗的風險。

其他企業是將關鍵產業的主流市場（Leading）作為目標市場，主流市場的意涵即是產業中最具重要性的市場，市場中不僅是包含了顧客、原料、研發等，技術面的因素也在此市場中扮演重要的角色。例如：生物科學、臨床醫藥和微生物

學以美國為領導市場，科學計算則是以色列，而神經科學的領導市場是瑞典。以主流市場作為目標市場的優點為具有強大的研發技術和設備，相對之下競爭者較多。

穩贏市場（Must-Win Market）也是許多企業競相投資的目標。穩贏市場被定義為在全球市場中具有重要性，且穩贏市場因為相對財富狀況、購買力大小等經濟指標皆比其他市場高，導致競爭者較其他市場為多。但因有些公司無法承受競爭激烈的環境，眾多的競爭者裡，必定可決定出全球化的贏家。

(二)初始階段

在決定哪一類型的市場是企業所要追求之後，便開始選擇特定的目標市場。市場選擇視為很重要，若選擇太多的目標市場，則會產生力量分散的現象，企業會面臨到投資和人事管理成本的壓力，且遭受到的風險也較大。選擇過少的目標市場，則會錯過許多可獲利的市場機會。若企業選擇一個尚未開發的市場，則利潤的獲取時間也許會隨著教育市場的時間而拉長，風險較大；反之，也可能因為具有先占優勢而得到較大的市占率。

在選擇目標是市場的第一步為蒐集資料，以進行目標市場的評估。但在蒐集資料的前提之下，企業必須針對市場做明確的定義。在蒐集過程中，容易忽視目標市場自行可生產企業所欲提供之產品的潛力，以及企業過於重視市場較舊的資料與驗證，而忽視未來的發展。此是企業在蒐集資料時，都須加以注意的地方，避免因為錯誤的資訊將目標模糊化。資料的蒐集包含宏觀指標和微觀指標。在總體指標方面有國家地理、人口統計、經濟方面等，可以反應出潛在市場大小及市場對於此產品或類似產品的接受程度大小。個體指標則有競爭程度、國家進入難易度、進入的成本及潛在獲利力等，可以看出整體市場利潤大小，是否值得投資。

接著訂出選擇目標市場的準則，依據這些準則來選擇最有利於企業的市場。藉由準則的訂定，可以讓企業針對是否去有吸引力的市場加以區別。針對投資決策的研究，主要可分為市場規模與成長、法制條件、競爭和市場相似度。

1. 市場規模與成長

潛在需求愈大，表示此市場對於企業是較具吸引力的。而衡量市場大小也可分為總體及個體的角度，以總體指標來看，可以看出潛在市場最低市場需求大

小，進而摒除較不具市場潛力的國家。因總體指標資料較具有取得性高，所以通常在市場分析研究的第一階段出現。在經由總體指標衡量後得出較具有吸引力的市場後，可利用個體指標可以幫助企業衡量在市場中，既有產品和企業本身所要推出的產品間之相似度，也可衡量出實際市場需求規模。進而歸納出每個市場的規模及成長。

2.法制條件

國家的法制條件之前在第二節已經討論過，企業在進行行銷活動時，常受到法治環境的限制及遇到政治上的風險。

3.競爭

市場中，競爭者的數量及規模皆會影響到企業進入市場和生存的難易程度。但競爭對手的資料通常皆是以商業機密的方式保留，在公開資訊所能蒐集到的也只侷限於銷售量或財報等較不具真實價值之資訊，資訊較不易取得，使得企業在進行分析時受到極大的挑戰。所以競爭分析通常在政體分析的最後一個階段進行。

每個企業因為主要產業、企業文化或是結構皆不盡相同，準則對於每一個企業的相對重要程度也不同，因此準則的權數亦相當重要。最後表列每一個準則所蒐集到的資料，在加以權數選出最能賺取利潤的目標市場，並選定進入的模式及時機。選擇國外目標市場的步驟參照圖 4.1.7。

(三)擴張階段

當企業已經決定邁向全球化及選定目標市場後，即面臨到要以何種策略在目標市場中執行。是要採取結合多個國家的策略形成全球化的架構，再依據不同的國家形成不同的次級策略，此稱為策略整合；另一方面，企業在許多跨國家間執行特定類似的行銷策略，此稱為策略標準化。在擴張階段中，企業考慮市場顧客和競爭者，開始策劃行銷策略，以擴張企業在市場的占有率以賺取利潤。在此，策略整合和標準化即是重要的議題。當在進行策略選擇時，可分為三個層次：

1. 多國行銷策略（Multi-National Marketing Strategies）

在此策略之下，企業在不同的國家內擁有屬於自己的海外子公司，由母公司依據產品及技術面制定關鍵策略決策。因為國家環境結構帶給企業在執行策略時

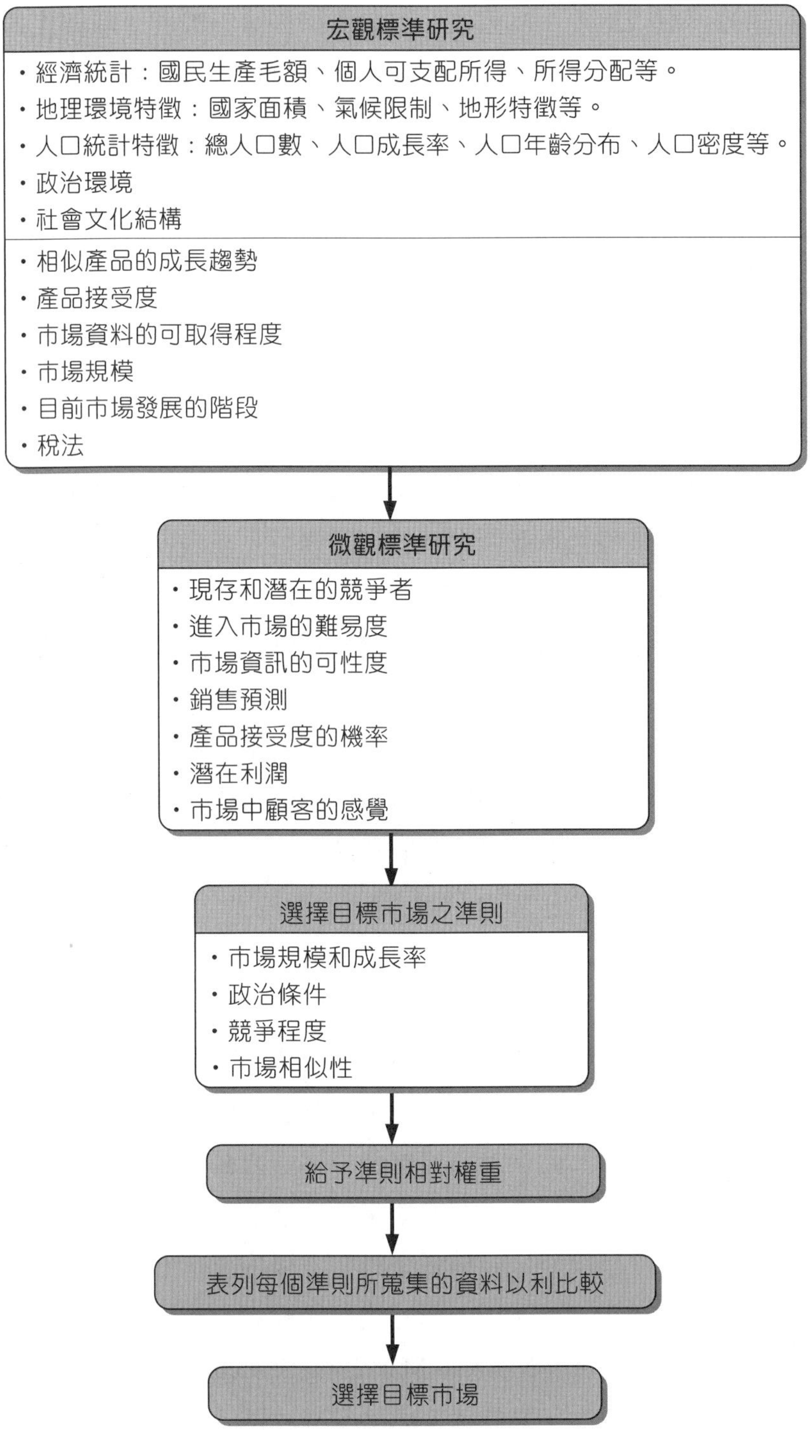

- 經濟統計：國民生產毛額、個人可支配所得、所得分配等。
- 地理環境特徵：國家面積、氣候限制、地形特徵等。
- 人口統計特徵：總人口數、人口成長率、人口年齡分布、人口密度等。
- 政治環境
- 社會文化結構

- 相似產品的成長趨勢
- 產品接受度
- 市場資料的可取得程度
- 市場規模
- 目前市場發展的階段
- 稅法

微觀標準研究

- 現存和潛在的競爭者
- 進入市場的難易度
- 市場資訊的可性度
- 銷售預測
- 產品接受度的機率
- 潛在利潤
- 市場中顧客的感覺

選擇目標市場之準則

- 市場規模和成長率
- 政治條件
- 競爭程度
- 市場相似性

給予準則相對權重

表列每個準則所蒐集的資料以利比較

選擇目標市場

圖 4.1.7　選擇跨國市場模型

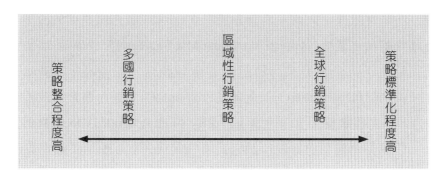

圖 4.1.8　行銷策略層次

的最佳藍圖，而海外子公司之管理者較接近當地顧客、通路和競爭者，若環境特徵依國家不同而具有相當大之差異時，母公司所制定的決策反而是子公司策略制定的阻力，相對的中央決策之影響力趨於變小。海外子公司在上級所制定的關鍵決策之下，針對國家特徵決定所要執行的細部執行策略，因此海外子公司具有較大的自治權訂定公司內部的資源分配以賺取較高的利潤。此策略的特色為以行銷策略回應當地，且是採取分權式管理。

2. 全球行銷策略（Global Marketing Strategies）

在產業趨於全球化後，帶來顧客需求也逐漸趨於一致，企業慢慢發現必須要將策略標準化以降低成本，導致全球競爭者的活動也趨向於集中化管理。在行銷者累積許多經驗之下，對於不同國家的特色較易於了解，許多全球化行銷策略被發展出來以應用於許多國家。相較於多國行銷策略，全球行銷策略較簡化，合乎且較不注重行銷策略者需求性。

(1)全球產品範疇策略（Global Product Category Strategy）

是最先使用，且整合程度最低的全球行銷策略。企業追求同一項產品，在不同的國家間執行同一種行銷策略；意指行銷策略因產品的不同而有不同的廣告、配銷及品牌策略。此種策略的最佳使用時機為不同產品市場間差異性極大，且全球市場區隔較少。

(2)全球區隔策略（Global Segment Strategy）

意謂企業將目標市場定在不同國家間的同一區隔市場。企業會針對某一國家的基本顧客做深入的了解，再將此經驗用於全球同一區隔市場的顧客。在全球區

隔策略中，仍是會依據不同國家而針對產品、品牌或廣告做些微的改變。

(3)全球行銷組合策略（Global Marketing Mix Strategy）

在此策略之下，企業追求行銷組合的全球整合，如產品（Product）、價格（Pricing）、配銷（Distribution）及促銷（Promoting）。若企業上述四種行銷方式皆加以整合，稱為整體整合全球行銷組合策略（Full Integrated Global Marketing Mix Strategy）。但企業通常只會針對行銷組合中的某成分加以整合，最常見的部分整合全球行銷策略（Partially Integrated Global Marketing Mix Strategy）為全球產品策略和全球促銷策略。全球產品策略為企業對於產品的提供給予整合，將重要的產品觀念和模組標準化。當執行全球產品策略時，必須先將不同國家間產品的適用方式、特徵及功能定義明確，再根據不同國家做些微的改變。最大的利益為企業可降低產品發展成本並生產享有經濟規模。而全球促銷策略為在每個國家執行類似的廣告及促銷活動，企業只須設立一個國際廣告機構來處理全球促銷事務，達到人事成本縮減的優勢。

3.區域性行銷策略（Regional Marketing Strategies）

區域策略是指針對相鄰區域的國家，發展相同的行銷策略。若將同一區域的國家視為同一個目標市場，則企業也可得到降低成本及規模經濟的利益。區域行銷策略的整合程度介於多國行銷策略及全球行銷策略。區域行銷中，在全球主要分為北美、歐洲及亞洲太平洋區塊，而全球行銷即是包括了此三個區域。

(1)北美區域策略（North America Strategies）

在北美區域中，企業會統合此區域之國家之行銷策略。且美國、加拿大及墨西哥對於商業貿易，於 1994 年訂定北美自由貿易協定（North American Free Trade Agreement, NAFTA），因此在此區域中做商業活動的企業皆必須將此協定納入策略發展的考量。

(2)泛歐策略（Pan-European Strategies）

在歐洲國家成立歐盟時，泛歐策略成為企業注意的焦點，因此開始針對歐盟國家類型策略的整合，包括開發泛歐的品牌、產品及促銷方式。在 1992 年全球有80%的國家表示對於泛歐策略有興趣，並且將之列為未來策略發展的方向，可知，目前泛歐策略已是許多企業重要的策略之一。

(3)泛亞策略（Pan-Asian Strategies）

金磚四國包括中國大陸、印度、俄羅斯及巴西，其中有三個屬於亞洲國家。由此可知，目前許多企業已發現到亞洲市場之市場機會，如中國大陸具有眾多的人口，擁有龐大的消費市場，且勞工價格低廉，企業無不競相進入市場。但亞洲市場環境的差異性甚大，因此大部分的企業對於泛亞或泛太平洋策略皆無法發展得非常完全，對於市場的整合程度不高。

 ## 企業進入市場之選擇策略

在選定目標市場後，企業面臨到要以何種方式進入市場，依照承擔風險程度之由低到高可分為出口外銷、合資及直接投資：

㈠出口外銷（Exporting）

主要是在國內生產，在國外銷售。為全球行銷方式中風險最低，全球化程度亦是最低的行銷方式。又依有無中間商作為媒介區分為直接出口（Direct Exporting）和間接出口（Indirect Exporting）。利用直接出口的公司，會在國外設置獨立的分公司或是行銷子公司，策略行使受到本國總公司所支配。也可以利用網際網路，在海外進行接單和配送，降低設置海外公司的成本。間接出口的公司，會經由設置在本國的出口管理公司或出口代理商。經由間接出口的行銷方式之最大優點為可利用出口管理公司或代理商對於外國市場條件熟稔之優勢，以降低投資風險，此種方式適合出口經驗較少的國家。

㈡合資（Joint Ventures）

利用策略聯盟等方式和本國公司或是外國公司合作，在外國市場行銷。依據授權程度的不同，可以分為四種投資型態：

1. 授權（Licensing）

企業在有利可圖的市場中缺乏資源；規模較小，沒有龐大的投資成本；產能不足；對於國外市場沒有足夠的知識；或是欲避免政治和經濟的風險時，會採用授權作為行銷方式。授權即是外國公司付予本國公司權利金後，具有使用本國公

司之專利、商標、製造過程、商業機密等權利。

在授權中，較特別的型式為經銷權（Franchising）。本國公司授權給外國公司為特許經營人，使其可行使全部行銷方案，包括商標、產品和製造方式等。

2.外國當地製造（Local Manufacturing）

在外國當地製造是指將整條或部分生產線移至國外，可享有節省成本、降低出口成本或是減少關稅支付的好處。其中具有三種型式：

(1)契約製造（Contract Manufacturing）

是指本國公司以契約的方式和外國製造商協定生產規範，行銷工作皆由本國公司負責。通常出現在具有低市場潛力和高關稅的國家中，以規避課稅降低成本。

(2)組裝（Assembly）

組裝是生產線的最後階段，且需要大量的人力，通常設在低工資的國家中。組裝完的產品直接銷售當地，可避免關稅。

(3)整體規模整合製造（Full-scale Integrated Production）

建立整合製造的生產線，通常需要投入大量的資金，唯有在外國當地需求確定或成本低廉時用此方法才會有效獲取利潤。值得注意的是，高運輸成本會造成企業競爭力下降。

3.管理契約（Management Contracting）

本國企業及外國企業合作，由前者提供管理技術，事實上本國企業非出口產品而是服務。

4.合資股權（Joint Ownership Ventures）

由本國企業和外國企業聯合進行投資，在外國當地建立新的事業單位，共同分享股份、所有權及管理權。相對風險和利潤也一起分擔。

(三)直接投資（Direct Investment）

企業獨立投資，在海外設廠，成立屬於自己的海外工廠分公司，並且自行發展行銷計畫，所以獨自享有利潤，但也承擔全部的風險。

個案分析

家樂福

　　家樂福於 1959 年創立於法國，1963 年第一家量販店於法國開幕，1999 年與 Promodes 合併成為歐洲第一、世界第二大零售集團。在 1989 年第一家家樂福量販店於高雄大順店開幕，開啟家樂福在台灣的量販霸業。而對於外來的企業，必須適應台灣當地的經濟、政治及社會文化環境，才能建立長遠的企業經營。以下先對台灣的零售業之總體環境稍作簡介，最後分析家樂福對於適應台灣的環境所做出之策略。

總體環境分析

一、法律制度面──與零售業相關之法規

　　(1)經濟部商業司之都市計畫法第 27 條、32 條，物流中心倉儲批發業軟體工業財物及事業計畫審核要點等相關法令中明訂：在一級工業區內不得從事任何零售活動；於次級（乙等）工業區內能從事批發方式的零售活動，但仍不得從事一般零售業之活動。而對於是否為批發方式，主要是依其是否實施會員制而定。此項規定影響量販店最為深遠。因為量販店選擇的區位、地點及展店的速度都將受其規範。

　　(2)根據商標法之規定，2000 年 7 月 1 日後商品標示必須直接顯示產品使用的最終保存期限，使消費者不需以生產日期與有效期間兩者換算之。

　　(3)公平交易法規定批發零售業者在向供應商收費上，須謹守雙方協商、雙方同意及事先告知三原則。不可以有任意索取費用的情況發生。

二、經濟面

㈠傳統街頭巷尾零售店時期

在這個時期，消費者民生消費品的購買處通常是轉角的雜貨店，且購買的方式多屬於少量多次型。一方面是因為消費者在購物時間的機會成本並不高；另一方面購物也是聯絡鄰居感情的方式。這種型態的購物方式，雖然在外顯單位效益成本不如後來出現的量販店或是超級市場，但消費者陷入的無形專屬資產卻相當高。

㈡傳統大型量販店時期

不過隨著經濟的發展，國民所得不斷提高，購物時間的機會成本愈來愈可觀，使得傳統雜貨店的外顯單位效益成本不斷升高。因此，總成本較低的量販店，便有了可切入的市場空間。量販店憑其停車方便、商品種類齊全、價格低廉等競爭優勢，吸引大量購物人潮；加上國內、外大企業及財團的競相投入，以「一次購足、大量採購」及「物超所值、價格競爭」之經營策略，使量販店業展店家數快速增加，營業額亦逐年提高。

㈢注重專屬陷入量販店時期

量販店主要強調商品種類繁多、物美價廉，可滿足消費者對生活必需品的基本要求。但歷經多年發展後，國內量販型賣場已超過百家，連鎖品牌眾多、競爭日趨激烈。業者除要面臨同業間價格競爭外，尚須與以服務為訴求的百貨公司、以產品齊全與選擇性多為訴求的主題專賣店，及便利商店、超市等相互競爭。因此，只強調低外顯單位效益成本，已不足以在強烈競爭中脫穎而出；尤其是消費者對各家量販店之價差敏感度，隨所得增加而逐漸降低。能同時有效地處理外顯及內隱交換成本，特別是專屬陷入的部分，才能在日漸飽和的零售市場持續成長。

三、社會文化面

隨著國民所得與消費能力日益提高，婦女就業人口增加，自用汽車普及等現象，近年來國內消費行為轉向一次購足，且在週休二日制度實施後，國內都會區休閒空間明顯不足。因此，結合購物、商業、休閒、娛樂、文化、

教育及服務等多功能的大型購物中心，將是消費者假日休閒娛樂的最佳場所。購物在休閒生活中占有相當重要的地位；其中，到量販店購物的比例有愈來愈增加的趨勢。對許多人而言，週末假日最佳去處，就是全家大小一同逛量販店。現代人的休閒生活比從前缺乏，主要是休閒去處選擇不多，且到處都是水洩不通的人潮，加上路上交通阻塞，最後常常敗興而歸。於是興起一群每逢週日就到店購物，小孩坐在購物車上，夫婦悠閒地聊天購物，這樣的景象經常穿梭在賣場中；除了購物，太陽曬到屁股（十點左右）的族群，起床後稍微整理家務，然後全家大小一同驅車前往量販之外，可以順便把早餐連同午餐一併在賣場美食街解決，這種早午餐的生活趨勢，這幾年相當流行，不論是先吃個早午餐才開始購物，或是購物之後再來吃個午餐，從上午十點三十分左右到下午二、三點，一天的生活精華全在量販店。不可諱言，量販店漸漸變成都市人假日另類的休閒空間。根據調查發現，例假日上午十點以後，量販店的顧客流量開始增加，在下午二點達到巔峰，量販店的停車場，從上午十點三十分左右開始就幾乎家家客滿。另一高峰時間則在下午七點三十分開始，結帳櫃檯擠滿人潮。平常時間大致可分為三個高峰期：上午十一點到下午一點，下午四點三十分到下午六點，到了晚上八點邁入最後的高峰，直到最後營業時間晚上九點三十分。

　　量販店的休閒機能對消費者而言日益提高，其對賣場的要求也不會單單停留在價格便宜就好而已。購物時的情境、能否滿足全家人需求等考量漸漸增加。為因應經營環境轉變，提升消費者購買意願，也開始有業者引進國外量販店流行的「店中店」概念，即選擇某些具特性產品，陳售其細項商品或強調相關主題商品，滿足消費者更齊全、專業、休閒及多元化的選擇。讓週末假日的賣場，也適合全家人不同於逛百貨公司的另一種購物樂趣。明亮、舒適及溫馨的賣場，加上低廉的價位，成了吸引消費者回籠的必備條件。而此類消費占零售業業績比例日增，也是造成家樂福及萬客隆，這兩家定位不同量販店興衰的原因之一。

　　而家樂福將自己的行銷定位鎖定在個人及家庭消費者，提供小包裝的商品及舒適的賣場。且家樂福各分店的地點都選擇在離市區較近的市郊，而且所有分店都像大型超級市場，不論冷凍食品、衛浴用品或是玩具燈飾，多半

都採小包裝、單件購買。穿著紅背心的員工在場內穿梭，隨時小量補貨，並依當時買氣情況不時廣播促銷。

在管理策略方面採用差異化策略與地方採購。家樂福的差異化策略，是以地方採購、發揮靈活彈性的應變能力見長。地方分權的採購方式，一方面可以因應當地的口味。例如：南北的飲料口味差很多，北部喜歡清淡的烏龍茶，南部喜歡甜味高的麥香紅茶。另一方面，地方採購也具時效性，能將新鮮魚肉快速送到店面。強調差異化的家樂福非常重視賣場的氣氛，不論店經理、課長、助理，大部分都穿著球鞋滿場跑，依照買氣的狀況，隨時進行促銷。走進家樂福，可以看到許多員工在現場走動，以人工隨時補貨，和萬客隆賣場裡，沒什麼員工，完全以操作機械砧板的陳列方式不同。每天早上七點半，家樂福員工要將所有的商品整理得像沒有人動過，九點開門前，店經理會仔細地巡視過賣場。家樂福如此因地制宜、分權的採購方式，較能符合當地消費的需求，達成抓住個人及家庭消費者的定位。

家樂福在配合台灣環境方面，也做了許多相關之措施：

(一)法令制度方面

家樂福在面臨工業用地的限制時，採取了靈活的彈性因應方式。首創藍店和綠店的雙元系統；藍店是超大型的賣場，坐落在商業區內，可從事零售活動且不需要會員卡；而綠店則像是萬客隆的倉庫量販店，位於工業區內，須會員卡才能進入。兩種店面因土地標準不同，也採取不同的展店策略，因而得以彈性地迅速增加分店數。而這種依地點不同而靈活開店的方式，其賣場面積相較於萬客隆的四千坪以上，從一千三百坪到三千七百坪都有。

(二)經濟面

隨著經濟的發展，時間的機會成本對家庭消費者而言是逐日增加。而家樂福不管是藍店或綠店均離市區較近，對消費者而言，抵店購物的交通成本是較低的，同時便利性也較高。

(三)社會文化面

家樂福因地制宜的採購策略，及明亮舒適的賣場氣氛同時符合消費者採購上及休閒上的需求。隨著都市化及生活品質提升，都會型態的消費者占零售業的比例逐漸上升，而家樂福的定位正好滿足了這批增加快速的客群。

家樂福打著「便宜」與「品質好」的光環，加上顧客的專屬資產，則顧客只要想到購買生活用品，不論電器、食品、衛浴、家具……，都第一個想到家樂福。家樂福在這一方面的努力，可從其已經開始販賣沙發、電器部門設計成一般電器賣場……等行動發現，家樂福一直嘗試讓消費者願意在其賣場購買任何東西，以形成無形的專屬資產。

問題與討論

1. 促使企業從事全球行銷活動之因素有哪些？
2. 企業在成為全球行銷企業時，大略上須經過哪些歷程？
3. 從事全球行銷活動之企業，對於全球市場環境動態之掌握極為重要。環境主要可分為經濟、政治與社會文化環境，試從此三方面略述企業所須注意的構面。
4. 根據學者 Niraj Dawar 及 Tony Frost 提出之論點，當地企業在面對跨國企業進入市場時可進行哪些策略？
5. 跨國企業進入市場，依據風險承擔程度的大小，可有哪些策略的選擇？

參考文獻

中文

1. 王居卿、張列經，《國際行銷學》，台灣培生教育出版有限公司，2005 年。
2. 林建煌，《行銷管理個案=Marketing management cases study》，智勝文化事業有限公司，2001 年。
3. 林則君、施存柔、涂宗廷、盧恩慈，「家樂福量販店之行銷策略分析」，2002

年。

4. 洪順慶，《行銷管理＝Marketing Management》，新陸書局，1999 年。

5. 張列經，《行銷個案分析＝Marketing Case Study Analysis》，福懋出版社，2002 年。

6. 許長田，《全球行銷管理＝Global marketing management》，新文京開發出版股份有限公司，2002 年。

7. 曾光華，《行銷學：探索原理與體驗實務》，前程文化事業有限公司，2006 年。

8. 鄭華清，《行銷管理＝Marketing Management》，全華科技圖書股份有限公司，2003 年。

中文翻譯

9. 余佩珊譯，《行銷學》，McCarthy, E. Jerome、Perreault, William D 原著，滄海書局，1999 年。

10. 瞿秀蕙譯，《行銷管理》，Etzel, Michael J.、Walker, Bruce J.、Stanton, Williwm J 原著，麥格羅‧希爾，2004 年。

英文

1. George, Y.（1993），"Globalization", Group Editorial Norma.

2. Gillespie, J. & Hennessey（2004），"Global Marketing-An Interactive Approach", Houghton Mifflin Company.

3. Hofstede, G. (1991), "Cultures and Organizations", McGraw Hill International Limited.

4. Kotler, P. (2003), "Marketing Management eleventh edition", Prentice Hall.

5. Maslow, A. H. (1987), "Motivation and Personality", HarperCollins Publishers; 3rd edition.

6. Niraj, D. & Tony, F. (1999), "Competing with Giants: Survival Strategies for Local Companies in Emerging Markets", Harvard Business Review.

2 市場區隔策略

前言

　　市場是由一群由群眾或組織有需要滿足之需求,有能力且願意進行購買行動所組成。但在每個市場皆有不同類型的消費者,造成市場是由許多不同顧客所組成,此即市場區隔的概念。不同的顧客群皆有不同的需求,購買偏好及使用產品的行為。若市場間的差異小,單一行銷計畫或許可以滿足大部分的消費者;但全球市場因為國家間之經濟、社會文化及政治法律背景不同,顧客性質不同,產生市場異質性(Gillespie & Hennessey, 2004)。而企業也因資源有限而無法針對所有的市場發展不同的行銷策略,必須針對可帶給企業獲利極大化的市場發展行銷活動,此即目標市場,因此企業在進行行銷活動之前,皆會先確定目標市場為何,此即為目標市場行銷,主要分為三個步驟。在本章將依照此步驟,介紹市場區隔及目標市場理論。

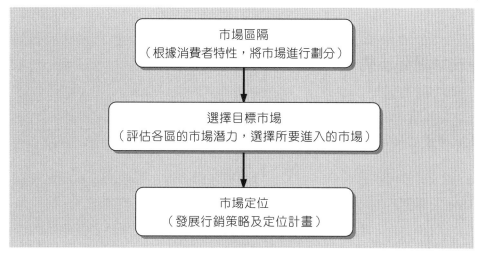

圖 4.2.1　市場區隔示意圖

一 市場區隔化

　　市場區隔化為消費指的需求和行為因人而異。企業在進行行銷規劃與過程中，要依據不同顧客群的需求、購買能力及行為加以評估，才能選擇所要進入的市場。面對異質化的市場，市場區隔化通常對於公司的獲利狀況有利無害。加上目前環境之變遷趨勢，使得市場區隔化相形重要，包括的趨勢有：

　　1. 消費人口不斷增加，人們的消費能力也愈趨進步；

　　2. 個人主義意識高漲，民眾對於自我滿足需求增加，追求自我實現；

　　3. 替代性產品之間的競爭愈趨激烈，使得品牌地位逐漸在主流商品間流失，造成許多產品的發展更需要找出適合之消費者，不如以前只要一項主力產品即可銷售給大眾；

　　4. 傳媒的發展，使得需求較特殊，較小的市場較易接近，變為企業之利基市場。

　　市場區隔是依照直覺的判斷，即行銷人員根據經驗和判斷決定如何區隔市場，以及看出各區隔市場之潛力。另一種區隔方式是進行市場結構分析的行銷研究，尋找區隔市場和評估該市場的潛力，此種方式較可洞察市場，尋找潛在機會，且較為客觀，所得出結果較令人信服。

 市場區隔步驟

　　通常企業在進行區隔市場之步驟為如下：

(一) 在市場中尋找現有和潛在需求

　　行銷人員要發現目前產品發展已滿足哪些顧客群、哪些尚未被滿足及還沒發掘之市場，需要行銷者調查或訪問消費者或企業，得知他們的行為、需求滿足程度及失望程度為何。也必須發現同一項產品在不同的市場所代表及應用的場合及時機為何？為必需品或是奢侈品。

㈡ 確認不同市場區隔之特色

在此尋求具有特殊共同需求的客戶，此特殊需求不同於其他區隔市場需求。在企業中也許為實體設施，如廠房或工作地點等；對於消費者而言可能為行為及態度。根據這些市場特性可以發展特殊的行銷組合。

㈢ 決定區隔市場之規模及如何滿足市場需求

最後要評估每個需求市場的潛在規模及競爭程度，得出哪個市場是值得進一步接觸的，可以使企業在此區隔市場中得到最大獲利。

市場區隔變數

企業在進行市場區隔時，可把市場先劃分為消費品市場和工業品市場。所產生的區隔市場，對於很多產品來說仍是太廣泛，因此對於每個市場區隔必須先確認其特色，才能進一步利用區隔變數基礎將市場進行劃分。

㈠ 消費品市場之區隔變數

在消費者市場方面，市場區隔變數主要可分為地理統計變數、人口統計變數、心理統計變數及行為特性等。

1. 地理統計變數

根據地理位置區隔市場，即是地理統計變數。採用地理統計變數之原因為，自然環境、人文環境及文化習俗造成產品發展具有相異性。消費者因居住在不同的地區，而表現出不同的消費型態。食品和服飾最為明顯，因為每一個區域常因文化和氣候的影響，對於食、衣具有特殊的偏好。

⑴ 氣候

四季變化、溫濕度、風向、雨量等氣候特徵會影響到民眾對於飲食偏好，居住環境及衣著服裝特色等。例如處於較為北方的國家，毛皮大衣是生活必需品，對於飲食方面較以高熱量食品為主，以補充生活所需之能量來源；對於可取暖之生活用品依賴性高。而位於熱帶國家，居民衣著以輕便涼爽為主，食物也較為清

爽；在居住環境也已通風為主要訴求。

(2)區域

區域是指七大洲，七大洲內的國家和國家內不同的地區。不同區域對於產品的訴求也不同。例如：腳踏車在中國大陸為基本交通工具，企業應採取成本考量，以多量少樣為主；但在美洲國家，腳踏車為休閒工具，因此企業應以差異化策略為主，以多樣少量作為因應。

表 4.2.1 市場區隔變數表

區隔變數	解　　　釋
地理統計變數	
氣候	依據四季變化、溫濕度、風向、雨量等形成的區域，如熱帶、溫帶、寒帶等。也可依據一天的氣溫變化，分為晴天、雨天或陰天等。
區域	依地理區域劃分為北部、中部、南部等。也可依照人口區域劃分。
城鎮規模與人口密度	依據人口密度劃分，如都市或鄉鎮。
人口統計變數	
年齡	分為兒童、青少年、青壯年、壯年及老年。
性別	可分為男性及女性。
所得	以月收入可劃分為一萬以下、一萬至兩萬、兩萬至三萬、三萬以上等。
教育	小學、中學、高中、大學、碩士、博士。
職業	經理、職員、專業人士、學生、家庭主婦或待業者。
社會階級	可分為上層階級、中上階級、低上階級等。
家庭生命週期	如單身、同居、已婚、有小孩等。
種族背景	亞洲人、非洲人、歐洲人、美洲人、中東人等。
心理統計變數	
個性	以一個人的性格區分，如自信、積極、內向、外向、勇敢、退縮等。
價值觀	以消費者的信念、態度等來劃分市場，如節儉型、務實型或揮霍型。
生活型態	以消費者的活動、興趣及主張來劃分市場，如家居生活或戶外活動等。
行為特性	
產品使用率	根據消費者購買次數及數量來區分，如未購買、小量購買及大量購買者。
品牌忠誠度	使消費者對於某一品牌的特別偏好。
追求的利益	依據不同的產品所需要的利益也不同。
時機	依據產品使用時刻、社會情境或是某種心理生理狀況，消費者會在何時採取購買的行為。

(3)城鎮規模及人口密度

城鎮規模及人口密度常是企業拿來作為衡量消費能力之指標。當城市規模較大且人口密度較高時，表示具有較大的經濟規模，為企業帶來成本降低之效益。而城鎮規模及人口密度可以作為評估消費者對於產品的訴求。如人口稠密的城鎮，較為偏好輕巧實用的產品，且因個人使用空間較小，建築特色以高樓大廈為主。在人口密度較為分散的區域，則以有庭院之別墅為主要特色。

2.人口統計變數

實務上，為企業最常用來區隔市場的變數，主要因為和市場需求具有較大的關聯性，且較易衡量。對於消費者的人口統計背景掌握度高，行銷人員容易辨認、猜測或詢問得知。

(1)年齡

消費者的需求和消費型態，常因年齡的增長而趨於變化。與心智和智力成熟度關聯性大的產品，都可使用年齡作為區隔變數。例如：出版商和電視節目皆會因為消費者年齡心智的差異作為產品區隔的主要依據。食品也會針對年齡較大或較小的消費者發展較易入口的食物，保險業也針對年齡層而有不同方案。

(2)性別

男女在生理與心理上的不同，對於需求也有極大的差異性，利用性別來區隔消費市場是再自然不過的事了。衣物、鞋子、美容、圖書雜誌等生活週遭的產品，皆有專門針對男女不同的品牌。例如：白蘭氏雞精針對女性而推出了四物養生雞精，汽車業也針對女性顧客而推出較為輕巧的車種。目前愛美的男性漸多，許多化妝保養品業者也針對次市場發展男性專用的保養品。

(3)所得、職業與社會階級

企業會針對消費者之購買能力，常在同一類產品上具有不同的價位。像房屋、汽車、旅館、俱樂部、服飾、珠寶和許多服務業等，皆有針對所得或職位而區分顧客群。

(4)教育

高教育程度的消費者對於書籍、藝文活動及音樂會有較高的需求。所以與藝文、學識及高科技有關的產品消費涉及較複雜且抽象的資訊處理，這類產品常會利用教育程度為市場區隔變數。例如：書籍、教學光碟和電腦軟體等，會依據消

費者的教育程度來行銷產品。

(5)職業

不同的職業具有不同的工作環境、體能需求、生活作息和行為規範等，因此與職業安全、體能及日常生活等相關的產品常利用職業作為市場區隔變數。像送貨司機常在半夜工作，對於提神飲料的需求較大。而在外面工作的建築工人，常暴露於灰塵之中，且在建築物也許會倒塌之危險，對於防塵及保護頭部產品需求較大。

(6)社會階級

社會階級也是行銷人員作為市場區隔的變數之一。例如高社會階級的消費者，對於能彰顯身分地位的奢侈品需求較大，例如名牌服飾、飾物和家庭生活用品等。

(7)家庭生命週期

家庭生命週期和家庭規模、家庭成員及年齡結構有關，房屋、汽車和家庭用品以此為區隔市場變數，例如：房屋坪數針對家庭大小而不同，洗衣粉也針對家庭成員的多寡而有大小之分。

(8)種族背景

不同的種族對於消費的方式和型態也不一樣。例如：東方人講求務實，對於產品常要求實用性，而西方人著重生活品質，講求愉快的生活，只要可以帶來愉悅生活之產品皆願意消費。

3.心理統計變數

心理統計通常是根據民眾對於各種事物的態度、意見與興趣，將人們的生活型態劃分的一種研究方法。因此，具有相同人口統計變數的消費者，消費型態也許完全迥異。

(1)個性

個性是指個人在面對外在環境時，所表現出獨特、一致，且持續的思考、情緒及反應。主觀強烈的消費者，其消費行為常不同於謹慎之消費者。而活潑好動的消費者其消費方式也和內向的人不同。但因為消費人格特質較為抽象，行銷人員不易依此作為區隔市場的主要變數。但在這些特質常會依附在品牌的形象之上，創造個性化的商品來吸引相同人格特質的消費者。在企業進行廣告行銷時，

也常利用消費者個性為主軸。例如：Levie's 在推出 501 系列牛仔褲時，推出「真我不受限」。

(2)價值觀

價值觀是我們為生活上的事實而調整需求的觀點，是一套根深柢固的信念，引導一個人判斷事物優劣的準則而左右消費者的行為模式，因此行銷人員在進行行銷活動時必須將之納入考慮。例如較重視家庭的消費者，其消費行為傾向於以家庭為主；是享樂為優先的價值觀，對於戶外活動則較為重視。

(3)生活型態

生活型態是指個人的活動、興趣與意見的綜合表現，表現出消費者運用時間的方式，和對社會、經濟及政治等各種議題的觀點，會影響消費者購買的產品及偏好的品牌。例如旅行團針對顧客推出不同的套裝旅行。此和人格特質具有相同的特性，即不易衡量，因此區隔方式有其限制。行銷人員對於生活型態的調查可分為廣義及狹義，廣義的生活型態調查較不著重特定的商品，如「喜歡嘗試新事物嗎？」而狹義的調查較針對特定的消費產品，如「喜歡嘗試新數位相機嗎？」。

4.行為特性

(1)產品使用率

根據產品的使用頻率，可將市場上的消費者區分為「非使用者」、「輕度使用者」、「中度使用者」及「重度使用者」。根據 80/20 法則，80%的產品通常被20%的消費者所購買，因此行銷者皆會把行銷資源集中在「重度使用者」，以達到事半功倍的效果。除了維持「重度使用者」的市場之外，也必須積極開發「非使用者」及「輕度使用者」的市場，若能成功提高消費者的使用率，即可構成一個有吸引力的利基市場。企業會使用一些手法來吸引消費者，如介紹產品的新用途、不使產品的使用時間和地點受限，或是在包裝多樣化以吸引特定的顧客群。

(2)品牌忠誠度

消費者對於某產品皆會對某項品牌具有特殊偏好，行銷者須針對此類的消費者來維持固定的購買群。另一方面，也必須加強行銷於其他不具有特定品牌或是具有其他品牌忠誠度的消費者，以擴大企業的市場。

(3)追求的利益

消費者在購買產品時，皆會和自身所能得到的利益連結在一起。利益區隔市

場主要達到的目的為決定顧客所要追求的利益為何、決定所要追求這些利益的顧客是誰、研究目前現有產品上可帶來相似利益的產品有哪些。消費者對於產品皆有不同的追求利益，進而影響企業在決定產品的價格、最終用途、款式、價格及服務等。例如面膜依據顧客不同的訴求，推出具有不同功效，如美白、保濕、除皺及淡斑等。

(4)時機

主要是消費者購買或使用產品的時刻、情境或某種生理心理狀態之統稱。例如：在重要慶祝節日如情人節或母親節時，花卉及禮品是重要的消費產品；在家庭聚會時通常會圍爐吃火鍋，以促進家庭和樂；父母雙方皆有工作時，方便的調理包是重要的飲食消費方式。不同的購買與使用時機需要不同的產品屬性、價格及廣告訴求，所以可以用來幫助行銷者進行策略規劃的重要區隔變數。

(二)工業品市場之區隔變數

工業品市場的購買家數雖然比消費者市場少，但也是非常重要。如同消費品行銷人員，工業品行銷人員區隔市場的目的為將同性質的購買者進行劃分，以差異化的方式進行行銷活動。高度集中目標市場的行銷計畫，直接針對可滿足顧客需求的購買者，可提升企業行銷活動效率，也較容易成功。和消費品市場一樣，工業品市場的區隔變數取決於產品及購買者。然而最終使用者亦會影響區隔變數的選擇，例如銅可以利用在許多的地方，如保險絲、銅製螺絲、電線電纜，也可應用在家庭裝飾藝品等。在不同用處，配銷通路和最終購買者皆不相同，進而影響到行銷者選擇區隔變數。

1. 人口統計變數

(1)地理位置

以國家位置的角度來看，購買者因為氣候、社會文化、經濟及政治環境不同，具有不同的成本、法令規範、行銷方式及市場機會之限制條件，此即可作為市場區隔變數。例如不同的國家，電壓規格有所不同，但同一電器產品所需的電壓是相同的，因此為了適應不同國家的電壓規格，產品必須裝有因應當地規格的變壓器。

表 4.2.2　工業產品市場區隔變數

區隔變數	解　　　釋
人口統計變數	
地理位置	以七大洲或國家別區分；
公司規模	員工人數、產品或服務銷售數量等；
產業別	服務業、傳統工業、資訊業等；
組織架構	集權或分權式管理，層級式或水平式組織；
採購標準	以價格、品質或是交貨日期快慢為準則。
心理統計變數	
企業文化	以企業特質作為劃分；
採購人員特質	依據性別、資歷、專業、決策風格等。
行為特性	
使用頻率	非使用者、輕度使用者、重度使用者；
採購流程	是以直接購入、租賃或直接採購購得；
顧客關係	以供應商和購買者之歷史及購買頻率所組成的關係。

　　以地理區域的角度看，有些產業呈現區域性集中，如天然資源加工業鄰近資源來源，以降低運輸成本。另外新進企業也會選擇鄰近產業先進者設置公司，以看準市場機會，此也是屬於集中化產業。另一方面像體積大或保存時間不長的產品，則較鄰近市場，公司設立則較為分散，如麵包業者通常在鄰近消費者的地方設廠。所以供應商針對不同集中程度的購買者，會有不同的運輸系統及配銷結構，可作為市場區隔變數之一。

　　⑵公司規模

　　可根據生產設備、辦公室、員工及銷售等方面之規模來衡量購買者的公司大小。購買者的規模與採購量、議價能力、購買要求等有關，此可作為區隔市場的基礎，以利供應者針對自身的資源做最佳的目標市場選擇。而供應者也可因購買者規模大小的不同、選擇不同的配銷通路，如較大型企業可派遣專門的業務人員進行接洽，對於較小客戶則採取中間商或以網路訂購的方式。以量販店為例，屬於較大型客戶，議價力較高，要求較為嚴格，供應商必須親自接觸；而一般的便利商店，規模較小，可能採取利用中間商的方式提供產品。

　　⑶產業別

　　不同的產業會因產品特性、經營型態及技術的不同，對供應商有不同的要

求。若供應商之產品可提供廣泛的市場作為使用，則可以產業別作為區隔變數基礎。例如床具供應商，顧客有飯店、也有一般的住家客戶，需求差異性大。針對高級飯店和社會階級較高的個戶，供應較為精緻的寢具；若為一般住戶，則提供普通且較為大眾化的寢具。

(4)組織架構

若購買者企業之組織架構較為扁平、分權式管理，由基層進行採購決策，供應商則直接向採購者接洽，且因購買者企業之基層被授予較大的權力，在訂單確認方面程序較簡潔。但購買者企業屬於較為層級、集權式架構，所有決策都必須向上呈報，供應商必須等待購買者企業內部溝通。如政府企業在進行採買決策時，較為耗時。

(5)採購標準

購買者對於品質、效率或價格上皆有要求，但市場中不同企業採購方式標準不同，供應商可用此來區隔市場。例如物流業者的客戶多樣化，在面對日常用品廠商，對於價格及效率較為重視。在運送食品的過程中，必須講求食物的保鮮。但在高科技產業中，精密材料除了講求效率之外，對於運送過程的安全和品質極為重要，物流業者必須了解產業相關知識才可成功打入市場。

2.心理統計變數

(1)企業文化

企業文化是企業獨特的精神象徵，也以此區別每個不同的企業體。供應商在面對不同的企業文化須採取不同的因應措施。如講求效率及品質的企業，供應商在供應產品的過程中，從生產到配銷，皆要注意精確度，以符合購買者的需求。

(2)採購人員特質

供應商會因採購人員性別、資歷、決策風格等因素，來決定銷售策略。例如養殖飼料供應商，面對趨於專業化的養殖業，購買者多較為年輕化，供應商則採取專業的說明及服務。若購買者是較為長一輩，且資歷豐富，則採用感性訴求，利用訪談的方式促銷產品。

3.行為特性

(1)使用頻率

和消費者市場一樣，可劃分為非使用者、輕度使用者和重度使用者。因為重

度使用者採購數量較大，市場規模也較大，較具吸引力，相對的競爭也較激烈。因此，供應商必須開發輕度使用者或非使用者市場，以利企業長期發展。

(2) 採購流程

購買者可以用直接購入、租賃或融資的方式購買產品。而供應商報價也可採取議價、直接報價或投標的方式進行。如工程標案即是屬於投標的方式進行，購買者選取最低報價的供應商。

(3) 顧客關係

依據供應商和購買者之關係程度和購買數量等，可將顧客分等。對於關係較為長久，且購買數量為大宗的購買者，供應商必須採取較為信任的行銷策略。對於新客戶，應採取較為積極介紹公司產品，讓客戶熟悉，並建立長久良好關係。

具有相同需求的消費者，就可成為一個區隔市場，行銷者可以針對區隔市場的特性發展行銷策略。但在使用市場區隔的分析結果作為行銷策略之依據時，存在一些問題：

- 利用地理統計、人口統計、心理統計變數及行為特性作為區隔市場的基礎時，必須注意是否可量化及資料取得之難易度。例如：年齡、性別及所得等資料，皆是容易取得且作為量化分析的數據，但個性、品牌忠誠度及使用時機等。在個人間存在極大的差異性，且資料屬性為質性，取得資料的困難度高，行銷者在對於此類資料分析過程需要花費成本，得出之結果也會存有偏差度的風險。

- 利用區隔變數所選擇出的區隔條件必須可以獲利。在開發另一個目標市場時，在產品生產、促銷到銷售產品至顧客手上皆需要成本。雖然目標市場具有前瞻性，但在固定時間之內無法讓企業獲利，則必須評估是否值得投資。

- 必須在最低的成本和資源之下，開發目標市場。利用現有的行銷單位，如中間商、廣告商、當地企業的業務人員等，皆可幫助外國企業進入市場時降低資金成本和風險。例如 McDonald's、Kentucky Fried Chicken 和 Burger King 等國際速食業者，皆採用將經銷權授與當地企業的方式在全球各地生產及行銷，以降低開發市場的成本和風險。

消費者行為與市場區隔基礎

以消費者行為來看，可將區隔化變數分為兩大類，區隔市場的基礎與區隔市場的描述句。區隔市場的基礎主要是描述消費者的購買和使用行為，如是否購買、購買的數量、使用次數、追求利益、價值觀及品牌忠誠度等，多屬於和個體相關。關於區隔市場之描述的變數為人口統計、人格特質、生活型態、家庭生命週期等，可用較為一般化地形容其特徵。而許多行銷人員將之混為一談，進而導致行銷決策的不正確性。

消費者特性、個別差異與環境變化會塑造消費者行為。而行銷人員無法藉由改變消費者特性、個性和外在環境，來影響消費者行為，因此藉由此三方面作為市場分類的基礎以選擇目標市場。雖然消費者行為會受到此三項因素的影響，但必非絕對，消費者行為會因為其他行銷人員所無法發現之外在因素而改變，若行銷人員依此作為劃分市場的基礎，勢必會做出不適當之行銷策略。

正確的市場區隔研究，應以消費者行為為出發點，所謂的消費者市場區隔，應是以消費者行為劃分，而非強調消費者特性或是個別差異。因為行銷人員所面對的是消費者真實的行為模式，必須對於消費者行為之差異加以研究，如產品使用率、品牌忠誠度、追求的利益、時機及使用情境等。

當行銷者在進行區隔市場時，必須要達到市場內差異極小化，市場間差異極大化，區隔市場基礎和區隔市場之描述兩者必須要界定明確，且兩者缺一不可。

二 目標市場之選擇

當企業已將市場區隔化後，即開始選擇那些市場，且將資源集中投入，並針對目標市場進行策略規劃。但在眾多區隔市場中，如何選擇有利的市場，是企業在進行行銷策略發展前所要評估的。

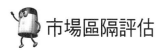市場區隔評估

　　市場區隔的評估時，有許多因素是需要考量的。經過評估後的目標市場，企業在進入市場時成功機率也較大。評估的項目主要有公司本身的目標及條件、市場環境內競爭的程度及市場的前瞻獲利能力。

㈠企業本身的目標及條件

　　在選擇目標市場時，必須考慮到是否和企業目標一致，且企業內部資源和能力是否足夠服務每一個目標市場。以小公司而言，雖然具有良好的管理能力，但因資源有限而無法選擇所有和企業目標一致的市場。就大公司而言，資金雖然充裕，但若將資源投入和公司目標不符的市場中，最後仍導致失敗的結果。而企業在選擇市場時，能將自身的優勢發揮到最大。

㈡市場環境內競爭的程度

　　市場內的競爭程度也是在選擇目標市場時所要考慮的重點之一。若市場同業的競爭者多，市場供給趨於飽和，當企業在進入市場時也無法占有極大的市占率。除非採取價格戰爭，但卻造成企業利潤削減的危機。企業因找尋尚未有競爭者的市場，雖然開發市場的成本較高，但若成功，則具有先占優勢，可擁有較大的市占率，相對的風險也較大。

　　市場的潛在競爭者和具有許多替代性的產品，對於企業發展行銷策略也會受到阻力。另一方面，顧客和供應商的議價力大，企業進入市場之獲利亦受到影響。

㈢市場的前瞻獲利能力

　　市場的成長力會影響企業在選擇市場的考量。當市場在目前雖然具有吸引力，但市場成長已漸趨緩，未來較無發展性，當企業選擇時必須考慮是否可以在短期即可獲利。若市場具有較長久的獲利率，相對地企業在進入市場時，可維持較長的生命週期。

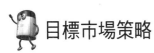目標市場策略

在評估市場區隔之後,企業開始選擇一個或多個作為目標市場,進而針對目標市場進行策略規劃。目標市場策略選擇有三種,即無差異化行銷(Undifferentiated Marketing)、差異化行銷(Differentiated Marketing)及單一行銷(Single-segment Marketing),其內容可以參考圖 4.2.2(Kotler, 2003)。

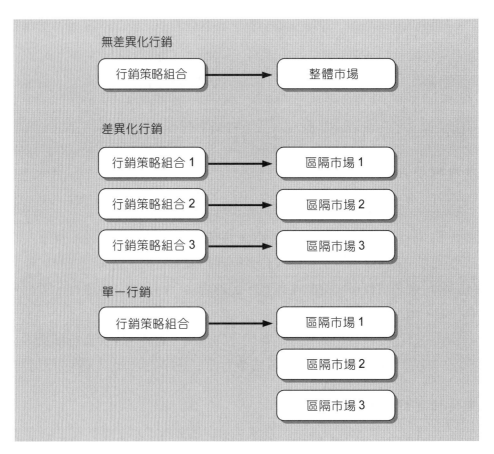

圖 4.2.2　目標市場策略選擇

㈠無差異化行銷

也稱為市場整合行銷(Market-Aggregation Marketing)及大眾市場行銷(Mass-

Market Marketing）。利用統一個的產品、定價、促銷及配銷組合，來服務全部的消費者。此產品的特性是消費者需求相似，顧客可犧牲較不重要的條件，來換取主要的利益。利用此行銷方式，因為可標準化和大量生產相同的產品，企業可獲得經濟規模來降低成本。且不須庫存多種樣式的產品，所以存貨少。只須運送一種產品到市場，導致運輸效率提升，配銷成本下降，促銷廣告成本也因只需傳遞一項訊息給顧客而減低。像民生必需用品即屬於此類，如米、油、糖和石油等，像公共資源如水和電也是採取無差異行銷。在無差異行銷策略之下，因為具有經濟規模而吸引了許多企業使用，導致此策略群組間之競爭愈趨激烈，此時行銷者必須思量是否要採取其他行銷策略方式。常採用的為產品差異化策略，即將產品和整體市場的競爭品牌做區隔。如在包裝上做不同的創意，或在促銷上向消費者提供自身產品和其他品牌之相異之處，雖然事實上是大同小異。例如礦泉水業者在廣告時，推崇本身的產品是來自高山礦泉，且在包裝上講求符合企業形象。

(二)差異化行銷

差異化行銷是指企業選擇一個或多個目標市場，且針對每個目標市場發展不同的行銷策略組合。在差異化行銷之下，行銷者常以一種產品為基礎，再針對區隔市場設計差異化產品。如奶粉針對不同的顧客而有嬰兒奶粉、幼兒奶粉；針對成人不同需求而有珍珠配方、甲殼素配方等。像牙膏也針對需求不同而有兒童專用牙膏、敏感性專用牙膏和牙齒亮白牙膏等。

此行銷策略可激起較多的市場回應，比無差異化行銷創造更多的市場機會，帶來更多的銷售量和利潤。相對的，在產品設計上多樣化，使得營運成本上升；每個市場皆有不同的促銷方式，廣告支出也隨之上升；在每個不同的區隔市場必須進行不同的規劃，管理費用增加；多樣產品要運送到不同的市場，配銷成本上升。雖然差異化行銷策略無疑地增加企業利潤，但整體成本也增加。所以企業在選擇差異化行銷作為市場策略時，必須要考慮到成本效益問題，是否值得投資。

(三)單一行銷

又稱為集中行銷（Concentrated Marketing）。對市場的看法和差異化行銷相同，將市場分為不同的區隔市場，但企業只針對某一特定的區隔市場，發展特定

的行銷策略組合。此因為企業資源有限，不得不放棄其他市場，只選擇對自身最為有利的區隔市場作為目標市場。單一市場作為目標市場，企業較易掌握特定市場的需求，往專業化經營邁進，且具有學習曲線的效果。此種策略對於規模較小的企業是一種較佳的選擇，可將企業資源放在單一產品及單一促銷，比將資源分散在多個市場之策略還要容易成功。企業在進行單一行銷策略時，往往是針對其他競爭者所沒有注意到的利基市場作為目標市場，此市場中的需求較為特殊，如勞力士手錶以高階形象為訴求。

單一行銷策略雖然以競爭較少的市場為主，但也具有相當的風險，如市場成長趨緩、目標市場需求轉變或有較強大的競爭者進入時，企業將會面臨極大的挑戰，因為已經沒有其他市場可以維持企業生存。

以上三種行銷方式皆是針對群體的消費者，在最近幾年因為經濟、技術的進步，使得某些企業開始針對特定之個別消費者提供客製化的產品及服務，此稱為個人化行銷（Individual Marketing），又稱為一對一行銷（One-to-one Marketing）、客製化行銷（Customized Marketing）或小眾行銷（Micro marketing）。較為傳統的個人化行銷如訂作衣服、家教、精油按摩、心理諮詢及減肥中心提供的個人化減重計畫，這些都只能針對少數的顧客，提供產品和服務。隨著科技的進步，個人行銷策略具有大量客製化（Mass Customization）的方式，尤其網際網路的發達，帶動此種行銷方式的盛行。例如無名小站所提供的相簿及部落格功能，在會員繳納會費成為 VIP 會員時，除了可享有超大的相簿容量，也可依照個人需求自行選擇或設計具有個人風格的網路相簿。奇摩拍賣在消費者鍵入自己所需商品之關鍵字和價格限制，即出現所有符合條件的商品。而美國的戴爾電腦，消費者可以在網路訂購所需求的處理器、硬碟及其他配備，公司在網路上接到訂單時即開始針對個人需求組裝電腦。

客製化的產品價格較一般產品為高，適合利用在高價位或是可展現社會階級及個人獨特風格的產品上面，如珠寶、高級服飾、住屋設計等。大量客製化為高科技所帶來的效應，行銷必須針對科技潮流，發現市場商機，進而改變傳統行銷策略，以為企業帶來更大的利益。

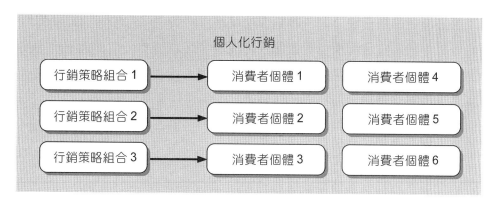

圖 4.2.3　個人化行銷策略

三　市場定位

　　在選擇出目標市場後，必須針對市場之消費者需求和競爭情況，給予企業一個適合的「位置」。定位（Position）是指在消費者的心目中，目的在於為每一個目標區隔市場內的產品，發展一套有別於其他競爭品牌的定位策略過程。在此過程中包含塑造產品形象、產品利益、溝通管道和定價等。市場定位的最終目標為企業以「差異化」的方式凸顯自身之產品、服務和其他競爭品牌的不同，特別強調一些競爭優勢，以傳遞目標市場之消費者最想要的利益。行銷人員可以利用企業所提供的產品或服務為管道以達到獨特定位的目標。例如許多服飾業者如 Mastina 在女性上班服和休閒服飾上定位為中階產品，可以讓女性脫離死板的正式上班服裝。

　　而產品和服務之特性具有獨特、難以模仿且具有對於消費者極為重要的屬性，也需要行銷人員建立良好的溝通管道以說服消費者相信這些特性的真實性。定位可以表示產品和服務可利用不同的原料、包裝設計和最終訴求等，達到在「質」上的差異；另一方面，也可利用包裝的大小、量的多寡及保證期的長短來達到「量」上之差異性。定位的結果並非由行銷人員認定，而是以消費者主觀的認知來判定，因為最終使用者對於產品的感覺才能反映產品或服務所能帶來的利益之真實情況。

定位必須要維持一段時間，才能成功地進入消費者的心中，建立品牌地位，但並非一成不變。在目前環境變遷快速，消費者行為模式、市場競爭型態及政治經濟變化，皆會影響目前產品定位的情勢，行銷人員必須針對這些變化的事態，對自身產品及服務重新定位（Repositon）。例如在許多便利商店進入漢堡市場，打低價策略時，麥當勞會擴大廣告及促銷活動，將麥香雞和麥香魚歸類為三十九元超值精選，以因應競爭者的進入。

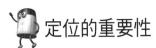 ## 定位的重要性

　　為何產品定位對於行銷人員如此重要，可分為三點說明：

(一)將產品形象極深刻地烙印在消費者心目中

　　良好的品牌形象會增加消費者購買的慾望。目前許多同性質的產品廣告目不暇接，如何在眾多相似產品中脫穎而出，讓消費者快速且長久地保有印象，可以避免產品邊緣化，以達到成功的目標。例如舒跑請來許多新生代藝人如黑人陳建州等代言，還利用許多人所喜歡的籃球運動作為廣告主題，拉近和年輕一代的距離，目的期望達到市場地位的屹立不搖。

(二)藉由使用過產品之消費者的口碑行銷

　　較佳的定位可帶來消費者容易形容的益處，當已使用過產品之消費者在推銷自身使用經驗時，可利用產品印象加以描述，增加未使用之消費者購買之慾望，進而擴大市場占有。

(三)可作為行銷策略規劃的依據

　　產品的外觀設計、包裝、定價、促銷及配銷管道，皆需要搭配產品定位，以產品形象作為發展策略的基礎，才能相得益彰。

定位的基礎

行銷人員在進行產品定位時，會根據不同的基礎來凸顯產品的形象。例如產品的屬性、功能或使用情境、利益、使用者類別和競爭者做一市場區隔。

(一)屬性及利益

不同的產品具有不同的屬性，可分為具體的，如包裝、顏色、價格、材質等。反之，也有無形的屬性，如保證、服務態度及效率等。不同的屬性會配合所需要這些利益的消費者作為目標市場。例如聯強國際以「兩年保固，三十分鐘完修」為保證，具有密集的維修站為定位，針對需要快速維修手機的消費者為目標市場。Nissan 的休旅車，強調「加強家庭休旅，多元升級」，以家庭和樂出遊為出發點，吸引許多以家庭為重的消費者。

(二)功能或使用情境

行銷人員可以著重產品特定的使用方式和情境，作為產品定位的基礎。例如黑松沙士以瞬間解渴，在吃完火鍋或麻辣鍋後，喝黑松沙士可降低消費者的悶熱度。

(三)品牌個性及使用者

以使用者為定位基礎的行銷方式，以消費者的個性、生活型態或行為模式為出發點，劃分哪一類的人適合用哪一種產品。例如推出 199 吃到飽的火鍋店是針對個性講求「俗擱大碗」的消費者。台新銀行推出 i-make 卡，品牌個性以自我風格為訴求，也配合使用者的獨特風格特性。JoJo 的衣服皆以黑色和白色為主，以沉穩內斂為訴求，深受穩重型女性的喜愛。

(四)競爭者

利用競爭者將產品品牌定位的方法，常利用透過暗示性質或直接指名道姓方式。例如屈臣氏以「沒在這買，別說你最便宜」為口號，以凸顯自己所賣商品為

最低價。

在行銷人員以選擇出定位基礎後，要如何判定是否適合企業及目標市場。

(一)差異性

要明顯強調產品和競爭對手的差異性為何，差異性愈大愈能吸引消費者的注意。例如大家對運動飲料的印象皆是可以解渴的功能時，在產品定位時就不能以此為重點。產品定位應著重在獨特的特徵，是競爭者所無法取代的，以加深目標顧客對於產品的印象。

(二)市場接受度

選擇的定位基礎，是否是消費者認為必要或重要的，因為最終的成功仍是基於目標客戶是否可以接受。

(三)企業本身的目標和條件

定位基礎是否可以配合組織目標、策略及資源條件，也是企業所要考量的重點，以維持長久的競爭能力。

透過對於消費者的調查，可協助行銷人員選擇定位的基礎，但有可能因此而造成行銷策略發展的限制。行銷人員在選擇定位時，可重新界定消費者對於每個競爭品牌的基準及知覺，以發現更佳的市場定位基礎。

當行銷人員在進行產品或服務定位時，都會遭受到不被信任和缺乏明確定位的風險，一般公司皆會避免以下四項定位錯誤：

(一)不明顯的定位（Under Positioning）

當行銷者將產品定位不明確時，使消費者感受到只是一項類似的產品進入市場，或是並未發覺產品的出現。例如在 1993 年百事可樂推出 Crystal Pepsi 時，並未對目標客戶留下可辨識的印象，使消費者未發現可以從此飲料中得到重要的利益。

㈡過度廣泛的定位（Over Positioning）

過度廣泛的定位會造成顧客對品牌具有狹隘的印象。例如一般顧客對於蒂芬妮珠寶的印象是走高價位路線，一般價格是從五千美元起跳，但事實上蒂芬妮是有提供一般人皆可負擔的鑽石戒指，價值約一千美元。

㈢混淆的定位（Confused Positioning）

當行銷者對於產品具有太多的定位基礎或是時常更換產品訴求，會造成顧客對於產品印象的混淆。

㈣受到疑惑的定位（Doubtful Positioning）

意指消費者從產品的特色、定價和製造中，懷疑產品定位的訴求。

個案分析

摩斯漢堡

日商摩斯食品服務株式會社於1972年7月創立於日本東京。根據社團法人日本能率協會於1994至1998年「顧客對商品及服務滿意度」的調查結果顯示，摩斯漢堡名列於日本全球高滿意度企業的前幾名，更有三年高居餐飲業之榜首；而「日經餐飲雜誌」所作之「日本前五十家外食連鎖體系形象」的評價調查，摩斯漢堡所獲得的綜合評價也最高，是其他外食連鎖企業所不及的。

台灣的摩斯漢堡為中日合資，隸屬於東元台安電機企業體，是該集團為多角化不斷延伸經營觸角跨足服務業的先驅。摩斯漢堡於1990年由日本引進台灣，取名為「安心食品股份有限公司」，品牌名稱為「摩斯漢堡」。名為安心，主要希望消費者吃得安心、用得安心，真正做到服務大眾的目的，

而這也是摩斯漢堡的主要經營理念。

　　隨著國民所得的增加及生活水準的提升，國人的消費能力也跟著提高，人們對於食的支出遠較以往為多。由於整個社會經濟結構的轉變、職業婦女及小家庭的增加，生活型態產生改變，飲食生活往往配合繁忙的工作而有時間上的調整，外食機會也相對提高，促進許多西式速食消費增加。西式速食產業所具備的性質有快速供應的產品服務、櫃檯式的自助或半自助式的服務、低廉的價格、簡單有限的菜單、標準化的生產及服務等。摩斯漢堡認為，其在市場中並無主要的競爭者，因為他們所提供的是日式風味的速食，整個產品口味、店面風格均與一般美式速食店不相同。摩斯漢堡的目標顧客年齡層約在二十至四十歲左右，以高教育程度居多，較重視生活情趣，對人、事及物敏感度要求高。由於摩斯漢堡的顧客群平均水準頗高，因此其店舖之裝潢朝向溫馨、高質感的布置，店內所播放的音樂和其他速食店不同，大多以古典和輕音樂為主。摩斯漢堡利用明確的市場定位，讓自身在速食業界具有獨特的目標客戶，發展利基市場。

　　除了在外在的環境加以包裝，摩斯漢堡的產品也具有其獨特的風格。

　　(1)現點現做

　　為了讓顧客可以第一口就吃到鮮美的味道，摩斯漢堡採取顧客點餐，人員才開始進行後勤漢堡的製作。完成後由服務人員親自端送到顧客桌位，使顧客可以享受到新鮮的蔬菜、剛做好的肉餡及剛出爐鬆軟的麵包。「親手的心意，現做的品質」為摩斯漢堡的堅持。

　　(2)獨特的東方口味

　　一般的美式漢堡大部分皆是麵包夾肉餡、酸黃瓜和番茄醬，不具有獨特的美味，在營養均衡方面也不足。而摩斯漢堡以獨有的東方口味配方調製，改變漢堡材料的基本組合，在漢堡口味上創新，在產品中放入許多的蔬菜，取代一般漢堡過多醃產品和調味醬。摩斯的日式漢堡，以獨特的東方口味配方製作醬汁，例如蜜汁系列採用照燒醬汁等，跳脫一般大眾對於漢堡的印象。

　　(3)健康取向

　　現代人的生活水準大為提升，從當初只求填飽肚子到後來講求精緻，現在社會大眾所注重的為營養及健康。摩斯漢堡掌握了此種趨勢，設計有健康

概念的產品，讓顧客可以吃到美味又健康的漢堡。牛蒡培根珍珠堡和蒟蒻珍珠堡皆是很好的例子，打出熱量、高纖的口號，深得許多顧客的喜愛。

(4)精緻的禮盒

除了漢堡之外，摩斯將暢銷產品製成禮盒，讓自己的忠實顧客可以將摩斯的產品帶給自己的親朋好友。例如摩斯可可精裝罐、玉米湯家庭包、摩斯和風沙拉醬及蒟蒻禮盒等，皆是摩斯漢堡在產品創新方面的成功。

在經營手法上，摩斯漢堡脫離美式的經營方式，採用日式的經營理念。除了上述在店面設施上獨具一格之外，為因應市場趨勢，摩斯漢堡以小型店為主要定位。除了可降低租金成本之外，也顧慮到顧客的心態。因為一般人會覺得較多人聚集的地方，東西會比較美味，較小的店面容易營造店舖熱鬧的景象，可吸引路人的好奇心。

摩斯漢堡的店面多設在社區中，在廣告及促銷方面和一般的速食業者有所不同。因未具有龐大的資金，大部分皆以平面廣告及電台為主。而摩斯漢堡在全台灣的店面不多，考慮到電視廣告對於摩斯漢堡的附加價值不大，加上若南部的民眾看到廣告可能會找不到店面而有負面的宣傳效果，最後決定將資金放在開設新據點上。許多速食店皆採用點套餐送贈品的促銷活動，但摩斯漢堡認為，此種銷售手法會模糊產品的焦點。顧客在購買套餐時，或許是因為受到贈品的吸引，而不是真正享受產品的美味。在下一波利用贈品促銷時，贈品的品質勢必要比上一次更好，才能吸引顧客，最後打的是贈品戰，失去了追求產品品質的基礎策略。摩斯漢堡覺得自己沒有足夠的資金可以從事此種銷售手法，所以利用發放試吃券或是在新店開幕時進行造勢活動，強調與社區居民成為鄰居的口號，吸引社區民眾作為忠誠的顧客。在定價方面，摩斯漢堡很少採取低價促銷，認為自身產品的品質就是值得這樣的價格，雖然降價可以提高銷售量，但卻降低產品品質，違背摩斯漢堡對於產品好吃及質感的訴求。而在新產品開發方面，早期是採取主要以日式為主，若台灣的顧客可以接受，才將產品引進台灣，主要倚賴日本的技術。而現在會針對台灣口味，開創新的產品。例如適應部分國人不吃牛肉而開發豬排堡，針對講求健康的顧客開發牛蒡培根珍珠堡和蒟蒻珍珠堡等。利用現有的資源加以改進，摩斯漢堡將會針對國人的喜好，開發新產品。

IKEA

IKEA 的市場區隔緣由為 Ingvar Kampard 還小時，當時瑞典只有貴族或富裕的人才能享受具設計感的昂貴家具。Kampard 認為每個人都有權享受美好的家庭生活，所以在創建初期，宜家就決定與家居用品消費者中的「大多數人」站在一起，期許滿足具有不同需要、品味、夢想、追求以及財力，改善大眾的家居狀況，讓每個人都有實現夢想的可能。在宜家的行銷策略上，一直有鮮明的市場區隔策略，其焦點為服務中層大眾，銷售這些大眾買得起的家具，不選擇上層顧客，以符合公司的文化與策略。宜家的家具適合各個年齡層的人，以熱衷接受新事務並享受生活的顧客為主要目標市場。

以往宜家公司都是透過傳統媒體宣傳，促銷新推出的產品，現在也在網路上舉辦促銷活動，透過電子郵件告訴顧客促銷活動及新產品訊息。較為特別的是，宜家不採取購買電子郵件資料以發行大量廣告文宣的手法，只將活動廣告的電子郵件寄送給曾經上過他們的網站問問題並要求回覆的顧客。

宜家的通路整合方式，可以從它對於「在家工作」系列促銷活動看出。首先，宜家公司透過電視廣告、DM 及線上折扣等發出的訊息，顧客只要在網站上註冊，就可以下載、列印優惠券。

問題與討論

1. 市場區隔變數可分為消費者市場及工業品市場，不同的市場特性區隔變數也不同，試分別詳述消費者與工業品市場之區隔變數。
2. 進行市場區隔評估之主要項目有哪些？
3. 當企業開始選擇一個或多個作為目標市場，依據市場特性可有哪些目標市場策

略之選擇？

4. 為何企業對於市場定位如此重視？

5. 企業可由哪些基礎，來凸顯自身產品之特色？

6. 目標市場適合度主要可依哪些構面進行判定？

參考文獻

中文

1. 王居卿、張列經，《國際行銷學》，台灣培生教育出版有限公司，2005 年。

2. 林建煌，《行銷管理個案=Marketing management cases study》，智勝文化事業有限公司，2001 年。

3. 林則君、施存柔、涂宗廷、盧恩慈，「家樂福量販店之行銷策略分析」，2002 年。

4. 洪順慶，《行銷管理=Marketing Management》，新陸書局，1999 年。

5. 胡凌嫣、李佳穎，「全球行銷管理企業個案分析－ IKEA 案例」，逢甲大學學生報告 E-Paper，2005 年。

6. 張列經，《行銷個案分析=Marketing Case Study Analysis》，福懋出版社，2002 年。

7. 許長田，《全球行銷管理=Global marketing management》，新文京開發出版股份有限公司，2002 年。

8. 曾光華，《行銷學：探索原理與體驗實務》，前程文化事業有限公司，2006 年。

9. 鄭華清，《行銷管理=Marketing Management》，全華科技圖書股份有限公司，2003 年。

中文翻譯

10. 余佩珊譯，《行銷學》，McCarthy, E. Jerome、Perreault, William D 原著，滄海書

局，1999 年。

11. 瞿秀蕙譯，《行銷管理》，Etzel, Michael J.、Walker, Bruce J.、Stanton, Williwm J. 原著，麥格羅・希爾，2004 年。

英文

1. Gillespie, Jeannet & Hennessey (2004), "Global Marketing-An Interactive Approach", Houghton Mifflin Company.

2. Kotler, P. (2003)," Marketing Management eleventh edition", New York: Prentice Hall.

3 配銷通路管理

一 配銷通路的意義

　　配銷通路的定義為「生產者將商品或服務移轉至消費者的過程中，所有關於取得商品、服務或促進商品服務移轉的個人與機構所形成的集合」。所以配銷通路包括製造商、消費者以及幫助產品服務移轉之批發商及零售商等中間商。當產品的型態改變或和其他產品融合時，通路的型式也會跟著改變。如棉花加工後變成布，再製成衣服時，包含了兩種不同的配銷通路型態。布的通路為棉絮織布廠至成衣廠，而衣服的通路則是從成衣廠至服飾店，最後至消費者手中。

　　通路的目的在於以適當的價格、數量、品質之商品與服務，並滿足生產消費者雙方的條件下，將產品提供給顧客，以滿足其需求並達到所有權之移轉，藉由通路中的成員，所舉辦之推廣、促銷活動，造成刺激需求之結果。而經濟學家認為通路的目的在於創造型式、所有權、時間、地點的效益。

　　而中間商分為買賣中間商及代理中間商，主要的不同為是否擁有配銷產品或服務的所有權。買賣中間商最典型的例子為批發商和零售商。而中間代理商僅協助產品所有權移轉的作業，並未得到實質的所有權，如旅行代理商、房屋仲介商等。其他如保險公司、銀行、物流管理公司或倉儲公司，雖未有實質所有權，但未積極地參與產品和服務之所有權移轉，所以未列在配銷通路過程當中。

　　有些人認為，過多的中間商執行許多不必要的作業，造成最終產品售價過高，影響消費者購買意願，提倡減少中間商的數目達到降低產品價格的目的。相對地，許多由中間商所執行的事務必須由製造者或消費者自行承擔。但真正地除去中間商的存在，實際上是否可降低成本，結果是無法預測的，但中間商所從事

的基本配銷工作並不會因為中間商的去除而消失。例如，房屋所有權人欲將其房屋出售，在未有房屋中介的情況之下，必須自行推出廣告以尋求購買者，此項花費或許會比委託房屋中介公司之成本高出許多，耗時耗力。對國際企業而言，在無中間商幫助之下，所有從生產、包裝、配銷至促銷，皆需要公司派遣人員運作，加上對於外國目標市場之通路不熟悉，必須耗費資源進行開通。生產成本再加上額外的管理及開發市場成本，或許比委託當地企業進行銷售來得高出許多。在某些情況之下，利用中間商對製造商和消費者雙方皆會帶來利益，提高產品或服務所有權轉換的效益。

企業的行銷組合決策當中，最為重要的為通路管理。通路管理決策所具的策略性意義有兩種，一為「外在環境管理」，二為「長期資源的投入」。

1. 外在環境管理

在整體通路中，是由許多通路成員組成的系統與架構，每個成員都有其各自的功能及目標，執行不同的流程工作。所以通路不像其他行銷組合如產品、價格及促銷活動一樣可以由公司內部所制定與控管，必須要協調與整合通路的全體成員，以達到通路的效率，透過通路成員有默契的合作，達到顧客滿意。

2. 長期資源的投入

產品、定價及促銷只牽涉到企業本身，所以可隨市場環境變動而更改，而通路架構因為涉及到通路的每一個成員，具有不易變動之特性。因此，對於企業而言，通路管理是一個長期資源投入的過程。加上通路成員的關係，需要經過長時間的合作，才能建立彼此的信賴感，所以通路是一個長期的決策。因為通路所帶來之外部性和長期性的策略性影響，當企業在擬訂通路策略時，必須要多加以思量，以避免錯誤的策略方向帶給企業長期成本的增加。

(一) 配銷通路之功能

配銷通路主要功能為將產品或服務順利地從製造商移轉到消費者，主要可分為八項：

1. 研究

中間商可提供製造商所需之市場資訊，以利整體配銷通路策略之形成，提升交易效率。

2. 促銷

面對市場，可提供所需之可說服消費者購買產品或服務的訊息，使消費者具有購買的慾望。

3. 接觸

針對已使用者，加強售後服務，並開發潛在購買者與之接觸及溝通。

4. 配合

對於製造商，尋求適合的消費者；針對消費者，提供符合其所需的產品或服務。

5. 協商

在製造商和顧客所需利益和價格間進行協商，將推動產品轉化之效益。

6. 實體配送

負責產品之運送和儲存。

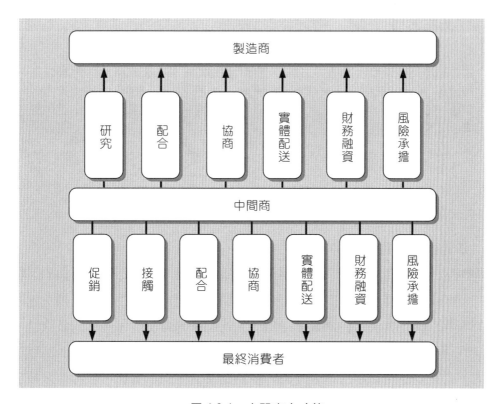

圖 4.3.1　中間商之功能

7.財務融資

可提供製造商和消費者在財務上之週轉。

8.風險承擔

部分承擔產品或服務轉換過程中所發生的風險。

(二)配銷通路之規劃及管理

在行銷策略組合產品、定價、促銷和配銷中，以配銷通路的彈性最小。產品、定價及促銷皆只由製造供應商依顧客需求而改變，但配銷通路牽涉到整體通路關係、通路定價及銷售方式等，一旦改變必須耗費較多的資金。不同的企業，即使產業性質相同，配銷通路也不盡相同。建立適合的配銷通路不僅可滿足顧客需求，也提供差異化的競爭優勢。因此，企業必須著重配銷通路之決策，選擇良好的配銷通路，以確保企業長久經營。以下說明配銷通路決策之程序：

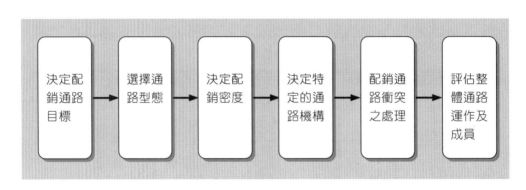

圖 4.3.2　配銷通路決策程序

1.決定配銷通路目標

規劃配銷通路之角色必須根據整體行銷組合架構，首先即明定企業的目標，進而和行銷組合中的產品、定價、配銷及促銷策略配合。而企業的目標決定配銷通路的服務水準，其決定於消費者得到產品或服務的方便性、產品的多樣性、等待取貨的時間及產品技術支援等。企業決定配銷通路服務水準時，常面臨到成本的壓力。當配銷通路服務水準較高時，相對企業營運成本增加，但可帶來較佳的服務品質。相反地，降低配銷通路服務水準雖可降低成本，服務水準也隨之下

降。企業在決定產品或服務的配銷水準時，必須要考量顧客對於產品之外的服務要求是否強烈，進而訂定企業配銷通路目標及服務水準。例如進口外國農產品，蔬果的進口商要求產品的新鮮，因此出口商必須要花費較大的轉運成本以提高產品的運送效率，確保產品的新鮮度來達到顧客滿意。

2. 選擇通路型態

在明定配銷通路目標後，要決定適合公司的通路方式。是否需要中間商，及需要哪種類型的中間商。例如：化妝品製造商，是要選擇直銷還是經銷的方式。在經銷方面是要選擇大盤商還是零售業者，而零售業者又分為百貨公司、一般藥妝店及線上零售商等。

3. 決定配銷密度

配銷密度意指市場涵蓋密度，在銷售區域之內，需要設立多少據點。配銷密度牽涉到通路的階層及通路的整合方式，即在特定的區域內，批發和零售階段所使用的中間商數量及其中的協調與整合，且受到市場購買行為、產品特色和企業本身的影響。通路階層是指在整體配銷通路，需要透過幾個中間商才能送到最終消費者手中。通路的整合為利用何種方法使得整體通路互動良好。

4. 決定特定的通路機構

不同的企業，對於通路機構的選取也不同，對於小企業而言，行銷新產品之中間商的選擇會因資源不足而遭受侷限。例如：化妝品製造商要選擇哪一個百貨公司作為中間商，如新光三越、遠東百貨或太平洋 SOGO 百貨等，在藥妝店方面則是選擇屈臣氏或康是美等。

5. 配銷通路衝突之處理

通路成員之間的協調運作，才能達到配銷通路效率極大。在面對通路成員無法達到某種共識的合作關係時，有關廠商應認清衝突的情形、原因與牽涉的層面並加以化解。為達成通路商間之和諧關係，鼓勵中間商成員配合企業行銷目標與策略，必須提出某些誘因來取得中間商的合作，細部方法會在之後做詳細討論。

6. 評估整體通路運作及成員

企業須定期地針對通路成員進行評估，以確保整體配銷通路的運作順利。評估項目包括存貨多寡、交貨效率、售後服務或對於配銷服務水準提升的訓練活動等。根據所衡量出的績效，決定是否和中間商建立長久關係或尋找新的合作夥伴。

(三)通路選擇之考慮因素

行銷人員在設計配銷通路時，不可能憑藉著自己的經驗和喜好，必須有所考量之因素，包括廠商本身、市場、產品和中間商的考量。

1. 企業本身之因素

除了外在環境會影響通路的設計，企業本身是設計通路的主體，影響整體通路甚巨，包括：

(1)企業目標

任何策略的形成，皆在企業目標和使命明定之後才能著手進行規劃，而通路是依策略之發展而被設計出來。任何的通路設計都因配合整體行銷策略之執行，幫助企業達到目標。

(2)通路的控制

有些企業採用直接行銷於最終消費者的通路方式，控制產品的整體配銷。掌握整體配銷通路，直接掌握客戶資料，較容易在產品的設計、定價、存貨或運送方面進行整合，企業在行銷策略及通路設計之間的配合將更有效率。通常企業會利用較短的通路來進行較直接的通路控制，例如網際網路訂購、直銷或指定某一特定中間商，一方面可降低管理成本，一方面亦可擴大通路的控制力量。

(3)資源條件

企業資源包括財力、管理能力、人力資本及經驗知識等。若具有足夠資金的企業將建立屬於自己的配銷通路及業務團隊，直接進行顧客服務，而小型企業礙於資金不足的因素，會採用中間商來銷售自己的產品。而對於管理經驗不足和未能掌握顧客資訊的企業，缺乏足夠經驗的銷售人員和部門，也會利用中間商來幫助配銷通路的順利運作。

2. 市場因素

因最終消費者對產品的良好反應是企業利潤的主要來源，若企業欲長期地維持成長，必須要以消費者的行為模式作為設計配銷通路的考量因素，以下分為三個方面進行探討：

(1)市場的類型

市場的類型大致可分為消費品市場和工業品市場，兩者之間差異甚大，企業

必須針對不同的市場型態來設計配銷通路。一般而言，消費品市場的通路較長，因為大部分的最終消費者皆會向零售商購買產品，所以配銷流程為生產者、批發商、零售商，最後到最終消費者手上。像一般的量販店價格較低，會吸引最終消費者，此時零售商就不在配銷通路上。而工業品市場是購買產品再進行加工，所以是進行產品上的大量購買，所以配銷通路較短，或許只包括上游的製造商和工業品市場之企業。

(2)訂單的大小

當買方的購買數量較少，屬於小訂單，就運送流程、行政管理成本和行銷人員配置方面，採用直銷的方式成本較高，通常會利用批發商和零售商的方式。若購買數量較多，屬於大訂單，採用直接配銷的方式可獲得經濟效益，相較之下通路較短，例如成衣廠直接銷售給量販成衣廠商。

(3)購買者和潛在客戶的多寡

當購買者和潛在客戶多時，若採用直接行銷的方式會因接觸次數頻繁而導致成本增加，所以製造商會採用具有中間商的配銷通路，以服務購買者和接觸潛在顧客。當購買者和潛在顧客較少時，企業會採用自己的業務行銷人員，利用直接向最終消費者和工業品廠商促銷的方式。

(4)購買者分布型態

購買者分布型態較為分散時，若採用多據點直接行銷的方式，製造商在布局時會耗費較大的成本，所以會採取利用中間商進行配銷及銷售，也得到中間商對顧客資訊的掌握較為明確所帶來的附加利益。若購買者的分布較為集中時，製造商利用直接行銷方式之成本不會過多，所以配銷通路較短。

3.產品因素

在通路設計上，對於產品的特性也須加以考量，如技術特性、單價和產品的易腐性。

(1)技術特性

技術特性愈高，表示產品的複雜程度愈高，製造商必須提供較好的售後服務，採取直接銷售的方式較佳，因中間商對於產品性能的知識不如製造商本身，無法提供相同的售後服務。若技術特性較低、標準化的產品，則採用具有批發商和零售商之較長的配銷通路。

(2)產品單價

產品的單價會影響預留配銷利潤的空間，較高單價的產品比低單價的產品具有較短的配銷通路。例如：一台好幾萬的複印機，製造商或許只透過批發商，就直接面對最終消費者。而一枝十元的原子筆，配銷通路成員可能包括製造商、大盤商、小盤商及零售商，最後才到最終消費者。

(3)產品易腐性

若產品是具有容易腐敗的特性如蔬菜及水果等農產品，製造商會選擇較短的配銷通路，及選擇效率較高的中間商，以確保產品送至最終消費者仍保有新鮮度。而不易腐敗的產品，具有較長的配銷通路。

4.中間商之因素

中間商為配銷通路的主要角色，也會影響企業對於配銷通路的設計。

(1)中間商可帶來的服務及利益

採用適當的中間商可以帶來的利益是企業在選擇的主要考慮因素。若製造商可選擇具有知名度、服務較佳或分布據點較多的中間商，可享有中間商具有的能力所帶來的利益。相對之下，這些中間商要求的報酬較高，講求產品的品質，需要供應商配合的條件較嚴格，因此製造商在選擇中間商時，必須要針對許多方面所帶來的利益加以考量。

(2)適合之中間商的獲得

製造商會因為中間商的意願和能力或其他的因素，無法找到適合的中間商作為配銷通路的成員。其原因可能為中間商不想銷售競爭者的產品，而必須增加行銷管理成本或失去原本合作之製造商間之關係。而製造商本身生產能力不足，也是無法引起中間商合作的意願之原因之一。

(3)製造商和中間商間之政策配合

當中間商未有和製造商合作的意願，可能是因為彼此間之目標及政策方針不同。有些製造商和中間商會要求對方在合作的同時，不得和其他類似的廠商進行合作。例如：小的製造商之產品曝光率較低，希望藉由和許多中間商的合作以擴大產品的銷售量，但有些中間商的政策會以和自己具有利益關聯之合作關係之下，就不得和其他中間商進行合作，阻礙小製造商的獲利率，造成放棄彼此間之合作關係。

(4)中間商的素質與形象

製造商會採用和自身產品之素質和形象符合的中間商作為合作夥伴。例如需要較為完善的售後服務之產品，需要顧客服務形象較佳的中間商；而較為平價的產品，則不須尋求高素質形象的中間商作為配銷通路的成員。

二 通路型態與結構

通路的型態與結構主要是說明整體配銷通路的具體運作模式為何，以下分別由通路階層數、配銷通路整合系統及配銷通路密度來說明。

通路階層數

意指中間商的層級數目，以決定配銷通路的長度。只要可以將產品所有權更近一步地帶近於消費者的中間商，皆可成為配銷通路中之一層通路階層，主要分為零階通路、一階通路、二階通路及三階通路。

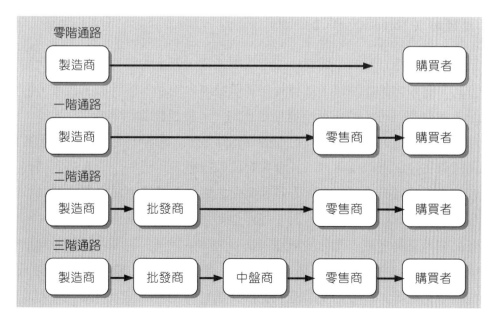

圖 4.3.3　通路階層圖

(一) 零階通路（Zero-Level Channel）

亦稱為直接行銷通路（Direct-Marketing Channel），沒有透過任何中間商行銷給購買者，大部分的工業品市場會採用此種配銷通路方式。例如：工業原料、汽車引擎和挖土機，某些消費品市場亦會採用，而 DHC 也是採用網路訂購的直營方式。

(二) 一階通路（One-Level Channel）

基於專業分工的考量，在製造商及購買者間，具有一層中間商，在消費品市場通常稱為零售商，在工業品市場稱為配銷商與經銷商。例如：出版社將書送至書局，再藉由書局轉售給購買者。

(三) 二階通路（Two-Level Channel）

指在製造者與購買者間具有兩層的中間商，以消費品市場來看為批發商和零售商，在工業品市場稱為產品配銷商與經銷商。例如：菜農將菜賣給大型的批發商，再由小菜販購買，最後再轉售給消費者。

(四) 三階通路（Three-Level Channel）

三階通路包括三層的中間商，如產品加工業，五金和雜貨類皆屬於此種配銷通路方式。例如肉品加工業，批發商向養殖場購入肉品，進行加工之後，再賣給中盤商，中盤商再將產品運至市場等零售點，最後再轉售給消費者。

除了上述的型式之外，還有更高階的通路型態，但較不常見，因為層數愈多的配銷通路在控制上較為不易，且企業對於較接近於自己的中間商控制權較大，對於較接近購買者的中間商會因為在通路上之距離太遠而不易掌握其行銷行為。

目前服務業興盛，行銷人員對於服務性商品的配銷通路愈來愈重視。因為服務性商品的具有易逝性，產品的製造與銷售常發生在同一時間和地點，製造商和消費者間之服務產生過程和行銷活動需要人員直接接觸，屬於直接行銷。像旅遊、住宿和保險等，較不需要製造者直接對購買者進行服務，可設置中間商幫助服務產品的所有權移轉。

由於產品和產業日趨複雜，市場區隔化逐漸形成，企業具有許多不同性質的目標市場，行銷者不會在性質不同的市場中採用同一種通路型態，此稱為多重配銷通路（Multiple Distribution Channels）。當企業銷售相同產品至消費品市場和企業市場，或銷售不相關的產品時，因為產品和市場性質不同，行銷人員會採取多重配銷通路。例如：石油開放民營之後，中油公司採用直營和民營加油站的雙重配銷通路型態。企業在面對相同的產品市場時，也會採取多重配銷通路以接觸不同的區隔市場。如購買者的規模差異大或是不同區隔市場的區域集中密度不一致，行銷人員會採取不同的通路型態。例如航空業者會針對需要定期派遣員工至國外工作的大型企業採用直接行銷的方式，對於零散的最終消費者，則採用旅行社與之接洽。而飲料業者會派遣企業內部的業務員直接行銷至地點較為集中的客戶，採用代理商的方式銷售給集中密度較分散的市場。

 配銷通路整合系統

在配銷通路中，具有製造商、購買者和中間商等，行銷者要如何針對目標區隔市場之特性以整合配銷系統，達到效益最大，以下分別對於有傳統式行銷系統（Conventional Marketing System）、垂直行銷系統（Vertical Marketing System, VMS）及水平行銷系統（Horizontal Marketing System）論述之。

㈠傳統式行銷系統（Conventional Marketing System）

經由相互獨立的製造商及中間商的合作，透過傳統的行銷系統而達成，消費者可以順利地得到產品和服務。但通路的成員大多具有各自的目標和行銷策略，對於整體配銷通路的執行彼此並無協調。例如：製造者的目標為出貨量極大化，理所當然想要中間商大量地進貨，但沒有顧及到中間商是否具有足夠的資金購買或適當行銷方式銷售給顧客。而中間商的目標為達到一定的銷售量，不會在乎購買者購買何種品牌。例如：一間便利商店具有多種品牌運動飲料，造成不同品牌的類似產品在同一個通路的惡性競爭。所以在同一配銷通路的成員，必須要先了解彼此的目標與策略，進行整體通路之整合，讓每個通路成員發揮行銷策略的效益。例如可引入供應商至超市或量販店直接販售，可以省去產品由供應商至超市

的轉入成本以降低價格，超市可以利用抽成的方式賺取利潤，供應商也增加出貨量。

(二)垂直行銷系統（Vertical Marketing System, VMS）

因為傳統的配銷方式強調個別通路成員的獨立性，不希望過度干涉彼此的行銷活動方式，但卻因此降低作業效率。遂有垂直行銷系統逐漸成為配銷系統的主流，對每個通路的成員加以定位，協調各自資源與目標，避免通路成員為了自身的利益而產生衝突及重複投資，以提高行銷的效率與績效，增加對市場的影響力。主要可分為以一位或多位的通路為領導的管理式垂直行銷系統（Administered Vertical Marketing System）、利用通路會員合約的契約式垂直行銷系統（Contractual Vertical Marketing System）及所有權共享的所有權式垂直行銷系統（Corporate Vertical Marketing System）。

1. 管理式垂直行銷系統（Administered Vertical Marketing System）

管理式垂直行銷系統最大的特色為具有通路領袖做較具組織性的協調、規劃與管理，此通路領袖可能為製造商、批發商、零售商等，藉由通路成員願意合作的方式，達到整體通路之效率。通路領袖利用自身具有優勢的權利，管理垂直行銷系統內的通路成員，進而影響其他通路成員的決策目標與策略。因通路領袖可以幫助其他通路成員達到行銷目標，提供通路成員願意配合的誘因。

製造商可以利用產品優良的品質、品牌資產，具有足夠的力量使中間商願意在產品、定價、配銷及促銷活動上配合製造商的管理方式。有些製造商不會針對消費者進行推廣活動，反而是針對中間商促銷自身的產品，再利用中間商對於顧客需求的了解取得附加利益。也有些製造商以具有自身的品牌形象，針對消費者做推廣活動，但大部分都會採用對中間商和消費者兩者並行的推廣活動。以製造商為通路領袖的主要有 Sony、Nokia、Microsoft 和勞力士手錶等。

零售商因具有強大的銷貨能力及較貼近顧客群，加上資訊科技的發達，擁有大量的消費者訊息，其支配力量也日趨擴大，許多通路皆以零售商為主導的角色。像大潤發、7-11 和百貨公司等，具有密集的據點及銷售能力，成為整體通路商的通路領袖。

2.契約式垂直行銷系統（Contractual Vertical Marketing System）

在此系統之下，獨立的製造商、中間商和零售商透過契約的方式，界定彼此的角色，以改善通路的效率與績效。因為契約的存在，對於通路的每個成員具有較大的約束力，但也讓通路成員行動一致，比個別行動更具經濟效益及市場影響力。製造商、中間商皆可作為契約的發起者，主要可分為以批發商發起的自願連鎖系統、以零售商發起的合作系統及特許加盟組織。

(1)以批發商發起的自願連鎖系統

主要為批發商發展策略計畫，以對抗大型的連鎖零售商。為追求在進貨上的規模經濟，利用對下游零售商的銷售作業標準化，使獨立自營的零售商可以和大型的連鎖零售商競爭。

(2)以零售商發起的合作系統

零售商發起的合作系統為建立屬於自己的批發商，管理獨立零售商群的批發業務，此種做法和批發商發起的自願連鎖系統的出發點相類似，皆是要建立獨立同業夥伴間之競爭優勢，以對抗規模較大的同業競爭者，只是發起的角色不同而已。

(3)特許加盟組織

此為一種服務業的契約垂直行銷系統，許多餐飲業和速食業等皆採用此種方式。在此系統中，具有加盟總部和加盟店，彼此都有要盡的義務，例如加盟總部必須要提供原料採購、賣場規劃、整體促銷活動及職業訓練等服務，而加盟店必須要付加盟金及配合加盟總部之一系列的活動。

特許加盟的型式會以依契約的訂定而不同，有些加盟店從原料供給到促銷都要接受加盟總部的支配，達到全體加盟店的一致性，且加盟金會採用抽成或月租的方式。有些契約規定則較為寬鬆，加盟店只須繳交加盟金或採取直接買斷的方式，取得商標的使用權，其他的店面擺設及租金、原料購買、生產設備和人事費用都必須由加盟店自行支配，利潤也是全部屬於自己。

如通用汽車授權經銷商銷售汽車，為由製造商發起的零售特許加盟系統，雖然經銷商是屬於獨立的個體，但必須要遵從銷售及服務的合約。可口可樂則是採取由製造商發起的批發特許加盟系統，授權給各個市場的裝瓶公司，再轉售給零售商。而麥當勞和肯德基是採取服務公司發起的零售特許加盟系統。

3.所有權式垂直行銷系統（Corporate Vertical Marketing System）

　　所有權式垂直行銷系統較前兩項更能協調整合通路的成員，顧名思義是利用所有權的整合方式，可以由製造商向前整合，也可由批發商和零售商向後整合。當製造商想整合整體行銷通路，具有自身的行銷人員、物流管理系統、倉儲管理系統和零售商時，便會採取向前整合的做法。例如耐吉除了具有經銷商之外，也設有直營店以直接面對消費群。統一食品成立 7-11 便利商店及家樂福量販店的零售據點。零售業者也會進行向後的整合，例如許多百貨公司和大型超商會建立屬於自己的生產據點，以避免貨源不足的情況發生。最有名的例子為 Sears 公司以擁有製造商股票所有權的方式，整合產品的數量、價格、服務及產品設計等。

　　成功的垂直行銷系統，成員之間除了買賣關係之外，具有長期的合作關係。每個通路成員根據自己的專業知識及長處，帶來經濟規模及學習曲線效果，藉由專業分工再彼此合作達到綜效，降低成本的支出。通路的成員彼此合作，資訊和經營經驗在通路間相互流通，彼此相互承擔風險，使得經營的風險得以降低。藉由通路成員間之合作，使大家的目標趨於一致，達到競爭優勢以和其他通路競爭，具有較大的獲利能力。通路成員可將節省的成本用於其他地方，加上經由彼此間之合作關係而相互成長，帶動整體配銷通路的創造力。

　　缺點為在整合初期需要大量的資金投入，且每個成員的目標和需求存在差異性，想要整合並不容易，可能在大型企業且具有良好財務基礎較易進行，也需要一個具有領導風範的企業組織以帶領整體通路成員達到共識。

(三)水平行銷系統（Horizontal Marketing System）

　　另外一種行銷通路發展模式為兩家或兩家以上的同業或跨行業的公司聯合，即是同層級的組織所形成的合作關係，共同開拓新的市場機會。藉由彼此的合作，降低成本和風險，適合用於資金、技術、生產設備和行銷人員規模較小的企業，以達到雙贏的局面。而對於大公司來說，較注重技術和行銷方面的合作，以開發利基市場。例如麥當勞會和迪士尼卡通合作，在電影將要推出時，會在麥當勞的店裡張貼宣傳海報，也會以套餐銷售手法贈送有關電影相關產品等行銷方式。許多信用卡公司會和百貨公司合作，利用聯名卡的方式舉辦集點活動，以吸引消費者進行消費。可能採取的方式為雙方或多方進行協議，也會採取成立新公

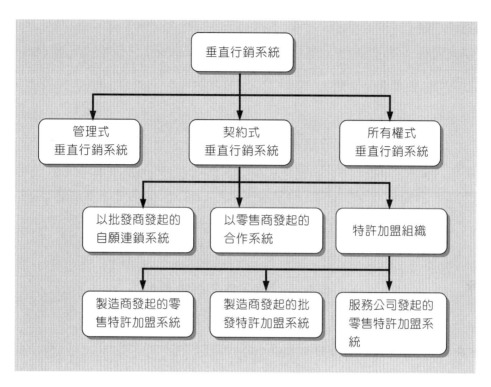

圖 4.3.4 　垂直行銷系統圖

司的方法，股權由各公司所有，利潤及風險也依股份的持有比例而彼此分擔，Alder將此種行銷方式稱為「共生行銷」（Symbiotic Marketing）。例如Freightliner和White訂定協議，Freightliner利用White公司的經銷商銷售自身生產的卡車，以降低自行找尋經銷商的成本和風險。

配銷通路密度

　　因為配銷通路決策屬於整體行銷組合中重要的一環，在決定通路為零階、一階或二階，選擇利用何種配銷整合系統之後，企業面臨到要選擇多少中間商作為通路成員，以滿足目標市場的購買者。有些人認為愈密集的通路系統，可以增加產品的曝光度，消費者購買的機率變大，以提高銷售量。但隨著零售點的增加，相對提高經銷商的成本，導致利潤降低，對於製造商會採取削價的方式以降低進貨的成本。對消費者而言，因為零售商和經銷商的利潤降低，服務品質下降，顧

客滿意度也隨之下降。因此，針對不同的產品特性，必須要有不同的配銷通路密度策略來因應，可分為密集式配銷（Intensive Distribution）、選擇式配銷（Selective Distribution）及獨家性配銷（Exclusive Distribution）。

圖 4.3.5　配銷通路密度示意圖

(一)密集式配銷（Intensive Distribution）

透過目標市場每個可能的據點，儘量增加銷售通路，以提高產品的曝光率，增加產品銷售，消費者可以便利地得到產品，主要為取得地點效用。在密集式配銷的行銷通路中，最接近消費者的零售商在密集性配銷占有重要的角色，因零售商具有較大的議價力，若零售商不接受製造商的產品在其店中販賣，對於製造商則失去了密集性配銷方式所帶來的效益。

採用密集式配銷的零售商，通常採取低價促銷的方式銷售產品，對於顧客服務較為不重視，所以廣告支出費用通常由製造商所承擔。

(二)選擇式配銷（Selective Distribution）

利用多重，但非全部的批發商和零售商銷售產品的配銷通路稱之。在資金較為不充裕，利潤微薄的公司會採取此種配銷方式，不會將不必要的力量分散到其他中間商。有條件地選擇中間商可促進彼此長期的合作關係，中間商也會較努力銷售製造商的產品。利用選擇性配銷的方式也許可達到像密集性配銷的市場涵蓋範圍，對於製造商也具有較大的控制管理能力。成立較久且具有品牌聲譽或新成立的公司，均可採取此種方法。目前因為資訊科技的發達，線上的訂購銷售方式

之便利性提高，促進許多企業從選擇式移轉到密集式配銷方式。

許多公司皆是先採取密集式配銷方式後，發現其成本高且效益不彰，反轉為使用選擇性配銷。在密集性配銷方式中，有些中間商的訂貨量較小，或是信用不佳。將這些不必要的中間商刪除，集中某些中間商作為通路成員，不但可降低產品在通路間流通的成本，進而利用關係較好的中間商約定，提高對顧客的服務，加強產品形象。例如 Levi's 決定透過走大眾路線化的大賣場 Sears 和 J. C. Penny 來銷售產品，選擇利用密集式配銷來增加產品購買率，但 Macy's 和 Dayton 這兩家百貨公司均減少 Levi's 的進貨量，甚至不進貨，因為原來的經銷商覺得此項產品隨處都買得到，已失去其高價位和形象的特性。

㈢獨家性配銷（Exclusive Distribution）

製造商在特定的目標市場中，限制中間商的數目，只將產品銷售給少數的幾家批發商及零售商。製造商會要求中間商只可銷售其產品，不得同步代理其他競爭對手的產品，此為最極端的配銷方式，在批發階段稱為獨家經銷權，在零售階段稱為獨家代理權。不過此種限制較為少見，中間商也會利用市場區隔的方式銷售類似的競爭產品，例如同時銷售高品質、高價位及低品質、低價位的珠寶。若中間商需要較大的存貨或產品需要專門的維修服務，也會採用獨家性配銷，例如皇家維修站專門針對華碩的電腦進行維修。

製造商會採取獨家性配銷，目的為欲對中間商取得較大的控制權，希望中間商對於產品銷售更為積極，增加產品形象，提高獲利率。擁有獨家經銷權或獨家代理權的中間商因為得到製造商的信任，可維持較長久的合作關係。加上顧客只能在此進行消費，中間商通常願意配合製造商，積極促銷產品，以滿足顧客需求。相反地，若中間商對於顧客服務較為不積極，製造商只能等到契約結束另尋其他中間商，所以風險較大。對於中間商而言，獨家經銷或獨家代理的優勢為具有獨特的顧客服務能力及據點為消費者所信賴，可以行銷活動及投資作為對製造商議價的基礎。若中間商太依賴製造商，一旦製造商經營失敗，中間商的貨源也因此而中斷。另一方面，若產品在市場已具有品牌知名度與忠誠度，製造商或許會增加其他的代理商，或組成自己的銷售團隊，捨棄中間商，採用直銷的配銷通路方式。

因為批發商皆具有關係較為長久且彼此具有信用的零售商，製造商可利用選擇性批發的配銷方式以達到密集性零售配銷的方式，或獨家性批發配銷方式以達到選擇性零售配銷方式。

　　在前面有提過，企業應根據不同的產品的特性與定位，規劃配銷通路的密度。消費者在購買產品或服務時，會考慮所花費的金錢、取得產品的難易程度、產品是否可發揮實際效用或是否值此價值等方面，來衡量是否要採取購買的行動。以購買者的角度來看，可依投入的心力和所帶來的風險，產品特性主要分為便利品、偏好品、選購品及奢侈品：

(一)便利品

　　消費者對於便利品不會耗費太大的心力去尋找產品，只講求是否可快速地購買到想要的產品，例如常購品、大宗產品等。由於便利品相對於其他產品風險不高，價格不貴，通常不需要花費太多的精神和金錢，因此會採用密集性配銷，讓消費者可以隨時進行購買。例如飲料或餅乾製造商，皆會採用密集性配銷，以增加產品曝光性和便利性的方式，提高獲利能力。

(二)偏好品

　　為一般的消費者包裝品，像日常用品等，如某些消費者偏好某一品牌的醬油、牙膏或衛生紙等。這些皆為製造商利用廣告或其他行銷手法，使便利品轉為偏好品，但容易被其他相同產品的品牌所取代。偏好品也是採用密集性的配銷方式，以建立和維持消費者對於產品的偏好。

(三)選購品

　　相對於便利品和偏好品，消費者願意花較多的金錢和心力去尋找某種品牌的產品，如冰箱、汽車、服飾、電視和辦公家具等。消費性的選購品和企業附屬設備常在價格、品質和式樣方面被消費者拿來比較。選購品的通路策略為選擇性配銷，在目標市場可涵蓋足夠的銷售區域，製造商負擔的成本較低，消費者也可投入較多的心力從事購買，中間商也可增加顧客服務的能力。

㈣奢侈品

　　奢侈品是消費者願意投入最大的心力，相對風險也較高的產品。例如高級珠寶服飾、房屋、高級房車、音響等。因為消費者對於產品的特殊偏好，願意花高價購買。奢侈品在目標市場中具有特殊的品牌地位，固然具有品質，但大部分可能為製造商利用廣告和特別的行銷手法所達成。奢侈品的通路方式以獨家性配銷，中間商積極維持顧客服務，可建立及維持產品獨特的形象。

三　通路衝突與管理

　　由於企業所能選擇的通路種類愈來愈多，發生通路衝突的機率也相對地提高不少。所謂「通路衝突」，即是兩個通路以上，在同一品牌下、相互競爭同一業務。隨著市場的逐漸發展與成熟，企業會不斷尋找成本更低廉、更有效率的通路，以便拓展產品的市場涵蓋範圍。此時，若企業的通路策略未能隨著這種動態環境調整，通路衝突的發生便無法避免。因此，我們可以說，通路衝突通常發生在產品從其生命週期的一個階段移至另一階段的過渡點。通路衝突的發生有很多原因。有些通路衝突僅僅是商業競爭下的摩擦，對企業而言不但無害，甚至會產生正面的作用「迫使從事改革、或被淘汰」；然而，有些通路衝突對企業所造成的傷害卻是不容忽視。

　　完整的通路是由許多獨立的機構所構成，其任務為提供消費者產品和服務。為了有效管理配銷通路，必須了解造成通路衝突的原因並且加以控制，主要的任務有三：(1)組織內與組織間之協調與合作；(2)組織內和組織間之衝突與管理，包括了解發生衝突的原因或降低衝突所帶來的負面影響；(3)提高企業在通路的控制權。

㈠通路衝突發生原因

　　當通路中有愈多的成員時，衝突發生的可能性愈大，主要會發生衝突的原因有三：

1. 通路成員間之目標不相容

在通路內，製造商傾向利用高價及大量的廣告以塑造產品的品質和品牌形象，而中間商的目標為經由商店的廣告及低折扣的促銷來吸引顧客消費。站在製造商的角度，會和中間商發生的衝突為認為中間商經營管理的品質、中間商收取服務費所帶來成效的考量、中間商之存貨水準和中間商對於製造商的忠誠度。

2. 對於顧客和營運範圍未能達成共識

通路的成員往往對於營運範圍認知具有差異性，例如市場涵蓋範圍、通路成員的責任歸屬及行銷的方式。

(1)市場涵蓋範圍的認定

對於製造商而言，對於大客戶會使用公司內部的業務人員，但對於小客戶則交由中間商處理，但中間商往往也想要跟大客戶接觸，甚至想要製造商將全部的產品經銷都由中間商來處理，所以製造商和中間商無法達成共識。

(2)通路成員的責任歸屬

製造商若將經銷權劃分為不同的區塊，交由不同的中間商負責時，各個中間商做負責的範圍或許發生重疊的現象，便發生責任不明的情況。就算責任劃分明顯，中間商也不一定會依循製造商的目標及策略。

在真正執行產品由製造商流通至最終消費者的過程，推廣功能和產品擁有權，在通路中要如何劃分。例如廣告費用及執行廣告應由誰負責？在產品流通的過程中。哪一個中間商握有實體的產品所有權？哪些中間商只是協助產品流通順利。

(3)行銷的方式

由於製造商和零售商具有不同的競爭優勢，對於行銷方式的著重點也會不同。零售商因較貼近於顧客，對較後端的作業性工作較為重視；相反地，製造商較注重策略性的行銷，對於作業性的戰略細節較為不重視。因為管理著重點的不同，造成彼此間的衝突機會增加。

3. 環境現況的認知具有差異性

對製造商而言，認為零售商會拒絕策略性合作或不想被製造商利用契約綁住。加上零售商會具有許多產品線，其中或許會和製造商之產品類似，造成產品銷售的衝突，而零售商因具有許多產品需要銷售，往往無法兼顧所有產品線之銷

售情況，讓製造商覺得零售商沒有好好銷售自己的產品。

對零售商而言，會覺得製造商的業務人員對於產品銷售沒有概念，且供應商不願負擔高成本的服務費用及推廣費用。

㈡通路衝突的狀態

當某一通路商認為，其他通路商的活動影響到本身的目標及利益達成時，即產生通路衝突。通路衝突主要分為三種：(1)垂直衝突；(2)水平衝突；(3)多重通路衝突。

1. 垂直衝突

指在同一通路體系之內，不同層級成員間對於作業運作方式持有不同的意見或皆欲控制對方，即發生垂直衝突，如製造商及批發商或製造商及零售商之間的衝突。在製造商和批發商之間的衝突，是由於製造商覺得批發商未積極促銷其產品，或是未有足夠的存貨以因應未來可能發生的大量需求。另一方面，批發商依照出貨量以收取服務費用，使製造商另外負擔一筆服務成本。若批發商未盡到職責，往往會讓製造商認為服務成本過高。以在批發商的角度，會認為製造商預期效果過高或不了解批發商對顧客的主要責任為何。有時，製造商和顧客會對於批發商的服務感到不滿，或因為市場環境的需要，製造商會想要跳過批發商，直接銷售給零售商或最終顧客，以降低通路成本，此時和批發商的利潤及目標形成衝突。

製造商和零售商之間的衝突，往往發生在製造商欲將其生產之產品在不透過任何的中間商，直接銷售給最終顧客。最近許多大型的零售商店或是具有知名度的連鎖零售商，因具有廣大的顧客涵蓋範圍，亦掌握顧客服務的競爭優勢，具有強大的議價能力。零售商在這些強大優勢條件之基礎下，要求供應商降低價格、提供較多的服務，或是負擔額外的顧客服務成本。有時零售商除了要求商品上架費之外，對於產品毀損退費、廣告及促銷費用，皆由製造商承擔。製造商在重重剝削之下，必須另尋他途，有時直接銷售的成品或許比利用中間商銷售給最終顧客的成本要來得低，製造商會採取直接行銷的通路方式。

製造商要如何從零售商手中取得較大的控制權，有四種方式：

(1)建立強大的品牌忠誠度，讓產品有別於其他類似產品，可提高製造商對於零售商的議價能力；

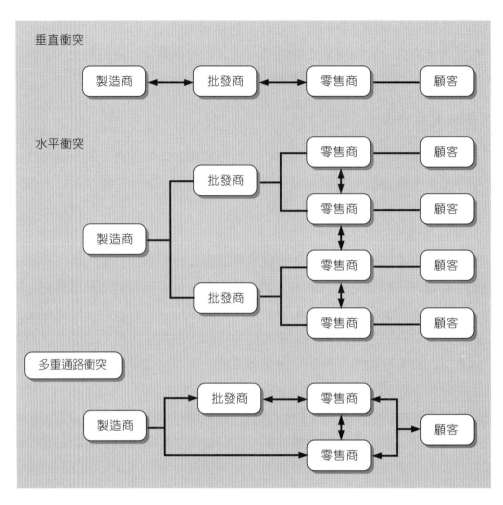

垂直衝突

製造商 ↔ 批發商 ↔ 零售商 → 顧客

水平衝突

圖 4.3.6　通路衝突

(2)建立多種垂直行銷系統，消除零售商的獨占力；

(3)對於不願意配合的零售商，即使其具有較強大的競爭優勢，仍不要輕易妥協，會有其他零售商願意配合製造商的目標及政策；

(4)安排具有替代性的零售商，可避免目前合作之零售商突然的剝削。

而零售商對於製造商要考量如何握有較大的控制權：

(1)建立顧客對商店的忠誠度，可保持零售商之競爭優勢及市場地位；

(2)建立零售商聯盟，主要目的透過大量的採購以提高對於製造商的議價力，降低進貨成本；

(3)建構資訊服務系統，利用資訊科技，提高顧客服務的效率。

2. 水平衝突

在同一通路體系或不同通路體系下，同一層級成員之間的衝突。例如：一個批發商之下有許多零售商與之合作，皆銷售來自於相同批發商的貨源。零售商之間會因產品類似和地理涵蓋範圍重疊，而發生企業相互競爭的衝突。

3. 多重通路衝突

製造商為了要擴大通路涵蓋範圍，建立許多不同的行銷通路，將產品銷售到同一目標市場。例如：製造會利用大型的量販店、超級市場和零售便利商店作為銷售產品給最終顧客的廠商，因為量販店和超級市場多打低價及具有許多促銷活動，因此造成零售便利商店銷售量下滑，產生多重通路衝突。

多重通路衝突的主要來源為混合銷售，意指中間商或零售商為了擴大銷售量及顧客來源，增加許多產品種類，採取多角化策略。當顧客可以在一間商店買齊所有東西時，就專程到另一間商店消費，其他中間商或零售商銷售量受到威脅，多重通路衝突即產生。

通路的成員中，皆想要利用某種權力來控制其他成員的行為，此稱為控制權力（Control Power）。通常控制權力可以衡量某一通路成員對於另一通路成員的依賴程度，若製造商較為依賴零售商，則零售商具有較大的控制權力，議價能力也較強。控制權力的來源有許多種，例如專業技術、獎勵行為和實施制裁等。

當通路成員具有控制權力時，必須有權力基礎才能發揮權力，權力基礎主要可分為獎賞權、強制權、專家權、認同權、合法權和資訊權等。

1. 獎賞權

成立條件為通路成員信任具有獎賞權的公司，可公平地行使獎賞制度。獎賞權的第一步為決定以何種型式進行，如給予更高的毛利、針對各種推廣行銷活動加以補貼、對於較佳的通路成員給予獨特經銷權力或其他作業性的折扣等。

除了考慮以何種方式給予獎賞之外，進一步考慮要給予多少的獎勵。通常是依據通路成員對於產品流通過程的貢獻力作為考量。所以具有獎賞權的公司必須了解每一個成員執行行銷流程的成本，和整體通路所帶來的附加價值。

2. 強制權

強制權是獎賞權的反面，通常用於通路成員間發生衝突、不遵守通路規則

等，通常使用獎賞權會比強制權較能塑造通路成員間長期的良好關係。強制權的使用方法可以利用降低銷售毛利、取消先前的獎賞、延遲交貨或減少陳列空間。

3.專家權

通路成員具有某種特殊的知識和能力，即具有通路的專家權。例如：製造商認為零售商具有顧客服務的能力，而零售商認為製造商了解顧客對於產品的喜好等，這些皆是成為專家權的基礎。專家權的主要概念來自於通路的分工及專業化，成員在行銷通路中皆有屬於自己的專長領域。專家權的型式很多，例如推廣方案的幫助和諮詢、銷售訓練、商店內部擺設、新產品開發及經營管理的諮詢。

4.認同權

在通路體系中，認同權和消費者的品牌忠誠相似，皆是一種品牌的效應。認同權是一種高層次的通路權力來源，除了品牌和企業形象之外，成員或許想要成為通路中某團體的一部分，因為體系因合作帶來高度競爭力，加入此團體可以享受整個通路體系的規模經濟效應。

5.合法權

合法權來自於一種價值觀的內化過程。指某一成員所提出的規則，其他成員必須遵守。以公司內部舉例，指管理者有權力指揮與領導下屬的行為，而下屬須聽從上司的指示。而在通路體系內，大公司往往具有合法權，因大規模的公司會覺得小公司應該要配合自身所訂出的規範。另一種情況為加盟店，例如麥當勞會要求加盟店遵守總公司所定下的規則。

6.資訊權

具有重要資訊的成員，並且將之用於通路上，使產品流通效率提高即具有資訊權，主要可分為成本導向和市場導向的資訊。

(1)成本導向的關鍵行銷資訊

是指製造商、批發商及零售商與他們的上游業者來往或自己本身內部所交換的行銷資訊。例如產品資訊和後勤資訊兩種。產品資訊包括產品的製造、產品的技術、產品包裝和產品搭配等，後勤資訊則包括倉儲、訂購和運輸等。

(2)市場導向的關鍵行銷資訊

市場導向的資訊是指製造商、批發商和零售商與他們的下游業者來往所交換的行銷資訊，包括通路資訊和消費資訊。通路資訊包括交易對象的基本資料、訂

購、特殊需求、銷售量、利潤、推廣和產品品質等。消費資訊包括人口統計變數、生活型態、消費者偏好、消費者購買時間、消費頻率、消費者滿意度和售後服務等。

雖然通路基礎有六個，但並非獨立使用，必須要依情勢加以合併，以產生綜效。而單獨的廠商也並非只有一個權力基礎，或許同時擁有數個。

(三)管理通路衝突之方式

有些通路衝突具有建設性，而且可能導致在變化的環境中更有動力地適應。但太多的衝突可能會產生不良影響，因此真正的挑戰不是要消除衝突，而是要管理得當。有效的管理必須要建立良好的機制：

1.追尋較具策略性的目標

在通路體系的所有成員一起面臨外來的威脅，會共同追求的基本目標，不論是生存、市場占有率、高品質，或客戶滿意度達成協議。例如成員們一起建構更有效率的競爭通路、改變對所有成員皆不利的法令，或者針對消費者期望的產品或服務改變加以回應。

2.通路層級之間的人員交換

製造商的主管可能會在通路的代理商或經銷商工作，而代理商或經銷商的主管也可能在製造商進行短暫的實習，其目的為使彼此能交換意見。

3.吸收成員

吸收成員為在企業領導者將與之衝突成員企業的領導者加入其顧問委員會、董事會、貿易協會等，利用此方式作為雙方互信的基礎。只要彼此皆用誠信以待，互相聽取別人的意見，吸收成員的方式可以達到降低衝突的效果。

4.解決嚴重衝突的外交手腕、調解、仲裁

一個團體與另一方會面以化解衝突時就是運用外交手腕。調解是指派遣有專業技能、中立的第三方調解雙方利益。仲裁是指雙方同意將衝突交由仲裁者裁決並接受其最後的決策。

個案分析

數位音樂的崛起

　　實體商品（音樂 CD）一旦改變成以無形商品（數位音樂）的型態銷售後，生產者與銷售通路之間的買賣關係即產生重大轉變，因而讓雙方一時間都感到有點無法調適。

　　現在的音樂創作者將音樂創作完畢後，將所有的素材送進製片廠進行音樂 CD 的壓製，以及封面印刷等等工作，最後包裝成為「成品」，送入倉庫後，等著鋪送到通路上去販賣。此時，已經發生的費用就是所有工作人員的酬勞，以及付給製片廠和印刷廠等製作單位的費用，還有運送這堆成品的費用，以及進入倉庫後發生的倉儲成本，音樂創作者或唱片公司必須負擔這些費用。之後通路商再向音樂製作者購買這些成品，回去以後把這些音樂光碟的價錢提高一些，再賣給唱片行，最後消費者到唱片行購買音樂 CD，所付的價錢就是光碟上的定價。通路商付給音樂創作者的錢，等於是幫音樂創作者支付掉了那些製片印刷和包裝等成本。多出來的部分則是相關音樂創作者的酬勞，以及唱片公司的管銷費用利潤。

　　然而數位音樂的銷售卻不是這樣。因為數位音樂不會有實體的成品，所以不會有通路商來購買 CD 的行為，通路商可能會來買「十首歌」，而這十首歌透過網站銷售，可以賣給幾萬人。且這十首歌卻不必「壓製光碟」以及「印刷封面」，也不必「放到倉庫」；換言之，音樂製作者先期成本只有創作相關工作人員酬勞，成本之低遠超過想像。

　　你覺得通路商買這十首歌需要花多少錢？是不是只要能打平音樂創作者的創作酬勞即可？所以通路商的銷售模式會從「拿錢跟唱片公司進貨」轉變成「先銷售音樂，之後再把所得利潤與唱片公司分享」。

　　售數位音樂的網站，在拿到這十首歌之後，把檔案加上著作權保護機制，放到網站上讓消費者付費購買。一首歌被下載（或者線上聆聽）一次，網站經營者就拆分銷售利潤給唱片公司或者音樂創作者。換言之，數位音樂

倒轉了整個付款關係。原先因為音樂被放在光碟這個（成本很高的）硬體上，所以對於唱片公司和通路商的資金都造成相當壓力，通路商必須先付款來購買商品。而數位化的音樂卻把那樣的壓力變小，以至於可以等到網站經營者（通路商）跟消費者收了錢，之後才付給唱片公司或者獨立音樂創作者。

如前所述，數位音樂的定價方式可能有所謂的計時制、計次制、包月制等等各種不同的型態。然而網站經營者只要跟音樂創作者談好每首歌的利潤要拆分多少即可，剩下的各種定價方式可由網站決定。如此自由而免於壓力的銷售方式，不論是對消費者、音樂創作者、銷售音樂的網站（通路），都是非常理想的！數位音樂身為數位內容的一個重要分支，將會造成整個音樂產業的重大革命！

然而掙扎不是沒有的，此即在電子商務都經常可以看到的通路衝突。當音樂以數位化型態銷售，以至於通路成本降低，最終反應在歌曲售價降低時，傳統通路（例如唱片行）的音樂 CD 價格將無法與之競爭。那麼這些唱片行將何去何從？會不會就像數位相機的興起導致傳統相片沖印店逐漸減少一樣，終有一天唱片行會被淘汰？目前傳統唱片行還是唱片公司主要銷售管道，唱片公司能不理會傳統通路的死活嗎？

通路衝突的考量，版權保護標準，消費者接受度，都使得數位音樂的普及推遲。但趨勢是非常明顯的，音樂產業走上數位化銷售的路途將會使消費者、創作者與銷售者三贏。這一天的到來將令人非常期待。

（資料來源：1997 年數位之牆）

台灣雅芳股份有限公司

雅芳於 1995 年突破直銷的傳統，採取直銷與店舖銷售並行的策略，首先與萬寧商店、康是美藥妝店合作，雅芳小姐亦進駐賣場設立專櫃銷售，但在此時，產品項目仍相當有限，企業形象與宣傳重於實質銷售的目的。

雅芳採取多重通路的動機可分為三階段：

(1)提升企業形象與宣傳。

(2)直銷商的業績成長趨緩，主因在於雅芳直銷商多屬家庭主婦，本質上較不具企圖心，也不會積極擴大營業額與組織。雅芳已擁有高知名度，但一般消費者無法接觸商品，所以與零售據點眾多的屈臣氏簽約合作。

(3)從曾任職吉時洋行的總經理高壽康加入雅芳後，即充分運用原有行銷市場的經驗，積極地使雅芳的經營疆界超越直銷市場，目前公司亦由化妝品直銷公司重新定位化妝品生產行銷公司。

1996 年 1 月，雅芳亦在家樂福銷售產品，且針對開價通路開發特有產品，除了屈臣氏、康是美、家樂福等三百八十三個銷售點外，11 月亦進駐軍公教福利中心，整個零售店舖體系還包括下列雅芳自設的零售賣場：

一、區域展示中心

目前共有台北、板橋、桃園、台中、高雄、屏東、嘉義等七個展示中心；

二、特許展示中心

特許展示中心是由公司與區經理之直系親屬合資成立，由區經理直系親屬負責提供店面、管銷費用及經營管理，公司則負責產品、貨架及帳務、後勤作業系統，展示中心提供訂貨、試用、付款、退換貨、定期美容課程等各種服務，目前全省共設有十五家；

三、雅芳示範店

為了讓更多消費者了解雅芳產品，並方便直銷商提貨，雅芳在 1998 年於永和 GoGo Mall 設立三十坪的示範店。

為避免通路衝突，雅芳做出產品區隔，雅芳每年發行的十八本型錄產品與所有展示中心陳列的產品完全相同，主打 ANEW 品牌，而屈臣氏等開架通路則為售價三百元左右、流行性較強的產品為主。至於公司成立展示中心，直銷商則持正面態度，相當肯定展示中心所提供的提貨便利性與產品示範、銷售等功能。

問題與討論

1. 通路管理決策所具的策略性意義有哪些，請詳述之。

2. 配銷通路的主要功能有哪些？

3. 通路選擇之考量因素主要分為廠商本身、市場、產品和中間商等方面，請就此四方面詳述。

4. 配銷通路整合系統主要可分為哪些型態？

5. 依照配銷密度之高低，可分為哪幾種配銷方式？

6. 因為企業可選擇通路成員的彈性較大，造成通路成員間之衝突有哪些因素，通路衝突的型式又有哪些？

7. 通路的成員中，會利用某種權力來控制其他成員的行為，主要可分為哪幾種權力型態？

參考文獻

中文

1. 王居卿、張列經，《國際行銷學》，台灣培生教育出版有限公司，2005 年。

2. 林建煌，《行銷管理個案=Marketing management cases study》，智勝文化事業有限公司，2001 年。

3. 林則君、施存柔、涂宗廷、盧恩慈，「家樂福量販店之行銷策略分析」，2002 年。

4. 洪順慶，《行銷管理=Marketing Management》，新陸書局，1999 年。

5. 胡凌嫣、李佳穎，「全球行銷管理企業個案分析-IKEA 案例」，逢甲大學學生報告 E-Paper，2005 年。

6. 陳得發，「直銷公司採行多重通路之探討」，國立中山大學直銷學術研發中心。

7. 張列經，《行銷個案分析=Marketing Case Study Analysis》，福懋出版社，2002
年。

8. 許長田，《全球行銷管理=Global marketing management》，新文京開發出版股份
有限公司，2002 年。

9. 曾光華，《行銷學：探索原理與體驗實務》，前程文化事業有限公司，2006 年。

10. 鄭華清，《行銷管理=Marketing Management》，全華科技圖書股份有限公司，
2003 年。

11. 漫談數位音樂㈦通路衝突的掙扎，數位之牆，2004 年。http://www.digitalwall.
com/scripts/display.asp? UID=251

中文翻譯

12. 余佩珊譯，《行銷學》，McCarthy, E. Jerome、Perreault, William D. 原著，滄海
書局，1999 年。

13. 瞿秀蕙譯，《行銷管理》，Etzel, Michael J.、Walker, Bruce J.、Stanton, William J.
原著，麥格羅‧希爾，2004 年。

英文

1. Gillespie, Jeannet & Hennessey, (2004),"Global Marketing-An Interactive Approach",
Houghton Mifflin Company.

2. Kotler, P. (2003), "Marketing Management eleventh edition", Prentice Hall.

4 資訊科技在行銷之應用

一 電子商務

 ### 電子商務的定義

自從網際網路出現之後，在協調、商務、社群、內容和溝通等企業活動上，帶來巨大的革命，加上強調知識經濟環境下，網際網路儼然成為企業發展競爭優勢的工具之一，如何在網路架構下發展電子化經營模式並提升營運績效，是企業必須正視的問題。

電子商務（Electronic Commerce, EC）是指利用網際網路對整個商業活動實現電子化的行為。狹義上，EC是指在網際網路（Internet）、企業內部網路（Intranet）和加值網路（Value Added Network, VAN）上以電子交易方式進行交易活動和相關服務活動，也就是利用資訊科技將傳統商業活動各環節電子化、網路化。廣義上來說，EC 是指應用電腦網路技術與現代資訊通信技術，按照一定標準，利用電子化工具來實現包括電子交易在內的商業交換和行政作業的商貿活動的過程，也就是所謂的企業電子化（E-Business, EB）。而根據 Price Water House Coopers 管理顧問公司的報告指出，企業運用資訊科技可帶來八大效益：

    1. 建立客戶忠誠度（Build Customer Loyalty）；

    2. 取得市場領導者地位（Achieve Market Leadership）；

    3. 最佳效率的企業流程（Optimize Business Process）；

    4. 產品與服務創新（Create New Products & Services）；

    5. 進軍新市場（Reach New Market）；

*6.*提升人力資源素質（Enhance Human Capital）；

*7.*掌握技術應用能力（Harness Technology）；

*8.*與合作夥伴建立互信互助的關係（Create Trust: Manage Risk & Compliance）。

電子商務的主要精神，在於運用資訊科技改造組織作業流程，以達到降低組織營運成本、提高作業效率及增加顧客滿意度的目標。而 Kalakota 和 Whinston（1997）認為，電子商務是利用網際網路進行購買、銷售或交換產品與服務的功能，以期達到成本降低、加速得到顧客反應、增加服務品質的目標。

電子商務的範疇包含了企業對個人（B2C）的交易，和企業對企業（C2C）的交易，而 Kalakota 和 Whinston（1997）也認為從不同的角度來看，企業對電子商務的定義會有所不同：

*1.*從通信的觀點看，電子商務是藉助電話、電腦網絡或者任何其他電子媒介進行信息、產品和服務傳遞及支付的過程。

*2.*從業務流程的觀點看，電子商務是將技術應用於企業交易過程和工作流程以實現自動化的過程。

*3.*從服務的觀點看，電子商務是傳達公司、消費者和管理層的需求、從而降低服務費用，提高產品質量和服務水平的工具。

*4.*從線上的觀點看，電子商務提供了透過互聯網購買和銷售產品、信息的能力，並提供了線上服務的可能。

*5.*從合作的觀點看，電子商務是組織內和組織間進行合作的框架。

*6.*從社區的觀點看，電子商務為社區成員提供了一個學習、交易和合作的集會場所。

總結來說，電子商務乃是一種透過網際網路的方式，企業將其產品或服務，透過網際網路，提供廣告或相關資訊給消費者或合作夥伴；而消費者或合作夥伴也可透過企業或關係企業所建置的網站伺服器獲得所需的資訊，並能從事購買或交換等商業活動。

面臨資訊科技時代，網際網路帶來的電子商務似乎是一個銳不可擋的趨勢，對於組織主管或經理人而言，仔細思考現代科技所能為企業帶來的具體效益與轉變，顯然是一件重要的事，畢竟商場嚴酷，幸運的話或有可能急起直追、東山再起，但也有可能一蹶不振，從此在市場上銷聲匿跡。

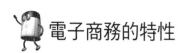

電子商務的特性

在十幾年前，企業為了簡化內部作業流程、改善與客戶間的互動，以及企業間的資訊交換需求，便在銀行間透過網路進行資金轉換或企業間利用網路進行電子資料交換（Electronic Data Interchange, EDI）等活動，這是最早的電子商務。近幾年，電子通訊影響層面不斷擴大，「電子商務」一詞更有了新的涵義，其定義也隨之改變。而隨著定義的改變，電子商務也擴展到不同的經濟活動層面。

這種經濟活動在美國總統柯林頓的演說中，被冠上了所謂「新經濟」的頭銜；反映在政府立法管理層次，則出現了必須正視的九項特質，分別為：網路效應與網路外部性（Network Effects and Network Externalities）、報酬遞增率、需求面的規模經濟、正反饋循環、明顯獨占、產品與價格的差異化、套牢原理、策略同盟，以及由下而上的分權式控制。 分析如下：

(一)網路效應與網路外部性

網路效應意指一項產品對個別使用者的價值取決於總使用人數（Shapiro & Varian, 1998），亦即在市場上占有優勢地位，並且建立技術標準之具有領導地位的高科技產品，所製造出來的效果（劉靜怡，1999 年），經濟學稱之為網路效應。

網路效應來自於網路外部性，也就是說，一項產品對個別使用者的價值取決於總使用人數。學者Kevin在 1998 年指出，網路的價值隨著成員數目而呈等比級數增加，提升後的價值又會吸引更多成員加入，反覆循環形成大者恆大，弱者愈弱的情境。也就是，上網的價值在於上網人數的多寡，也可以說，愈多人加入此一網路，網路愈大網路愈有價值，對使用者的價值也愈高。

網路外部效應具有正面與負面兩種，正面的外部性以「網路經濟」為最佳例子，通訊技術是最明顯具有網路效應特質的產業，包括電子郵件、網際網路，甚至大家熟悉的電話、傳真機及數據機等，網路效應會導向需求面的規模經濟與正反饋循環。

(二)報酬遞增率

網路經濟遵守報酬遞增定律，產品或服務的使用單位愈多，每一單位的價值就會變高。報酬遞增的產生是由於「網路外部性」（任何可以創造價值的事物，只要是無法指定到每人的會計總帳裡，即是一種外部性），所創造的良性反饋迴路。報酬遞增可以產生累積和強化的效應，這個模式初期的營收增長相當緩慢，經過一段時間之後，營收會突然遽增，同時單位成本也會穩定下降。

網際網路之價值隨著成員數目的增加而增加，然後價值的增加又吸引更多成員加入，造成報酬遞增；而報酬遞增及網路外部性造成明顯的壟斷。報酬遞增型的企業以思科、甲骨文或微軟等網路贏家為主要代表。

(三)需求面的規模經濟

需求面規模經濟是資訊市場的常態，當需求面經濟啟動時，會產生消費者預期心理，意即如果消費者預期產品會成功，會形成一窩蜂使用的情況，造成更多的人使用此產品。反之，如果消費者預期產品不會被廣泛使用，則會展開惡性循環，因此在消費者預期心理中，會造成受歡迎的產品愈受歡迎，被摒棄的商品會被淘汰。

微軟的成功，最重要的就是因為它引發了消費者預期心理，建立了在需求面的規模經濟；也就是說，消費者選擇微軟之產品並不是因為這個作業系統是最好的，而是大家預期這個作業系統會被廣泛使用，因此造成一窩蜂使用的情形，最後形成了產業的標準。

(四)正反饋循環

在網路效應下會啟動正反饋循環，所謂正反饋循環是隨著使用人數的增加，產品的價值愈來愈受青睞而吸引更多人使用，最後達到關鍵多數，在市場取得絕對優勢。簡而言之，正反饋循環導致大者恆大，弱者愈弱定律，這就是為什麼科技會在爆炸性成長後展開的原因。

麥金塔與微軟 Windows 作業系統之爭，是正反饋循環最著名的例子，微軟因為經營策略是開放系統策略，啟動了網路效應，引發正反饋循環，而使得微軟

「大者恆大」；相對的，麥金塔則採取了封閉式的系統策略，因此無法引發網路效應，而造成「弱者愈弱」。

(五) 明顯獨占

因為網路效應所產生的正反饋現象與需求面的經濟效應，企業為了搶奪短暫的市場控制權，一家獨大與標準戰爭成為網路常態。報酬遞增及網路外部性因素形成明顯的壟斷。

學者 Shapiro 認為，如果透過競爭取得控制權可能被控壟斷，但是由於資訊製造與網路效應、正反饋現象、需求面規模經濟等相關，當市場規模較小而維持最低效率的生產規模較大時，有時由單一企業供應整個市場可能是比較經濟的。而 Kevin 則指出，由於報酬遞增率，會產生自然專賣者。

(六) 產品與價格的差異化

在經濟學上，資訊品有兩種製造成本：高昂的製造成本與低廉的變動成本。資訊產品的製造成本很高，但再製成本很低，當再製成本趨近於零時，應該以消費者的價值為定價基礎。但是，一項產品對每一個人的價值都是不同的，所以差別定價便成為更適當的策略。因此，依據不同的市場區隔，設計不同的產品版本與售價是必須的。

於是產品與價格差異化成為定價方式，大量量身訂作、內容個別化、產品分版等都是資訊業常用的策略。然而，這些策略可能引發違反競爭法規範之爭議。

(七) 套牢原理

所謂套牢原理是指資訊產品有強烈系統化特質，若市場沒有統一的標準，消費者若要轉換單一的產品便須付出極大成本。例如轉換軟體時會發現檔案無法完全轉移，或使用的工具不相容，或甚至必須重新將整個系統更換。

因此，若市場上有一個統一的標準，便可以有效減輕套牢現象，所以競爭型態成為「統一標準」的競爭，主要的競爭目的已經不是非競爭主導權，而是希望成為市場上「唯一的標準」以擴張市場占有率。需要思考的是，在統一的標準下，消費者可以避免被套牢；但是，市場如果只由一個單一的供應商建立

統一標準,提供消費者產品(不論軟體或硬體),這樣最後會不會造成市場的壟斷?

(八)策略同盟

網路具有系統化現象,也就是說,資訊科技會形成系統化的連結,然而一家公司很少能同時生產系統上的每一個組件,通常不同公司會生產不同產品組件,而這些組件必須具有相容性。

由於資訊產品具有這種系統化的現象,所以生產互補產品的公司便必須彼此建立同盟關係,使產品相容,因此在需要系統化與標準化的環境中,建立盟友成為必要的策略。

(九)由下而上的分權式控制

在網路經濟中,中央控制權減到最低,希望以最低的管制達到最高之連接,所以政府對於網路經濟是否必須管制的問題,最好的方式是讓市場經濟自由發展(分權化管制)。但是,如果過度分權,當下層的選擇性過多時,其自我控制將會凍結,因此還是需要某種程度由上層(政府)來管制。

 ## 電子商務的架構

一般來說,電子商務的架構應包含四個層面:交易的「商流」、配送的「物流」、轉帳支付的「金流」、資料加值及傳遞的「資訊流」,如下:

1. 商流:接受訂單、購買等銷售的工作,還有支援、售後服務等。
2. 物流:指企業內部實體物品流動情形,商品的配送。必須要有快速的配送服務,產品仍可經由傳統的經銷通路;當然有些直接以網路配送,如諮詢、書籍、產業報告、有價資訊等。除產品本身外,所涵蓋包括供應商、製造工廠、配銷點及最終消費者。在電子商務也是指實體或資訊商品的運送傳遞問題。
3. 金流:交易必牽涉到資金移轉的過程,包括付款與金融機構連線、信用查詢等。金流應包括資金移轉與資金交換之相關訊息,例如付款指示明細、

進帳通知明細等。

4. 資訊流（情報流）：針對企業運作流程中資料傳遞與決策控制部分，在電子商務中是核心部分，企業應注意維繫資訊暢通，以有效控管電子商務正常運作。包括商品資訊、資訊提供、促銷、行銷等。

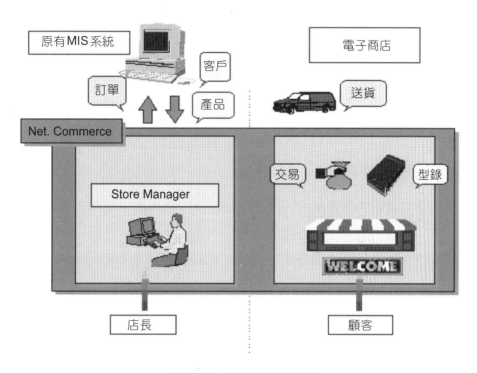

圖 4.4.1　電子商務架構圖

資料來源：http://www.ctjh.tpc.edu.tw/www/center/computer/www/content10-b21.htm

二　網路行銷

 網路行銷

行銷是一系列的企業活動，用於規劃、定價、促銷和分配可滿足需求的產品和服務給現存和潛在的顧客。而行銷活動必須配合行銷環境的變動，適時調整策

略，才能有效發揮行銷功能，達成組織目標。所謂的行銷環境，乃指組織在行銷過程中無法掌控的力量及角色，如電腦技術的進步等。而資訊科技蓬勃發展，電腦幾乎成為家庭的必需品，透過網際網路，各地的電腦用戶可以彼此溝通意見、交換資料，甚至進行線上即時討論，加速資訊傳遞速度，間接促進科技發展，也使得整個市場環境變動非常劇烈。

　　所謂的「網路行銷」，應屬於行銷領域內的一部分，故其意義應受「行銷」定義所約束。因此，我們可以將網路行銷定義為，利用電腦網路來進行行銷活動的方式，就叫作網路行銷。而行銷過程指的就是產品的發展、定價、通路、促銷等。透過這樣的方式能更接近顧客的需求、更具競爭力，以期達到公司的目標。

網路行銷的特色

　　企業追求有效率的經營模式，因此當網際網路出現後，網路行銷在成本上、互動上、資訊內容上都明顯優於傳統行銷，漸漸取而代之。究竟「網路行銷」具有什麼樣的特色能為行銷人員帶來一種全新的銷售領域？我們列舉如下：

㈠店面與商品數位化

　　傳統行銷的實體店面、所僱用的員工及所展示的商品多數將會被數位化虛擬商品所取代，也因此在虛擬商店的設立費用上會較一般實體店面來得少。全球化二十四小時營業。

㈡網路客層的擴大

　　透過伺服器二十四小時的運作，加上網際網路的無遠弗屆，企業面對的不再只是特定地區的消費者，而是來自世界各地的顧客。

㈢掌握通路與媒體

　　網路行銷中，伺服器的建立是很重要的一環，企業可以透過伺服器的建立，利用專業的員工架設網站，即可提供一個行銷通路，甚至當知名度建立之後，還可以提供其他公司網頁空間作為廣告宣傳之用，為公司帶來另一筆收入。

㈣低成本

透過虛擬商店的設立，企業可藉由自己的通路直接與消費者進行交易或交換等商業行為，在不用負擔中間商費用的情形之下，廠商能夠訂定低廉的價格來增加競爭優勢，而消費者也可免除不必要的時間成本。

㈤完整的購買決策過程

網路行銷是指在一個網站中同時結合了廣告、促銷、商品銷售及諮詢，消費者透過網頁，可以選擇自己想要的商品，當購買行為確定之後，可透過網路銀行轉帳服務，廠商收到資料之後，立即將產品送出，消費者對產品有任何問題，也可透過網路向廠商反應，如此完整的購買過程，可提升交易的便利性。

㈥資訊內容不受限制

在網路行銷中，網站的內容是儲存在特定資訊設備的數位化資料，在豐富度及資料保存上面相對於傳統行銷來得更加有效。而且如果消費者想要更加了解產品，只要願意花費較多的時間，便可以在網路上得到想要的資訊。

㈦結合資料庫

資料庫的設計是電子時代的一大特色，透過關鍵字的搜索，可以得到許多相關的資訊，而一旦企業經營網路行銷之後，也會納入這樣的搜尋機制的範圍。再者，當產品類別很多的時候，企業也可建立自己的資料庫，設立自己的搜尋機制，這樣的方式對於消費者得到想要的資訊會更有幫助。

㈧互動性

數位化資訊的特色，就是可以藉由軟硬體的設計、改良，產生精緻唯美的高品質圖片與消費者互動的動態網頁，整個網頁內容變得生動有趣，更加能吸引消費者的注意。甚至有些企業利用這樣的特性，只要在消費者常用的首頁設立小小的互動空間，即可引導消費者進入自己的網頁空間，選擇自己的產品。

㈨幫助行銷策略的制定

網路時代的來臨，人們的互動關係也會有所影響，因而會有虛擬社群、線上交友的名詞產生。顧名思義，就是彼此本來陌生的，透過網路來認識彼此，而相同的興趣更讓彼此產生一種社群的關係。因此，無形中市場的消費者會因為習慣的類似而彼此吸引，漸漸形成一種區隔，這樣的現象對於行銷人員在行銷策略上的擬訂會更有幫助。

㈩了解消費者行為

現在大多企業的網頁，多會掛有「計數器」，這是一種可以記錄瀏覽該網頁的人數，透過這樣的設計，企業可以知道這個企業或商品受歡迎的程度究竟如何？另外，多數企業也會在網頁上留下聯絡的方式，只要消費者對於企業或是產品有任何意見，都可以藉由網路的方式來表達。這些功能都提供企業一個了解消費者行為的最佳方法。

網路行銷與傳統行銷的異同

網路行銷雖然為行銷帶來革命性的影響，但其並非推翻傳統行銷的概念，只是利用網路的特性創造優勢，並不脫離行銷的本質，其最根本的概念，就是將行銷的概念、行為、策略與網路的數位化、即時性、全球化做一個結合。雖然如此，但網路行銷與傳統行銷仍有不同，整理如表 4.4.1 所示。

表 4.4.1　網路行銷與傳統行銷的異同

	傳統行銷	網路行銷
產品	實體性產品	實體性產品外，亦增加非實體性產品的銷售機會
價格	須承擔中介商的成本	中介商成本低，趨近於零
通路	空間成本高	虛擬化、全球化、虛擬通路
促銷	1. 單向行銷 2. 本土化	1. 提供充分資訊 2. 便利性高 3. 互動性佳 4. 全球化
市場區隔	區隔複雜	網路族群區隔明確
目標市場	眾多且複雜	1. 強調利基市場的互動性 2. 有助實現一對一行銷
市場定位	定位複雜	1. 產品定位更明確 2. 有助發展大量訂製產品 3. 適合個人化服務性產品
品牌價值	品牌重要性因產品種類而異	消費者心理因素強化品牌價值之重要性

資料來源：劉文良，《電子商務概論》，碁峰資訊股份有限公司，2004 年 6 月

三　網路行銷規劃程序

　　企業對於行銷的程序應該有一個系統化的步驟，而環境變動的考量是進行網路行銷的第一個步驟，制定的過程必須同時考量外界環境及內部資源，以使得制定結果能幫助企業妥善地分配資源，最後透過執行與控制，來檢核行銷策略的優劣以進行修正。這樣的程序共分為幾個步驟，如圖 4.4.2 所示。

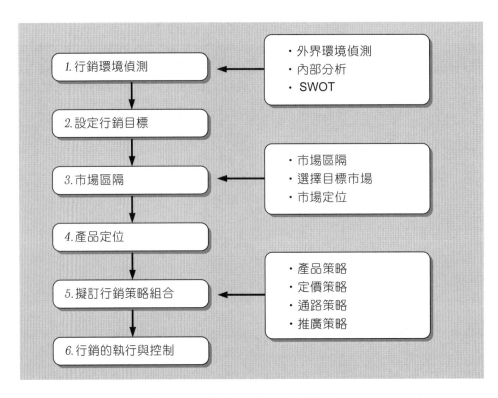

圖 4.4.2　網路行銷策略規劃程序

四　行銷環境偵測

　　一般來說，行銷所面對的環境可分為外在環境因素及企業內部因素，企業必須審慎分析外在因素及內在因素，最後藉由這些分析結果進行企業的 SWOT 分析。換句話說，行銷策略的制定必須在外界環境因素影響之下，透過企業內部資源的分配，來達成制定的目標。

外部分析

　　外部分析，是指針對會影響行銷策略執行的外部因子來做分析，而外部因子就是企業無法影響、控制、掌握的因子，主要包括政治、人口、經濟、社會、科

技等。外在環境在這一世紀的變動非常劇烈，也因此企業對於外在環境的假定會有不同的方式，表 4.4.2 即列出企業對於傳統與現在外在環境的假設比較。因為現在的環境不如以往，我們不能採用傳統的行銷方式，必須透過有效的環境偵測，來制定一個因地制宜、因時制宜的行銷策略。

表 4.4.2　企業對於傳統與現在外在環境的假設比較

	傳　　　統	現　　　在
外界環境	假設不變	高度不確定
環境的改變	可預測的	不可預測的
關鍵生產要素	有形資產如機器、設備、廠房	無形資產如員工的技能
人的角色	被動、執行所分配的任務	主動、高度自主性

資料來源：許士軍，「不確定時代的前瞻管理」，http://www.emba.com.tw/emba/speech/143-1.asp

　　影響總體環境的重要因素，包括人口環境、經濟環境、科技環境、政治環境及社會環境。

（一）**人口環境**

　　族群是由人所組成，要對一個族群銷售產品前，我們必須得了解這些族群的消費習慣、特質、心態。根據世界人口發展的趨勢，至 1999 年 10 月為止全球人口已達六十億人，預估到 2050 年全球人口將會高達八十九億人。人口爆炸對於企業有重大的影響，龐大的人口成長潛力意味著與人民生活習慣有關的任何物品，都將會有龐大的商機，例如：食品、居住、服飾、交通、教育、娛樂行為等。近幾年所流行的「金磚四國」，許多企業因為看準這些即將具有龐大消費力量的市場，因而紛紛進駐這些國家，期望未來能站在最接近市場的位置，為龐大的獲利潛力打下深厚的基礎。而這些國家像是中國、印度，也因為這些企業的進駐，帶動了經濟的起飛，對於像是原料、石油等這些工業必需品的需求也開始大幅增加，造成了

目前油價、原物料價格的高漲。因此,在這樣的背景之下,更證明了人口環境對於行銷策略制定的影響不容忽視。

㈡ 經濟環境

經濟環境指的是所有可能影響購買力的經濟因素,決定於國民所得水準、物價、銀行利率、經濟發展水準、債務和經濟政策等。國民所得水準表面上雖然反應了消費者的購買能力,但同時會受到物價的影響,在物價高漲的國家,擁有高國民所得的人民不一定會有很強的購買能力。同時,消費能力也會受到銀行利率的間接影響,銀行利率高,人民的儲蓄傾向也較高,因此保留在身邊的現金較少,故購買能力會受到影響。同樣地,一個負債累累的國家,人民受到沉重的債務負擔,消費能力也會大打折扣。而經濟政策和經濟發展水準也能影響整個經濟環境,就像我國在蔣經國總統的十大建設時代,造就了台灣的經濟奇蹟,當時甚至還流行「台灣錢,淹腳目」這樣趣味性的俚語產生。

㈢ 科技環境

人類生活改變最大的貢獻來自於科技,科技的進步產生許多新發明和新技術,衍生了新的市場和商機。舉例來說,照明技術的進步,在以前是用月光,但是使用性非常低,且受到許多限制,也因此古時候的人常常傍晚從田裡回來之後,用過晚餐就睡了。後來蠟燭的出現,讓人們可以較方便地透過光線來做事情,不過仍是有些許的限制,像是照明範圍有限、容易熄滅等。而燈泡的出現更讓人們的生活前進了一大步,克服了容易熄滅的缺點,且照明範圍也大幅提升,人們晚上的生活開始豐富了起來,大家常常會開著幾盞燈,聊天增進感情。科技演進的同時,我們必須要了解的是,科技產生的動力是來自於人類的需求,不符合人類需求的技術,往往曇花一現,無法獲利。也因為如此,有些企業的精神就是以人性為考量,如手機大廠NOKIA 就提到「科技,始終來自於人性」。

NOKIA
Connecting People

㈣ 政治環境

政治因素對於企業制定策略的影響重大,為了保護社會大眾利益、維護公平

競爭和保護生態環境，政府制定了許多規範企
業活動的法律，包括：消保法、勞基法、公平
交易法、智慧財產權、環境保護公約、京都議
定書等，而企業必須考量到這些法律政策的影
響，來修正自己的決策。就像 1997 年在許多
先進國家在日本所簽署的京都議定書，規範對
於溫室氣體的排放量，再加上現在環保意識高
漲，企業營運未來必定得配合這方面的法規，
否則營運也會遭致困難。通常政治因素是企業
最難控制的不安因素，尤其在台灣，政治立場
的表態，足以影響企業是否受到政府的關愛，
分食政府工程的大餅，同時也容易形成官商勾
結的黑金政權。

(五)社會環境

　　人們因群居而組成社會，彼此規範、遵守信念而形成社會價值觀，代代相
傳、根深柢固。這樣的社會文化力量會影響人們的生活方式和行為，例如在華人
社會中，「男尊女卑」、「男主外，女主內」等，長久以來已經形成一種核心信
念和文化價值，並非一朝一夕就可以改變，而企業策略若違背社會文化的發展，
那將很難會有成功的一日。例如，企業若想往回教國家的市場發展，許多文化更
是必須得注意的，像是回教徒不吃豬肉、回
教女性都會將臉蒙住等。而麥當勞在剛開始
進入台灣時，很多人就認為台灣是個「米食
文化」的社會，但麥當勞特地推出「米食漢
堡」，以配合台灣的社會文化，就是一個典
型的例子。

內部分析

　　企業採用內部分析是因為企業想要在產業中獲利，因而試圖面對產業內的競爭者、供應商、顧客、替代品及潛在的競爭者做整體性的分析，以了解企業本身的競爭地位及獲利強度，而目前大多都是引用 Michael Porter 的五力分析理論。

　　Porter（1980）認為產業的結構會影響產業之間的競爭強度，便提出一套產業分析架構，用來了解產業結構與競爭的因素，並建構整體的競爭策略。影響競爭及決定獨占強度的因素歸納五種力量，即為五力分析架構（如圖 4.4.3）。

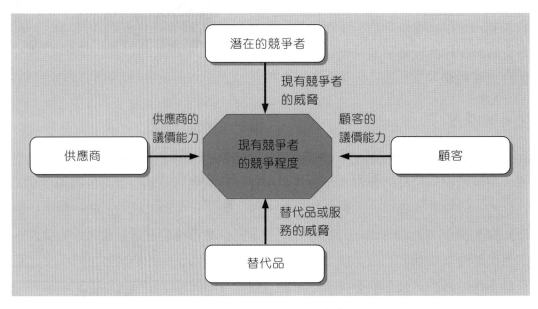

圖 4.4.3　Porter 之五力分析架構

　　這五種力量分別是潛在競爭者的威脅、供應商的議價能力、顧客的議價能力、替代品或服務的威脅及現有競爭者的競爭程度。透過五種競爭力量的分析有助於釐清企業所處的競爭環境，並有系統地了解產業中競爭的關鍵因素。

　　五種競爭力能夠決定產業的獲利能力，它們影響了產品的價格、成本及必要的投資，每一種競爭力的強弱，決定於產業的結構、經濟及技術等特質。以下說明這五種力量的構成元素。

(一)潛在競爭者的威脅

新進入產業的廠商會帶來一些新產能,不僅攫取既有市場,壓縮市場的價格,導致產業整體獲利下降,進入障礙主要來源如下:

1. 經濟規模;
2. 專利的保護;
3. 產品差異化;
4. 品牌之知名度;
5. 轉換成本;
6. 資金需求;
7. 獨特的配銷通路;
8. 政府的政策。

(二)供應商的議價能力

供應者可調高售價或降低品質對產業成員施展議價能力,造成供應商力量強大的條件,與購買者的力量互成消長,其特性如下:

1. 由少數供應者主宰市場;
2. 對購買者而言,無適當替代品;
3. 對供應商而言,購買者並非重要客戶;
4. 供應商的產品對購買者的成敗具關鍵地位;
5. 供應商的產品對購買者而言,轉換成本極高;
6. 供應商易向前整合。

(三)顧客的議價能力

購買者對抗產業競爭的方式,是設法壓低價格,爭取更高品質與更多的服務,購買者若能有下列特性,則相對買方而言有較強的議價能力:

1. 購買者群體集中,採購量很大;
2. 所採購的是標準化產品;
3. 轉換成本極少;

4.購買者易向後整合；

5.購買者的資訊充足。

(四)替代品或服務的威脅

產業內所有的公司都在競爭，他們也同時和生產替代品的其他產業相互競爭，替代品的存在限制了一個產業的可能獲利，當替代品在性能/價格上所提供的替代方案愈有利時，對產業利潤的威脅就愈大，替代品的威脅來自於：

1.替代品有較低的相對價格；

2.替代品有較強的功能；

3.購買者面臨低轉換成本。

(五)現有競爭者的競爭程度

產業中現有的競爭模式是運用價格戰、促銷戰及提升服務品質等方式，競爭行動開始對競爭對手產生顯著影響時，就可能招致還擊，若是這些競爭行為愈趨激烈甚至採取若干極端措施，產業會陷入長期的低迷，同業競爭強度受到下列因素影響：

1.產業內存在眾多或勢均力敵的競爭對手；

2.產業成長的速度很慢；

3.高固定或庫存成本；

4.轉換成本高或缺乏差異化；

5.產能利用率的邊際貢獻高；

6.多變的競爭者；

7.高度的策略性風險；

8.高退出障礙。

Richard D'Aveni（1994）指出很多產業是超級競爭的（Hyper Competitive），超級競爭產業的特徵是永久持續的創新，電腦產業是經常被引證屬於超級競爭產業的範例，此類產業的結構不斷地因創新而變革。而五力分析可能無法即時反應此類產業的快速變動，這是因為五力分析是靜態的，對於處於穩定期的產業結構分析是有用的工具，但卻無法充分地掌握產業環境中快速變化期間所產生的變動。

SWOT

SWOT 分析是由策略大師史金納（Steiner）提出的，屬於企業管理理論中的策略性規劃，包含了優勢（Strengths）、劣勢（Weaknesses）、機會（Opportunities），以及威脅（Threats）。SWOT分析主要應用在產業分析，其考量企業內部條件的優勢和劣勢是否有利於產業內競爭，內部優勢和劣勢是指組織通常能夠加以控制的內部因素，諸如組織使命、財務資源、技術資源、研發創新能力、人力資源、組織文化、製造控管、產品特色及行銷資源等。而機會和威脅是針對企業外部環境進行探索，探討產業未來情勢之演變，機會和威脅通常是指組織無法加以控制的外在變數，如政治、經濟、社會、科技、人口等，但這些對企業的營運卻有重大的影響。

此一思維模式可幫助分析者針對此四個面向加以考量、分析利弊得失，找出確切之問題所在，並設計對策加以因應。然而儘管SWOT分析固然可以導出策略定位和差異化的基礎，但它還是有盲點存在：

1. SWOT分析語意不清，何謂SW？何謂OT？筆記型電腦對桌上型電腦是威脅還是機會？這需要更細密的分析，不是用SWOT就可以做出來的。

2. SWOT分析會讓許多公司掉入「以機會為成長策略」的陷阱。SWOT強調追逐成長機會，但當機會來臨時，眾多廠商蜂擁而至，供應商會漲價，工程師找不到，等到機器、原料、人員到齊，時機已失。

3. SWOT導出的策略，競爭者大概也可以分析出，又回到「策略同質化」的惡性循環。

所謂的機會、威脅、優勢、劣勢，端憑主事者的決策導向，所以SWOT分析只能當為策略參考的一種工具。

五　設定行銷目標

企業在從事行銷活動時，不論其銷售對象是消費者、企業或者是政府，他都

應該清楚其行銷活動不可能涵蓋所有市場的購買者。購買者人數太多,各地區文化、習慣不同,購買偏好也不同,因此大部分廠商都會尋求對自己有利的市場,服務特定的群體,以享有較佳的競爭地位。

行銷目標的演進不是一開始就接受目標行銷的觀點,而演進的過程可以分成四個階段:

無區隔化　　　　　　　　　　　　　　　　　　　　　　　　　　　無區隔化

大量行銷

大量行銷(Mass Marketing)主張以一項產品做大量生產、大量配銷及大量推廣,以期一網打盡所有的購買者。例如,台灣啤酒除了以大麥芽為原料外,並輔以蓬萊米作為輔助原料,使得其飽含米香的特殊風味及口感,受到國內多數民眾的喜愛,並在長期專賣制度下,建立了品牌忠誠度。

區隔行銷

區隔行銷(Segment Marketing)主張找出若干不同的區隔市場,從中選定一個或數個區隔市場,針對各區隔市場的不同需要,發展出不同的產品及行銷組合,以滿足各區隔市場的需要。知名的手機大廠諾基亞(NOKIA)在做產品區隔時,就是以消費者使用動機來看。他們將產品的區隔市場分為很多系列,其中一個系列叫作「時尚系列」,是為了配合一群把手機當作身上流行配件的消費者,因為強調時尚,所以產品發表會多半用模特兒走台步的方式呈現,而事後也證明產品的區隔市場是成功且有效的。

 利基行銷

　　區隔市場通常是指在依市場內較大的顧客群體；而利基市場（Niches）是指一較小的群體，通常是由一區隔市場分割而成的子市場。區隔市場大，則競爭者眾；而利基市場較小，通常只吸引一個或少數的競爭者，甚至沒有直接的競爭者。舉例來說，美國西南航空公司定位於經營短途航班，飛行距離少於七百五十英里，這使西南航空每天都能讓更多的飛機投入營運，吸引更多的乘客，從而能夠大大降低營運成本，使其有能力與競爭對手展開低價競爭。也因此，西南航空以向顧客提供最便宜的機票而著稱，比如從納什維爾到新奧爾良的單程機票只要五十六美元，而其他航空公司的同等票價卻要一百美元甚至更高。今天的西南航空已成長為全美最大、投資者最追捧的民航公司之一，但公司並未拋棄創業時期就一直奉行的利基戰略。

一對一行銷

　　一對一行銷是指針對個別顧客的需要和偏好去發展量身訂作的產品和行銷方案。一對一行銷也有人稱之為量身訂作的行銷或客製化行銷。而新的資訊科技像是電腦、資料庫、E-mail、傳真和網路等互動式溝通，媒體的發展已促進了大量客製化的進展，廠商可針對每一個顧客的要求大量提供個別設計的產品和溝通方案，不僅能大幅降低成本，也可增進顧客滿意度和忠誠度。講求一對一行銷的企業，重視的是個人占有率。一旦某位顧客買了電視機，廠商還要研究其特殊的喜好與習性，賣給他相關的錄放影機、音響設備等等。

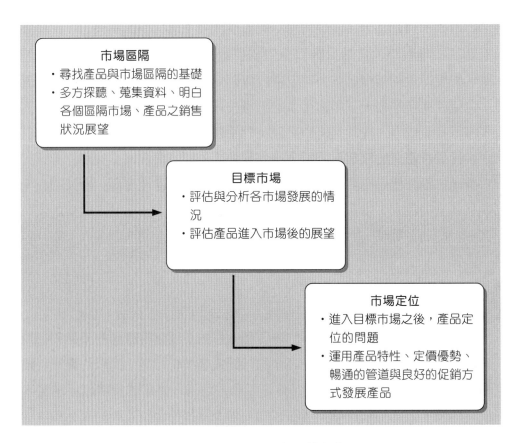

圖 4.4.4　STP 目標行銷程序

資料來源：范惟翔，《行銷管理　策略、個案與應用》

 市場區隔

　　市場區隔（Segmentation）、目標市場（Target Market）與市場定位（Position）在行銷理論上把這三部分合稱為「目標行銷」，又稱為 STP，其流程可參考圖 4.4.4。通常組織採取行銷策略前，都會依照這樣的流程來操作，只是其細部因素

必須依賴組織審慎的思考及分析，才能制定適當的行銷策略。

首先，市場是由購買者所構成，不同的購買者可能有不同的慾望、資源、生活型態、消費習慣、購買行為等，這些差異都可作為市場區隔的基礎。透過市場區隔，才能真正了解市場狀況，因為經濟與社會的力量造成顧客的需求與行為趨向多元化，也因此幫助了行銷管理人員設計出不同的行銷組合，以滿足個別特定區隔的需求。而公司亦可透過市場區隔找到發展新產品的有利機會，並改善行銷資源的策略性分配，提高行銷的效率與效能。而區隔市場必須注意一些重點：

㈠市場區隔的決策關鍵，在於生產成本與消費利益的取捨

就以男士的西裝為例，量身訂作的產品固然提供消費者最大的利益，但相對地其生產成本也較高。反之，大量裁製的西裝也許尺碼與花樣均不完美，但低廉的價錢也有吸引顧客之處。

㈡市場區隔的效益來自於高消費利益所帶來的高價位

只要產品合宜所帶來的額外差價，足以彌補增加的生產成本，市場區隔就有其經濟效益。

㈢市場區隔的成敗取決於其精確度與明確度

精確度指的是市場被細分的程度；明確度指的則是各個區隔之間的界限是否明確。再以男士的西裝為例，最精確的市場區隔乃是量身訂作（每一位消費者都是單一的子市場）；反之，單一尺寸與花樣的西裝，則毫無市場區隔可言。居於這兩個極端之間的選擇就多了。例如西裝的尺寸可分為大、中、小；式樣可分古典與現代；剪裁可重舒適或美觀。過細的市場區隔給顧客增加的消費利益有限，然而過高的生產成本勢必讓廠商無利可圖。反之，過於粗糙的市場區隔固然能大幅降低生產成本，但是尺寸與花樣不合的產品在市場上則是乏人問津的。

一般來說，市場區隔有三個步驟：

Step 1 調查階段：蒐集並挖掘消費者有關動機、態度、行為；

Step 2 分析階段：將所蒐集的資料利用統計方法集群不同區隔之群體；

Step 3 剖化階段：將每一集群依其特有之態度、行為、人口統計、心理統計、

消費習慣等，一一加以描述，以各集群（區隔）之特徵來命名。

探討市場區隔化的問題，首先應了解市場區隔化策略之所以產生是由於購買者偏好不一定相同的緣故，也因為購買者偏好的不同，乃產生市場區隔化的需求。這些偏好主要有三種型式：同質性的偏好（Homogeneous Preferences）、擴散性的偏好（Diffused Preferences）和集群性的偏好（Clustered Preferences）。

(一) 同質性的偏好

表示市場中所有消費者大致有同樣的偏好，相對於其他兩項，此項偏好較沒有自然的、明顯的區隔。

(二) 擴散性的偏好

表示消費者偏好散布於各處，顯示消費者對產品需求極不相同。市場先進者可能會將其品牌定位於中心，以期吸收大部分的顧客；第二個競爭者可能會定位於第一個品牌附近，和前一個競爭者互爭市場占有率；或者他也可能定位在角落，以吸收那些不滿意中心品牌的顧客群體。假若市場中有很多品牌，則他們可能會各自在空間中尋求自己的立足點，以展現其真正差異性來滿足不同顧客的不同偏好。

(三) 集群性的偏好

市場可能出現不同的偏好集群，稱為自然市場區隔。第一家廠商可能會定位在市場的中心位置，期能吸引所有的群體；他也有可能採取集中策略，定位在最大的一個區隔市場；他也可能發展若干品牌，每一個品牌分別定位在不同的區隔市場。若第一家廠商只發展一個品牌，則競爭者將會在其他區隔市場推出品牌。

進行市場區隔化時，最重要的工作是尋找市場區隔化的基礎。市場區隔化沒有一套最佳的模式，不宜只使用一種方法來區隔市場，應嘗試運用不同的變數，來作為市場區隔化的基礎，以將市場做有效的細分。

 區隔基礎

經常用來區隔消費者市場的基礎有地理、人口統計、心理和行為等四種基礎，分析如下：

(一)地理基礎

地理基礎的區隔是依照市場的地理位置不同來細分市場，若一個國家的市場按照地理區域的劃分，可分為北區市場、中區市場、南區市場；而若按照都市化程度來劃分，可分為大都會市場、城鎮市場、鄉村市場。另外也可按照氣候來劃分市場，分為炎熱、多雨等。

(二)人口統計基礎

人口基礎的區隔是以各項人口變數為基礎來區隔市場。人口變數包括年齡、性別、家庭大小、家庭生命週期、所得、職業、教育、宗教、種族及族群等變數。若以社會階層來分類，則市場可分為上階層社會、中階層社會、下階層社會。

(三)心理基礎

心理基礎的區隔是指以生活型態或人格特質為基礎來區隔市場。

1. 生活型態

生活的區隔化是指根據人們支配時間的方法、對週遭事情的重視程度、人們的信念和社會經濟特徵（如所得和教育）等因素將人們分成不同的生活型態群體。

2. 人格特質

人格特質反映出一個人的特性、態度和習慣，不同星座的人常有不同的人格特質，不同血型的人亦是如此，均可作為區隔的基礎。

(四)行為基礎

行為基礎的區隔係根據購買的行為特徵與追求的利益來進行區隔。行為特徵包括使用場合、使用率、追求的利益、品牌忠誠度、對產品的態度等等。

市場區隔化有多種不同的區隔方法，但並非所有的區隔化都是有效的。

 區隔功效

為使市場區隔化有其功效，區隔市場必須具備以下特性：

(一)可衡量性（Measurable）

市場區隔間必須可以清楚界定並加以區分，且每個市場區隔內的規模大小及其購買力也應該可以清楚衡量。若組織所選用的市場區隔變數不清楚，或難以衡量，則無法清楚知道每個市場區隔的大小。例如同性戀的市場區隔雖然理論上存在，但因為同性戀者並不會誠實告知，因此在實際衡量上可能有困難。

(二)可接近性（Accessible）

行銷管理人員運用其行銷組合時，應該能有效地接觸該市場區隔，並針對所形成的市場區隔進行服務。若組織所劃分的市場區隔存在著接觸障礙，便無法接近該市場區隔，此時該市場區隔的可接近性便有問題。例如，從事某些特種營業的工作者可能購買力很強，但卻缺乏適當的媒體可以接觸到這群顧客。

(三)可回應性（Actionable）

企業所劃分的市場區隔，以公司的資源和能力來看，行銷管理人員應該至少能從中找到一個可以進入的市場區隔，否則這樣的區隔動作便失去意義。若以公司現有的資源和能力，所切割出來的各個市場區隔仍然太大，因此找不到該組織有能力進入的區隔，此時可回應性便有問題。例如，對於很多小廠商而言，雖然他們知道未來的手機市場可能很大，但因為自身資源的侷限，所以可能找不到可以進入的區隔。

 選擇目標市場

區隔市場之後，廠商即將面臨的是目標市場選擇的問題。藉由目標市場的選

擇，行銷管理人員可以將有限的資源集中在少數幾個利基市場或目標市場，從而發揮最大的行銷效率。

　　選擇目標市場之前，首先要將所有的市場區隔針對消費潛力部分做排序，所謂的消費潛力也就是市場區隔的吸引力，主要受幾個因素影響：

(一) 市場區隔的大小

　　市場區隔內的顧客愈多、購買力愈強及可支配所得比例愈高，則該市場區隔的吸引力愈大。因此行銷人員必須仔細評估每一市場區隔內的市場潛力。市場潛力，指的是某一特定的行銷努力水準之間，在某個特定期間內，該區隔內的顧客總消費量。

(二) 市場區隔的競爭強度

　　某一市場區隔雖然很大，但如果該市場區隔內的競爭者很多或競爭者很強，則該市場區隔的吸引力並不高。因此市場區隔的競爭強度愈激烈，則吸引力愈低。

(三) 組織的資源與優勢

　　組織在開發市場區隔時，相對而言擁有的資源與優勢如何？若是組織的資源與優勢相對較強，則該市場區隔的吸引力便相對較高。

(四) 接觸該市場區隔的成本

　　有些市場區隔不易接觸，因此組織若堅持進入該市場區隔，將會負擔較高的成本，也因此這樣的市場區隔對於組織的吸引力便低；相反地，若接觸成本較低，則該市場區隔對於組織的吸引力則相對提高。

(五) 市場區隔的未來成長性

　　評估市場區隔的吸引力時，也必須考慮該市場區隔未來的成長性。若市場區隔的未來成長性愈高，則該市場區隔的吸引力便相對較高；反之，若市場區隔的未來成長性較低，則該市場區隔的吸引力便較低。

七 產品定位

在策略性行銷規劃中，除了目標市場策略外，另一項重要決策就是決定市場定位。定位是指廠商的產品、服務、商店或其他提供物，在顧客心目中的形象或地位。例如在汽車市場，豐田 Tercel 和 Subaru 定位在經濟；朋馳（Mercedes）和凌志（Lexus）定位在豪華；保時捷（Porsche）和 BMW 定位在性能；富豪（Volvo）定位在安全。在飲料市場，可口可樂定位在年輕、歡暢；七喜（7-up）則定位在不含咖啡因的健康飲料。

除了產品需要定位之外，商店或組織本身也有其定位。譬如，衣蝶百貨定位為「台灣第一家女性專門百貨公司」；墾丁凱撒大飯店定位為「墾丁地區最高級的五星級休閒旅館」；台灣的酒吧也各有其定位，如英式 Pub 定位在復古優雅，美式 Pub 定位在隨興自在，義式 Pub 定位在個性主張，葡萄酒專賣店定位在浪漫情趣，而飯店內的酒吧則定位在商務休閒。

在決定公司的市場定位或產品定位時，首先要分析競爭者在目標市場中的定位，了解各競爭者在知覺圖中的位置，然後再來決定本身的定位。以自用轎車為例，說明產品定位的選擇。假若目標市場的購買者主要注重轎車的兩種屬性——大小與造型。汽車公司針對這兩種屬性調查各競爭廠商的轎車在潛在顧客心目中的地位，如圖 4.4.5 所示。A 廠牌被視為經濟/新潮的轎車；B 為中間型的轎車；C 為經濟/古典的轎車；D 為豪華/古典的轎車。圖中圓圈的大小代表他們的銷售額比例。

了解競爭對手的位置後，公司接著要決定將本公司的廠牌定位於何處？他主要有兩種選擇：一是定位在競爭者廠牌附近，竭力爭取市場占有率，假使：(1)本公司可以製造出比競爭者更優異的轎車；(2)目標市場足夠容納兩個競爭者並存；(3)資源較競爭者豐富；及(4)所選定的定位能與公司長處相互配合的話，便可做此一選擇。假若公司認為生產經濟/新潮的轎車與 A 廠牌競爭，可能有較多的潛在利潤與較低的風險，則公司須針對 A 廠牌轎車加以研究，設法從產品的特色、款式、品質與價格等方面選擇有利的競爭性定位。另一種選擇是生產目前市面上沒

新產品創新&研發

442

有的轎車，例如豪華/新潮的轎車，由於競爭者尚未提供此型式之轎車，公司若推出此型車，將能吸引有此需求的購買者。不過，在做此決定之前，公司必須先確定：(1)生產此種豪華/新潮的轎車，在技術上是否可行；(2)在預期的售價水準內，生產此種豪華/新潮的轎車係屬經濟可行；(3)有足夠的顧客欲購買此型轎車。假若具備上述條件，則公司可說已發現到市場尚未被滿足的需要「空隙」，可考慮採取此行動來填補此一空隙。

廠商一經決定其產品定位後，接下來便要研訂周詳的行銷組合決策。假若廠商採取高價位、高品質的定位，則產品的特色與品質就必須比其他廠商好，經銷商的服務信譽要能贏得顧客的口碑、推廣活動的格調要高，並要能吸引購買力強的顧客。

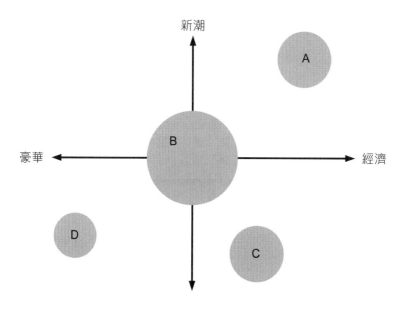

圖 4.4.5　汽車廠牌定位知覺圖

資料來源：黃俊英，《行銷學原理》

八　擬訂行銷策略組合

依照 Kotler 的定義，所謂的「行銷組合」是公司為了達到行銷目標，用以控制目標市場各項變數的一套行銷策略組合工具。凡是在廠商的控制之下，能影響顧客反應水準的任何變數，都屬於行銷組合的一分子。傳統都是根據美國學者麥卡錫所提出的 4Ps，包括產品（Product）、價格（Price）、地點（Place）及促銷（Promotion）等，構成一個完整的行銷策略組合。

1. 產品：提供給市場的貨品、服務或其他東西；
2. 價格：顧客為取得產品所需支付的代價；
3. 地點：亦通稱為「通路」，是讓產品可被顧客取得的管道；
4. 促銷：告知產品資訊、溝通產品價值和說服目標市場去購買的各項活動。

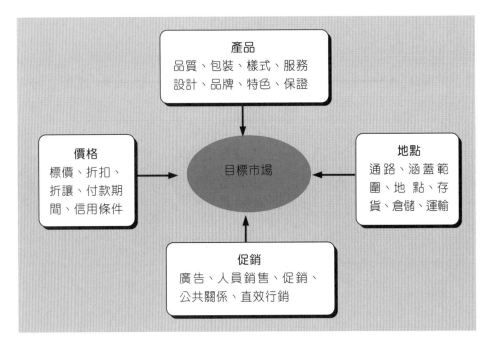

圖 4.4.6　行銷組合的 4 Ps

資料來源：黃俊英，《行銷學原理》

　　而近年亦有學者發現，網際網路的蓬勃發展對行銷 4 P 產生影響，包括：網際網路的開放性，使得價格競爭加速；網際網路的互動性，使得產品更加顧客導向；網際網路的雙向性，使得銷售管道縮短；網際網路的即時性，使得促銷模式改變。分述如下：

　　1. 產品方面：產品是指一些傳統的產品或服務轉化成互動媒體的電子型式，具備圖形、動畫、聲音及文字，提供整合式與互動式的表達，並配合線上訂購系統讓購買者自動篩選，企業可迅速掌握市場反應，使得產品更加成為顧客導向。

　　2. 價格方面：價格是指定價、線上詢價，或以折價券、印花等方式提供價格上的優惠；而且供需雙方可透過資訊高速公路來談判、議價、終至交易，由於網路的開放性使得價格競爭加速，企業為吸引消費者上網，於是會提供各種價格上的優惠。

　　3. 地點方面：是指在無店面販賣的直接行銷方式，透過媒體互動隨時隨地和全世界的消費者直接接觸，減少過去行銷中間機構的成本，使消費者可以最少的時間和花費，獲得最適合的產品。

　　4. 促銷方面：是指運用多媒體與超連結的方式，整合廣告、公關、促銷和銷售活動來進行，此種雙向互動、低成本的促銷功能，為其他的促銷工具所不及。

　　過去行銷 4 P 是以行銷者的觀點來看目標市場的行銷工具，比較側重商品導向之經營方向，但是隨著消費者時代的來臨，以往 4 P 所建立的行銷世界，已經轉向管理學者Lauterborn（1990）所稱的 4 C 導向，也就是以消費者利益為中心。將 4 P 對應到 4 C，包括消費者的需要及欲求、消費者獲取滿足的成本、購買的便利性、溝通因子等。

　　就網路行銷而言，最為重要的是能做到「客製化服務」，即是能對消費者「量身訂作」，行銷傾向消費者個人特質，故對原有之 4 P 行銷導向，在網路時代中已向 4 C 靠攏，消費者價值大為提高，已逐漸成為行銷活動新顯學。

表 4.4.3　以 Lauterborn 的行銷 4 C 來推導「行銷組合」4 P 在網路行銷的應用

McCathy 行銷的 4 P	Lauterborn 行銷的 4 C	以 4 C 來推導 4 P 在網路行銷的研究
產品（Product）	消費者的需求及欲求	研究顧客的需要及欲求，明確掌握顧客想購買的商品，不要再賣你所能製造的產品，而是要賣某人確定想要購買的產品，並且吸引不同類型顧客的個別需求，一一地吸引顧客購買產品。
價格（Price）	滿足消費者需要及欲求的成本	網路行銷及時提供消費者需求之服務、降低顧客花在資訊蒐集、選擇決策、訂購、付款、運輸與心理等方面的成本，並提高顧客的價值。
促銷（Promotion）	溝通	視顧客為夥伴關係，顧客與行銷人員之間的關係是合作性的，利用網路雙向互動交談的特性，發揮有效率的合作溝通策略，減低顧客評估相關服務產品的困難。
通路（Place）	購買的方便性	降低顧客的成本與提高消費者價值，經由互動技術、快速的溝通與傳遞過程，提供快速無誤的產品訂購與運送服務。

資料來源：楊淑晴，《網路花坊在網業資訊呈現之行銷組合分析與探討》，2000

九　行銷策略的執行與控制

　　最後，行銷規劃人員尚須研訂行銷組織及執行計畫，並研擬控制計畫。行銷計畫一旦付諸實施之後，常會因內部情勢或外在環境改變，或行銷人員未依行銷計畫切實執行，而未能達成預期之行銷目標。因此，在執行行銷計畫的過程中，必須擬訂一套控制計畫，評估執行成效，以確保行銷計畫能依外在環境和競爭情勢的改變而適時調整，也能及時發現執行偏差之處並迅速採取改正措施。

　　行銷規劃過程包含界定組織使命、進行情勢分析、訂定行銷目標、擬訂行銷策略和方案、研擬執行和控制計畫，已如前述。表 4.4.4 彙整各個行銷規劃步驟所要回答的問題。

表 4.4.4　行銷規劃各步驟所要回答的問題

規劃步驟	所要回答的問題
界定組織使命	・我們的長期承諾和目標是什麼？
進行情勢分析	・我們處在什麼樣的經營環境？ ・我們具備哪些優勢和弱點？
訂定行銷目標	・我們想完成什麼？
擬訂行銷策略和方案	・我們想爭取哪些顧客？ ・我們要向顧客提出什麼訴求？要在顧客心中塑造什麼樣的形象。 ・我們要如何去達成目標？
研擬執行和控制計畫	・我們要如何去執行各項工作？ ・我們要如何去評估執行成效、並採取必要的修正行動？

資料來源：黃俊英，《行銷學原理》

個案分析

遊戲橘子

一、公司沿革與經營

　　遊戲橘子數位科技股份有限公司（以下簡稱遊戲橘子）是成立於 1995 年，原名稱為「富峰群企業有限公司」。自 1999 年富峰群更名為遊戲橘子數位科技（Gamania），正式結束「富峰群時代」進入「橘子時代」。2000 年 7 月遊戲橘子與韓國的 NCSoft 合作，正式發行第一套線上遊戲「天堂」（Lineage），並且以這一款遊戲在市場上取得很高的市場占有率。如今，遊戲橘子擁有全亞洲超過千萬的付費會員及二十五萬人的同時上線人數。

　　遊戲橘子以線上遊戲服務平台為基礎，整合媒體、行銷、網路與技術的優勢，以台灣為核心，布建全亞洲（大陸、香港、日本及韓國）線上娛樂服務，已成為網路數位娛樂生活的成功典範之一。遊戲橘子目前的業務包括有

Magazine 雜誌、Online Game 線上遊戲、Accessories 週邊商品、第二類電信事業執照許可之相關一般營運項目（網際網路接取服務）等，是一家業務相當廣泛的公司，因此公司的規模也是相當的龐大。

遊戲橘子不只是將自己定位為代理遊戲或是研發的單位，而是線上遊戲服務業。該公司在光碟軟體方面不收取費用，只收取後端服務的月費，著重在高品質的客戶服務與穩定的頻寬。遊戲橘子的經營模式以發展亞洲娛樂數位平台為主要理念、目標，遊戲橘子目前研發了 GASH 平台，使虛擬通路極富效率且能便利地付費，建立一個非常完整的收費機制與通路的物件，所有的遊戲建立在此平台之上，消費者能容易地使用服務與購買點數，將點數輸入至 GASH 之中。GASH 可以在所有傳統的通路或是網路的通路都可以便利地購買到點數（如 ATM 或是小額付費機制），付費機制有一點接近信用卡的概念；只要有登陸在這個平台之中的遊戲，透過這樣的付費機制就可以使用所有的服務。未來將以平台為基礎，開拓數位娛樂的發展。

該公司除擁有遊戲軟體相關的研發能力外，更擁有自行開發各項服務系統的技術能力。因為該公司了解一個遊戲公司可大可久的原因，除了開發製作高水準、符合市場需求的遊戲外，相對應的配套與服務措施亦是不可或缺的元素。因此，運用先進的系統架構，高度地整合資料庫資源，建立各項獨立卻又整合的服務平台是該公司有別於國內其他遊戲公司的特殊技術。

二、遊戲橘子的競爭利基

(一)行銷運作能力——爆發式行銷

該公司具有強大的研發能力配合媒體的造勢力量與行銷手法。該公司強調爆發式行銷，將所有行銷焦點權控制在同一時點引爆，再配合媒體之經營，整合成整體銷售策略，累積出公司品牌效益。該公司擁有華視「亞洲電動王」節目、Mania 玩瘋誌以及開發中的網路銷售平台。

(二)機房管理技術——高科技的工程能力

該公司是第一家獨資建立專業的線上遊戲機房，擁有完整的聯外頻寬、強大的遊戲防禦機制、二十四小時不斷電的營運能力，提供玩家優質的線上遊戲環境，若以目前遊戲場景及線上伺服器之數量來看，目前皆維持在穩定

平穩之狀態,且充分利用既有之資源,同時掌握資料封包壓縮技術的遊戲公司,因為只有自行擁有機房可隨時監控網路狀況,不斷發現新問題,並測試本身系統的穩定度,才能對未來常發展網路遊戲有所助益,此亦為該公司競爭利基所在。

㈢顧客服務支援──強大的經營後援

在數位化的線上遊戲時代來臨後,公司與玩家的互動必須達到全天候及時互動的基本要求。該公司為了達到全天候即時服務的要求,已架設起一套完整的主動式客服系統,並且擁有將近百名的客服人員,以求隨時都能夠反映消費者的需求與問題。這個後端的支援架構使該公司在線上遊戲的經營上較易掌控整體實際運作狀況,也正是因為如此才能創造出驚人的線上遊戲成就。

㈣主要競爭者

目前國內與遊戲軟體相關的廠商有三十餘家,不過市場規模大到足以影響市場者約十家,主要業者包括該公司、大宇資訊、智冠科技、華義國際、會宇多媒體、昱泉國際、第三波資訊、皇統光碟、華彩軟體及松崗等廠商。依據產品用途,目前遊戲軟體可分為個人單機版遊戲及線上遊戲,茲分列說明如下:個人單機版遊戲廠商排名大概是智冠科技、第三波資訊、大宇資訊、華義國際,主要係現在電玩鋪貨的通路大多掌握在該等公司手中。目前國內線上遊戲軟體,主要廠商包括該公司、智冠科技、華義國際、大宇資訊、華彩軟體、第三波資訊等,在遊戲市場朝低價化的發展情況下,線上軟體產業將是未來最熱門的一塊市場。遊戲橘子主要產品為 PC Game 套裝軟體、線上遊戲及線上遊戲衍生之週邊商品。由於該公司 PC Game 套裝軟體發展較同業晚,且其專注於遊戲軟體開發之業務,故市場占有率遠低於以通路、代理為主要經營型態之智冠科技及第三波資訊,亦略低於以研發著稱並兼具通路商性質之大宇資訊。

三、行銷策略

㈠產品/服務

遊戲橘子現已全力轉型專注於線上遊戲之發展,有別於其他同業採取主機代管方式,乃建立自有線上遊戲機房,對外實體路線為一條 OC48 線路,

與各大 ISP 業者、寬頻業者直接連線,並安裝負載平衡系統及大型不斷電系統,掌控連線品質;開發完整後端收費機制,可使用信用卡、ATM 等方式購買時數卡,更提供遊戲玩家隨時查詢消費紀錄,強化遊戲玩家信賴度,完全過止盜版行為;全天候客服系統,以主動積極服務態度經營網路社群,提高產品附加價值;二十四小時安全監控系統,防堵網路駭客建立外掛程式,以維護遊戲公平性;設置完善消防設備,保障資產安全;建置完備災後重置計畫,可於一百二十小時內立即恢復網路連線,在全方位經營管理下,已大幅降低遊戲軟體產業之經營風險。遊戲橘子認為「線上賣的不只是遊戲,而是服務」。

主力遊戲天堂。「天堂」是一款線上遊戲的名稱,原名為「Lineage」(家族之意)是屬於千人連線的大型線上遊戲。天堂是在 1998 年 9 月由韓國軟體公司 NCSoft 所推出,遊戲者必須購買由 NCSoft 所發行的「點數卡」,才能登入遊戲戰場。天堂網路遊戲劇情取材自一部韓國已發表的暢銷漫畫,遊戲是一個架構在中古世紀的幻想故事,由四種角色:「王族」、「魔法師」、「妖精」與「騎士」一起進行遊戲,暢遊在虛擬的遊戲世界中。

「天堂」這一款遊戲是目前遊戲橘子所有的產品中最暢銷也是擁有會員人數最多的產品,在國內擁有三百多萬的會員人數,也是國內目前會員人數最多的一款線上遊戲。儘管如此,遊戲橘子並不以此為滿足,對於「天堂」這一款遊戲該公司期許能夠永續經營,而且經營的重點不只是在於產品上,而是將重點放在龐大會員的經營上,希望能夠為該公司創造更多的附加價值,並且成為國內線上遊戲的一個標竿。

㈡定價

在全省便利商店撒出免費遊戲光碟,迅速吸引玩家的注意力,再以點數卡預付機制方式收費,採以低價策略方式銷售,價格分別有一百五十、三百、五百元的點數卡與月費式計算;這種獲利模式,從商品買賣轉型為服務的角色,收取玩家上線的服務費,而非遊戲光碟的銷售費。

㈢通路

其主要銷售顧客可分為傳統通路商(智冠科技等)、連鎖便利商店(7-ELEVEN、全家便利商店等)及網咖通路(京陽科技、台灣網易),其中 7-

ELEVEN 為美國 7-ELEVEN 公司（原為南方公司）授權統一超商使用，另統一超商轉投資成立大智通，持有股權為 99.99%，為其出版品倉儲、物流配送中心，故遊戲橘子先銷售予大智通，再透過 7-ELEVEN 便利商店上價出售予消費者。遊戲橘子的電子商務能力提供了靈活的行銷模式，為了解決線上遊戲付費問題，遊戲橘子獨創安全金流系統 GD2S（虛擬貨幣銀行），並設計了遊戲時數卡付費模式，上市後一舉解決了網路上小額的付費問題。預計未來將成為 gamania.com 上所有的數位應用服務與小額線上商品買賣的付費機制。

除電子商務方面外，遊戲橘子的通路以便利超商為主，遊戲橘子認為當玩家玩遊戲玩到半夜而點數用完時，二十四小時營業的便利商店成為最好的取得通路。而且天堂的玩家分布在十五至二十歲之間，還沒有信用卡，怎麼線上付費？因此向二十四小時便利商店以較低折數擺放時數卡，而線上遊戲的點數卡，鋪貨金額只需用電話卡的坪數計算，放在通路銷售的時間可拉長，降低遊戲廠商的通路成本。

㈣**推廣**

遊戲橘子創新的行銷手法，擅長利用媒體高度曝光，找藝人代言、強力電視廣告，並將推廣策略跨於「電視」、「雜誌」、「網站」等，從傳統媒體（平面媒體、電視、電影、廣告看板）到數位媒體（網路廣告），從時間（時效）到空間（深度），從實體互動（現場促銷）到虛擬互動（網路社群）等方面同一時間高度互補整合，藉此達到「爆發式行銷」。

問題與討論

1. 什麼是電子商務？它具有什麼特性？
2. 請列表說明網路行銷與傳統行銷的差異為何。
3. 請問若要進行網路行銷的規劃，需要進行哪些步驟？
4. 企業行銷所要面對的環境瞬息萬變，我們應該如何有效地偵測環境？

5.市場區隔的方法有很多種，請列舉三種方法並詳加說明。

參考文獻

中文

1. 余朝權、林聰武、王政忠合著，《網路行銷之類別與時機》，華泰書局，1998年。

2. 林建煌，《行銷管理》，華泰書局，2005年。

3. 林隆儀，《如何做好產品定位》，工商時報/經營知識/D3版，2004年。

4. 范惟翔，《行銷管理：策略、個案與應用》，揚智文化圖書出版公司，2005年。

5. 許士軍，《不確定時代的前瞻管理》，http://www.emba.com.tw/emba/speech/143-1.asp.

6. 黃俊英，《行銷學原理》，華泰書局，2004年。

7. 楊淑晴，《網路花坊在網業資訊呈現之行銷組合分析與探討》，碁峰出版社，2000年。

8. 劉文良，《電子商務與網路行銷》，碁峰出版社，2005年。

9. 劉文良，《電子商務概論》，金禾書局，2006年。

10. 劉文良，《網際網路行銷策略與經營》，碁峰資訊股份有限公司，2005年。

11. 劉明德、曹祥雲、方之光、顏宏旭合著，《電子商務導論》，華泰書局，2001年。

12. 劉靜怡，「初探網路產業的市場規範及其未來：以 United States v. Microsoft 案的發展為主軸」，《台大法學論叢》，第二十八卷第四期，1999年7月，頁1至66。

13. 鄧勝梁、許紹李、張庚淼合著，《行銷管理 理論與策略》，五南圖書出版公司，2003年。

14. 謝穎青，《電子商務的新經濟特性》，華泰書局，2006年。

英文

1. Kalakota, R. & Whinston, A. B., 陳雪美譯(1999)，「電子商務管理概論」，華泰書局。

2. Kalakota, R. & Whinston, A. B. (1997), "Electronic Commerce, A Manager's Guide", Addison-Wesley Pub, Inc.

3. Varian, H. & Shapiro, C. (1998), "Information Rules: A Strategic Guide to the Network Economy", Cambridge: Harvard Business School Press.

4. Toffler, A. (1970), "Future shock", New York Bantam Books.

5. Kevin, K. (1998), "New rules for the world economy: 10 radical strategies for a connected world", Brockman, Inc..

6. Porter, M. E., (1980), "Competitive Strategy: Techniques for Analyzing Industries and Competitors", New York: Free Press.

7. D'Aveni, R. (1994), "Hypercompetitive Rivalries. Competing in Highly Dynamic Environments", The Free Press, New York.

8. Lauterborn, R. (1990), "New Marketing Litany: 4P's Pass; C-Words Take Over", Advertising Age, October 1.

5 財務管理

一 企業為何需要財務管理？

 財務管理的意義與目標

　　一般的企業中，都包括了生產、行銷、人事、研發、財務等管理部門，以財務部門來說，通常是在執行總裁下設置一個財務副總裁，往下再分為主管會計與稅務的主計長及負責資金調度與管理的財務長。基本上，每個企業對於各個管理部門的重視程度不盡相同，但其中財務管理是企業活動中很不可或缺的一環，不僅用來監控公司的財務狀況，更重要的是提供投資決策以規劃控制公司之資金調配，同時將公司之盈餘妥善分配，並控制資本結構之平衡與長期財務投資之評估與預算規劃。此外，透過財務分析更可以解讀公司的經營狀況，並監督公司內外部資產是否有效利用，藉此對公司之營運提出警示，達到風險控管的效果。而財務分析之結果也可以進一步應用至業績規劃、盈利分析、效率改善與薪酬制定之中。因此，財務管理無疑是企業經營不可或缺的重要控管工具。

　　財務管理的目標在於使「股東財富極大化」，而股東的財富又來自於公司的價值，換句話說，財務管理的最終目標即是「公司價值之最大化」。而要能實現這樣的目標，必須透過經理人有效的管理現金流量，透過良好的資本預算規劃、資本結構政策與股利政策，儘可能降低資金取得成本，並將資金做最有效的分配。

代理問題的形成與解決之道

固然財務管理的目標在於使股東的財富極大化，但由於實際執行財務管理的經理人通常不是股東，因此「代理問題」可謂是時常發生。所謂的代理是指主理人僱用另一個人來代為管理一些事物，此時主理人與代理人之間的關係，就稱之為代理關係。當主理人與代理人之間的目標產生衝突時，代理問題就此形成。而在一般的公司治理中，常發生的代理問題又分成權益代理問題與負債代理問題兩類。

㈠權益代理問題

一般公司通常採取所有權與經營權分離的制度，股東在擁有公司的所有權下，委託經理人來代為經營管理公司。理想的情況下，經理人應該盡力提高公司之獲利，達成股東之期望。然而實際上，經理人出自於自利動機，其營運目標往往與股東不一致，而導致股東在資訊不對稱的情況下蒙受損失。而這些由經理人自利動機產生的權益代理問題有：

1. 經理人不願盡心力：由於公司並不屬於經理人所有，因而經營的成果多半是股東享有，故缺乏努力工作的動機；
2. 補貼性消費行為：經理人可能利用特權，挪用公司之資源於個人享受，如為自己添購奢華之設備；
3. 大經理人主義：經理人為追求個人之功績，而在其任內從事過多的投資，其中有些投資可能是不適宜的，因而使股東蒙受損失；
4. 管理買下：當經理人企圖取得公司之所有權時，會刻意壓抑公司之股價，以利其低價買入股份，造成股東的利益受損。

要解決上述的權益代理問題，又分為積極面、消極面兩種方式：

1. 積極面：設立報償制度，給予經理人績效獎勵。除了發放紅利或獎金作為獎勵之外，亦可透過發放股票或員工認股權，使經理人持有公司部分之所有權，將經理人與股東拉到同一陣線，落實主理人與代理人的目標一致；
2. 消極面：降低公司的自由現金流量，使得經理人無法有過多的投資，避免

其濫用公司資源，投資於NPV（淨現值）小於零的投資計畫。同時，也可透過解僱或接管的手段威脅經理人，倘若其績效不佳，將隨時被撤換，使得經理人為求自保而努力工作。

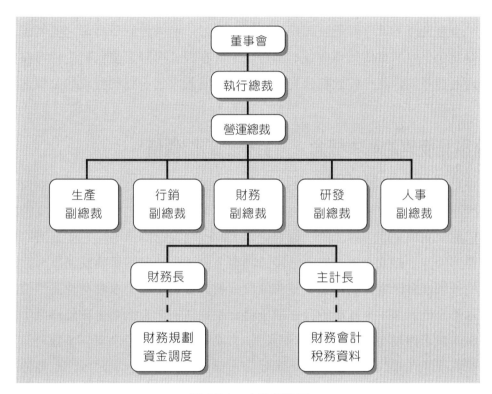

圖 4.5.1　企業組織圖

㈡負債代理問題

舉債是公司取得資金的管道之一，當債權人將其資金借給公司之後，股東可運用其權力主導負債資金之運用，此時形同債權人將其資金委託予股東，產生了負債代理的問題如下：

1. 資產替換：指在未經債權人同意的情況下，股東促使經理人將負債資金投入於風險性高的投資案，使債權人無故蒙受公司可能因投資失敗而無法償還債務之風險。
2. 債權稀釋：指在未經債權人同意的情況下，公司增加對外的舉債，使得公

司之負債比率提高、財務風險上升，造成原有債權人所持有的債券價值下降，倘若公司不幸經營失敗遭清算時，原有債權人必須與新的債權人共同分配公司之殘餘價值。

3. 股利支付：指股東促使經理人將負債資金挪用為股利之發放，使得投資之現金資產下降，降低公司投資獲利之機會，進一步危及公司之償債能力。

要避免上述的負債代理問題，債權人最好在與公司訂定債務契約時，在契約中加入各種限制條款，如限制公司的負債比率的最大值、股利發放的金額等等。

 ## 財務管理的基本概念——貨幣的時間價值

在財務管理中，經理人所做的任何投資或融資決策都與現金或資本的價值有關，因而在進行財務決策之前，必須先建立貨幣時間價值之概念。何謂貨幣的時間價值呢？簡單地說，今天的一塊錢與明天的一塊錢的價值不同。從經濟的角度來解釋，因為金錢或資本在經過一段時間後，會產生一定的報酬或利息。因此，今天的一塊錢會比明天的一塊錢更有價值。而其實貨幣之所以會有時間價值是在於金融體系的運作下，利率的存在賦予金錢或資產在未來能產生額外的價值。舉例來說，倘若你現在持有一萬元，而已知市場的年利率固定為 10%，此時你可以透過投資或存在銀行，使得你的一萬元在一年後變成一萬一千元，因此無論將這筆錢拿去投資或存在銀行，都可以增加你的財富，相較於一年後才能持有的一萬元，顯然今日就持有的一萬元有價值多了，而這就是貨幣的時間價值。

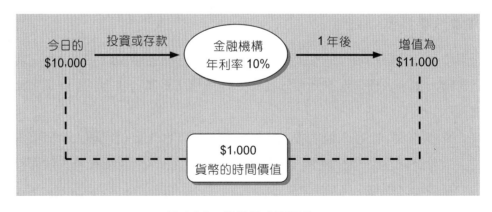

圖 4.5.2　貨幣的時間價值

　　在財管中，將今日持有的貨幣價值稱之為現值，而未來特定時點的價值稱之為終值。由上面的例子可以發現，在市場的利率已知的情況下，今日所持有金錢或資本的終值是可以用複利的方式計算出來的；相對地，知道了未來的現金流量時，也可以反過來回推其現值，即是所謂的折現。以下為現值與終值之公式：

$$FV_n = PV_0 \cdot (1+r)^n$$
$$PV_0 = \frac{FV_n}{(1+r)^n} \tag{1}$$

其中表現值，FV_n 表在時間 n 時的終值，r 表複利之利率。

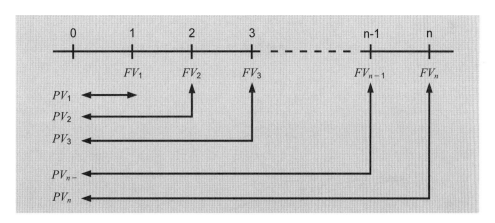

圖 4.5.3　現值、終值與時間之關係

　　由上式可以發現，事實上，現值與終值是一體的兩面，終值代表的意義是貨幣的現值與其時間價值的總和，而在計算時，可以透過利率因子將兩者互相轉換。而隨著時間的增加，貨幣的終值將隨之上升，又隨著市場利率愈大，貨幣價值上升的程度幅度欲大，如圖 4.5.4 所示。相反地，未來貨幣的現值，隨著折現期間的增加，現值愈低，而隨著利率愈高，折價的幅度就愈大，如圖 4.5.5 所示。

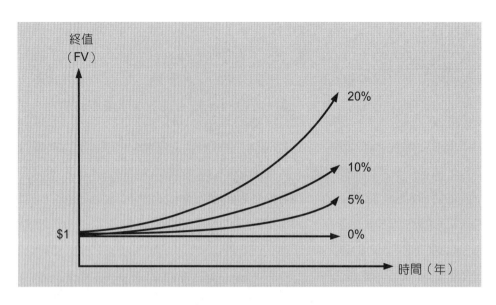

圖 4.5.4　一塊錢在不同時間與利率的終值

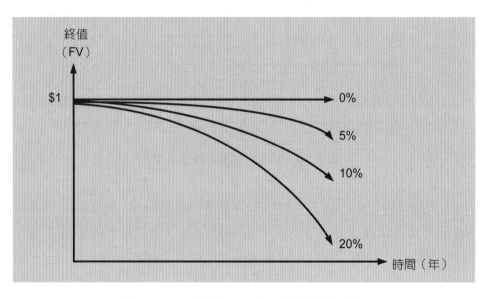

圖 4.5.5　一塊錢在不同時間與利率的現值

二 三大財務決策

企業的資金來源包含投資與融資，持續而有效率的投資活動以及適當的配置自有資本與負債資金的比率，將有助於企業成長願景之實現，而企業的盈餘是否繼續投資或發放予股東也影響著企業之永續經營。因此，在財務管理的領域中，最重要的三大決策即是投資決策、融資決策，以及股利政策。

資本預算

所謂的資本預算是指經理人必須利用公司有限的資金，由眾多的投資機會中，選擇有利的計畫進行土地、廠房、設備等固定資產之投資。因此，資本預算亦即投資決策，這些決策能夠直接影響到股東財富、公司價值的極大化以及公司未來的永續生存。在經理人進行投資決策前，必須知道每個投資計畫的大小、期間以便預估未來投資計畫產生的現金流量，有了這些資訊後，再用評估技術計算每個投資計畫所能帶來的價值有多少，作為投資決策之依據。而投資計畫的評估技術種類繁多，以下是幾種常用的評估技術。

(一) 還本期間法

將投資計畫所產生的現金流量逐年加總，直到期初投入資金得以完全回收所需的時間，即是此投資案的還本期間。

公式：

$$\sum_{t=1}^{n} CF_t \geq I \tag{2}$$

其中 CF_t 為第 t 期的現金流量，I 為期初投入成本。
還本期間即使公式成立之最小。

範例 1.

全真科技公司若有一為期五年的擴廠計畫，期初需投資$50,000，預估未來前兩年每年可賺$10,000，後三年每年可賺$20,000，又該公司的財務長所設定的還本期間為三年，試問該計畫是否可行？

Ans.

全真科技公司之擴廠計畫之每年累積現金流量表如下：

年度	每年現金流量	累積現金流量
0	$(50,000)	$(50,000)
1	10,000	(40,000)
2	10,000	(30,000)
3	20,000	(10,000)
4	20,000	10,000
5	20,000	30,000

由上表中可知累積現金流量在第四個年度由負變正，表示在第四年中的某一個時點，該計畫可以完全還本。然而該計畫的還本期間已經超過該公司的財務長所設定的標準，故除非該公司願意將其接受的還本期間改為四年，否則該計畫為不可行之計畫。

(二)折現還本期間法

將投資計畫未來產生的現金流量加以折現後，逐年加總至期初投入資金得以完全回收所需的時間，即是此投資案的折現還本期間。此法可視為還本期間之改良方法，其加入了折現的概念，考量了貨幣的時間價值。

公式：

$$\sum_{t=1}^{n} \frac{CF_t}{(1+r)^t} \geq I \tag{3}$$

其中 CF_t 為第 t 期的現金流量，r 為折現率，I 為期初投入成本。

還本期間即使公式成立之最小 n。

範例 2.

參照範例 1，假設已知市場的折現率固定為 10%，試以折現還本期間的方法，重新考量全真科技公司的擴廠計畫是否可行？

Ans.

全真科技公司之擴廠計畫之每年累積現金流量表如下：

年度	每年現金流量	折現現金流量	累積現金流量
0	$(50,000)	$(50,000)	$(50,000)
1	10,000	9,091	(40,909)
2	10,000	8,264	(32,645)
3	20,000	15,026	(17,619)
4	20,000	13,660	(3,959)
5	20,000	12,418	8,459

由上表可知，累積現金流量一直到第五年才為正，故其折現還本期間為五年。因此，除非該公司設定之折現還本期間大於等於五年，否則該計畫不適宜投資。

(三) 淨現值法（又稱 NPV 法）

將未來各期之估計現金流量加以折現，得到每一期預估現金流量之現值，將各期現金流量之現值加總並扣除期初投入資金後，即可得到該投資計畫的淨現值

（NPV），亦即投資該計畫所能帶來獲利，淨現值小於零，表該投資計畫不值得投資；反之淨現值愈大，該投資計畫的價值愈高。

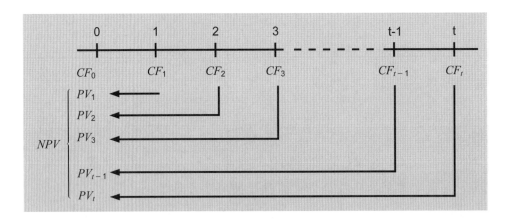

公式：

$$NPV = -I + \frac{CF_1}{(1+r)} + + \frac{CF_2}{(1+r)^2} + \Lambda + \frac{CF_n}{(1+r)^n} = -I + \sum_{t=1}^{n} \frac{CF_t}{(1+r)^t} \tag{4}$$

其中為期初投入成本，CF_t 為第 t 期的現金流量，r 為折現率，n 為投資計畫的期數。

範例3.

　　全真科技公司想執行擴廠之計畫，今有 A、B 兩計畫供其選擇，若 A 計畫為期五年，期初需投資$50,000，預估未來前兩年每年可賺$10,000，後三年每年可賺$20,000；而 B 計畫為期三年，期初需投入$25,000，預估未來三年每年固定收入$10,000。又假設市場利率固定為 10%，試以淨現值法評估此兩計畫之優劣。

Ans.

$$NPV_A = -50000 + \frac{10000}{(1+10\%)} + \frac{10000}{(1+10\%)^2} + \frac{10000}{(1+10\%)^3} + \frac{20000}{(1+10\%)^4} + \frac{20000}{(1+10\%)^5}$$

$$= 8,459$$

$$NPV_B = -25000 + \frac{10000}{(1+10\%)} + \frac{10000}{(1+10\%)^2} + \frac{10000}{(1+10\%)^3} = -132$$

由於 B 計畫的淨現值為負，表示該計畫無法為公司創造利益；反之，A 計畫的淨現值大於 B 計畫且大於 0，故 A 計畫的獲益率相對較高，為可投資之計畫。

㈣內部報酬率法

所謂的內部報酬率，是指使投資計畫所產生預期現金流量之現值總和恰等於期初投入成本的折現率，也就是使 $NPV = 0$ 的折現率。當投資計畫的內部報酬率大於公司的資金成本時，表示此計畫可以帶來報酬，是可以接受的計畫。

公式：

$$I = \sum_{t=1}^{n} \frac{CF_t}{(1+IRR)^t} \tag{5}$$

其中 I 為期初投入成本，CF_t 為第 t 期的現金流量，IRR 為內部報酬率，n 為投資計畫的期數。

㈤獲利指數法

將投資計畫產生的所有現金流入之現值除以所有現金流出之現值，即可得到收入與成本的倍數關係，即為獲利指數。

公式：

$$PI = \frac{\sum_{t=0}^{n} \dfrac{CIF_t}{(1+r)^t}}{\sum_{t=0}^{n} \dfrac{COF_t}{(1+r)^t}} \tag{6}$$

其中 CIF 為現金流入，COF 為現金流出，r 為折現率，n 為投資計畫的期數。

比較以上幾種評估技術，其中以還本期間法最為簡易，但缺點也較多，相對地，淨現法是理論上最佳的評估方法，其考慮了貨幣的時間價值與所有現金流量，符合價值相加定律，能評估不同投資組合計畫的優劣，並且能在互斥計畫中選出最有價值的投資計畫，是一個具有客觀評判標準的評估技術，然而，在實務上使用最多的是內部報酬率法與還本期間法（參表 4.5.1）。

在了解了如何利用以上介紹評估技術來進行資本預算之決策後，要注意的是，數量分析所得到的結果只能作為輔助資本預算決策的部分考量，另外還有一些無法用數量、金額具體表達的因素，即所謂「質的因素」，如同業的競爭狀況、人力資源的專業程度、組織結構與產業發展等，都是必須納入考量的部分。因此，要做好資本預算的決策，經理人應同時考量「質」與「量」的因子，才不會落於偏頗。

表 4.5.1　資本預算評估技術之比較表

資本預算 評估技術	考慮貨幣 時間價值	考慮所有 現金流量	能夠評估 互斥計畫	符合價值 相加定律
還本期間法	✕	✕	△	✕
折現還本期間法	◯	✕	△	✕
淨現值法	◯	◯	◯	◯
內部報酬率法	◯	◯	△	✕
獲利指數法	◯	◯	△	✕

註 1：價值相加定律是指兩計畫同時進行產生的價值會等於個別投資兩計畫產生的價值加總。
註 2：互斥計畫是指同時有多個計畫互相競爭，只能接受一個或是全部拒絕。

 資本結構

所謂的資本結構是指公司資本的配置狀態，也就是包含長期負債、普通與特別股等股東權益之分配比例。不同的資本結構會帶來不同的負債資金成本與股東資金成本，進而改變公司的價值，因而資本結構的選擇即所謂的融資政策。適當

的負債與股東權益比例,將有助於以財務槓桿的方式提升公司價值;相對地,若負債比例太高,將使公司的財務風險上升。故如何為公司分配適當的資本結構,是財務經理人的重要決策之一。在財務管理中對資本結構議題之探討有以下幾個經典理論:

(一) MM 資本結構無關論

由學者莫迪格里亞尼(Modigliani)與米勒(Miller)於 1958 年共同發表的資本結構無關理論,主張在一個不考慮稅、代理成本、破產成本與資訊不對稱的完美市場下,資本結構將不會對公司的價值與資金成本構成影響,亦即負債的多寡不會對公司的價值產生影響。此一理論後來得到諾貝爾獎的肯定,成為著名的MM 理論。

在 MM 資本結構無關論中認為無論公司是否舉債,其資金成本都是相同的,因為固然舉債的成本較權益資金成本低,但隨著舉債的程度提高,其財務風險會提高,進而使得權益資金成本上升,最後負債資金成本的降低被權益資金成本的上升完全抵銷,使得總資金成本維持不變。因此,公司價值不受資本結構之影響,不存在所謂的最適資本結構,只有投資計畫會改變公司的價值,而融資計畫並不會使公司價值有所變動。

(二) MM 資本結構有關論

同樣由莫迪格里亞尼與米勒兩位學者提出,針對考慮公司稅的情況後,對原先的無關論做出修正。1963 年,兩位學者主張在納入公司稅的考量後,利息費用的稅盾效果,亦即抵稅效果,將使得公司的資金成本隨著負債的增加而下降,進而提高公司的價值。

由於多了稅盾的效果,故原先在無關論中負債成本降低的部分將不會被完全抵銷,因此當舉債程度愈高,公司的資金成本就愈低,因此最佳的資本結構為「百分之百完全舉債」,然而這是由於在此理論中假設了破產成本不存在的關係,而在實務上一個正規的公司必須考量破產成本,故不可能完全舉債而沒有任何權益資金。

㈢米勒模式

米勒進一步放寬 MM 理論之限制，於1977年探討同時考慮公司稅與個人稅的情況下，資本結構對公司價值之影響。認為公司舉債固然可享有稅盾之利益，但其效果會被個人所得稅所抵銷，隨著負債的程度愈高，利息的收入愈多，適用的稅率也愈高，個人稅抵銷稅盾利益的程度也就愈高。因此究竟該如何決定公司的最適資本結構，應視股東稅後所得與債權人稅後所得而定。倘若債權人稅後所得較高，則公司舉債有利；反之，若股東稅後所得較高，表示舉債對公司不利；若股東稅後所得與債權人稅後所得相等，表示無論公司以何種比例的資本結構，對公司的價值皆不構成影響，即不存在資本結構。

㈣融資順位理論

前述的兩個理論基本上都是以MM無關論為基礎，再放寬其限制條件推導而來，然而有些學者發現了融資順位的存在，認為資本結構的問題並非單純是一個特定的解，而應該是在一個特定的區間內。1984 年麥爾斯（Myers）結合投資、融資、股利決策的概念，提出了融資順位理論，認為公司在籌資時偏好以內部自有資金作為籌資來源，即公司偏好以公司的保留盈餘作為最佳的籌資選擇，其次是負債，最後才是發行新股。其原因在於，無論是舉債或發行新股都須負擔發行成本，而發行新股更可能導致公司經營權外流。因此，公司偏好採取固定股利支付政策，但對內部融資及投資所需的資金保持若干彈性，當內部資金有剩餘時，公司可利用多餘的資金償債、贖回在外流通股票或進行短期投資；反之，當公司內部資金不足時，才會考慮對外融資。依據此理論，公司並沒有所謂的最適資本結構，所謂的資本結構是投資決策、融資決策與股利政策三者間相互影響的結果，公司頂多只能設定一個合理的區間範圍，讓資本結構在此區間內做調整。

透過上述理論了解資本結構的概念與意涵後，以下還要介紹幾種實務上企業在進行融資時經常使用的方式，包括「金融機構貸款」、「普通股」、「特別股」及「公司債」等。

1. 金融機構貸款

金融機構泛指一般銀行、中小企業銀行、信用合作社、農漁會信用部、信託

投資公司與郵政儲金匯業局。以借款期間分類,可分為一年內到期的短期借款與一年以上的長期借款。如以有無擔保品分類,則分為無擔保借款與有擔保借款。一般而言,企業對金融機構融通資金多以專案融資為名目,協助企業實現其投資計畫或建立長期性營運資金計畫,或以「有價證券」做抵押品向銀行借款,這些有價證券包括股票、公債、國庫券等等,由於有價證券有市值存在,因此銀行審核的速度較快,而隨有價證券的風險愈高,銀行願意借貸的金額也就愈低。另外,企業也可與銀行進行協商性貸款,透過雙方的談判來決定貸款契約的內容,此時,談判能力的高低決定了企業能否爭取到有利的貸款條件。

2.普通股與特別股

普通股是公司最常見的股份,持有普通股的股東得以分派股息與公司剩餘財產,且對於公司重大事項行使表決權。發行普通股往往能輕易地為公司募集到所需資金,且可降低公司負債比率並提高公司之信用評等。然而,其缺點是發行成本高、新股發行往往會稀釋股價與股權,且依融資順位理論提到,新股的發行可能會對市場發出負面的訊號,因此有時公司為避免股權稀釋與發行成本之考量,會選擇發行特別股來替代發行普通股。然而無論發行普通股或特別股,其風險與成本都大於負債融資。因此,股市的成熟度、熱絡度,以及交易狀況都是考量是否以權益融資的重點。

3.公司債

公司債是由公司為募集資金而發起的一種負債證券,發行的公司必須在特定的時間支付利息,並在到期日將本金償還給債券的持有人。如依有無擔保品來分類,可分為有擔保和無擔保公司債。有擔保公司債是指設定抵押資產作為擔保,或由金融機構擔任保證人。此外,公司也可發行一些具選擇權的債券,最常見的為可轉換公司債,其中持有人可以在一定的期間內,將債券轉換為普通股;而附認股權證的公司債也是就常見的債券類型,其允許持有人在一定期間內按照履約價格去認購一定數量的普通股。基本上,公司債發行的種類很多,而公司一般也偏好以舉債的方式來融資,其原因在於債券的發行程序較股票簡單,發行成本較低,還可享有節稅利益,資金成本也較低,因此總結來說,舉債是一般公司相當重要的融資來源。

 **股利政策**

　　「股利」是指公司支付給股東的報償,分為現金股利與股票股利兩種,其中現金股利有定期由盈餘中提撥現金發放的定期現金股利、不定時發放的額外股利與特別股利;而股票股利則包含了盈餘轉增資或資本公積轉增資,其發放方式是以過帳的方式按比例移轉給股東,使股東的持有股數上升,然而由於是按原持有股票的比例發放股利,故股權結構不會改變,股東的實質權益也沒變。

　　所謂的「股利政策」就是用來決定公司應在何時、以何種方式、發放多少盈餘當作股利予股東之決策。而股利政策事實上與先前介紹的投資決策與融資決策息息相關,公司的資本結構會影響到資金成本的大小,進而影響公司可接受投資機會的多寡,而投資的好壞又將影響公司未來的盈餘多寡與股利之發放,最後,在股利發放後剩下的保留盈餘也就是所謂的內部資金,又將回過頭來影響到公司是否進行融資。由此可知,股利政策與投資、融資政策是同等的重要,透過最適的股利政策同樣可以促進公司價值之極大化。

　　如同先前的資本結構理論,許多學者也對股利政策理論提出不同的看法,有一派學者認為股利政策不會影響公司的價值,也就是所謂的股利政策無關論,而另一派學者卻主張股利政策有關論,以下將對這些經典理論概略地介紹:

㈠股利政策無關論

　　由學者莫迪格里亞尼與米勒於 1961 年共同發表的股利政策無關論,主張在一個完美的市場下,股利政策將不會對公司的價值與資金成本構成影響,而公司價值將完全取決於投資的獲利程度,因此沒有所謂的最佳股利政策存在。

　　在MM股利政策無關論中,認為任何一種股利政策所產生的效果都可以用其他型式的融資方式取代;也就是說,無論公司發放的股利為何種型態,投資人皆可以「自製股利」,將股利轉換為自己所偏好的型式。舉例來說,若公司發放的是股票股利,而投資人偏好現金股利,此時可透過出售股票來製造現金股利;反之,若偏好的是股票股利,亦可將獲得的現金股利用來買進新股。因此,根據此理論,何種的股利政策都不影響公司之價值。

在股利政策無關論之後，MM發現許多公司偏好穩定的股利政策，即使當年度績效不好，也不願減少股利的發放；同樣地，就算當年度有很多盈餘，也不敢輕易地提高股利的發放，以免日後無法維持相同水準的股利發放。根據這樣的觀察，MM提出了訊號發射論，認為當公司宣布增加股利的發放時，對投資人而言是一個正面的訊息，隱含管理當局對於公司的前景看好，所以才有信心調高股利。反之，當公司宣布減少股利的發放時，會帶給投資人一個負面的信號，使得股價因此下跌，造成公司的損失。因此，MM認為影響公司價值並非股利政策本身，而是政策背後隱含的訊號發射。

此外，MM更進一步指出，即使公司的股利政策會影響特定投資人前來購買該公司的股票，對公司的股價仍然不會造成影響，而這也是所謂的顧客效果論。此理論認為資本市場中的投資人對於股利政策各有偏好，對公司而言，無論其制定何種股利政策，都會吸引到特定的投資群，一旦策略改變，將會失去原先的投資群而吸引到嚮往新股利政策的投資群，因此並沒有何種股利政策較佳。但因為在股利政策變動時，股價會因原先的投資人售出股票而下跌，雖然之後又會吸引到新的一批投資人的買入，但太頻繁的變動政策將導致股價不斷下跌，因此顧客效果論建議公司應該維持一個「穩定的股利政策」。

㈡股利政策有關論

除了MM之外，另有一派學者不同意MM之說法，提出了一些理論，主張股利政策會影響到公司的價值，其中較著名的有戈登（Gordon）的一鳥在手論、利曾伯格（Litzenberger）的租稅差異論以及羅澤夫（Rozeff）提出的抵換理論。

一鳥在手論主張投資人皆為風險趨避者，較喜歡定期的、可立即收現的現金股利，而不喜歡風險較高的資本利得，因為資本利得就如同在叢林中的鳥一樣，無論再多，也比不上有一隻握在手中的鳥（現金股利）。若公司欲以資本利得來代替現金股利之發放，則需要支付股東更高的報酬作為風險溢酬。因此，戈登認為提高股利支付率可以排除不確定性，提高公司的價值。

而在租稅差異論中則認為，真實的世界中存在著稅率，而股利所得稅一般都高於資本利得稅，因此在考量節稅的前提下，公司應減少現金股利的發放，否則若公司採取高股利的發放，將使得股東因為稅率提高而產生損失，此時股東會要

求更高的報酬，使得股價降低。

抵換理論則認為，公司增加股利的發放有其利益與成本，其利益在於股利的發放一方面增加了股東的資金支配權，有助於降低權益代理問題，另一方面根據訊號發射理論，股利的發放可帶來正面的訊號，使公司股價上升。然而發行新股有其發行成本，且普通股的資金成本較內部資金為高，倘若發行太多的新股將造成公司平均資金成本的上升，股利抵換理論主張公司在利益與成本間做權衡，找出對公司最有利的股利政策。

而以上的理論可以看出股利政策與投資、融資息息相關，而實務上一般公司多半偏好採高股利政策，而發放的股利大多為現金股利，其主要原因還是如一鳥在手理論與顧客效果理論所述，而現金股利的發放一般決定於董事會手中，董事會通常會先決定今年股利金額，再考慮以何種型式發放股利。綜合來說，投資機會較多的成長公司應少發股利，如此一來公司才有足夠的資金去做投資，為股東創造更多的財富；反之，投資機會較少的公司應多發放股利以發射正面的訊息予投資大眾，進而提高企業之價值。

三　財務分析與危機避免

在介紹財務分析之前，首先須對公司的財務報表有基本的認識。所謂的財務報表是根據一般公認會計原則所編製而成的，主要有三大報表，分別是資產負債表、損益表與現金流量表，分述如下。

三大財務報表

(一) 資產負債表

資產負債表是企業在每個會計年度結束時，將所有的資產、負債及股東權益加以統計量化的清單。資產負債表的右邊列的是負債與股東權益的各個項目，代表著企業融資的來源，左邊則列出各項資產，表示投資的項目，如此可以顯示出

公司的資本結構與融資來源，並說明公司是以何種方式融資並投資於各項資產上。由於企業將融資的資金用以購買資產，故理論上必須符合以下的會計恆等式：

資產總額＝負債總額＋股東權益總額 (7)

表4.5.2是全真公司過去二年的資產負債表，其中有一些必須說明的項目如下：

1. 流動資產：指在短期間內（通常是一年或一年以內）可以迅速變現的資產，包括現金、有價證券、應收帳款、存貨及預付費用等；
2. 固定資產：指具長期（通常是一年以上）使用價值的資產，包括土地、廠房及設備等資產；
3. 流動負債：指在短期內（通常是一年或一年以內）必須清償的債務，包括應付帳款、應付票據及其他流動負債等科目；
4. 長期負債：指存續其間（從發行至到期的時間）為一年以上的債務，包括企業發行的公司債或向銀行舉借的長期貸款；
5. 股東權益：指股東對企業所享有的權益，主要包括了普通股股本、資本公積及保留盈餘三個部分，另外，有些公司會有特別股的項目。

(二)損益表

損益表是將企業在某個特定時間內的營運收支情況做一整理，以統計帳面上利潤的大小。相對於資產負債表的「存量」概念，損益表是一個動態的報表，用的是「流量」的概念。

表 4.5.2 全真科技股份有限公司民國 94～95 年資產負債表

全真科技股份有限公司 資產負債表 12/31 94,95				單位：新台幣百萬元
年度	94	95	94	95
資　　產			負　　債	
流動資產：			流動負債：	
現金	234	342	應付帳款	225	354
應收帳款	1,234	1,243	應付票據	550	657
存貨	1,358	953	其他流動負債	714	558
預付費用	214	324	流動負債合計	$1,489	$1,569
流動資產合計	$3,040	$2,862		
			長期負債：	
			長期債券	1,739	1,987
固定資產：			長期貸款	333	221
廚房與設備	4,347	4,958	長期負債合計	$2,072	$2,208
（累積折舊）	(1,289)	(1,239)		
固定資產合計	$3,058	$3,719	股東權益	
			普通股股本	1,351	1,517
轉投資事業	231	323	資本公積	280	379
其他資產	435	432	保留盈餘	1,572	1,663
			股東權益合計	$3,203	$3,559
資產總額	$6,764	$7,336	負債與股東權益總額	$6,764	$7,336

表 4.5.3 是全真公司過去二年的損益表，其中第一列的淨銷貨收入表示公司出售產品扣除銷貨折讓後的淨額，在減去銷貨數量對應的銷貨成本後，即為銷貨毛利。再進一步將銷貨毛利扣除管理、行銷以及折舊等與產品製造較無直接關係的成本後，可以得到營業利益。營業利益加上轉投資的收入或支出，就是所謂的稅前息前盈餘，其表示公司運用自身所有的資產所創造出來的利潤，將其扣掉利息後，可得到稅前淨利，再接著扣掉所得稅後，即可得到稅後淨利。而稅後淨利

是所有股東可以共享的利益，因此依在外流通的股數加以計算，可求得平均每持有一股可享有的單位利潤，也就是所謂的每股盈餘（EPS）。

表 5.5.3　全真科技股份有限公司民國 94～95 年損益表

全真科技股份有限公司 損益表 12/31 94,95		單位：新台幣百萬元
年度	95	94
淨銷貨收入	4,127	4,854
銷貨成本	(2,214)	(2,510)
銷貨毛利	$1,913	$2,344
管理及行銷費用	(341)	(408)
折舊費用	(70)	(133)
營業利益	$1,502	$1,803
調整：轉投資收入	132	77
稅前息前淨利	$1,634	$1,880
利息費用總額	(373)	(411)
稅前淨利	$1,261	$1,469
所得稅總額	(506)	(602)
稅後淨利	$755	$867
在外流通股數累計（百萬股）	138	151
每股盈餘（元）	$5.47	$5.74

㈢現金流量表

　　現金流量是在企業經營中不斷發生的活動，當企業購買廠房、設備或原料時，都會產生現金的流出，而在產品售出、顧客付款時，則會有現金流入，而將企業在某一段特定的期間內所發生的現金流入與流出情況記錄下來，就形成所謂的現金流量表。

　　而以整個企業來說，現金的流動主要以營運活動產生的現金流量為主，此外還有投資活動與融資活動所產生的現金流量，其中投資活動包括各項資本性收

支，如處分機器、購入廠房等；而融資活動則包括發行證券集資、債務的產生與清償及股利分配等。

表 5.5.4　全真科技股份有限公司民國 95 年現金流量表

全真科技股份有限公司 資產負債表 12/31/95		單位：新台幣百萬元
營業活動現金流量		
本期稅後淨利	$3,125	
折舊費用	700	
應收帳款增加	(2,300)	
存貨減少	1,225	
應付帳款增加	675	
存貨所得稅減少	(800)	
營運活動現金流量		$2,555
投資活動現金流量		
廠房設備處分	$1,875	
購入廠房設備	−$3,450	
投資活動現金流量		(1,575)
融資活動現金流量		
發行普通股	3,600	
清償到期債券本金	(2,250)	
股利發放	(1,175)	
融資活度現金流量		175
現金流量淨增加（減少）		$1,155

 財務比率分析

　　公司的財務報表既反映了公司的財務狀況，同時也是公司經營狀況的綜合反應。透過財務報表分析，可以掌握公司經營狀況的一系列基本指標與變化情況，

有助於了解公司經營實力與績效，並將他們與其他公司的情況進行比較，從而對公司的內在價值做出基本的判斷。而財務比率分析是一般財務報表分析最常使用的技術，其將一企業相關聯的財務比率加以組合運算，形成一個財務指標，不僅可用來作為該公司在不同時點的某一財務特性的比較，亦可用來作為不同公司間財務特性的比較。以下將介紹幾種重要的財務比率分析：

(一) 流動性比率

目的在衡量企業短期債務清償能力，又稱為償債比率，分為下面三項：

1. 流動比率

$$流動比率 = \frac{流動資產總額}{流動負債總額} \tag{8}$$

流動比率表明公司每一元流動負債有多少流動資產作為償付保證，比率愈大，說明公司對短期債務的償付能力愈強。

2. 速動比率

$$速動比率 = \frac{速動資產}{流動負債} \tag{9}$$

速動比率也是衡量公司短期債務清償能力的資料。速動資產是指那些可以立即轉換為現金來償付流動負債的流動資產，所以這個速動比率更能夠表明公司的短期負債償付能力。

3. 流動資產構成比率

$$流動資產構成比率 = \frac{每一項流動資產額}{流動資產總額} \tag{10}$$

流動資產由多種部分組成，只有變現能力強的流動資產占有較大比例時企業的償債能力才更強，否則即使流動比率較高也未必有較強的償債能力。

流動資產既可以用於償還流動負債，也可以用於支付日常經營所需要的資

金。所以，流動比率高一般表明企業短期償債能力較強，但如果過高，則會影響企業資金的使用效率和獲利能力。究竟多少合適沒有定律，因為不同行業的企業具有不同的經營特點，這使得其流動性也各不相同；另外，這還與流動資產中現金、應收帳款和存貨等專案各自所占的比例有關，因為它們的變現能力不同。為此，可以用速動比率（剔除了存貨和待攤費用）和現金比率（剔除了存貨、應收款、預付帳款和待攤費用）輔助進行分析。一般認為流動比率為 2，速動比率為 1 比較安全，過高有效率低之嫌，過低則有管理不善的可能。但是由於企業所處行業和經營特點的不同，應結合實際情況具體分析。

(二)資產管理比率

用來考察公司運用其資產的有效性及經營效率的指標，主要有以下六項：

1. 現金週轉率

$$現金週轉率 = \frac{銷貨收入}{平均現金} \qquad (11)$$

現金週轉率愈高，表示公司持有現金所發揮的效益愈大，但過高的現金週轉率也隱含現金短缺的訊號；反之，現金週轉率愈低，表示公司持有現金所發揮的效益偏低，公司可能持有一些閒置資金尚未決定投資用途。

2. 存貨週轉率

$$存貨週轉率 = \frac{銷貨成本}{平均存貨} \qquad (12)$$

存貨週轉率愈高，說明存貨週轉快，公司控制存貨的能力強，存貨成本低，經營效率高。

3. 應收帳款週轉率與收現期間

$$應收帳款週轉率 = \frac{銷貨收入}{平均應收帳款} \qquad (13)$$

應收帳款週轉率表明公司收帳款效率。數值大,說明資金運用和管理效率高。

4.應付帳款週轉率與支付期間

$$應付帳款週轉率 = \frac{銷貨成本}{平均應付帳款} \qquad (14)$$

應付帳款週轉率表明公司付款效率。數值大,代表公司償還債款的速度快。

5.固定資產週轉率

$$固定資產週轉率 = \frac{銷貨收入}{平均固定資產淨額} \qquad (15)$$

固定資產週轉率用來檢測公司固定資產的利用效率,數值愈大,說明固定資產週轉速度愈快,固定資產閒置愈少。

6.總資產週轉率

$$總資產週轉率 = \frac{銷貨收入}{平均資產總額} \qquad (16)$$

總資產週轉率用來檢測公司對全部資產的利用效率,數值愈大,說明公司愈能充分運用其資產。

由於上述的這些週轉率指標的分子、分母分別來自資產負債表和損益表,而資產負債表資料是某一時點的靜態資料,損益表資料則是整個報告期的動態資料,所以為了使分子、分母在時間上具有一致性,就必須將取自資產負債表上的資料折算成整個報告期的平均額。通常來講,上述指標愈高,說明企業的經營效率愈高。但數量只是一個方面的問題,在進行分析時,還應注意各資產專案的組成結構,如各種類型存貨的相互搭配、存貨的質量、適用性等。

(三)負債管理比率

目的在衡量企業財務槓桿的使用程度。主要分為下列七項:

1.負債比率

$$負債比率 = \frac{負債總額}{資產總額} \tag{17}$$

負債比率又叫作舉債經營比率，顯示債權人的權益占總資產的比例，數值較大，說明公司擴展經營的能力較強，股東權益的運用愈充分，但債務太多，會影響債務的償還能力。

2.權益比率

$$權益比率 = \frac{股東權益總額}{資產總額} \tag{18}$$

權益比率又稱產權比率，表明股東權益占總資產的比重。權益比率愈高，對債權人的保障愈大，一方面係因公司會減少高風險性投資的比重，且萬一發生虧損，公司也有足夠的權益資金可以承擔投資損失。

3.負債對股東權益比

$$負債對股東權益比 = \frac{負債總額}{股東權益總額} \tag{19}$$

負債對股東權益比表明公司利用每一元的權益資金，可向外籌措負債資金的數額。又稱為槓桿比率。數值愈小，表明公有足夠的資本以保證償還債務。

4.權益乘數

$$權益乘數 = （資產總額股東權益總額） = 1 + 負債權益比 \tag{20}$$

表示公司每一元的權益資金透過財務槓桿可以購買到幾倍的資產。數值愈大，代表公司舉債的比重愈高，財務槓桿程度愈大。

5.長期資本適合率

$$長期資本適合率 = \frac{固定資產 + 長期投資}{股東權益 + 長期負債} \tag{21}$$

用來衡量公司長期資金來源與用途的配合程度，較適當之長期資本適合率為一。如長期資本適合率小於一，代表公司借了過多的長期資金，須注意其資金是否流向無效率或高風險之用途；大於一，則代表公司借了部分短期資金作為長期用途。

6.賺得利息倍數

$$賺得利息倍數 = \frac{稅前利息盈餘}{利息費用} \qquad (22)$$

衡量公司從營業活動產生之盈餘用以融資活動產生之利息費用的能力。數值愈高，代表公司支付利息之能力愈強。

7.固定費用涵蓋比率

$$固定費用涵蓋比率 = \frac{稅前息前盈餘 + 租賃費用}{利息費用 + 租賃費用 + 償債基金支付 \div (1 - 稅率)} \qquad (23)$$

衡量公司從營業活動產生之盈餘，用以支付每年必須支付固定費用的能力。比率愈大，代表公司支付固定費用之能力愈強。

㈣獲利能力比率

目的在衡量企業之獲利能力。主要有以下六項：

1.純益率

$$純益率 = \frac{稅後純益}{銷貨收入} \qquad (24)$$

指公司稅後利潤與營業收入的比值，表明每百元營業收入獲得的收益。
數值愈大，說明公司獲利的能力愈強。

2.基本獲利率

$$基本獲利率 = \frac{稅前息前盈餘}{平均資產總額} \qquad (25)$$

基本獲利率也叫淨利率或銷貨利潤邊際，顯示了公司運用資產創造營業利益之能力。採稅前息前盈餘作為獲利的基礎，是刻意排除因公司負債及所得稅之影響，以真正比較公司創造利潤之能力，原則上比率愈大愈好。

3.總資產報酬率

$$總資產報酬率 = \frac{稅後純益}{平均資產總額} \qquad (26)$$

式中，平均資產總額＝（期初資產總額＋期末資產總額）÷2

總資產報酬率也叫投資盈利率，表明公司資產總額中平均每百元所能獲得的純利潤，可用以衡量投資資源所獲得的經營成效，原則上比率愈大愈好。

4.股東權益報酬率

$$股東權益報酬率 = \frac{稅後利潤 - 優先股股息}{股東權益} \qquad (27)$$

股東權益報酬率又稱為淨值報酬率，指普通股投資者獲得的投資報酬率。股東權益或股票淨值、普通股帳面價值或資本淨值，是公司股本、公積金、留存收益等的總和。股東權益報酬率表明普通股投資者委託公司管理人員應用其資金所獲得的投資報酬，所以數值愈大愈好。

5.股利支付率

$$股利支付率 = \frac{現金股利}{稅後純益} \qquad (28)$$

股利支付率代表公司對稅後盈餘之運用狀況。股利支付率愈高，表示公司於稅後盈餘中，分配了較多的盈餘給普通股股東。

6.經濟附加價值

$$經濟附加價值 = 稅前息前淨利 \times (1 - 稅率) - \\ (負債 + 股東權益) \times 加權平均資金成本 \qquad (29)$$

稅後淨利和經濟附加價值的觀念不同，前者僅扣除了使用負債之資金成本，但並未扣除使用權益資金之成本，故高估了企業之盈餘，可能發生虛盈實虧的情況。而經濟附加價值則同時扣除了使用負債及股東權益的稅後資金成本，較能反映公司真實的獲利能力。經濟附加價值亦可用以衡量管理當局當年度的經營績效。

㈤市場價值比率

主要是投資人用來判斷公司的績效與評估公司未來的前景，其在衡量股票市價和相關指標的關係，共有如下四個衡量指標：

1.本益比

$$本益比 = \frac{普通股每股市價}{每股盈餘} \qquad (30)$$

本益比又稱市盈率，是每股股票現價與每股股票稅後盈利的比值。本益比通常用兩種不同的演算法：(1)使用上年實際實現的稅後利潤為標準進行計算；(2)使用當年的預測稅後利潤為標準進行計算。本益比是估算投資回收期、顯示股票投機價值和投資價值的重要參考資料。原則上說，數值愈小愈好。

2.市場淨值比

$$市場淨值比 = \frac{普通股每股市價}{每股帳面價值} \qquad (31)$$

市場淨值比愈高，代表普通股每股市價遠大於其每股帳面價值，及投資人對公司之管理能力、資產品等評價較高，因此投資人願意支付超過股票帳面價值的代價來購買股票；反之，則評價較低。

3. Q 比率

$$Q 比率 = \frac{負債與股東權益之市值}{資產重置價格} \qquad (32)$$

若Q比率大於一，且比率愈大，代表投資人對公司之評價愈高；反之，若小

於一，則表示公司極有可能成為被併購之對象。

4.市場附加價值

市場附加價值＝股東權益市值－股東權益帳面價值　　(33)

市場附加價值指公司股東權益之市值超過其帳面價值的部分，若市場附加價值為正，表示管理當局較受到市場投資人的認同。除累積以發放股利外，市場附加價值即管理當局累積自公司設立迄今替股東所創造之額外財富，可以用以衡量管理當局長期之經營績效。

財務比率分析之限制

使用財務比率之分析工具後，固然可以檢視企業的財務狀況是否健全，然而在實際上在透過財務比率做分析的效度有其一定限制，其原因主要在於：

㈠報表上的數字無法代表真實的價值

由於財務報表的撰寫是以會計的應計基礎入帳，故往往報表上的數字無法反應資產變現後的價值。此外，近來最受爭議的部分是在於無形資產的認列標準，由於無形資產其價值難以評估，因此在傳統的財務報表中，並沒有無形資產的部分，然對於部分企業而言，無形資產卻占了其總資產絕大部分的比例，在這樣的情況下，財務報表恐怕無法提供一個公平的衡量基準。

㈡報表的真實度

報表的用意在於檢視企業的經營狀況，然而有些不肖經理人，卻刻意修飾報表，塑造公司經營狀況良好的假象，欺騙投資大眾，也因此企業跳票、違約的事件不斷上演。

除此之外，像是會計方法選擇的不同、通貨膨脹的影響以及評量標竿之選擇等，都會影響到財務報表分析的效度，而這些限制都是進行財務報表分析時所需考量的重點。

風險與報酬之評估

　　除了透過財務比率來分析公司之營運狀況,對公司的現況提出警示之外,公司更可進一步透過謹慎的投資組合活動,主動地降低公司經營之風險。而在介紹投資組合的原理之前,必須先了解投資的風險與報酬兩者的概念與關係。

　　當公司進行一項投資計畫,從其投資期間內所獲得的利潤,稱之為該投資計畫的報酬。然而這樣的報酬其實是一種事後的、已實現的報酬,亦即要待計畫執行完成後才能計算而得,然而事實上公司經理人要決定是否投資一項計畫時,則是一個事前的、預期的概念,故在做投資決策時,我們用的報酬率都是指預期的報酬率。而因為是預期的,就會存在不確定性,而從決策其間到決定的投資執行完畢的這段期間所發生的任何非預期的事件,使得實際報酬率不等於預期報酬率的不確定因子,就稱為風險。

　　為了進一步地估算風險與報酬,可以利用統計學的概念,以期望值來表達預期報酬率,期望值是指將所有可能發生的事件與其發生的機率之乘積加總,因此用在計算預期報酬率的時候,就表示投資人在進行一項投資之前,對未來可能面臨各種情況下的報酬率與其發生的機率相乘後再予以加總,而得到的一個期望報酬率,其計算公式如下:

$$E(R) = \Sigma R_i \cdot P_i \tag{34}$$

　　其中 $E(R)$ 表期望報酬率,R_i 表情況 i 下的報酬率,P_i 表情況 i 下的機率。

　　而風險的部分則是以標準差來做代表,因為標準差是將各種結果和期望值差異的平方加權總和的平方根,可以衡量各種可能結果與期望值的離散程度,亦即各個情況下的實際報酬與預期報酬間的差異程度。標準差愈大,表示投資報酬的變異很大,風險也就愈高。當標準差等於 0 時,表示不存在風險,其計算公式如下:

$$\sigma = \sqrt{\sum_{i=1}^{0} (R_i - E(R)) \cdot P_i} = \sqrt{E\{[R_i - E(R)]^2\}} \tag{35}$$

其中 σ 表風險，$E(R)$ 表期望報酬率，R_i 表情況 i 下的報酬率，表情況 i 下的機率。

然而在數學上計算標準差時，考量到計算的便利性，往往會先計算變異數，再將變異數開根號得到標準差，其計算方式如下：

$$\sigma^2 = \sum_{i=1}^{0} P_i^2 \cdot \sigma_i^2 + \sum_{i=1}^{n} \sum_{\substack{j=1 \\ j \neq 1}}^{n} P_i \cdot P_j \cdot \sigma_{ij} \tag{36}$$

其中 σ^2 表變異數，σ_i^2 為個別情況的變異數，σ_{ij} 為共變數。

在經濟學中，假設投資人的效用決定於報酬率的期望值與標準差，若報酬率的期望值愈大，表該投資計畫所能帶來的價值愈高，而當報酬率的標準差愈大時，則表示投資計畫的不確定性較高，對於投資人的財富會帶來較大的變動，倘若投資人不喜好風險時，則高風險會使其降低其效用。

在正常的情況下，假定報酬固定，迴避風險是一個理性的投資人應有的行為。然而在現實的投資環境中，風險可說是必然存在的，其來源包括：利率風險、市場風險、購買力風險、企業風險、財務風險及流動性風險等。因而當風險愈高時，投資人就會要求更高的報酬，以彌補其承受風險的損失，而在不考慮風險的情況下之報酬，稱之為無風險報酬，而用來彌補投資人承受風險的補償稱為風險溢酬。因此對投資人而言，風險與報酬有下式的關係：

$$報酬＝無風險報酬（R_f）＋風險溢酬 \tag{37}$$

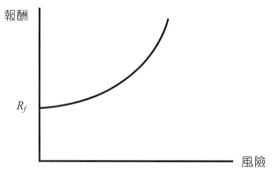

圖 4.5.6　風險與報酬關係圖

隨著一個投資計畫的期間愈長，其不確定性就愈大，亦即風險就愈高，此時投資者會要求更高的報酬來作為補償。然而倘若報酬無法提高時，投資人是否可以透過一些方式，逆向地將風險降低呢？這就是接下來要介紹的投資組合的概念，透過有效的投資組合，將可以達到趨避風險的效果，而這於公司在進行投資決策時，是相當重要的避險策略。

所謂的投資組合是指由一種以上的證券或資產所構成的集合。俗語說，雞蛋不要放在同一個籃子裡，就是投資組合的精神所在，其本質上是一種資金分配的結果，因此可以用權重的分配來描述一個投資組合。其公式如下：

$$\text{投資組合 } P = \sum_{i=1}^{n} W_i \cdot X_i \tag{38}$$

其中 X_i 表示該投資組合中的各個證券或資產，W_i 表各個證券或資產的權重，$\sum_{i=1}^{n} W_i$ 的總和為 1。

接下來將透過投資組合的報酬率與風險之數學式來證明如何利用投資組合達到避險的效果。

$$\text{預期報酬率 } E(R) = \sum_{i=1}^{n} W_i \cdot R_i \tag{39}$$

$$\text{投資組合風險 } \sigma = \sqrt{\sum_{i=1}^{0} W_i^2 \cdot \sigma_i^2 + \sum_{i=1}^{n} \sum_{\substack{j=1 \\ j \neq 1}}^{n} W_i \cdot W_j \cdot \sigma_{ij}} \tag{40}$$

在上面的式子中，W_i 表個別資產所占的比重，R_i 表個別資產的預期報酬率，σ_i^2 為個別的變異數，而 σ_{ij} 則是共變異數。在統計學中，共變異數表示兩變數間同向或異向的變動，其值介於 -1 到 +1 之間，當此兩變數間產生同向的變動時，隱含兩式的相關係數為正相關，則共變數的值大於 0；反之，若兩變數成負相關時，則共變異數小於 0。因此我們發現，在投資組合的風險中，除了原先個別資產的變異數外，還多了一項共變數，表示投資組合的風險不僅來自於個別資產原先的風險，尚有個別資產間的互相影響的部分。當共變數為負時，投資組合的風險就會降低，甚至在較極端的例子中，若共變異數的值為 -1 時，我們稱此情況為完全

負相關，所有原先個別資產的風險會恰好被完全抵銷，也就是說倘若可以選擇報酬為完全負相關的投資組合，並搭配適當的投資權重，則可形成風險為 0 的投資組合，達到風險分散的效果。

　　當然，在現實情況下，要找到完全負相關的投資組合幾乎是不太可能，但投資人或經理人在進行投資時，儘可能地將資金分配在呈現負相關的幾個投資計畫上，透過投資組合的方式可有效自行降低投資風險。

個案分析

導讀

　　探究企業財務危機發生原因，絕大部分來自經營者本身的問題——不務正業和人謀不臧；所謂的景氣不佳、產業結構失調、同業惡性競爭、金融機構兩天收傘……等，有時只是用來逃避債務和法律責任的藉口和手段。企業公布的財務危機發生原因，往往嚴重扭曲事實，或是避重就輕、聲東擊西、倒果為因、誤導大眾。投資大眾的損失與無奈，沒有機制可以彌補。透過對財務報表的了解，在進行任何投資前，謹慎地檢視財務報表是否有任何異狀或被刻意美化的跡象，或許可以免除投資大眾誤觸地雷股的可能。

博達掏空案

　　民國 93 年博達公司的舞弊案震驚了社會投資大眾，許多投資人因為博達的倒閉而遭逢重大損失，根據法院的調查結果，發現博達公司的負責人葉素菲以不法的手段製造假業績，其假銷貨的時間是從民國 88 年 1 月間開始到 93 年 6 月為止，長達五年半，而且每年假銷貨的比例，少則 36.47%，多則 76.06%，而最後葉素菲，也因以不法的手段製造假業績，使投資大眾誤信博達公司是業績優良的公司，競相投資，以及葉素菲在審理過程中仍然不知悔改，而被判處有期徒刑 14 年，併科罰金一億八千萬元。然而對於那些被誤導的投資人而言，傷害已經無法彌補，許多投資大眾早已血本無歸。

　　博達於民國 80 年 3 月成立，成立之初，資金甚少，資本額只有五百萬，

至86年1月才在新竹科學園區設立分公司，邁入當時當紅的砷化鎵產業，生產砷化鎵磊晶，88年底，博達股票上市成功，上市要能成功，提送申請表件上所載的營業利益須跨過某個門檻，因此，它的毛利率、EPS在87年時有了大幅的增加。而博達在88年底上市後，股價甚至一度衝到高點，此外博達在民國87年到89年度長期資金占固定資產的比率約為150%，90年度提高為250%，成長約67%，91年更是成長至316%，到了93年6月初時，新聞還報導博達的基本面樂觀，但到6月15日時卻傳出博達因為無法支付即將到期的借款（可轉債），而申請重整。至此引發軒然大波，開始發現博達有大筆的銀行借款、三十億的現金憑空消失、公司負責人避不見面等，於是引發投資大眾對於所有低價電子股的不信任，開始狂賣。

事後調查發現，博達事件其實是一個長達四、五年的過程，而且從他的財務報表中便可以清楚地看到一些線索：

- 從90年起，應收帳款週轉期間就愈來愈長，從正常的72天、到160天，到最後東窗事發的前半年以上甚至到了196天。而且90%以上都是和同樣的四家公司進行借款，天下豈有這麼好的事？拖延付款，還可以繼續做生意。

- 在新台幣升值的這四年中，外幣持有的比率卻遠大於外銷業務的比率，顯示有意圖地將資產轉成外幣。

- 博達上市時的大股東，在民國90、91年間全數退出，改由不知名的外國公司取代。

經由博達舞弊案又再度凸顯了財報分析的重要性，也引發了投資人檢視發行公司財務的效應，而對於企業而言，企業經營者也應時時檢視自家公司的財務面、未雨綢繆，諸如：(1)負債比率是否過高，若過高表示自有資金偏低，不容易度過不景氣；(2)流動比率是否過低，因流動比率可衡量公司取得資金的容易性，故流動比率愈高表示財務面愈好；(3)速動比率是否過低，因愈高的企業，表示可立即處理的資產愈多，因應變局的能力愈強；(4)庫存是否過多或增加過速，因存貨雖是資產，但常常不易變現，是潛在的危機。

問題與討論

1. 財務管理的目標與意義為何？
2. 何謂財務管理中的三大決策？對企業而言有何意義？
3. 以下是台積電公司的資產負債表、損益表以及現金流量表，試由此三大財務報表，分析台積電於民國 93 年與 94 年的經營狀況，同時比較該兩年之差異（請由流動性比率、資產管理比率、負債管理比率、獲利能力比率中各至少挑出一項比率加以衡量）。

參考文獻

中文

1. 洪茂蔚、蘇永成、陳明賢、胡星陽，《財務管理》，雙葉書廊，1999 年 9 月。
2. 張永霖，《財務管理重點整理》，高點文化，2004 年。
3. 謝劍平，《財務管理：新觀念與本土化》，智勝文化，2001 年 8 月。
4. 謝劍平，《財務管理原理》，智勝文化，2003 年 1 月。
5. 台灣積體電路公司網頁，網址 http://www.tsmc.com.tw。
6. 自由時報電子新聞網，網址 http://www.libertytimes.com.tw。

英文

1. Miller, Merton H, 1977. "Debt and Taxes," Journal of Finance, American Finance Association, vol. 32(2), pp. 261-75, May.
2. Modigliani, Miller, 1958. "The Cost of Capital, Corporation Finance and the Theory of Investment," American Economic Review, vol. 48(3), pp. 261-279, June.
3. Myers, Stewart C, 1984."The Capital Structure Puzzle," Journal of Finance, American

Finance Association, vol. 39(3), pp. 575-592, July.

4. Stephen A. Ross, Randolph W. Westerfield, Jeffrey Jaffe, "Corporate finance," McGraw-Hill, 2002.

台灣積體電路製造股份有限公司

現金流量表　　　　　　　　　　　　（單位：新台幣仟元）

	94 年度	93 年度
營業活動之現金流量		
純益	93,575,035	92,316,115
折舊及促銷	67,991,423	63,072,140
遞延所得稅	(3,278,952)	(1,101,407)
按權益法認列之投資淨損（益）	1,052,045	(4,040,319)
長期債務投資品折價促銷	120,872	28,673
處分長期投資淨損（益）	(3,502)	(2,216)
處分及提列固定資產及閒置資產損（益）	(302,533)	(56,425)
閒置資產轉列捐贈費用	7,207	-
獲配採權益法長期投資現金股利	668,464	-
提列退休金費用	360,196	500,945
營業資產及負債之淨變動		
應收關係人款項	(4,914,565)	(1,301,979)
應收票據及賒款	(5,264,937)	(1,409,074)
備紙呆帳	(4,117)	(35,561)
備紙退貨及折讓	942,055	1,201,889
存貨	(2,086,010)	(3,264,787)
預付費用及其他流動資產（包含其他應收關係人款項及其他金融資產）	(1,363,260)	(606,189)
應付關係人款項	(1,224,371)	(1,771,144)
應付帳款	1,563,489	404,741
應付費用及其他流動負債（包含應付所得稅及遞延貨項）	2,641,256	(225,184)
營業活動之淨現金流入	150,479,795	143,680,218
投資活動之現金流量		
短期投資減少（增加）	5,923,748	(43,822,489)
長期投資增加	(17,037,788)	(30,290,982)
購置固定資產	(73,659,014)	(76,171,356)
處分長期投資價款	10,474,035	7,822
處分固定資產價款	2,087,236	1,713,934

	94 年度	93 年度
遞延借項增加	(847,721)	(2,404,130)
其他	1,771	91,966
投資活動之淨現金流出	(73,057,733)	(150,875,235)
融資活動之現金流量		
普通股現金股利	(46,504,097)	(12,159,971)
買回庫藏股	-	(7,059,798)
應付公司債增加（減少）	(10,500,000)	(5,000,000)
員工現金紅利	(3,086,215)	(681,628)
存入保證金增加（減少）	2,480,552	(351,096)
特別股現金股利	-	(184,493)
特別股贖回	-	-
董監事酬勞	(231,466)	(127,805)
其他	270,929	3,624
融資活動淨現金流入（出）	(57,570,297)	(25,561,167)
現金及約當現金淨增加（減少）	19,851,765	(32,756,184)
年初現金及約當現金餘額	65,531,818	98,288,002
年度現金及約當現金餘額	85,383,583	65,531,818
現金流量資訊之補充揭露		
支付利息（不含資本化利息）	2,269,666	1,304,621
支付所得稅	87,351	309,522
同時影響現金流量及非現金項目之投資活動		
購置固定資產價款	51,363,935	100,207,781
應付工程及設備款減少（增加）	22,295,079	(24,036,425)
支付淨額	73,659,014	76,171,356
不影響現金流量之投資及融資活動		
子公司持有母公司股票自長期投資重分類為庫藏股	-	-
一年內到期之長期負債	-	10,500,000
一年內到期之其他應付關係人款項（帳列應付關係人款項）	693,956	469,494
一年內到期之其他長期應付款（帳列應付費用及其他流動負債）	869,072	1,505,345
長期投資轉列短期投資	-	-
短期投資轉列長期投資	-	3,402,413

台灣積體電路製造份有限公司
資產負債表　　　　　　　　　　（單位新台幣仟元）

	94 年 12 月 31 日	93 年 12 月 31 日
資產		
流動資產		
現金及約當現金	85,383,583	65,531,818
短期投資－淨額	47,055,347	52,979,095
應付關係人款項	21,050,604	16,136,039
應收票據及帳款	20,591,818	15,326,881
備紙呆帳	(976,344)	(980,461)
備紙退貨及折讓	(4,269,969)	(3,327,914)
其他應收關係人款項	1,797,714	1,667,383
其他金額資產	2,403,929	2,080,640
存貨－淨額	16,257,955	14,171,945
遞延所得稅資產	7,013,000	8,849,000
預付費用及其他流動資產	1,254,779	1,282,885
流動資產合計	197,562,416	173,667,311
長期投資		
採權益法之長期投資	51,076,803	46,828,322
採成本法之長期投資	807,490	772,634
長期債券投資	18,548,308	15,170,167
其他長期投資	10,227,000	10,521,740
預付股款	-	-
長期投資合計	80,659,601	73,292,863
固定資產		
成本		
建築物	90,769,622	84,299,167
機械設備	459,850,773	390,719,215
辦公設備	7,850,035	7,041,132
成本合計	558,470,430	482,059,514
累積折舊	(359,191,829)	(300,006,201)
預付款項及未完工程	14,867,032	45,923,087

	94 年 12 月 31 日	93 年 12 月 31 日
固定資產淨額	214,145,633	227,976,400
商譽	1,567,756	1,916,146
其他資產		
遞延借項－淨額	6,681,144	8,845,144
遞延所得稅資產	6,759,955	1,645,003
存出保證金	83,642	85,413
出租資產－淨額	72,879	78,613
閒置資產	6,789	46,317
其他	-	-
其他資產合計	13,604,409	10,700,490
資產總計	507,539,815	487,553,210
負債及股東權益		
流動資產		
應付帳款	8,052,106	6,488,617
應付關係人款項	3,242,197	3,198,490
應付所得稅	3,815,886	379,903
應付費用及其他流動負債	8,214,994	8,917,533
應付工程及設備款	8,859,230	31,154,309
一年內到期之應付公司債	-	10,500,000
流動負債合計	32,184,415	60,638,852
長期附息負債		
應付公司債	19,500,000	19,500,000
其他長期應付款	1,511,100	1,934,968
其他應付關係人款項	1,100,475	2,317,972
長期附息負債合計	22,111,575	23,752,940
其他負債		
應付退休金負債	3,461,392	3,101,196
存入保證金	2,892,945	412,393
未實現售後租回利益	-	-
遞延貸項	1,259,139	682,530

	94 年 12 月 31 日	93 年 12 月 31 日
其他負債合計	7,613,476	4,196,119
負債合計	61,909,466	88,587,911
股東權益		
股本－每股面額 10 元		
特別股發行	-	-
普通股發行	247,300,246	232,519,637
資本公積	57,117,886	56,537,259
保留盈餘		
法定公積	34,348,208	25,528,007
特別盈餘公積	2,226,427	-
未分配盈餘	106,196,399	88,202,009
長期投資未實現跌價損失		
累積換算調整數	(640,742)	(2,226,427)
庫藏股票（成本）	(918,075)	(1,595,186)
股東權益合計	445,630,349	398,965,299
負債及股東權益總計	507,539,815	487,553,210

台灣積體電路製造股份有限公司

損益表　　　（單位：新台幣仟元，惟每股盈餘為元）

	94 年度	93 年度
銷貨收入總額	270,315,064	260,726,896
銷貨退回及折讓	5,726,700	4,734,469
銷貨收入淨額	264,588,364	255,992,427
銷貨成本	149,344,315	145,831,843
銷貨毛利	115,244,049	110,160,584
營業費用		
研究發展費用	13,395,801	12,516,434
管理費用	7,485,011	9,367,010
行銷費用	1,349,413	1,454,362
營業費用合計	22,230,225	23,337,806
營業利益	93,013,824	86,822,778
營業外收入及利益		
按權益法認列之投資淨益	-	4,040,319
利息收入	2,769,978	1,687,681
和解賠償收入	950,046	-
處分固定資產利益	494,374	164,147
技術服務收入	491,267	423,804
處分投資淨益	-	90,319
保險理賠收入淨額	5,835	79,797
權利金收入淨額		
其他收入	360,509	298,981
合計	5,072,009	6,785,048
營業外費用及損失		
利息費用	2,429,568	1,278,072
按權益認列之投資淨損	1,052,045	-
處分及提列固定資產及閒置資產損失	59,992	107,722
權利金費用淨額		
處分投資淨損	149,498	-
兌換淨損	34,379	323,080
短期投資跌價損失	337,160	75,212
災損失淨額		
其他損失	203,768	45,156

	94 年度	93 年度
合計	4,266,410	1,829,242
稅前利益	93,819,423	91,778,584
所得稅利益（費用）	(244,388)	537,531
純益	93,575,035	92,316,115
每股盈餘（註）		
基本每股盈餘	3.79	3.73
稀釋每股盈餘	3.79	3.73

國家圖書館出版品預行編目資料

新產品創新與研發／陳坤成、王飛龍著、總審
訂;袁建中. --初版. --臺北市：五南, 2008.01
面； 公分
ISBN 978-957-11-4883-0（精裝）
1.產品 2.產品市場
496.1   96015678

1FQA
新產品創新與研發

作　　　者 — 陳坤成(269.3) 王飛龍

總 審 訂 — 袁建中

發 行 人 — 楊榮川

總 經 理 — 楊士清

主　　編 — 侯家嵐

責任編輯 — 施榮華　唐坤慧　吳靜芳

封面設計 — 盧盈良

出 版 者 — 五南圖書出版股份有限公司

地　　　址：106台北市大安區和平東路二段339號4樓

電　　　話：(02)2705-5066　傳　真：(02)2706-6100

網　　　址：http://www.wunan.com.tw

電子郵件：wunan@wunan.com.tw

劃撥帳號：01068953

戶　　　名：五南圖書出版股份有限公司

法律顧問　林勝安律師事務所　林勝安律師

出版日期　2008年1月初版一刷
　　　　　2017年9月初版四刷

定　　　價　新臺幣590元